普通高等教育“十二五”规划教材

土力学与基础工程

主　编　孙鸿玲　徐书平

副主编　刘迎春　刘　鹏　朱云华

中国水利水电出版社
www.waterpub.com.cn

内 容 提 要

《土力学与基础工程》是一本供土木工程专业开设的“土力学与基础工程”课程或“土力学”和“基础工程”课程用的教材书。本书系统阐述了土的物理性质及工程分类、地基土中应力、地基变形、土的抗剪强度和地基承载力、土压力与土坡稳定、地基勘察、天然地基上的浅基础、桩基础、软弱土地基处理、特殊土地基等。

本书按2002年国家陆续颁布的有关规范编写，内容广泛，实用性强，由浅入深，概念清楚，层次分明，重点突出，理论联系实际，并适当吸取了国内外比较成熟的新理论、新技术，既可作为高等学校土木工程专业的教材，又可供土木工程专业（包括建筑工程、岩土工程、公路桥梁工程等）勘测、设计、施工人员阅读参考。

图书在版编目（CIP）数据

土力学与基础工程/孙鸿玲，徐书平主编．—北京：中国水利水电出版社，2012.1（2015.1 重印）
普通高等教育“十二五”规划教材
ISBN 978-7-5084-9429-6

Ⅰ.①土… Ⅱ.①孙…②徐… Ⅲ.①土力学-高等学校-教材②基础（工程）-高等学校-教材 Ⅳ.①TU4

中国版本图书馆 CIP 数据核字（2012）第 010646 号

书　　名	普通高等教育“十二五”规划教材 **土力学与基础工程**
作　　者	主编　孙鸿玲　徐书平　副主编　刘迎春　刘鹏　朱云华
出版发行	中国水利水电出版社 （北京市海淀区玉渊潭南路 1 号 D 座　100038） 网址：www. waterpub. com. cn E-mail：sales@waterpub. com. cn 电话：（010）68367658（发行部）
经　　售	北京科水图书销售中心（零售） 电话：（010）88383994、63202643、68545874 全国各地新华书店和相关出版物销售网点
排　　版	中国水利水电出版社微机排版中心
印　　刷	北京市北中印刷厂
规　　格	184mm×260mm　16 开本　21.5 印张　510 千字
版　　次	2012 年 1 月第 1 版　2015 年 1 月第 2 次印刷
印　　数	3001—6000 册
定　　价	**42.00** 元

前言

“土力学与基础工程”是高等学校土木工程本科专业的一门主干课程。本书编写遵循普通高等学校土木工程本科专业培养方案，对教学内容进行了拓宽。随着科学技术的高速发展，国内外高层建筑、大型桥梁工程、地下工程的大量兴建，土力学的理论和实践也有了很大的进步，特别是各项新的国家标准的颁布，在土工设计、计算、试验诸方面都有了新的准绳。基础工程技术高速发展，软土地基处理技术日新月异。为了更好地满足我国教育部颁布的专业目录及面向21世纪的土木工程专业培养方案，本书特以我国建筑工程、岩土工程、公路桥梁工程所需土力学和基础工程的基础知识为准绳，适当吸取国内外比较成熟的新理论、新工艺、新技术，并考虑到我国教育现状，涵盖建筑工程、岩土工程、公路与桥梁工程三个方向的内容，尽量兼顾了其他方向的专业知识进行编写。

本书力图考虑学科发展新水平，结合新规范，反映了土力学的成熟成果与观点。全书由浅入深、概念清楚、层次分明、重点突出，适当淡化了数学推导，注重实用性内容，各种理论和原理说明了与实际工程的关系，各章还附有思考题和习题。“土力学”课程与“基础工程”课程紧密相连。《土力学》既是独立的一门土力学课程，又与《基础工程》课程内容密切结合，所以本书所选用的符号、术语和计量单位与后者前后贯穿一致，便于学习。

本书由西南石油大学孙鸿玲和武汉工业学院徐书平担任主编、东北石油大学刘迎春、昆明理工大学刘鹏、西南石油大学朱云华担任副主编。具体编写单位及编写人员分工如下：绪论、第五章由西南石油大学土木工程与建筑学院孙鸿玲和朱云华编写，第二、三、七章由武汉工业学院土木工程与建筑学院徐书平编写，第一、四章由东北石油大学土木建筑工程学院刘迎春编写，第六章由昆明理工大学津桥学院刘鹏编写。西南石油大学研究生孙鹏、田芳协助主编做了许多校对、绘图和排版工作，在此致谢。

限于编者的水平，错误之处在所难免，恳请读者批评指正。

编 者

2011年6月

目　录

绪　论

一、本课程的内容和作用

1. 土力学、地基和基础的概念

土力学可以说既是一门古老的工程技术，又是一门很年轻的学科。土力学真正发展起来是在20世纪20年代以后。在学习土力学时，应注意下述名词，这些名词是在工程实践中容易混淆的基本概念。

土力学：用力学知识和土工测试技术，研究土的物理、力学性质，研究土的变形及其强度的一门学科。土力学是土木工程学科中的一门基础学科，是工程力学的一个分支，它的一个突出特点是实践性。

地基：基础下面支承建筑物全部重量的地层，称为建筑物的地基，如图0-1所示。

天然地基：没有经过人工加固处理的地基。

人工地基：经过人工加固处理后的地基。

基础：直接与地基接触、并把上部结构的荷载传给地基的那一部分地下结构，称为基础。

浅基础：埋深$d<5$m或$d<b$（为基础宽度）的基础。它采用普通的施工方法就能达到目的。它包括单独基础、扩展基础、条形基础、交叉梁基础、筏板和箱形基础等。

深基础：$d>5$m的基础。需要采用特殊的施工方法，常见的形式有桩、墩、沉井、地下连续墙等。

建筑物的地基、基础和上部结构三部分，彼此联系，相互制约，共同工作。地基及基础的示意如图0-1所示。

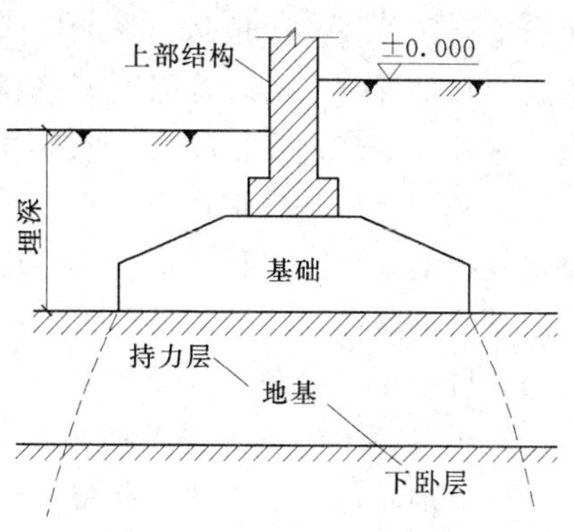

图0-1　地基及基础示意图

土是在第四纪地质历史时期地壳表层母岩经受强烈风化作用后所形成的大小不等的颗粒状堆积物，是覆盖于地壳最表面的一种松散的或松软的物质。土是由固体颗粒、液体水和气体组成的一种三相体。固体颗粒之间没有连接强度或连接强度远小于颗粒本身的强度是土有别于其他连续介质的一大特点。土的颗粒之间存在有大量的孔隙，因此土具有碎散性、压实性、土粒之间的相对移动性和透水性。

土在地球表面分布极广，它与工程建设关系密切。在工程建设中土被广泛用作各种建筑物的地基或材料，或构成建筑物周围的环境或护层。在土层上修建工业厂房、民用住宅、涵管、桥梁、码头等时，土是作为承受上述结构物荷载的地基；修筑土质堤坝、路基等时，土又被用做建筑材料，在我国的边远和不发达地区，目前仍有大量的土木结构类型的农舍存在。土作为建筑环境和护层的情况，在工程地质学中已有论述，此处不再赘述。总而言之，土的性质对于工程建设的质量、性状等，具有直接而且重大的影响。

土力学是以传统的工程力学和地质学的知识为基础，研究与土木工程有关的土中应力、变形、强度和稳定性的应用力学分支。此外，还要用专门的土工试验技术来研究土的物理化学特性以及土的强度、变形和渗透等特殊力学特性。

建筑物修建以后，其全部荷载最终由其下的地层来承担，承受建筑物全部荷载的那一部分天然的或部分经过人工改造的地层成为地基。由于土的压缩性大，强度小，因而在绝大多数情况下上部结构荷载不能直接通过墙、柱等传给下部土层（地基），而必须在墙、柱、底梁等和地基接触处适当扩大尺寸，把荷载扩散以后安全地传递给地基，这种位于建筑物墙、柱、底梁以下，经过适当扩大尺寸的建筑物最下部结构称之为基础。

建筑物的修建使地基中原有的应力状态发生了改变，这就需要运用力学的方法来研究和分析建筑物荷载作用后（地基应力状态改变后）的地基土变形、强度和稳定性，保证地基在上部结构荷载作用下能满足强度和稳定性要求并具有足够的安全储备；控制地基的沉降使之不超过建筑物的允许变形值，保证建筑物不因地基的变形而损害或者影响其正常使用。

基础的结构形式很多，具体设计时应该选择既能适应上部结构、符合建筑物使用要求，又能满足地基强度和变形要求，经济合理、技术可行的基础结构方案。通常把埋置深度不大（一般不超过 5.0m）只需经过挖槽、排水等普通施工工序就可以建造起来的基础称为浅基础；而把埋置深度较大（一般不小于 5.0m）并需要借助于一些特殊的施工方法来完成的各种类型基础称之为深基础。

土的性质极其复杂。当地层条件较好、地基土的力学性能较好、能满足地基基础设计对地基的要求时，建筑物的基础被直接设置在天然地层上，这样的地基被称为天然地基；而当地层条件较差，地基土强度指标较低，压缩性较大，无法满足地基基础设计对地基的承载力和变形要求时，常需要对基础底面以下一定深度范围内的地基土体进行加固或处理，这种部分经过人工改造的地基被称为人工地基。

地基和基础是建筑物的根基，又属于隐蔽工程，它的勘察、设计和施工质量直接关系着建筑物的安危。工程实践表明，建筑物的事故很多都与地基基础问题有关，而且一旦发生地基基础事故，往往后果严重，补救十分困难，有些即使可以补救，其加固修复工程所需的费用也十分可观。

2. 地基设计中必须满足的技术条件

（1）地基的变形条件。控制基础沉降使之不超过地基的变形容许值，保证建筑物不因地基变形而损坏或者影响其正常使用。

（2）地基的强度条件。要求作用于地基的荷载不超过地基的承载力，保证地基在防止整体破坏方面有足够的安全储备。

（3）地基的稳定条件。对经常受水平荷载作用的高层建筑和高耸建筑，以及建造在斜坡上的建筑物和构筑物，应验算其稳定性。

3. 基础设计中必须满足的技术条件

基础应当具有足够的强度、刚度和耐久性。

二、国内外土木工程事故举例

地基与基础是建筑物的重要组成部分，又属于地下隐蔽工程，一旦发生事故难以补救。有时会造成重大经济损失甚至人员伤亡。此外基础工程的费用可占建筑物总造价的10%～30%。实践证明，建筑工程实践中出现的很多事故均与地基基础有关。随着高层建筑物的兴起，深基础工程增多，这对地基基础的设计和施工提出了更高的要求。对工程中出现的问题的研究解决以及经验教训的积累就形成了本门课程。

综合分析可以得到，与地基基础有关的土木工程事故可主要概括为以下类型：地基产生整体剪切破坏、地基发生不均匀沉降、地基产生过量沉降以及地基土液化失效，现分别举例如下。

（一）地基变形事故

1. 建筑物倾斜

基础承受偏心荷载、邻近建筑物荷载在地基中扩散、地基土各部分软硬不同、高压缩性土层厚薄不均等原因均可导致高耸结构发生倾斜，倾斜严重时，还可导致结构物的开裂。如意大利比萨斜塔（图0-2）和我国苏州的虎丘塔。

比萨斜塔建成于1370年，石砌建筑，塔身为圆筒形，全塔共8层，高55m。基础底面平均压力高达500kPa，地基持力层为粉砂，下面为粉土和饱和黏土层。目前塔向南倾斜，南北两端沉降差1.80m，塔顶偏离中心线已达5.27m，倾斜5.5°。

虎丘塔（图0-3）位于苏州市西北虎丘公园山顶，建成于959～961年，为七级八角形砖塔，塔底直径13.66m，全塔7层，高47.5m，重63000kN。塔的平面呈八角形，由外壁、回廊与塔心三部分组成。虎丘塔全部砖砌，外型完全模仿楼阁式木塔，从明朝起，虎丘塔即已开始倾斜，至今，塔身最大倾角为3°59′，塔顶偏离中心线距离已达2.31m，

图0-2　比萨斜塔

图0-3　苏州虎丘塔

而且底层塔身发生不少裂缝，被称为“中国第一斜塔”。1961 年作为苏州最古老的建筑物被列为国家级保护文物，塔建成后由于历经战火沧桑、风雨侵蚀，使塔体严重损坏，为了使该名胜古迹安全留存，我国于 1956～1957 年对其进行了上部结构修缮，但修缮的结果使塔体重量增加了约 2000kN，同时加速了塔体的不均匀沉降，塔顶偏离中心线的距离由 1957 年的 1.7m 发展到 1978 年的 2.31m，并导致地层砌体产生局部破坏。后于 1983 年对该塔进行了基础托换，使其不均匀沉降得以控制。

虎丘塔倾斜的主要原因是坐落于不均匀粉质黏土层上，产生不均匀沉降。虎丘塔没有做扩大的基础，砖砌塔身垂直向下砌八皮砖，即埋深 0.5m，直接置于块石填土人工地基上。估算塔 63000kN，则地基单位面积压力高达 435kPa，超过了地基承载力。塔倾斜后，使东北部位应力集中，超过砖体抗压强度而压裂。最后在塔四周建造一圈桩排式地下连续墙并对塔周围与塔基进行钻孔注浆和打设树根桩加固塔身，效果良好。

2. *建筑物局部倾斜*

砖墙承重的条形基础，由于地基的不均匀沉降发生局部倾斜，常导致砖墙墙体开裂，影响到房屋的安全和正常使用。

3. *建筑地基严重下沉*

地基严重下沉多因存在高压缩性软弱土而形成。可导致散水倒坡，室内地坪低于室外地坪，水、暖、电等内外网连接管道断裂等问题，不同程度地影响建筑物的使用，产生过量沉降。

我国广深铁路 k2＋150 段线路位于广州市，该路段地处山涧流水地带，淤泥覆盖层较厚，通车后路基不断下沉，1975 年后，严重地段每旬下沉量高达 12～16mm，其他地段每旬下沉量 8～12mm 不等，路基的下沉不仅增加了该段铁路的维修保养作业量，更严重威胁着铁路列车的安全营运。该路段后采用高压喷射注浆法进行了路基土加固处理。西安某住宅楼位于西安市霸桥区，场地为Ⅱ级自重湿陷性黄土场地，建筑物长 18.5m，宽 14.5m，为六层点式砖混结构，基础采用肋梁式钢筋混凝土基础，建筑物修建以前对地基未做任何处理，由于地下管沟积水，致使地基产生湿陷沉降，在沉降发生最为严重的 5 天时间里，该建筑物的累计沉降量超过了 300mm。后虽经对基础进行托换处理止住了建筑物的继续沉降，但过量沉降严重影响了该建筑物的使用功能，在门厅处不仅形成了倒灌水现象，而且门洞高度严重不足，人员出入极不方便。

又如墨西哥市艺术宫，于 1904 年落成，至今已有 100 余年的历史。当地表层为人工填土与砂夹卵石硬壳层，厚度 5m；其下为超高压缩性淤泥，天然孔隙比高达 7～12，天然含水量高达 150％～600％，为世界罕见的软弱土，厚达 25m。因此，这座艺术宫严重下沉，沉降量竟高达 4m。临近的公路下沉 2m，公路路面至艺术宫门前高差达 2m。参观者需步下 9 级台阶，才能从公路进入艺术宫。下沉量为一般房屋一层楼有余，造成室内外连接困难和交通不便，内外网管道修理工程量增加。

（二）建筑物基础开裂

当一幢建筑物的基础位于软硬突变的地基上时，在软硬突变处往往使基础发生开裂。作为建筑物的根基，这比墙体的开裂更为严重，处理起来也更为困难。在池塘、故河道、防空洞等不良场地上修建建筑物，需特别注意。

（三）建筑物地基滑动

当建筑物施加到地基上的荷载超过地基极限承载力时，地基就发生强度破坏，整幢建筑物就会沿着地基中某一薄弱面发生滑动而倾倒，这往往是灾难性的事故。1955 年始建的巴西某十一层大厦，长 25m，宽 12m，支承在 99 根 21m 长的钢筋混凝土桩上。1958 年大厦建成后，发现其背后明显下沉。1 月 30 日，该建筑物的沉降速度高达每小时 4mm，晚 8 时许，大厦在 20s 内倒塌。后查明该大厦下有 25m 厚的沼泽土，而其下的桩长仅有 21m，未深入其下的坚固土层，倒塌是由于地基产生整体剪切破坏所致。

加拿大特朗斯康谷仓为 5 排圆筒仓，每排 13 个，共 65 个圆筒仓组成整体，平面呈矩形，长 59.44m，宽 23.47m，高 31m，总容积 36368m^3（图 0-4）。基础为钢筋混凝土筏板基础，厚度 61cm，埋深 3.66m。1913 年秋完工，10 月，当谷仓装载 31822m^3 谷物时，发生严重下沉，1h 内竖向沉降达 30.5cm，结构物向西倾斜并在 24h 内倾倒。谷仓西端下沉 7.32m，东端上抬 1.52m，仓身倾斜 27°。上部钢筋混凝土筒仓完好。

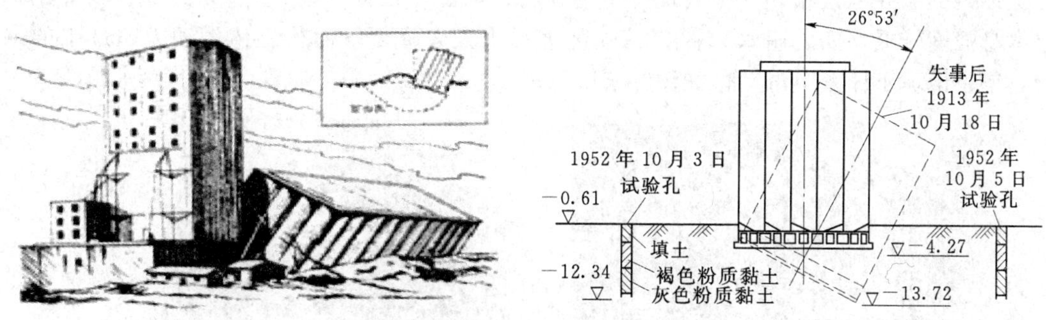

图 0-4 加拿大特朗斯康谷仓

事故原因是地基土事先未进行调查，不了解基础下埋藏厚达 16m 的软黏土层，据邻近结构物基槽开挖取土试验结果，计算地基承载力应用到此谷仓。1952 年经勘察试验与计算，地基实际承载力小于破坏时的基底压力。因此，谷仓地基因超载发生强度破坏而滑动。为谷仓地基因超载发生强度破坏而滑动。后于土仓基础之下做了 70 多个支承于下部基岩上的混凝土墩，使用了 388 个 50t 千斤顶以及支撑系统才把仓体逐渐扶正，单其位置比原来降低了近 4.0m。这是地基产生剪切破坏，建筑物丧失其稳定性的典型事故实例。

（四）建筑物地基溶蚀

当地下水流速较大时，如果土体粗粒孔隙中充填的细粒土被冲走，则产生潜蚀，长期潜蚀会形成地下土洞并导致地表塌陷。在石灰岩溶洞发育地区或矿产开采采空区，在地下水渗流作用下，溶洞或采空区顶部土体不断塌落或潜蚀，最终也可导致地表塌陷。

例如，我国徐州市故黄河河道区域，沉积有较厚的粉砂和粉土，其底部即为古生代奥陶系灰岩，中间缺失老黏土隔水层，灰岩中存在大量溶洞与裂隙。而过量开采地下水引起的水位下降导致覆盖层粉砂和粉土中形成潜蚀与空洞并不断扩大，最终形成多处地面塌陷事故，导致塌陷区房屋倒塌，邻近区域房屋开裂。

（五）建筑物基槽变位滑动

人工边坡如深基基槽，由于边坡设计施工不当，将导致基槽变位滑动，对工程施工造成影响，严重的导致邻近建筑物开裂或倒塌。如2005年7月，广州珠海区某建筑工地基坑南端约100m挡土墙坍塌，造成5人被困，工地边上的平房倒塌，邻近两幢建筑物出现不同程度的倾斜，部分墙体开裂，见图0－5。

图0－5 广州某建筑工地挡土墙坍塌

（六）土坡滑动

在山麓或山坡上建房时，由于切削坡脚或使土坡增加荷载，导致山坡失稳滑动，房屋倒塌。1972年7月某日清晨，香港宝城路附近，2万 m^3 残积土从山坡上下滑，巨大滑动体正好冲过一幢高层住宅——宝城大厦，顷刻间宝城大厦被冲毁倒塌并砸毁相邻一幢大楼一角约五层住宅。死亡67人。主要原因是山坡上残积土本身强度较低，加之雨水入渗使其强度进一步大大降低，使得土体滑动力超过土的强度，于是山坡土体发生滑动，如图0－6所示。

图0－6 香港宝城大厦

（七）建筑物地基震害

1. 地基液化

饱和状态的疏松粉、细砂或粉土，在强烈地震作用下产生液化，地基土呈液态，从而失去承载力，导致建筑物的倾斜、开裂等事故。如1964年6月16日，日本新泻发生7.5级强烈地震，当地大面积的砂土地基由于在地震过程中产生振动液化现象而失去了承载能力，毁坏房屋近 2890 幢，如图 0－7 所示。

2. 地基震沉

当建筑物地基为软弱黏性土时，在强烈地震作用下，由于土质强度降低，基础底部软土侧向挤出，会产生严重的震沉。1976 年 7 月 28 日发生在我国唐山市的大地震是人类历史上造成损失最严重的地震之一，震级 7.8 级，大量建筑物在地震中倒塌损毁，地基土的液化失效是其中的主要原因之一，唐山矿冶学院图书馆书库因地基液化失效致使其第一层全部陷入地面以下，室外地面与二层楼地板相近，如图 0－8 所示。

图 0－7　日本新泻 1964 年震害

图 0－8　唐山矿冶学院书库震沉

（八）冻胀事故

寒冷地区地基可能产生冻胀，导致墙体开裂。

三、本课程的内容和特点

土力学及基础工程是土木建筑、公路、铁路、水利、地下建筑、采矿和岩土工程等有关专业的一门主要课程，属于专业基础课范畴。

组成地基的土或岩层是自然界的产物，它的形成过程、物质成分、所处自然环境及工程性质极为复杂多变。建筑物等的修建，会改变地层中原有的应力状态，应力状态的改变会引起一系列的地基变形、强度、稳定性问题。因此除在土木工程设计、施工之前必须进行建筑场地的工程地质勘察，正确掌握和了解地层的形成过程、结构、构造、水文地质情况、不良地质现象，仔细研究地基土的组成、成因、物理力学性质以外，还需要在此基础上借助力学方法来分析和研究地层中的应力变化，借助力学、工程地质学、地下水动力学、流变理论以及数值计算等方法或手段来研究岩土体的变形，并进而对岩土体进行强度和稳定性分析。土木工程中经常遇到土坡稳定问题，作为建筑工程地质环境的稳定性较差的土坡如果未加处理或处理不当，土坡将产生滑动破坏，土坡的失稳不仅影响工程的正常进展，还会危及人民生命和国家财产安全，因此借助力学方法对土坡进行稳定性分析，并在此基础上对土坡维护结构进行设计计算，也是人们所面临的重要工程课题。上述问题都是土力学的研究内容。

建筑物的地基基础和上部结构虽然各自功能不同、研究方法相异，但是无论从力学分析入手还是从经济观点出发，这三部分却是彼此联系、相互制约的有机统一体。目前，要把这三部分完全统一起来进行设计计算还十分困难，但从地基—基础—上部结构共同工作的概念出发，尽量全面考虑诸方面的因素，运用力学和结构设计方法进行基础工程计算将是土力学的主要研究内容之一。

多样性是土的主要特点之一，由于受成土母岩、风化作用、沉积历史、地理环境和气候条件等多重因素影响，土的种类繁多，分布复杂，性质各异。易变性是土的另一主要特点，土的工程性质经常受到外界温度、湿度、压力等的影响而发生显著变化。研究各种不同性质的特殊土和软弱土，并按土质受外界影响而发生变化的客观规律，运用合适而又有效的方法对土体进行处理加固，也是本课程的重要内容。

地球表面很大一部分是处于干旱和半干旱地带，因此，通常情况下土体是由固体颗粒、液体水和气体组成的一种三相体。只有在极端情况下，土体才是两相介质，例如位于地下水位以下的饱和土（由颗粒和水两相物质组成）和极端干旱情况下的干土（由颗粒和气体两相物质组成）。传统土力学的重点是在饱和土问题的研究和工程应用上，而对于分布极为广泛、由三相物质组成、负孔隙压力起重要影响的非饱和土则很少涉及。讨论存在基质引力或负孔隙压力的非饱和土土力学为更进一步深化土的力学性状研究开辟了道路。

随着科学的发展和工程技术的进步，工程中涉及的绝大多数问题仅靠传统的力学方法是很难甚至无法求得其解答的，计算机的出现为这类复杂、综合工程问题的数值结果分析提供了可能，数值计算作为一种行之有效的力学分析手段在岩土力学中占据了重要位置。

本课程涉及工程地质学、弹—塑性理论、流变理论、地下水动力学、计算机及数值计算方法等多个学科领域的知识，因此土力学的首要特点是内容广泛，综合性强。与其他连续介质力学问题不同，岩土工程问题仅按纯数学—力学的观点是很难甚至无法解决的，这类问题的解决还往往需要结合以往的建设经验，并根据实际调查、必要的现场及室内试验、测试资料进行综合研究分析，以求得问题的正确解决。实践性强是土力学的另一主要特点。

本课程涉及工程地质学、土力学、结构设计和施工等多种学科及土木建筑工程的各个领域。关系最为密切的学科及课程主要如图 0-9 所示。

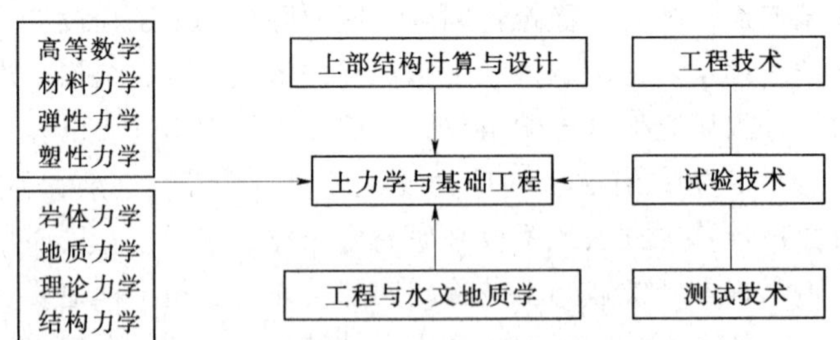

图 0-9　土力学与其他学科的关系示意图

四、本学科的发展概况

地基基础是一项古老的建筑工程技术。早在史前的人类建筑活动中，地基基础作为一项工程技术就被应用，我国西安市半坡村新石器时代遗址中的土台和石础就是先祖们应用这一工程技术的见证。公元前 2 世纪修建的万里长城；始凿于春秋末期，后经隋、元等代扩建的京杭运河；隋朝大业年间李春设计建造的河北赵州安济桥；我国著名的古代水利工程之一，战国时期李冰领导修建的都江堰；遍布于我国各地的巍巍高塔，宏伟壮丽的供电、庙宇和寺院；举世闻名的古埃及金字塔等，都是由于修建在牢固的地基基础之上才能逾千百年而留存于今。据报道，建于唐代的西安小雁塔其下为巨大的船形灰土基础，这使小雁塔经历数次大地震而留存于今。上述一切证明，人类在其建筑工程实践中积累了丰富的基础工程设计、施工经验和知识，但是由于受到当时的生产实践规模和知识水平限制，在相当长的历史时期内，地基基础仅作为一项建筑工程技术而停留在经验积累和感性认识阶段。

18 世纪欧洲产业革命以后，水利、道路以及城市建设工程中大型建筑物的兴建，提出了大量与土的力学性态有关的问题并积累了不少成功经验和工程事故教训。特别是这些工程事故教训，使得原来按以往建设经验来指导工程的做法已无法适应当时的工程建设发展。这就促使人们寻求对许多类似的工程问题的理论解释，并要求在大量实践基础上建立起一定的理论来指导以后的工程实践。例如，17 世纪末期欧洲各国大规模的城堡建设推动了筑城学的发展并提出了墙后土压力问题，许多工程技术人员发表了多种墙后土压力的计算公式，为法国的库仑（Coulomb，C. A. 1773）提出著名的抗剪强度公式和土压力理论奠定了基础。19 世纪中叶开始，大规模的桥梁、铁路和公路建设推动了桩基和深基础的理论与施工方法的发展。路堑和路堤、运河渠道边坡、水坝等的建设，提出了土坡稳定性的分析问题。1857 年英国人 W. J. M 朗肯（Rankine）又从不同途径提出了挡土墙的土压力理论，这对后来土体强度理论的发展起了很大的作用。1885 年法国学者 J. 布辛奈斯克（Boussinesq）求得了弹性半空间体在竖向集中力作用下的应力和位移解。1852 年法国的 H. 达西（Darcy）创立了砂性土的渗流理论“达西定律”。1922 年瑞典学者 W. 费兰纽斯（Fellenius）提出了一种土坡稳定的分析方法。这一时期的理论研究为土力学发展成为一门独立学科奠定了基础。

1925 年美国人 K. 太沙基（Terzaghi）归纳了以往的理论研究成果，出版了第一本《土力学》专著，又于 1929 年与其他学者一起出版了《工程地质学》。这些比较系统完整的科学著作的出版，带动了各国学者对本学科各个方面的研究和探索，从此《土力学》作为一门独立的科学而得到不断发展。我国著名学者黄文熙教授，陈宗基教授等也为土力学的发展做出了突出贡献。20 世纪 60 年代后期，由于计算机的出现、计算方法的改进与测度技术的发展以及本构模型的建立等，迎来了土力学发展的新时期。现代土力学主要表现为一个模型（即本构模型）、三个理论（即非饱和土的固结理论、液化破坏理论和逐渐破坏理论）、四个分支（即理论土力学、计算土力学、实验土力学和应用土力学）。其中，理论土力学是龙头，计算土力学是筋脉，实验土力学是基础，应用土力学是动力。近年来，我国在工程地质勘察，室内及现场土工试验，地基处理新设备、新材料、新工艺的研究和应用方面取得了很大的进展。在大量理论研究与实践经验的基础上，有关基础工程的各种设计与施工规范或规程等也相应问世或日臻完善。当然，由于土性的复杂，目前的土力学地基基础理论尚需不断完善。

第一章　土的物理性质及工程分类

【本章要点】

- 了解土的成因和组成。
- 掌握土的物理性质指标定义、有关换算、试验和应用。
- 掌握土的物理状态指标。
- 了解土的结构和构造。
- 熟练使用地基土的分类方法。

第一节　土的形成与特征

一、土的形成

地球最外层的坚硬固体物质称为地壳，地壳厚度一般为30～80km，人类生存与活动范围仅限于地壳表层。由于地质作用，地壳表层的岩石经历风化、剥蚀后形成大小悬殊的颗粒，这些颗粒在不同的自然环境下堆积，或经搬运而形成的沉积物，即形成了土。堆积下来的土在长期的地质年代中发生复杂的物理化学变化，经压密固结、胶结硬化最终又形成岩石。工程上遇到的土大多数是第四纪沉积物，是土力学研究的主要对象。

（一）风化作用

岩石在不同的风化作用下形成不同性质的土。风化作用有下列三种：

（1）物理风化：岩石经受风、霜、雨、雪的侵蚀，温度、湿度的变化，不均匀的膨胀与收缩，使岩石产生裂隙，崩解为块。这种风化作用，只改变颗粒的大小和形状，不改变原来的矿物成分，称为物理风化。只经过物理风化形成的土是无黏性土，一般也称为原生矿物。

（2）化学风化：母岩表面破碎的颗粒，与水、氧气和二氧化碳等物质相接触，发生一系列复杂的化学变化，改变了原来组成矿物的成分，形成新的矿物——次生矿物。这类风化称为化学风化。经化学风化生成的土为黏性土，具有黏结力，成分最主要是黏土颗粒以及大量的可溶性盐类。化学风化主要有氧化、水化、水解、溶解和碳酸化等作用。

（3）生物风化：由植物、动物和人类活动对岩体的破坏称生物风化。例如：树在岩石裂缝隙中生长时，树根伸展使岩石缝隙扩展开裂；动物的挖掘和穿凿活动也会加速岩石的破碎；人类开采矿石、修建隧道时的爆破工作，对周围岩石产生的破坏等。生物风化的方式又可分为物理生物风化和化学生物风化两种形式。

（二）不同形成条件下的土

由于土形成时不同的搬运和堆积方式，土的工程性质往往相差悬殊。根据土的形成条件可将土分为残积土和运积土两大类。

1. 残积土

残积土是指母岩表层经风化作用破碎成为岩屑或细小颗粒后，未经搬运和分选，残留在原地的堆积物（图 1－1）。它的特征是颗粒表面粗糙、多棱角、孔隙大、无层理构造、均匀性差。如以残积土作为建筑物地基，应当注意地基不均匀沉降和土坡稳定问题。如果其厚度较小，可以把它挖掉，将建筑物直接建在下伏基岩上。

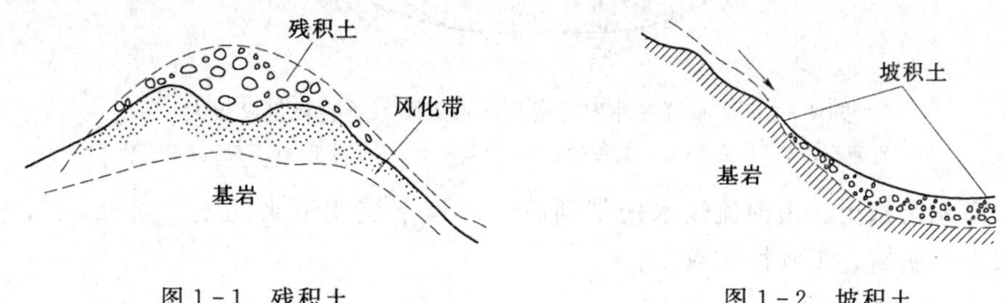

图 1－1　残积土　　　　图 1－2　坡积土

2. 运积土

运积土是指岩石经风化所形成的土颗粒，受自然力的作用，搬运到远近不同的地点所沉积的堆积物。其特点是颗粒经过滚动和摩擦作用而变圆滑。在沉积过程中因受水流等自然力的分选作用而形成颗粒粗细不同的层次，由于粗颗粒下沉快，细颗粒下沉慢而形成不同粒径的土层。搬运和沉积过程对土的性质影响很大，根据搬运的动力不同，运积土又可分为如下几类。

（1）坡积土。坡积土是指在雨雪水流的洗刷作用下，将山上岩石风化产物顺着斜坡搬运到较平缓的山坡或山麓处形成的沉积物（图 1－2）。坡积土搬运距离不远，颗粒由坡顶向坡脚呈现逐渐由粗变细的分选现象。坡积土厚薄不同，土质也极不均匀，孔隙大、压缩性高，因此，如作为建筑物的地基，应注意地基不均匀沉降和稳定性问题。

（2）洪积土。由暴雨或大量融雪形成的山洪急流，冲刷并搬运大量岩屑，流至山谷出口与山前倾斜平原地带，堆积成洪积土（图 1－3）。搬运距离近的沉积颗粒多为块石、碎石、砾石、粗砂等粗粒物质，力学性质好；远的则颗粒较细，力学性质较差。因此，洪积土常呈现不规则交错的层理构造，且往往存在黏土夹层、尖灭或透镜体等产状。如以洪积土作为建筑地基时，要注意土层的尖灭和透镜体引起的不均匀沉降。

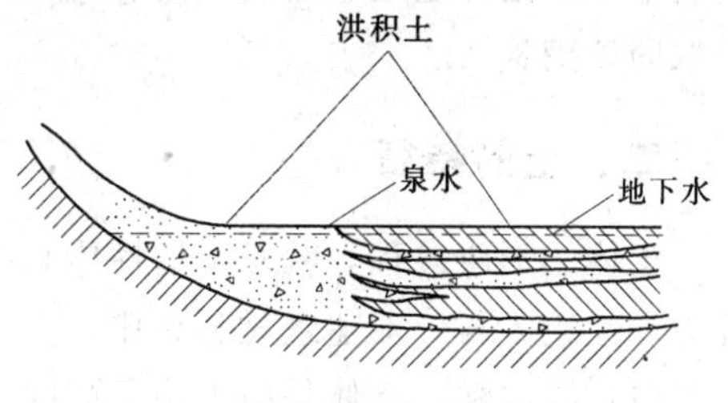

图 1－3　洪积土

（3）冲积土。冲积土是由江河水流将两岸基岩及其上部覆盖的坡积土、洪积土剥蚀、搬运、沉积在河床较平缓地带后形成的沉积物（图 1－4）。这类土由于经过较长距离的搬运，浑圆度和分选性都更为明显，常形成砂层和黏性土层交叠的地层。

（4）湖泊与沼泽沉积土。在湖泊及沼泽等极为缓慢水流或静水条件下沉积下来的土，或称淤积土，这类土除了含大量细微颗粒外，常伴有生物化学作用所形成的有机物，成为具有特殊性质的淤泥或淤泥质土，其工程性质一般都很差。

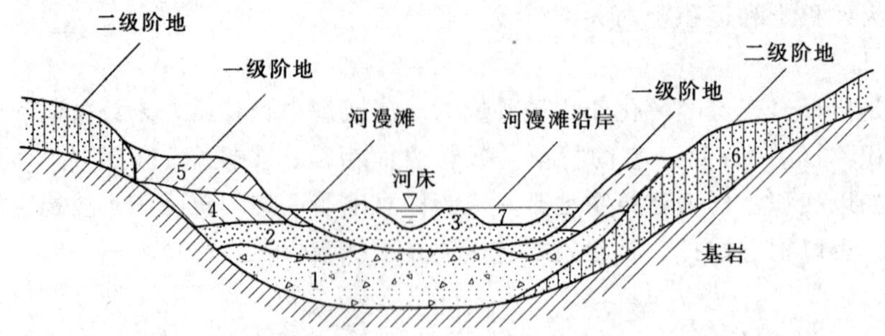

图 1-4　平原河谷冲积土横断面示意图（垂直比例尺放大）

1—砾卵石；2—中粗砂；3—粉细砂；4—粉质黏土；5—粉土；6—黄土；7—淤泥

(5) 海相沉积土。由河流流水挟带到海洋环境下沉积下来的土（图 1-5），其颗粒细，表层土质松软，工程性质较差。

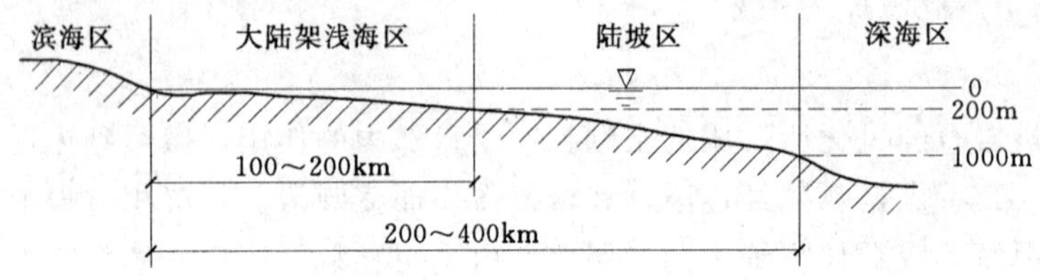

图 1-5　海相沉积土

(6) 冰川沉积土。由冰川或冰水挟带搬运所形成的沉积物，由巨大的块石、碎石、砂、粉土及黏土混合组成。一般分选性极差，土质不均匀。

(7) 风积土。风积土是指在干旱的气候条件下，岩石的风化破碎物由风力搬运所形成的堆积物。常见的风积土分为两类：一类是分布在我国华北、西北地区的黄土，它主要由粉土粒或砂粒组成，含可溶性盆，土质均匀，孔隙比大；另一类是风积砂（沙漠、沙丘），它属于不稳定的土层、随着风向和风力的变化而不断迁移，在其上进行工程建设，常需要采取固砂措施。

二、土的特征

土体的形成过程，就是土的性质和变化过程，由于不同的成因，土体表现出不同的物理力学性质。与一般建筑材料相比，土具有三个重要特征：

(1) 碎散性：土体是由大小不同的颗粒组成的，颗粒之间存在着大量的孔隙。可以透水和透气。颗粒之间无黏结或一定的黏结，同其他材料相比（如岩石），可以近似地认为土体是碎散的，是一种摩擦为主的集聚性材料。

(2) 多相性：土是由固相（固体颗粒）、液相（土中水）、气相（气体）所组成三相体系，相系之间质和量的变化直接影响它的工程性质。按三相的相对含量比例不同土可分为：干土（孔隙中仅有空气、无水）、饱和土（孔隙中仅有水、无空气）、湿土（孔隙中有水、有空气）。

(3) 自然变异性：土是由许多矿物自然结合而成。在一般情况下，土含有 5～10 种或更多的矿物，其中除原生矿物外，次生黏土矿物是主要成分。各种矿物在质量、数量和空间排列上都有一定的差异。因此，土的性质复杂，不均匀，且随时间还在不断变化（其刚度、强度、渗透性等都随时间而变化）。土的自然变异性就是指土的工程性质随空间与时间而变异的性质，有时也称为不均匀性，并且这种变异性是客观的、自然形成的。

第二节　土的组成、结构、构造

一、土的组成

土是松散的颗粒集合体，它是由固体颗粒、土中水和气体三部分组成（简称为三相体系）。土中固体颗粒，由矿物颗粒或有机质组成，构成土的骨架。骨架间有许多孔隙，可为水和气所填充，如图1-6所示。这三个组成部分本身的性质以及它们之间的比例关系和相互作用决定土的物理性质。因此，研究土的工程性质，首先应了解土的组成。

（一）土的固体颗粒

固体颗粒是土的三相组成中的主体，其大小、形状、矿物成分及组成情况是决定土的物理力学性质的主要因素。

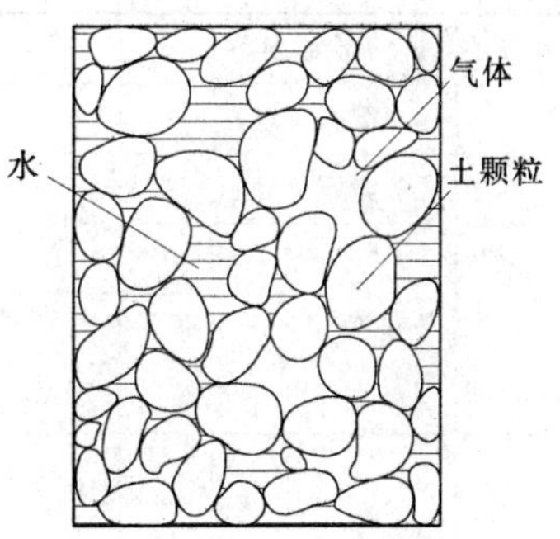

图1-6　土的三相组成示意图

1. 土的矿物成分

土的矿物成分主要取决于母岩的成分及其所经受的风化作用。不同的矿物成分对土的性质有着不同的影响。

土的固体颗粒包括无机矿物颗粒和有机质。它们是构成土的骨架最基本的物质。土的无机矿物成分可以分为原生矿物和次生矿物两大类。

原生矿物是岩石经过物理风化生成的颗粒，其矿物成分与母岩相同，土粒较粗，多呈浑圆状、块状或板状，比表面积（单位体积内颗粒的总面积）小，吸附水的能力较弱，工程性质比较稳定，表现为无黏性、透水性较大、压缩性较低。例如漂石、卵石、砾石（圆砾、角砾）等，都是岩石碎屑（多矿物颗粒），其矿物成分与母岩相同。砂粒大部分是母岩中的单矿物颗粒，如石英、长石、云母等也都是原生矿物。

次生矿物是指岩石中矿物经化学风化作用后形成的新的矿物。性质与母岩完全不同，如三氧化二铝、三氧化二铁、次生二氧化硅、黏土矿物及碳酸盐等。它们颗粒细小，呈片状，是黏性土固相的主要成分。由于其粒径非常小（小于2μm），具有很大的比表面积，与水的作用能力很强，能发生一系列复杂的物理、化学变化。其中黏土矿物是原生矿物长石及云母等硅酸盐类矿物经化学风化作用而形成，是主要的次生矿物。黏土矿物主要有蒙脱石、伊利石、高岭石三类。蒙脱石亲水性强，具有较大的吸水膨胀和脱水收缩的特性；高岭石是在酸性介质条件下形成的，亲水性弱，遇水后膨胀性和收缩性小；伊利石的亲水性介于高岭石与蒙脱石之间，膨胀性和收缩性都较蒙脱石小。

有机质是土中动、植物的残骸在微生物作用下分解形成的产物。分有机残余物和腐殖质两种。有机质易分解，强度低、压缩性大。有机质含量超过5%的土称为有机质土。这类土不宜作为堤坝的填筑材料。

2. 土粒粒组划分

天然土体土颗粒大小相差悬殊，大的有几十厘米，小的只有几微米；形状也不一样，有块状、粒状、片状等。这与土的矿物成分有关，也与土粒所经历的风化、搬运过程有关。

土粒的大小称为粒径（土颗粒并非理想的球体，这里的粒径是指与筛孔直径或与实际土粒有相同沉降速度的理想球体的直径等效的名义粒径）。工程上常把大小、性质相近的土粒合并为一组，称为粒组。划分粒组的分界尺寸称为界限粒径。对于粒组的划分方法，目前各个国家、各个部门并不统一。根据国标《土的工程分类标准》（GBJ 145—2007），土粒粒组的划分见表1-1。按照界限粒径200mm、60mm、2mm、0.075mm和0.005mm的大小，将土粒粒组先粗分巨粒、粗粒和细粒三个统称，再细分为六个粒组：漂石（块石）、卵石（碎石）、砾粒、砂粒、粉粒和黏粒。

表1-1 土粒粒组的划分

<table>
<tr><th>粒组统称</th><th colspan="2">粒组名称</th><th>粒径 d 的范围（mm）</th><th>一般特征</th></tr>
<tr><td rowspan="2">巨粒</td><td colspan="2">漂石（块石）</td><td>$d>200$</td><td rowspan="2">透水性很大，无黏性，无毛细水</td></tr>
<tr><td colspan="2">卵石（碎石）</td><td>$60<d\leqslant 200$</td></tr>
<tr><td rowspan="6">粗粒</td><td rowspan="3">砾粒</td><td>粗砾</td><td>$20<d\leqslant 60$</td><td rowspan="3">透水性大，无黏性，毛细水上升高度不超过粒径大小</td></tr>
<tr><td>中砾</td><td>$5<d\leqslant 20$</td></tr>
<tr><td>细砾</td><td>$2<d\leqslant 5$</td></tr>
<tr><td rowspan="3">砂粒</td><td>粗砂</td><td>$0.5<d\leqslant 2$</td><td rowspan="3">易透水，当混入云母等杂质时透水性减小，而压缩性增加；无黏性，遇水不膨胀，干燥时松散；毛细水上升高度不大，随粒径变小而增大</td></tr>
<tr><td>中砂</td><td>$0.25<d\leqslant 0.5$</td></tr>
<tr><td>细砂</td><td>$0.075<d\leqslant 0.25$</td></tr>
<tr><td rowspan="2">细粒</td><td colspan="2">粉粒</td><td>$0.005<d\leqslant 0.075$</td><td>透水性小，湿时稍有黏性，遇水膨胀小，干时稍有收缩；毛细水上升高度较大较快，极易出现冻胀现象</td></tr>
<tr><td colspan="2">黏粒</td><td>$d\leqslant 0.005$</td><td>透水性很小，湿时有黏性，可塑性，遇水膨胀大，干时收缩显著；毛细水上升高度大，但速度较慢</td></tr>
</table>

3. 土的颗粒级配及分析方法

（1）颗粒级配。自然界里的天然土，很少是单一粒组的土，往往由多个粒组混合而成，土的颗粒有粗有细。因此，为了说明天然土颗粒的组成情况，不仅要了解土颗粒的大小，而且要了解各种颗粒所占的比例。

工程上常用土中各粒组的相对含量，以占土粒总质量的百分数来表示，称为土的颗粒级配。这是决定无黏性土工程性质的主要因素，以此作为土的分类定名的标准。

（2）颗粒级配分析方法。土的颗粒粒径及其级配是通过土的颗粒分析试验测定的。通过实验可以了解土的颗粒级配情况，以便进行土的工程分类和评价土的工程性质。工程上，常用的方法有两种：筛分法和水分法。

筛分法适用于粒径大于0.075mm的粗粒土，砾石类土与砂类土采用筛分法。它是采用一套不同孔径的标准筛（图1-7），将风干且分散的有代表性的试样，放入一套从上到下、孔径由粗到细排列的标准筛进行筛分，然后分别称出留在各筛子上的土重，并计算出各粒组的相对含量。目前，我国采用的标准筛孔径分为9级，分别为：20mm、10mm、5mm、2mm、1mm、0.5mm、0.25mm、0.1mm、0.075mm。

水分法（沉降分析法）适用于于粒径小于0.075mm的土。该法常用的有相对密度计法和移液管法。两种方法的理论基础都是依据司笃克斯（Stokes）定律，即球状的细颗粒在水中的下沉速度与颗粒直径的平方成正比，用公式表示为：

$$d = 1.126\sqrt{v} \tag{1-1}$$

式中　d——水力直径，是指与实际土粒有相同沉降速度的理想球体的直径。

具体的试验过程是：将过筛的风干试样m_s(g)盛入1000mL量筒中，注入蒸馏水搅拌制成一定体积的均匀浓度的悬浮液。停止搅拌静置一段时间t后，根据式（1-1），在液面以下深度L_i以上的溶液中就不会有大于d_i的颗粒（图1-8），如在L_i处考虑一小区段$m \sim n$，则$m \sim n$内的悬浮液中只有等于和小于d_i的颗粒，而且等于和小于d_i颗粒的浓度与开始时均匀悬浮液中等于和小于d_i颗粒的浓度相等。其效果如同土样在孔径为d_i的筛子里一样。这样，任一时刻在任一L_i处悬浮液中颗粒d_i的浓度可用相对密度计法或移液管法测定。

相对密度计（图1-9）的读数既表示浮泡中心处的悬浮液密度ρ_i，又表示从悬浮液表面到浮泡中心处的沉降距离，速度$v_i = L_i/t_i$；$d_i = 1.126\ \sqrt{L_i/t_i}$，则在$L_i$深度处等于及小于$d_i$粒径的土粒质量$m_{si}$为

$$m_{si} = 1000\frac{\rho_i - \rho_w}{\rho_s - \rho_w}\rho_s \tag{1-2}$$

式中　ρ_s——土粒的密度，g/cm^3；

ρ_w——水的密度，g/cm^3。

那么，相应d_i(mm)的土粒质量m_{si}占土粒总质量m_s的累计百分比P_i（以%表示）为

$$P_i = \frac{m_{si}}{m_s} \tag{1-3}$$

因此，在具体试验时，只要将悬浮液搅拌均匀后，放入相对密度计，隔不同的时间t_i（1min、2min、5min、15min、30min、60min、240min、1440min），测读相对密度计读数ρ_i及L_i，就能求出相应于不同时间t_i的一系列d_i和P_i值。关于具体的试验操作及计算，将在试验课中进行。

移液管法是按规定时间把土样吸出（通常在100mm深度处吸出10mL左右），然后烘干土样，记录留下来的土颗粒质量。

(3) 颗粒级配曲线。常用的颗粒级配的表示方法有表格法、级配曲线法和三角坐标法。这里介绍级配曲线法。根据颗粒分析试验结果，可以绘制出颗粒级配曲线，反映土的颗粒级配。曲线的横坐标常用对数坐标表示粒径（因为土的粒径相差百倍、千倍以上），纵坐标则表示小于某粒径的土粒质量含量百分比，如图1-10所示。对于不同的土类，可以得到不同的级配曲线。

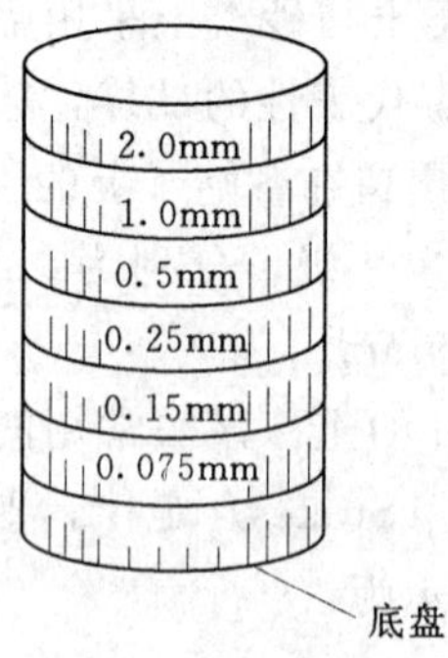

图 1-7　标准筛（细筛）示意图

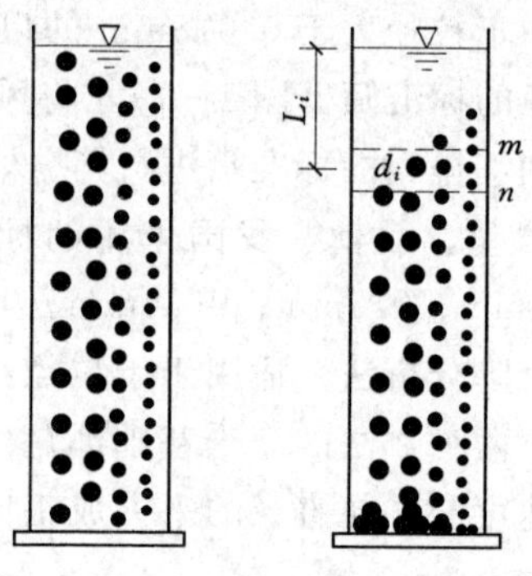

图 1-8　土粒在悬浮液中的沉降

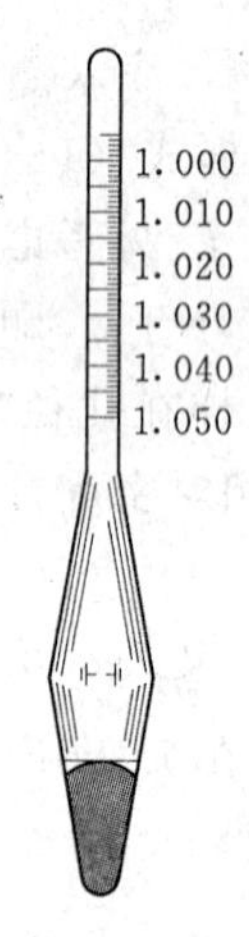

图 1-9　相对密度计

根据颗粒级配曲线的形状，可以大致判断土样所含颗粒的均匀程度。如曲线平缓，则表示粒径大小相差悬殊，颗粒不均匀，级配良好（见图 1-10 中曲线 *B*）；反之，曲线较陡，表示粒径大小相差不多，颗粒均匀，级配不良（见图 1-10 中曲线 *A*、*C*）。

根据颗粒级配曲线，可以定义反映颗粒级配不均匀程度的两个定量指标，即不均匀系数 C_u 和曲率系数 C_c，其表达式为

$$C_u = \frac{d_{60}}{d_{10}} \tag{1-4}$$

曲率系数

$$C_c = \frac{(d_{30})^2}{d_{10} \times d_{60}} \tag{1-5}$$

式中　d_{60}——小于某粒径的土粒质量占土总质量的 60%粒径，称限定粒径；

d_{30}——小于某粒径的土粒质量占土总质量的 10%粒径，称有效粒径；

d_{10}——小于某粒径的土粒质量占土总质量的 30%粒径，称中值粒径。

不均匀系数 C_u 反映大小不同粒组的分布情况，即土颗粒大小的均匀程度。C_u 越大，表示土颗粒的分布范围越大，土粒越不均匀，即粗颗粒和细颗粒的大小相差越悬殊，其级配越好，反之，C_u 越小，则土粒越均匀。曲率系数 C_c 描述了级配曲线分布的整体形态，反映了曲线的斜率是否连续，即表示是否有某粒组缺失的情况。

工程上对土的级配是否良好可按如下规定判断：

对于级配连续的土，$C_u>5$ 级配良好；反之，$C_u<5$ 级配不良。

对于级配不连续的土，级配曲线呈台阶状（见图 1-10 中曲线 *C*），仅采用单一指标难以判定土的级配好坏，还应结合 C_c 来判定。当砾类土或砂类土同时满足 $C_u>5$ 和 $C_c=1\sim3$ 两个条件时，才为级配良好，反之则级配不良。

工程中用级配良好的土作为堤坝或其他土建工程的土料时，较粗颗粒间的孔隙被较细的颗粒所填充，则比较容易获得较大的密实度。

（二）土中水

在天然情况下，土中常有一定数量的水。土中细粒越多，水对土的性质影响越大。土

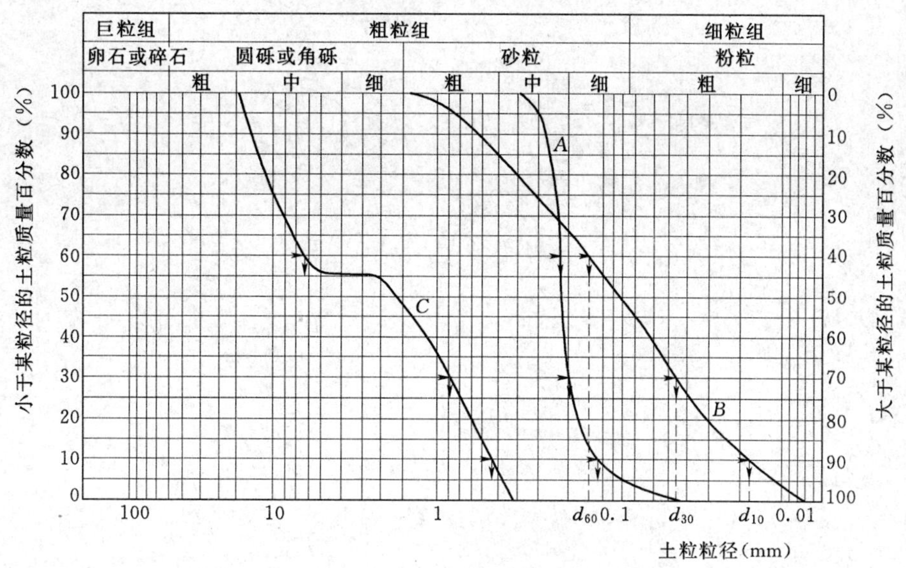

图 1-10　土的颗粒级配曲线

中水按存在形态分有液态水、固态水和气态水。固态水又称矿物内部结晶水或内部结合水，是指存在于土粒矿物的晶体格架内部或是参与矿物构造的水。这种水只有在比较高的温度（80～680℃）下，才能化为气态水而与颗粒分离，根据其对土的工程性质的影响，可把矿物内部结合水当作土体矿物颗粒的一部分。气态水是土中气的一部分。

土木工程中所讨论的土中水，主要是指土中的液态水，分为结合水和自由水两大类。

1. 结合水

结合水是指在电分子引力下吸附于土粒表面不能传递静水压力、不能任意流动的水。这种电分子引力高达几千到几万个大气压，使水分子和土粒表面牢固地黏结在一起。它又可细分为强结合水和弱结合水两种（图 1-11）。强结合水是指仅靠土粒表面的结合水膜，又称吸着水。这种水牢固地结合在土粒表面，其性质接近于固体，密度约为 1.2～2.4g/cm^3，冰点可降至－78℃，不能传递静水压力，只有吸热变成蒸汽时才能移动，具有极大的黏滞度、弹性和抗剪强度。黏性土只含强结合水时，呈固体状态，磨碎后成粉末状态；砂土的强结合水很少，仅含强结合水时呈散粒状。

弱结合水是紧靠于强结合水外围的结合水膜，又称薄膜水。它仍然不能传递静水压力，但受电场引力的作用，水膜较厚的弱结合水能向邻近的较薄的水膜缓慢转移。当土中含有较多的弱结合水时，土则具有一定的可塑性。砂土比表面较小，几乎不具可塑性，而黏性土的比表面较大，其可塑性范围就大。弱结合水的厚度，对黏性土黏性特征及工程性质影响很大。

2. 自由水

自由水是存在于土粒表面电场影响范围以外的土中水。它的性质与普通水一样，能够传递静水压力，冰点为 0℃，有溶解盐类的能力。自由水按所受作用力的不同，又可分为重力水和毛细水两种。

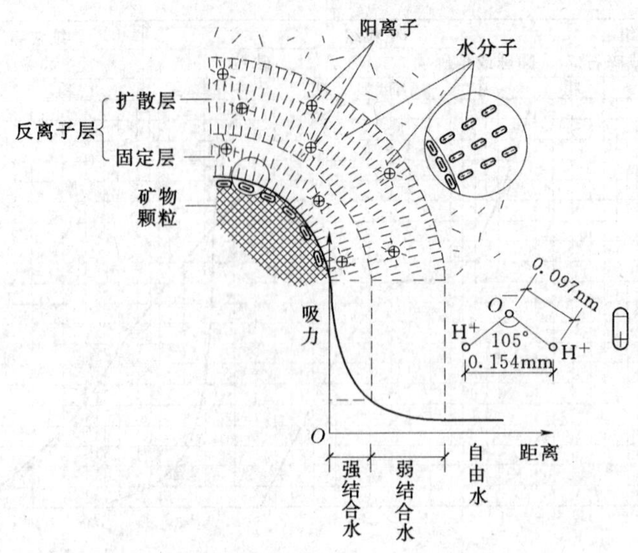

图 1-11　结合水分子定向排列及其所受电分子变化简图

重力水是存在于地下水位以下的透水土层中的地下水。它在重力或水头差作用下将产生流动，与普通水一样，具有溶解能力，能传递静水和动水压力，对土颗粒和结构物都有浮力作用。重力水的渗流特征，是地下工程排水的主要控制因素之一，对土中的应力状态和开挖基槽、基坑以及修筑地下构筑物有重要的影响。

毛细水是受到水与空气交界面处表面张力作用、存在于地下水位以上的透水层中的自由水。由于水分子和土粒分子之间的吸附力及水、气界面上的表面张力，地下水将沿着这些毛细管被吸引上来，而在地下水位以上形成一定高度的毛细水带（图 1-12），这一高度称为毛细水上升高度。它与土中孔隙的大小和形状、土粒的矿物成分以及水的性质有关。在砂土中，毛细水上升高度取决于土粒粒度，一般不超过 2m；在粉土中，由于其粒度较小，毛细水上升高度最大，往往超过 2m；黏土的粒度虽然较粉土更小，但是由于黏土矿物颗粒与水作用，产生了黏滞性的结合水，阻碍了毛细通道，因此黏土的毛细水上升高度较粉土低。

毛细水除存在于毛细上升水带内，也存在于分包和土的较大孔隙中。在水、气界面上，由于弯液面表面张力的存在，以及水与土粒表面的浸润作用，孔隙水的压力也将小于孔隙内的大气压力。于是，沿着毛细弯液面的切线方向，将产生迫使相邻土粒挤紧的压力，这种压力称为毛细压力，如图 1-13 所示。毛细压力的存在，使水内的压力小于大气压力，即孔隙压力为负值，增加了粒间错动的阻力，使得湿砂具有一定的可塑性，并称之为“似黏聚力”现象。毛细压力呈倒三角分布，在水气界面处最大，自由水位处为零。因此，在完全浸没或完全干燥条件下，弯液面消失，毛细压力变为零，湿砂也就不具有“似黏聚力”现象。

在工程中，毛细水的上升高度和速度对于建筑物地下部分的防潮措施和地基土的浸湿、冻胀等有重要影响。此外，在干旱地区，地下水中的可溶盐随毛细水上升后不断蒸发，盐分便积聚于靠近地表处而形成盐渍土。

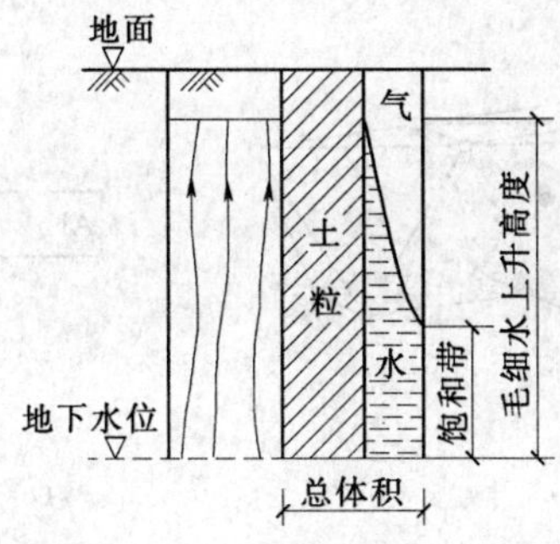

图 1-12 土层内的毛细水带

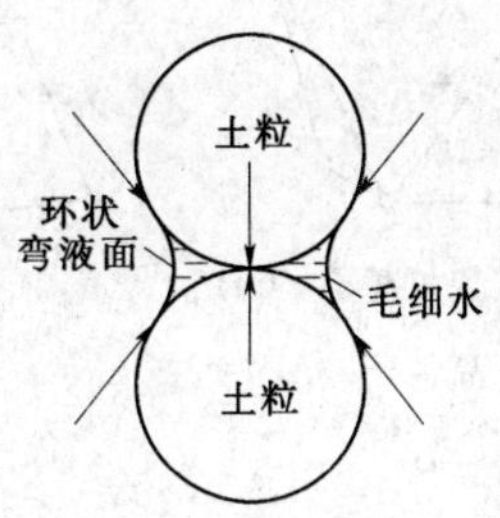

图 1-13 毛细压力示意图

(三) 黏土颗粒与水的相互作用

黏土颗粒细小，粒径小于 0.005mm，具有很大的比表面积，与水相互作用能力很强。其矿物成分主要有黏土颗粒和其他化学胶结物或有机物质，其矿物的晶体构造不同，黏土颗粒与孔隙水及孔隙水中介质的相互作用也不同，造成黏土工程性质的差异。

1. 黏土矿物的结晶构造

黏土矿物是一种铝——硅酸盐晶体，是由两种晶片组叠而成。一种是硅氧晶片（简称硅片），它的基本单元是硅—氧四面体，即由 1 个居中的硅离子和 4 个角点的氧离子组成［图 1-14 (a)］，一个硅片则由 6 个硅—氧四面体组成［图 1-14 (b)］，其中硅片底面的氧离子被相邻两个硅离子所共有，简化图形见图 1-14 (c)；另一种是铝氢氧晶片（简称铝片），它的基本单元为铝—氢氧八面体，是由一个居中的铝离子和六个在角点的氢氧离子组成［图 1-15 (a)］，4 个铝—氢氧八面体组成一个铝片见图 1-15 (b)。每个氢氧离子被相邻两个铝离子所共有，简化图形见图 1-15 (c)。

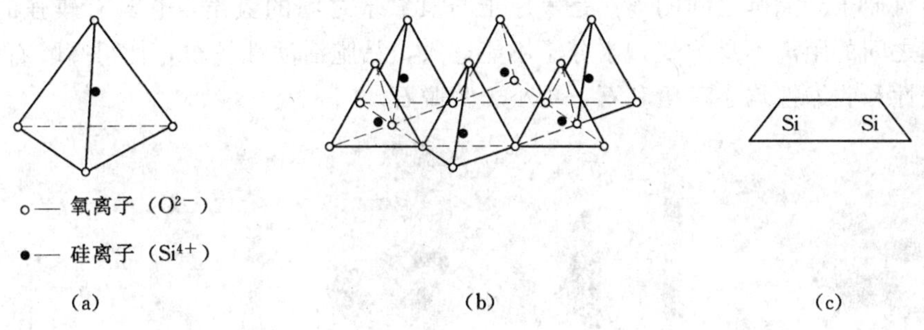

图 1-14 硅片的结构

(a) 硅一氧四面体；(b) 硅片；(c) 硅片简图

硅片和铝片构成两种基本类型晶胞，即由一层硅片和一层铝片构成的二层型晶胞（即 1∶1 型晶胞）和由两层硅片中间夹一层铝片构成的三层型晶胞（即 2∶1 型晶胞）。这两类晶胞的不同组叠形式就形成了不同的黏土矿物，其中主要有蒙脱石、伊利石和高岭石三类（图 1-16）。

(1) 蒙脱石。它是化学风化的初期产物，其结构单元（晶胞）是两层硅氧晶片之间夹一层铝氢氧晶片所组成的，即 2∶1 型晶胞。由于晶胞的两个面都是氧离子，其间没有氢

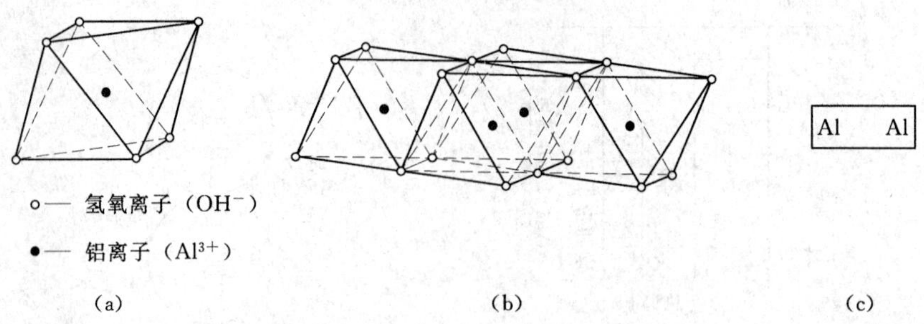

图 1-15　铝片的结构

(a) 铝—氢氧八面体；(b) 铝片；(c) 铝片简图

键，因此连接很弱［图 1-17 (a)］，水分子可以进入晶胞之间，从而改变晶胞之间的距离，甚至达到完全分散到单晶胞为止。因此蒙脱石的晶格是活动的，具有较大的吸水膨胀和脱水收缩的特性。高岭石是长石风化的产物，由一层四面体和一层八面体相互叠结而成。

(2) 伊利石。它的结构单元类似于蒙脱石，同属于 2∶1 型晶胞。所不同的是硅—氧四面体中的 Si^{4+} 可以被 Al^{3+}、Fe^{3+} 所取代，因而在相邻晶胞间将出现若干一价正离子 (K^+) 以补偿晶胞中正电荷的不足［图 1-17 (b)］，增强了晶胞之间的连接作用，水分子难以进入。所以伊利石的结晶构造没有蒙脱石那样活动，其遇水膨胀、失水收缩能力低于蒙脱石，其力学性质介于高岭石和蒙脱石之间。

(3) 高岭石。它的结构单元是由一层铝氢氧晶片和一层硅氧晶片组成的晶胞。高岭石的矿物就是由若干重叠的晶胞构成的［图 1-17 (c)］。这种晶胞一面露出氢氧基，另一面则露出氧原子。晶胞之间的连接是氧原子与氢氧基之间的氢键，它具有较强的连接力，因此晶胞之间的距离不易改变，水分子不能进入，晶胞活动性较小，使得高岭石的其亲水性、膨胀性和收缩性均小于伊利石，更小于蒙脱石。

(a)

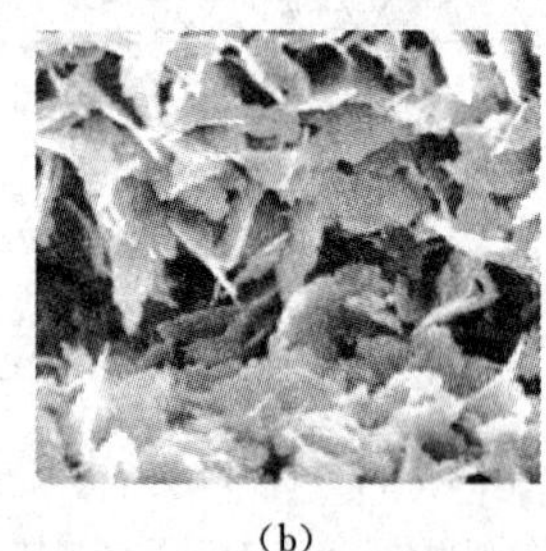
(b)

(c)

图 1-16　三种典型黏土矿物

(a) 蒙脱石；(b) 伊利石；(c) 高岭石

2. 黏土的双电层

列依斯 (Ruess) 早于 1807 年通过实验证明黏土颗粒表面的带负电。由于颗粒表面带负电荷，在电场作用下向阳极移动的现象称为电泳；而水分子向相反电极移动的现象称为电渗。工程中的电渗排水法就利用了黏土颗粒表面的带电现象。

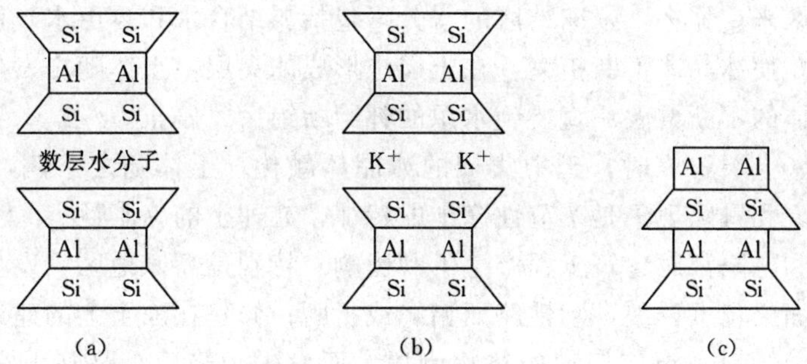

图 1-17　黏土矿物构造单元示意图

(a) 蒙脱石；(b) 伊利石；(c) 高岭石

由于黏土颗粒表面的带电性，围绕土粒形成电场，在土粒电场范围内的水分子和水溶液中的阳离子（如 Na^{+}、Ca^{2+}、Al^{3+} 等）一起被吸附在土粒表面。因为水分子是极性分子（氢原子端显正电荷，氧原子端显负电荷），它被土粒表面电荷或水溶液中离子电荷的吸引而定向排列（图 1-11）。

土粒周围水溶液中的阳离子，一方面受到土粒所形成电场的静电引力作用，另一方面又受到布朗运动（热运动）的扩散力作用。这两种相反趋向作用的结果，使土粒周围的极性水分子和阳离子呈不均匀分布。在最靠近土粒表面处，静电引力最强，把水化离子和极性水分子牢固地吸附在颗粒表面上形成固定层。在固定层外围，静电引力比较小，因此水化离子和极性水分子的活动性比在固定层中大些，形成扩散层。固定层和扩散层中所含的阳离子与土粒表面的负电荷的电位相反，故称为反离子。该反离子层与土粒表面负电荷一起即构成双电层，如图 1-11 所示。

反离子层中水分子和阳离子分布，愈靠近表面，则排列得愈紧密和整齐，离子浓度愈高，活动性也愈小。因而，固定层中的极性水分子形成的水膜是强结合水，而强结合水以外、扩散层内的水是弱结合水。因此，扩散层水膜的厚度对黏性土的性质影响很大。扩散层厚度大，土的塑性高，颗粒之间的距离相对也大，因此土体的膨胀与收缩性大，土的压缩性也高，而强度相对较低。在工程实践中可利用这一机理来改良土质。如用三价及二价离子（如 Fe^{3+}、Al^{3+}、Ca^{2+}、Mg^{2+}）处理黏土，使双电层中高价离子的浓度增加，双电层变薄，从而增加了土的强度与稳定性，减少了膨胀性。

（四）土的冻胀

地面下一定深度的水温，随大气温度而改变。当大气负温传入土中时，土中的自由水首先冻结成冰晶体，随着气温的继续下降，弱结合水的最外层也开始冻结，使冰晶体逐渐扩大。这样，使冰晶体周围土粒的结合水膜减薄，土里就产生剩余的分子引力。另外，由于结合水膜的减薄，使得水膜中的离子浓度增加，产生了渗透压力（即当两种水溶液的浓度不同时，会在它们之间产生一种压力差，使浓度较小溶液中的水向浓度较大的溶液渗流）。在这两种引力作用下，下卧未冻结区水膜较厚处的弱结合水，被吸引到水膜较薄的冻结区，并参与冻结，使冰晶体增大，而不平衡引力却继续存在。假使下卧层未冻结区存在着水源（如地下水距冻结区很近）及适当的水源补给通道（即毛细通道），能够源源不断地补充到冻结区来，那么，未冻结区的水分（包括弱结合水和自由水）就会不断地向冻结区迁移和集聚，使冰晶体不断扩大，在土层中形成冰夹层，土体随之发生隆起，即冻胀现象。这种冰晶体的不断增大一直要到水源的补给断绝后才停止。

当气温升高、土层解冻时，土中集聚的冰晶体融化，土体随之下陷，即出现融陷现象。土的冻胀现象和融陷现象是季节性冻土的特征，亦即土的冻胀性。

可见，冻胀和融陷都对建筑工程产生不利影响。特别是高寒地区，发生冻胀时，使路基隆起，柔性路面鼓包、开裂，刚性路面错缝或折断；修建在冻土上的建筑物，冻胀会引起建筑物的开裂、倾斜甚至使轻型构筑物倒塌。而发生融陷后，路基土在车辆反复碾压下，轻者路面变得较软，重者路面翻浆，也会使房屋、桥梁、涵管发生大量下沉或不均匀下沉，引起建筑物的开裂破坏。

（五）土中气体

土中的气体存在于孔隙众未被水所占据的部位，包括与大气相连通的和不连通的气体两类。在粗颗粒的沉积物中常见到与大气相连通的空气，它对土的工程性质影响不大。在细颗粒中则存在与大气隔绝的封闭气泡。在外力作用下，封闭气体可被压缩或溶解于水中；压力减小时，气泡恢复原状或重新游离出来，使得土的弹性变形增加，透水性降低，可见，封闭气体对土的工程性质影响较大。

土中气体成分与大气成分比较，土中气含有更多的 CO_2，较少的 O_2，较多的 N_2。土中气体与大气的交换越困难，两者的差别越大，与大气联通不畅的地下工程施工中尤其注意氧气的补给，以保证施工人员的安全。

此外，在淤泥和泥炭质土等有机土中，由于微生物的分解作用，土中有时蓄积某些有毒气体和可燃气体（如 CO_2、甲烷及硫化氢等）。若这些气体长期被埋藏于较深的土层中且含量很高，在开挖地下工程遇到时就会对人的生命安全产生严重危害。

二、土的结构

土的结构是指土颗粒的大小、形状、表面特征、相互排列及其连接关系的综合特征。土的结构是在成土过程中逐渐形成的，不同类型的土，其结构是不同的，因而其工程性质也各异。按土颗粒的排列及连接，一般把土的结构分为单粒结构、蜂窝结构、絮状结构。

1. 单粒结构

单粒结构是由粗大土粒在水或空气中下沉而形成的，土颗粒相互间有稳定的空间位置，是碎石土和砂土的结构特征。因其颗粒较大，土粒间的分子引力相对很小，颗粒间几乎没有连接，湿砂也仅有微弱的毛细水压力连接。

单粒结构中，土粒的粒度和形状、土粒在空间的相对位置决定了其密实程度。因此，单粒结构可以是疏松的，也可以是紧密的（图 1－18）。呈疏松状态的单粒结构的土，其骨架不稳定，当受到振动及其他外力作用时，土粒易发生移动，土中孔隙剧烈减少，引起土体较大的变形。如饱和的粉细砂，当受到地震等动力荷载作用时，极易产生液化而丧失其承载能力。因此，这种土层如未经处理一般不宜作为建筑物地基或路基。呈紧密状态的单粒结构的土，由于其土粒排列紧密，在动荷载及静荷载作用下都不会产生较大的沉降，所以，强度较大，压缩性较小，一般是良好的天然地基。

(a)

(b)

图 1-18　单粒结构
(a) 疏松状态；(b) 紧密状态

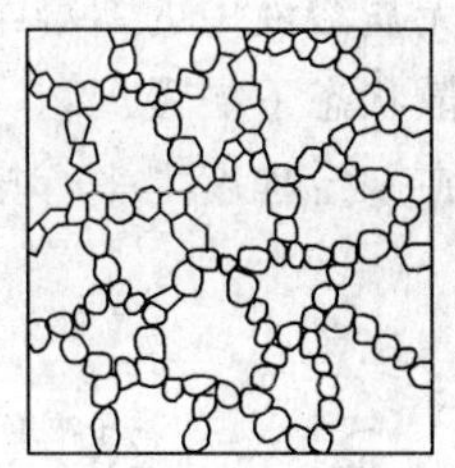

图 1-19　蜂窝结构

2. 蜂窝结构

蜂窝结构主要是由粉粒（0.075～0.005mm）组成的土的结构形式。据研究，粒径在 0.075～0.005mm 的土粒在水中沉积时，基本上是以单个土粒下沉，当碰上已沉积的土粒时，由于土粒之间的相互引力大于其重力，因此土粒就停留在最初的接触点上不再下沉，逐渐形成土粒链。土粒链组成弓架结构，形成具有很大孔隙的蜂窝状结构（图 1-19）。

具有蜂窝结构的土有很大孔隙，但是由于弓架作用和一定程度的粒间连接，使其可承担一般的水平静荷载。但当其承受较高水平荷载或动力荷载时，其结构将破坏，导致严重的地基沉降。

3. 絮状结构

对于细小的黏粒（$d<0.005$mm）或胶粒（$d<0.002$mm），其重力作用很小，能够在水中长期悬浮，不因自重而下沉。这时，黏土矿物颗粒间与水的作用产生的粒间作用力就突显出来。粒间作用力有粒间排斥力和粒间吸引力，且均随粒间的距离减小而增加，但增长的速率不尽相同。粒间排斥力主要是两土粒靠近时，土粒反离子层间孔隙水的渗透压力产生的渗透斥力，该斥力的大小与双电层的厚度有关，随着水溶液的性质改变而发生明显的变化。相距一定距离的两土粒，粒间排斥力随着离子浓度、离子价数及温度的增加而减小。粒间吸引力主要是范德华力，随着粒间距离增加很快衰减，这种变化决定于土粒的大小、形状、矿物成分、表面电荷等因素，但与土中水溶液的性质几乎无关。粒间作用力的作用范围从几埃到几百埃。

排斥力与吸引力是并存的，当总的吸引力大于排斥力时表现为净吸力，反之为净斥力（图 1-20）。若以斥力为主，则土粒间凝聚受阻，土悬浮液则处于分散状态，称为胶溶状态；反之，以引力为主，则产生凝聚，称为胶凝状态。

在高含盐量的水中沉积的黏性土，由于离子浓度的增加，反离子层减薄，渗透斥力降低。因此，在粒间较大的净吸力作用下，黏土颗粒容易结合在一起逐渐形成小链环状的土粒集合体而下沉，形成盐液中的絮凝结构，如图 1-21（a）所示。例如混浊的河水流入海中，由于海水的高盐度，很容易絮凝沉积为淤泥。在无盐的溶液中，有时也可能产生絮凝，这一方面是由于某些片状黏土颗粒，由于破键（断裂的）作用，虽然晶片上带有负电荷，但在边缘上局部存在正电荷。这样，当一个黏粒的边（正电荷）与另一黏粒的面（负电荷）接触时，即产生静电吸引力，也形成絮凝结构；另一方面布朗运动（随机运动）的悬浮颗粒在运动的过程中，可能形成边—面连接絮凝成集合体后，在重力的作用下而下沉，形成无盐溶液中的絮凝结构，如图 1-21（b）所示。当土粒间表现为净斥力时，土粒将在分散状态下缓慢沉积（面对面的方式接触），这时土粒是定向（或半定向）排列的，片状颗粒在一定程度上平行排列，形成所谓分散型结构，亦称片堆结构，如图 1-21（c）所示。

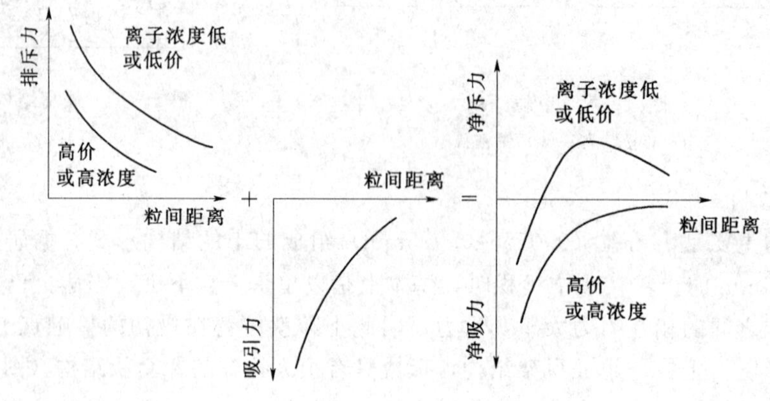

图 1-20　两土粒间的相互作用力

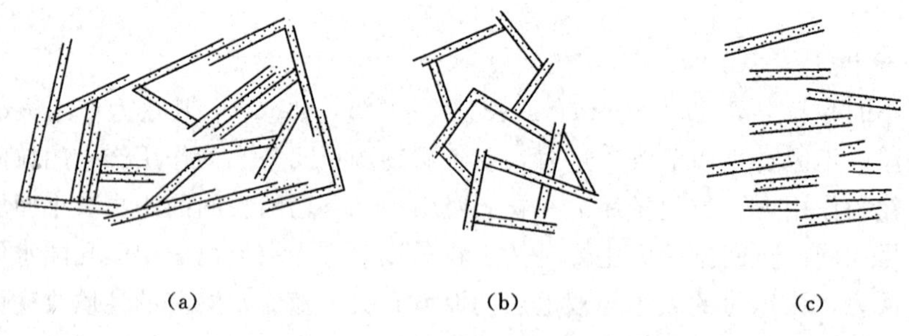

图 1-21　黏土颗粒沉积结构

（a）盐液中絮凝结构；（b）非盐液中絮凝结构；（c）分散结构

絮凝沉积形成的土在结构分类上亦称片架结构，这类结构实际是不稳定的，随着溶液性质的改变或受到震荡后可重新分散。如果在很小的施工扰动下，土粒之间的连接脱落，造成结构破坏，强度迅速降低，但土粒之间的连接强度（结构强度）往往由于长期的压密和胶结作用而得到加强。可见，黏粒间的连接特征，是影响这一类土工程性质的主要因素之一。

天然条件下，任何一种土类的结构并不是单一的，往往呈现以某种结构为主，混杂各种结构的复合形式。还应指出，当土的结构受到破坏或扰动时，在改变了土粒排列的同时，也不同程度地破坏了土粒间的连接，从而影响土的工程性能，对于蜂窝和絮状结构的土，往往会大大降低其结构强度。

三、土的构造

土的构造是指土体形成过程中的层理、裂隙及大孔隙等宏观特征。土的构造有以下几种类型：

1. 层理构造

土的构造最主要特征就是成层性，即层理构造（图 1-22）。它是在土的形成过程中，由于不同阶段沉积的物质成分、颗粒大小或颜色不同，而沿竖向呈现的成层特征。常见的有水平层理构造和交错层理构造。

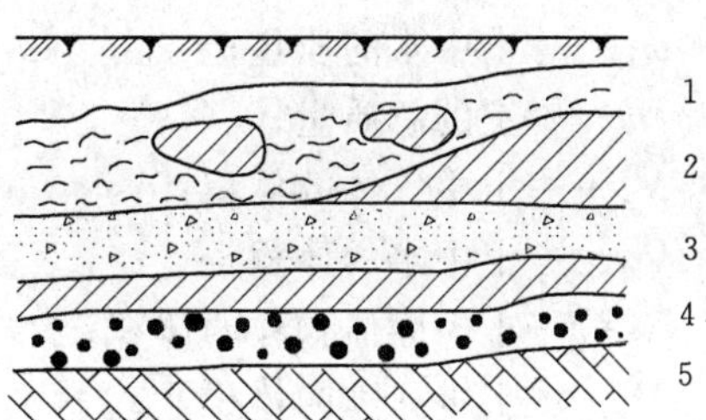

图 1-22　土的层理构造

1—淤泥夹黏土透镜体；2—黏土尖灭层；3—砂土夹黏土层；4—砾石层；5—基岩

2. 裂隙状构造

土的构造的另一特征是土的裂隙性，这是土的自然演化过程中，经受地质构造作用或自然淋滤、蒸发作用形成，裂隙中往往充填有沉淀物，如黄土的柱状裂隙。裂隙的存在破坏了土体的整体性，大大降低土体的强度和稳定性，增大透水性，对工程不利。

3. 分散构造

土层中各部分的土粒组成无明显差别，分布均匀，各部分性质亦相近，称为分散构造。各种经过分选的砂、砾石、卵石形成的有较大的埋藏厚度，无明显层次的沉积，都属于分散构造。

此外，也应注意到土中有无包裹物（如腐殖物、贝壳、结核体等）以及天然或人为的孔洞存在。这些构造特征都造成土的不均匀性。

第三节　土的物理性质指标

土是由固体颗粒（固相）、土中水（液相）和土中气（气相）这三部分组成的，三相的质量和体积之间的比例关系，随着各种条件的变化而改变。例如，地下水位的升降会改变土中水的含量；经过压实的土，其孔隙体积将减小。这说明土的性质不仅取决于三相组成的性质，而且三相之间的比例关系也是重要的影响因素。因此，要研究土的疏密、干湿、软硬等物理性质，就要对土的三相组成比例进行定量的分析，进而评定土的工程性质。

表示土的三相物质在体积和质量上的比例关系的指标，称为土的三相比例指标，即土的物理性质指标，包括土的天然密度、含水量、土粒相对密度、孔隙比、孔隙率和饱和度等。为了导出三相比例指标和方便说明问题，可把土中混在一起的固体颗粒、水和气体三相物质分别集中起来，构成理想的三相关系图（图 1-23）。图的左侧注明土的各相质量，右边注明各相所占的体积。

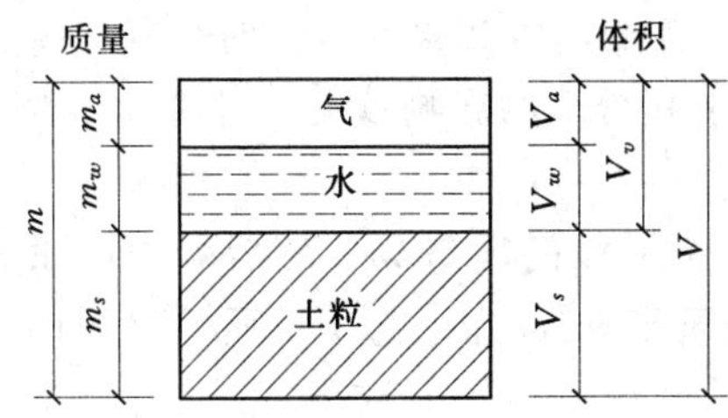

图 1-23　土的三相比例关系示意图

图中各符号的意义如下：

m_a——土中气体的质量，相对较小，可以忽略，即 $m_a \approx 0$；

m_s——土中固体颗粒的质量；

m_w——土中水的质量；

m——土的总质量；

V_a——土中气体的体积；

V_w——土中水的体积；

V_s——土中固体颗粒的体积；

V_v——土中孔隙的体积，$V_v=V_a+V_w$；

V——土的总体积。

一、土的三个基本物理指标

土的三个基本物理指标是指土的天然密度、土的含水量和土粒相对密度，一般通过实验测定其数值。

1. 土的天然密度 ρ

在天然状态下（即保持原始状态的含水量不变），单位体积土的质量称为土的密度，简称天然密度或密度（单位 g/cm^3 或 t/m^3），即

$$\rho=\frac{m}{V} \tag{1-6}$$

天然状态下土的密度变化范围很大，随土的矿物成分、孔隙体积和水的含量而异，一般为黏性土和粉土 $\rho=1.8\sim2.0g/cm^3$；砂土 $\rho=1.6\sim2.0g/cm^3$，腐殖土 $\rho=1.5\sim1.7g/cm^3$。

土的密度一般采用“环刀法”测定，用一个圆环刀（刀刃向下）放置于削平的原状土样面上，垂直边压边削至土样伸出环刀口为止，削去两端余土，使与环刀口面平齐，称出环刀内土的质量，求得它与环刀容积之比值即为土的密度。

2. 土的含水量 w

在天然状态下，土中水的质量与土粒质量之比（用百分数表示），称为土的含水量，即

$$w=\frac{m_w}{m_s}\times100\% \tag{1-7}$$

含水量 w 是标志土湿度的一个重要指标。天然土层的含水量变化范围较大，它与土的种类、埋藏条件及其所处的自然地理环境等有关。一般干砂的含水量接近零，而饱和砂土的含水量可高达40%。黏性土处于坚硬状态时，含水量可小于30%；而处于流塑状态时，含水量可大于60%（如淤泥）。一般情况下，同一类土，当其含水量大时，其强度就降低，土的力学性质也随之改变。土的含水量对黏性土和粉土的影响较大，对粉砂、细砂稍有影响。

土的含水量一般采用“烘干法”测定，即称出天然土样的质量 m，然后置于电烘箱内，在温度为100～150℃条件下烘至恒重，称得干土质量 m_s，湿土与干土质量之差即为土中水的质量 m_w，故按式（1-7）求得土的含水量。

3. 土粒相对密度 d_s

土的固体颗粒质量与同体积4℃时纯水的质量之比，称为土粒相对密度，即

$$d_s = \frac{m_s}{V_s\rho_{w1}} = \frac{\rho_s}{\rho_{w1}} \tag{1-8}$$

式中　ρ_s——土粒密度，g/cm³；

ρ_{w1}——纯水在4℃时的密度（单位体积的质量），等于1g/cm³或1t/m³。

一般情况下，土粒相对密度在数值上等于土粒密度，但两者含义不同，前者是两种物质的质量密度之比，无量纲；而后者是一种物质（土粒）的质量密度，有单位。土粒相对密度可在实验室采用“比重瓶法”测定。将风干碾碎的土样注入比重瓶内，由排出同体积的水的质量原理测定土颗粒的体积 V_s。土粒相对密度变化幅度不大，一般可参考表1-2取值。有机质土一般为2.4～2.5，泥炭土为1.5～1.8。

表1-2　土粒相对密度参考值

土的名称	砂土	粉土	黏性土	
			粉质黏土	黏土
土粒相对密度	2.65～2.69	2.70～2.71	2.72～2.73	2.74～2.76

二、换算指标

测出土的密度、土粒的相对密度和土的含水量后，就可以根据图1-23所示的三相图，计算出土的六个换算指标，包括土的干密度、饱和密度、有效密度、孔隙比、孔隙率和饱和度。

（一）特定条件下土的密度指标

1. 土的干密度 ρ_d

单位土体积中固体颗粒的质量，称为土的干密度，即

$$\rho_d = \frac{m_s}{V} \tag{1-9}$$

土的干密度一般为1.3～1.8t/m³。工程上常用土的干密度来评价土的密实程度，以控制填土工程、高等级公路路基和坝基的施工质量。

2. 土的饱和密度 ρ_{sat}

土孔隙中全部充满水时，单位体积土的质量，称为土的饱和密度，即

$$\rho_{sat} = \frac{m_s + V_v\rho_w}{V} \tag{1-10}$$

式中　ρ_w——水的密度，近似取 $\rho_w = 1\text{g/cm}^3$。

一般情况下，$\rho_{sat} = 1.8 \sim 2.3\text{g/cm}^3$。

3. 土的有效密度 ρ'

在地下水位下，单位体积中土粒的质量扣除同体积水的质量后，即为单位土体积中土粒的有效质量，称为土的有效密度，即

$$\rho' = \frac{m_s - V_s\rho_w}{V} \tag{1-11}$$

在计算土的自重应力时，须采用土的重力密度，即单位体积土的重力，简称重度。土的湿重度 γ、干重度 γ_d、饱和重度 γ_{sat}、有效重度 γ' 分别按下列公式计算：$\gamma = \rho g$、$\gamma_d =$

$\rho_d g$、$\gamma_{sat}=\rho_{sat}g$、$\gamma'=\rho' g$，式中 g 为重力加速度，为计算方便一般取 $g=10\text{m/s}^2$。各重度的单位为 kN/m^3。

（二）反映土的孔隙特征的指标

1. 土的孔隙比 e

土中孔隙体积与土粒体积之比，称为土的孔隙比，即

$$e=\frac{V_v}{V_s} \tag{1-12}$$

2. 土的孔隙率 n

土中孔隙体积与土的总体积之比（用百分数表示），称为土的孔隙率，即

$$n=\frac{V_v}{V}\times 100\% \tag{1-13}$$

土的孔隙比与孔隙率之间的关系为

$$n=\frac{e}{1+e}\times 100\% \tag{1-14}$$

土的孔隙比或孔隙率都可用来表示土的松、密程度。它随土形成过程中所受到压力、粒径级配和颗粒排列的状况而变化。一般情况下，e 和 n 愈大，土愈疏松；反之土愈密实。一般来说，$e<0.6$ 的土是密实的，土的压缩性低；$e>1.0$ 的土是疏松的，压缩性高。

（三）反映土的含水程度的指标

含水量 w 是表示土中含水程度的三相比例指标，此外，工程上往往还需要知道土中孔隙被水充满的程度，可用土的饱和度 S_r 表示。土中被水充满的孔隙体积与孔隙总体积之比（用百分数表示），称为土的饱和度 S_r，即

$$S_r=\frac{V_w}{V_v}\times 100\% \tag{1-15}$$

如果 $S_r=100\%$，表明土孔隙中充满水，土是完全饱和的，$S_r=0$，则土是完全干燥的。通常根据饱和度的大小将砂土分为稍湿（$S_r\leqslant 50\%$）、很湿（$50\%<S_r\leqslant 80\%$）和饱和（$S_r>80\%$）三种状态。

三、指标的换算

以上对各指标进行了定义，如测得三个基本物理性质指标后，替换三相图中的各符号即可得出其他三相比例指标。常采用图 1-24 所示的三相图，进行各指标的换算。

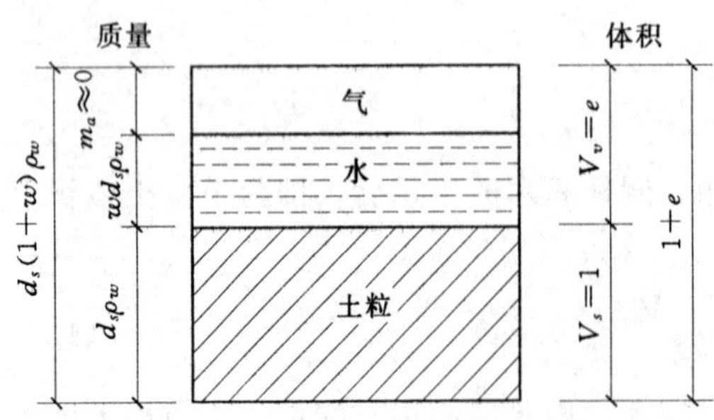

图 1-24　土的三相比例指标换算图

令 $V_s=1$，$\rho_{w1}=\rho_w$，则 $V_v=e$，$V=1+e$；再根据土粒相对密度的定义，$m_s=d_s\rho_w$，根据土的含水量的定义，$m_w=wd_s\rho_w$，则 $m=d_s(1+w)\rho_w$。于是，由各指标定义得

$$\rho=\frac{m}{V}=\frac{d_s(1+w)\rho_w}{1+e}$$

$$\rho_d=\frac{m_s}{V}=\frac{d_s\rho_w}{1+e}=\frac{\rho}{1+w}$$

由上式得

$$e=\frac{d_s\rho_w}{\rho_d}-1=\frac{d_s(1+w)\rho_w}{\rho}-1$$

$$\rho_{sat}=\frac{m_s+V_v\rho_w}{V}=\frac{(d_s+e)\rho_w}{1+e}$$

$$\rho'=\frac{m_s-V_s\rho_w}{V}=\frac{m_s-(V-V_v)\rho_w}{V}=\frac{m_s+V_v\rho_w-V\rho_w}{V}$$

$$=\rho_{sat}-\rho_w=\frac{(d_s-1)\rho_w}{1+e}$$

$$n=\frac{V_v}{V}=\frac{e}{1+e}$$

$$S_r=\frac{V_w}{V_v}=\frac{m_w}{V_v\rho_w}=\frac{wd_s}{e}$$

常见的土的三相比例指标换算公式列于表 1-3。

表 1-3　土的三相比例指标换算公式

名　称	符号	三相比例表达式	常用换算公式	常见的数值范围
含水量	w	$w=\frac{m_w}{m_s}\times100\%$	$w=\frac{S_re}{d_s}=\frac{\rho}{\rho_d}-1$	20%～60%
土粒相对密度	d_s	$d_s=\frac{m_s}{V_s\rho_{w1}}$	$d_s=\frac{S_re}{w}$	黏性土：2.72～2.75 粉　土：2.70～2.71 砂　土：2.65～2.69
密度	ρ	$\rho=\frac{m}{V}$	$\rho=\rho_d(1+w)$ $\rho=\frac{d_s(1+w)}{1+e}\rho_w$	1.6～2.0g/cm^3
干密度	ρ_d	$\rho_d=\frac{m_s}{V}$	$\rho_d=\frac{\rho}{(1+w)}=\frac{d_s\rho_w}{1+e}$	1.3～1.8g/cm^3
饱和密度	ρ_{sat}	$\rho_{sat}=\frac{m_s+V_v\rho_w}{V}$	$\rho_{sat}=\frac{d_s+e}{1+e}\rho_w$	1.8～2.3g/cm^3
有效密度	ρ'	$\rho'=\frac{m_s-V_s\rho_w}{V}$	$\rho'=\rho_{sat}-\rho_w$ $\rho'=\frac{d_s-1}{1+e}\rho_w$	0.8～1.3g/cm^3
孔隙比	e	$e=\frac{V_v}{V_s}$	$e=\frac{d_s\rho_w}{\rho_d}-1$ $e=\frac{d_s(1+w)\rho_w}{\rho}-1$	黏性土和粉土：0.40～1.20 砂土：0.30～0.90
孔隙率	n	$n=\frac{V_v}{V}\times100\%$	$n=\frac{e}{1+e}=1-\frac{\rho_d}{d_s\rho_w}$	黏性土和粉土：30%～60% 砂土：25%～45%
饱和度	S_r	$S_r=\frac{V_w}{V_v}\times100\%$	$S_r=\frac{wd_s}{e}=\frac{w\rho_d}{n\rho_w}$	0～100%

注　水的重度 $\gamma_w=\rho_wg=1\text{t/m}^3\times9.807\text{m/s}^2=9.807\times10^3(\text{kg}\cdot\text{m/s}^2)/\text{m}^3\approx10\text{kN/m}^3$。

以上公式的推导中，是以 $V_s=1$ 作为计算的出发点，其实以土的总体积 $V=1$ 作为计算的出发点，或以其他量为 1 都可以得出相同的结果。这是因为上述各个物理性质指标都是相对的比例关系，不是量的绝对值。因此，在换算时，可以根据具体情况决定采用某种方法。

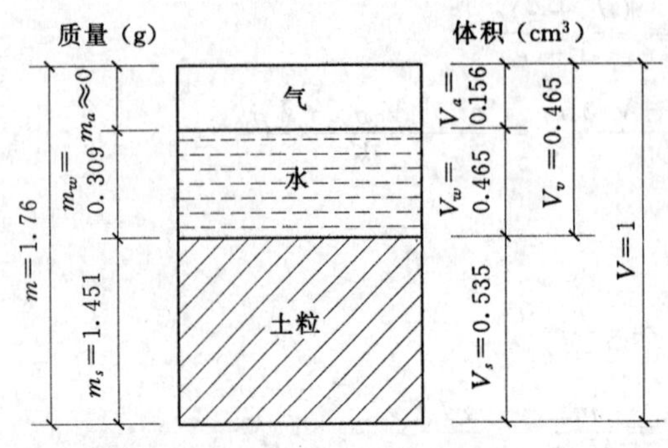

图 1-25　例［1-1］三相比例关系图

【例 1-1】 某原状土样，经试验测得天然密度 $\rho=1.76\text{g/cm}^3$，含水量 $w=21.3\%$，土粒相对密度 $d_s=2.71$，求孔隙比 e，孔隙率 n，饱和度 S_r，干密度 ρ_d、饱和密度 ρ_{sat}、有效密度 ρ'、干重度 γ_d、饱和重度 γ_{sat} 和有效重度 γ'。

解：绘制三相比例关系图，如图 1-25 所示。

（1）令 $V=1\text{cm}^3$，根据密度定义得

$$m=\rho V=1.76\times1=1.76\ (\text{g})$$

又根据含水量定义得

$$m_w=wm_s=0.213m_s$$

由三相图可知：$m=m_w+m_s$，即 $0.213m_s+m_s=1.76\text{g}$，故 $m_s=1.451\text{g}$ $m_w=0.213\times1.451=0.309\ (\text{g})$，$V_w=\dfrac{m_w}{\rho_w}=\dfrac{0.309}{1}=0.309\ (\text{cm}^3)$。

（2）由相对密度定义得

$$V_s=\frac{m_s}{d_s\rho_{w1}}=\frac{1.451}{2.71\times1}(\text{cm}^3)=0.535\text{cm}^3$$

故

$$V_a=V-V_w-V_s=1-0.309-0.535=0.156\ (\text{cm}^3)$$

$$V_v=V-V_s=1-0.535=0.465\ (\text{cm}^3)$$

至此，三相比例关系图中 8 个未知量全部计算出数值，标于图 1-25 中。

（3）根据各物理性质指标的定义得

孔隙比　$$e=\frac{V_v}{V_s}=\frac{0.465}{0.535}=0.869$$

孔隙率　$$n=\frac{V_v}{V}\times100\%=\frac{0.465}{1}\times100\%=46.5\%$$

饱和度　$$S_r=\frac{V_w}{V_v}\times100\%=\frac{0.309}{0.465}\times100\%=66.5\%$$

干密度　$$\rho_d=\frac{m_s}{V}=\frac{1.451}{1}=1.45(\text{g/cm}^3)$$

饱和密度　$$\rho_{sat}=\frac{m_s+V_v\rho_w}{V}=\frac{1.451+0.465\times1}{1}=1.92(\text{g/cm}^3)$$

有效密度　$$\rho'=\frac{m_s-V_s\rho_w}{V}=\frac{1.451-0.535\times1}{1}=0.92(\text{g/cm}^3)$$

干重度　$$\gamma_d=\rho_d g=1.45\times10=14.5(\text{kN/m}^3)$$

饱和重度　$$\gamma_{sat}=\rho_{sat}g=1.92\times10=19.2(\text{kN/m}^3)$$

有效重度　$$\gamma'=\rho' g=0.92\times10=9.2(\text{kN/m}^3)$$

上述计算中，如果令 $V_s=1\text{cm}^3$ 进行计算，可得相同的结果。

应当指出，三相计算是工程技术人员的一个基本功，在阅读使用工程地质勘察报告、设计地基基础等各种场合，根据各物理性质指标的定义，利用三相比例关系图，可以很方便地计算所需的物理性质指标。如果工程上需要大量进行三相计算时，可用表 1-3 所列公式。

第四节 土的物理状态指标

土的物理状态指标与土的物理性质指标不同，为进一步研究土的松密和软硬，按两大类土分别阐述。

一、无黏性土的物理状态指标

无黏性土一般是指碎石（类）土和砂（类）土。这两大类土中一般黏粒含量甚少，呈单粒结构，不具有可塑性。无黏性土的物理性质主要取决于土的密实程度。无黏性土呈密实状态时，强度大，是良好的天然地基；反之，呈疏松状态时，则是软弱地基，特别是饱和的粉细砂，其结构常处于不稳定状态，在振动荷载作用下可能发生液化，对工程不利。因此，对于无黏性土，要求达到一定的密实度。

1. 砂土的密实度

判断砂土的密实度最简便的方法是用孔隙比 e 来衡量，当 $e<0.6$ 时，属密实砂土，强度大，压缩性小，是良好的天然地基；当 $e>0.95$，为疏松土，强度小，压缩性大。孔隙比虽然在一定程度上能反映无黏性土的密实程度，但孔隙比的变化范围受土颗粒的大小、形状和级配的影响很大。例如，具有相同孔隙比的两种砂土，可能处于不同的密实状态，当颗粒均匀时较密实，当颗粒不均匀时较疏松。因此，为考虑土粒级配的影响，在工程中引入了相对密实度 D_r 的概念，其表达式为

$$D_r=\frac{e_{\max}-e}{e_{\max}-e_{\min}} \tag{1-16}$$

式中 $e_{\max}$——同一种土的最疏松状态的孔隙比，即最大孔隙比；

$e_{\min}$——同一种土的最密实状态的孔隙比，即最小孔隙比；

e——土在天然状态时的孔隙比。

显然，当 $e=e_{\max}$ 时，$D_r=0$，表示砂土处于最疏松状态；当 $e=e_{\min}$ 时，$D_r=1$，表示砂土处于最密实状态。因此，根据 D_r 值可将砂土的密实状态分为三类，划分标准如下：

$0<D_r\leqslant 0.33$	松散
$0.33<D_r\leqslant 0.67$	中密
$0.67<D_r\leqslant 1$	密实

无黏性土的最大孔隙比可通过漏斗法测定，即将疏松的风干土样，经过长颈漏斗轻轻地倒入容器，避免重力冲击，测定其最小干密度，再经换算得到最大孔隙比。其最小孔隙比可通过振动法测定，即将疏松的风干土样分几次装入金属容器，并加以振动或锤击夯实，直至密度不再提高为止，测定其最大干密度，再经换算得到最小孔隙比。其详细测定步骤与方法见国家标准《土工试验方法标准》(GB/T 50123—1999)。

相对密实度 D_r 从理论上能反映土粒级配、形状等因素对密实度的影响。但由于原状砂土试样难以取得，天然孔隙比 e 很难准确测定；而且测定砂土的最大孔隙比和最小孔隙比时，人为误差较大，使得相对密实度的应用受到限制，通常用于填方土的质量控制中。因此，我国现行的《建筑地基基础设计规范》（GB 5007—2011）采用标准贯入试验锤击数 N 来评价砂类土的密实度。

标准贯入试验是在现场进行的一种原位测试，具体试验方法是：用卷扬机将质量为63.5kg的钢锤，提升76cm高度，让钢锤自由下落，打击贯入器，使贯入器贯入土中深为30cm所需的锤击数，记为 $N_{63.5}$。表1-4列出《建筑地基基础设计规范》（GB 5007—2011）中，按原位标准贯入试验锤击数 N 划分砂土密实度的标准。

表1-4　按标准贯入锤击数 N 值划分砂土密实度

砂土密实度	松散	稍密	中密	密实
N	≤10	$10<N\leqslant15$	$15<N\leqslant30$	>30

注　当采用静力触探探头阻力判定砂土的密实度时，可根据当地经验确定。

2. *碎石土密实度*

碎石土既不易获得原状土样，又难于将贯入器击入土中。对这类土可根据《建筑地基基础设计规范》（GB 5007—2011）要求，用重型动力触探锤击数 $N_{63.5}$ 来划分密实度，见表1-5。

表1-5　按标准贯入锤击数 N 值划分砂土密实度

碎石土密实度	松散	稍密	中密	密实
$N_{63.5}$	≤5	$5<N_{63.5}\leqslant10$	$10<N_{63.5}\leqslant20$	>20

注　本表适用于平均粒径小于或等于50mm且最大粒径不超过100mm的卵石、碎石、圆砾、角砾，对于平均粒径大于50mm或最大粒径大于100mm的碎石土，可按《建筑地基基础设计规范》（GB 5007—2011）规范附录B，通过野外鉴别方法鉴别其密实度（表1-6）。

表1-6　碎石土密实度野外鉴别方法

密实度	骨架颗粒含量和排列	可挖性	可钻性
密实	骨架颗粒含量大于总重的70%，呈交错排列，连续接触	锹、镐挖掘困难，用撬棍方能松动，井壁一般较稳定	钻进极困难，冲击钻探时，钻杆、吊锤跳动剧烈，孔壁较稳定
中密	骨架颗粒含量等于总重的60%～70%，呈交错排列，大部分接触	锹、镐可挖掘，井壁有掉块现象，从井壁取出大颗粒处，能保持颗粒凹面形状	钻进较困难，冲击钻探时，钻杆、吊锤跳动不剧烈，孔壁有坍塌现象
稍密	骨架颗粒含量等于总重的55%～60%，排列混乱，大部分不接触	锹可以挖掘，井壁易坍塌，从井壁取出大颗粒后，砂土立即坍落	钻进较容易，冲击钻探时，钻杆稍有跳动，孔壁易坍塌
松散	骨架颗粒含量小于总重的55%，排列十分混乱，绝大部分不接触	锹易挖掘，井壁极易坍塌	钻进很容易，冲击钻探时，钻杆无跳动，孔壁极易坍塌

注　1. 骨架颗粒系指与表1-10碎石土分类名称相对应粒径的颗粒。
　　2. 碎石土密实度的划分，应按表列各项要求综合确定。

二、黏性土的物理状态指标

黏性土是指具有可塑状态性质的土，它们在外力的作用下，可塑成任何形状而不产生裂缝，当外力去掉后，仍可保持原形状不变，这种性质叫做可塑性。黏性土的矿物含量高、颗粒细小，颗粒表面存在结合水膜，并且结合水膜厚度随土中含水量的变化而改变。因而反映黏性土的物理状态指标不是密实度，而是软硬程度（或称稠度）。

同一种黏性土随其含水量的不同，而分别处于固态、半固态、可塑状态及流动状态，其稠度状态如图 1－26 所示。

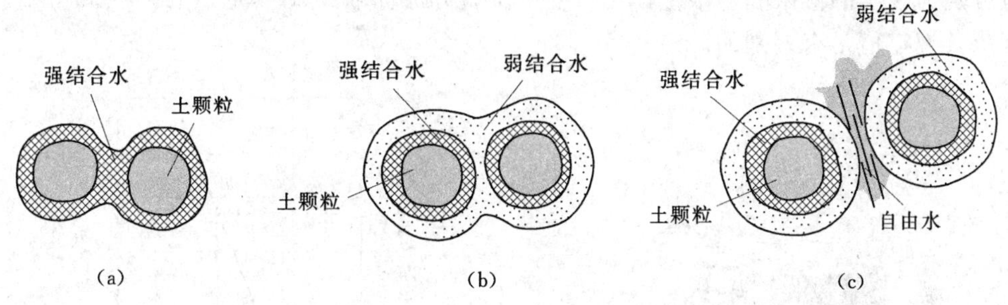

图 1－26　黏性土的稠度状态

(a) 固态或半固态；(b) 可塑状态；(c) 流动状态

1. 黏性土的界限含水量

黏性土从一种状态转变为另一种状态的分界含水量称为界限含水量，又称为阿特堡（Atterberg）界限。土由可塑状态过渡到流动状态的界限含水量，称为液限，用 w_L 表示；土由半固态变化到可塑状态的界限含水量称为塑限，用 w_p 表示；土由半固态不断蒸发水分，体积逐渐缩小，直到体积不再缩小时的界限含水量称为缩限，用 w_s 表示。

我国常采用锥式液限仪（图 1－27）来测定黏性土的液限 w_L。它是将调成均匀的浓糊状试样装满盛土杯内（盛土杯置于底座上），刮平杯口表面，然后将 76g 重圆锥体（含有平衡球，锥角 30°）轻放在试样表面的中心，使其在自重作用下沉入试样，若圆锥体恰好沉入深度为 17mm，这时杯内土样的含水量就是液限 w_L。

美国、日本等国家使用碟式液限仪（图 1－28）来测定黏性土的液限 w_L。它是将调成均匀的浓糊状试样装入圆碟内，刮平表面，使试样中心厚度为 10mm，用切槽器在土中刮出一条底宽 2mm 的槽，然后将碟子抬高 10mm，使碟自由下落，连续下落 25 次后，如土槽合拢长度为 13mm，这时试样的含水量就是液限 w_L。

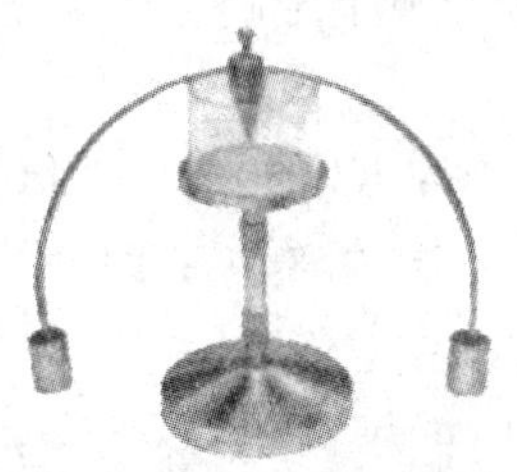

图 1－27　锥式液限仪

图 1－28　碟式液限仪

黏性土的塑限 w_p 采用“搓条法”测定。把塑性状态的土搅拌均匀，用双手搓成小圆球（球径小于10mm），放在毛玻璃板上再用手掌慢慢搓滚成小土条，若土条搓到直径为3mm时恰好开始断裂，这时断裂土条的含水量就是塑限 w_p。搓条法受人为因素的影响较大，测试成果不稳定，为此，可利用锥式液限仪联合测定液、塑限，取代搓条法。

联合测定法是采用锥式液限仪（图1-29）以电磁放锥，利用光电方法测读锥入土中深度。试验时，一般对三个不同含水量的试样进行测试，以含水量为横坐标，圆锥入土深度为纵坐标，在双对数坐标纸上作出各次锥入深度及相应含水量的关系曲线（大量试验表明其接近于一条直线，图1-30），则对应于圆锥体入土深度为10mm及2mm时土样的含水量分别为该土的液限和塑限［详见《土工试验方法标准》（GB/T 50123—1999）］。不同的规范其规定值是有差别的。

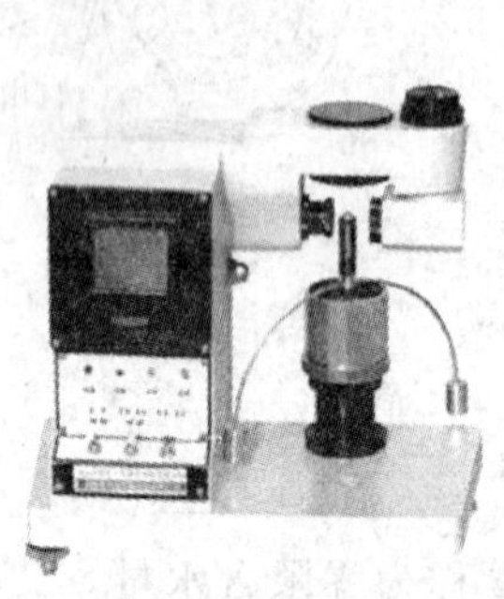

图1-29　光电液塑限联合测定仪

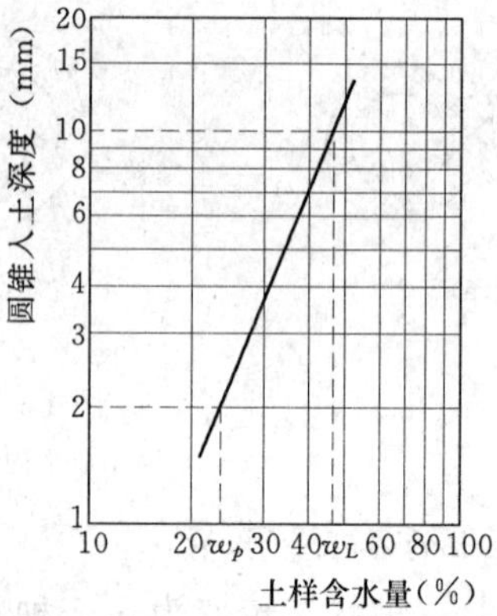

图1-30　圆锥入土深度与含水量的关系曲线

2. 黏性土的塑性指数和液性指数

(1) 塑性指数。土的液限与塑限的差值（省去%符号），称为塑性指数，用 I_p 表示，即

$$I_p = w_L - w_p \tag{1-17}$$

塑性指数表示黏性土处于可塑状态的含水量的变化范围，习惯上用不带百分数的数值表示。显然，塑性指数越大，说明可塑状态的含水量变化范围也越大，即塑性指数的大小与土中结合水的可能含量有关。从土的颗粒来说，土粒愈细，比表面积愈大，结合水含量愈高，I_p 也愈大。从矿物成分来说，黏土矿物（如蒙脱石）含量愈多，水化作用愈剧烈，结合水含量愈高，则 I_p 也愈大。从土中水的离子成分和浓度来说，当水中高价阳离子的浓度增加时，土粒表面吸附的反离子层中的阳离子数量减少，双电层变薄，结合水含量相应减少，I_p 也小。在一定程度上，塑性指数综合反映了影响黏性土及其组成的基本特征。因此，在工程上常按塑性指数对黏性土进行分类。

(2) 液性指数。液性指数是指黏性土的天然含水量和塑限的差值与塑性指数之比，表征土的天然含水量与界限含水量之间的相对关系，用 I_L 表示，即

$$I_L = \frac{w - w_p}{w_L - w_p} = \frac{w - w_p}{I_p} \tag{1-18}$$

由式（1-18）可见，当土的天然含水量 w 小于 w_p 时，I_L 小于0，土体处于坚硬状

态；当 w 小于 w_L 时，I_L 大于 1，土体处于流动状态；当 w 在 w_p 和 w_L 之间时，I_L 介于 0～1 之间，土体处于可塑状态。因此，可以利用 I_L 来划分黏性土所处的软硬状态，表 1-7给出了《建筑地基基础设计规范》(GB 50007—2011) 的划分标准。

表 1-7　黏性土的状态

状态	坚硬	硬塑	可塑	软塑	流塑
液性指数	$I_L \leqslant 0$	$0 < I_L \leqslant 0.25$	$0.25 < I_L \leqslant 0.75$	$0.75 < I_L \leqslant 1.0$	$I_L > 1.0$

这里需要指出，液限和塑限都是采用重塑土样测定的，土的天然结构已被破坏，所以用 I_L 来判断黏性土的软硬程度，没有考虑土原有结构的影响。在含水量相同时，原状土要比扰动土坚硬。因此，用上述标准判断扰动土的软硬状态是合适的，但对原状土则偏于保守。通常当原状土的天然含水量等于液限时，原状土并不处于流塑状态，但天然结构一经扰动，土即呈现出流动状态。

3. 黏性土的灵敏度和触变性

(1) 灵敏度。土体保持天然状态，其结构没有被扰动的土称为原状土。天然结构被破坏后的土称为重塑土。在土的密度和含水量不变的条件下，原状土的无侧限抗压强度 q_u 与重塑土的无侧限抗压强度 q'_u 的比值，称为灵敏度，用 S_t 表示，即

$$S_t = \frac{q_u}{q'_u} \tag{1-19}$$

灵敏度反映了由于重塑而破坏土的原状结构时，土的强度的降低的程度，是反映黏性土结构性强弱的特征指标。根据灵敏度数值大小将饱和黏性土分为低灵敏 ($1.0 < S_t \leqslant 2.0$)、中灵敏 ($2.0 < S_t \leqslant 4.0$) 和高灵敏 ($S_t > 4.0$) 三类。土的灵敏度愈高，其结构性愈强，受扰动后土的强度降低就愈多。因此，在基础施工中，应注意保护基槽，尽量减少对地基土结构的扰动。

(2) 触变性。饱和黏性土的结构受到扰动，导致强度降低，但当扰动停止后，土的强度又随时间而逐渐恢复，这种性质称为土的触变性。土的触变性是由于土颗粒、离子和水分子体系随时间而逐渐趋于新的平衡状态的原因。也可以说土的结构逐步恢复而导致强度的恢复。例如，在黏性土中打桩时，桩侧土的结构受到破坏而强度降低，但在停止打桩以后，土的强度逐渐恢复，桩的承载力逐渐增加。因此，打桩时要“一气呵成”，才能进展顺利，提高工效，这就是受土的触变性影响的结果。

第五节　地基土的工程分类

自然界土的成分、结构和性质千变万化，其工程性质也千差万别。为了能判别土的工程特性和评价土作为地基或建筑材料的适宜性，有必要对土进行科学的分类。目前国内外还没有统一的土分类标准，一般遵循下列原则。

一是简明的原则：土的分类体系采用的指标，既要能综合反映土的主要工程性质；又要其测定方法简单，且使用方便。二是工程特性差异的原则：土的分类体系采用的指标要在一定程度上反映不同类工程用土的不同特性。例如当采用重塑土的测试指标，划分土的

工程性质差异时，对于粗粒土，其工程性质取决于土粒的个体颗粒特征，所以常采用颗粒级配粒组含量进行土的分类；对于细粒土，其工程性质则用反映土粒与水相互作用的可塑性指标。而当考虑土的结构性对土工程性质差异的影响时，根据土粒的集合体特征，采用以成因、地质年代为基础的分类原则。因为土作为整体的存在，是自然历史的产物，土的工程性质随其成因与形成年代不同，而有显著差异。

关于土的工程分类体系，目前国内外主要有两种：一种是建筑工程系统的分类体系。它侧重于把土作为建筑地基和环境，故以原状土为基本对象，对土的分类除考虑土的组成外，注重土的天然结构特性和强度，并始终与土的主要工程性质——变形和强度特征紧密联系。例如我国国家标准《建筑地基基础设计规范》(GB 50007—2011) 和《岩土工程勘察规范》(GB 50021—2002) 的分类等。另一种是材料系统的分类体系。它则侧重于把土作为建筑材料，用于路堤、土坝和填土地基等工程，故以扰动土为基本对象，对土的分类以土的组成为主，不考虑土的天然结构性，例如，我国国家标准《土的工程分类标准》(GB/T 50145—2007)、交通部的《公路土工试验规程》(JTG E40—2007) 分类法等。

这里主要介绍《建筑地基基础设计规范》(GB 50007—2011) 的分类方法。它把岩土作为建筑地基划分为岩石、碎石土、砂土、粉土、黏性土和人工填土六大类。

一、按《建筑地基基础设计规范》(GB 50007—2011) 岩土的分类

1. *岩石*

岩石为颗粒间牢固连接，呈整体或具有节理裂隙的岩体。作为建筑物地基，除应确定岩石的地质名称外，还应按表 1-8 和表 1-9 划分其坚硬程度、风化程度和完整程度。

表 1-8　　岩石坚硬程度的划分

坚硬程度类别	坚硬岩	较硬岩	较软岩	软岩	极软岩
饱和单轴抗压强度标准值 f_{rk} (MPa)	$f_{rk}>60$	$60\geqslant f_{rk}>30$	$30\geqslant f_{rk}>15$	$15\geqslant f_{rk}>5$	$f_{rk}\leqslant 5$

注意：当缺乏饱和单轴抗压强度资料或不能进行该项试验时，可在现场通过观察定性划分，划分标准可按《建筑地基基础设计规范》(GB 50007—2011) 附录 A.0.1 执行。岩石的风化程度可分为未风化、微风化、中风化、强风化和全风化。微风化的硬质岩石为最优良地基，强风化的软质岩石工程性质差，地基承载力低于一般卵石地基承载力。

表 1-9　　岩体完整程度划分

完整程度等级	完整	较完整	较破碎	破碎	极破碎
完整性指数	>0.75	0.75～0.55	0.55～0.35	0.35～0.15	<0.15

注　完整性指数为岩体纵波波速与岩块纵波波速之比的平方。选定岩体、岩块测定波速时应有代表性。

2. *碎石土*

碎石土为粒径大于 2mm 的颗粒含量超过全重 50%的土。根据粒组含量及颗粒形状，碎石土可分为漂石、块石、卵石、碎石、圆砾和角砾（表 1-10）。

表 1-10 碎石土的分类

土的名称	颗粒形状	粒组含量
漂石	圆形及亚圆形为主	粒径大于 200mm 的颗粒含量超过全重 50%
块石	棱角形为主	
卵石	圆形及亚圆形为主	粒径大于 20mm 的颗粒含量超过全重 50%
碎石	棱角形为主	
圆砾	圆形及亚圆形为主	粒径大于 2mm 的颗粒含量超过全重 50%
角砾	棱角形为主	

注 分类时应根据粒组含量栏从上到下以最先符合者确定。

碎石土的密实度，可按表 1-5、表 1-6 分为松散、稍密、中密、密实。密实和中密的碎石土，强度大，压缩性小，渗透性大，为优良的地基。

3. 砂土

砂土为粒径大于 2mm 的颗粒含量不超过全重 50%，而粒径大于 0.075mm 的颗粒超过全重 50%的土。根据粒组含量砂土可分为砾砂、粗砂、中砂、细砂和粉砂（表 1-11）。

表 1-11 砂土的分类

土的名称	粒组含量
砾砂	粒径大于 2mm 的颗粒含量超过全重 25%～50%
粗砂	粒径大于 0.5mm 的颗粒含量超过全重 50%
中砂	粒径大于 0.25mm 的颗粒含量超过全重 50%
细砂	粒径大于 0.0075mm 的颗粒含量超过全重 85%
粉砂	粒径大于 0.0075mm 的颗粒含量超过全重 50%

注 分类时应根据粒组含量栏从上到下以最先符合者确定。

碎石土的密实度，可按表 1-4 分为松散、稍密、中密、密实。密实和中密的砾砂、粗砂、中砂为优良地基，稍密状态时为良好地基；密实状态时的粉砂与细砂，为良好地基，但饱和疏松的粉、细砂为不良地基。

4. 粉土

粉土是介于砂土与黏性土之间，塑性指数 $I_p \leqslant 10$ 且粒径大于 0.075mm 的颗粒含量不超过全重 50%的土。一般根据地区规范（如上海、天津、深圳等），由黏粒含量的多少，可按表 1-12 分为砂质粉土和黏质粉土。

表 1-12 粉土的分类

土的名称	颗粒级配
砂质粉土	粒径小于 0.005mm 的颗粒含量不超过全重 10%
黏质粉土	粒径小于 0.005mm 的颗粒含量超过全重 10%

粉土的密实度根据孔隙比 e 可按表 1-13 划分为密实、中密和稍密；其湿度根据土的含水量 w 可按表 1-14 划分为稍湿、湿、很湿。

表 1-13　**粉土密实度的分类**

密实度	密实	中密	稍密
孔隙比 e	$e<0.75$	$0.75\leqslant e\leqslant 0.90$	$e>0.90$

表 1-14　**粉土湿度的分类**

湿度	稍湿	湿	很湿
含水量 w（%）	$w<20$	$20\leqslant w\leqslant 30$	$w>30$

密实的粉土为良好地基。饱和稍密的粉土，地震时易产生液化，为不良地基。

5. 黏性土

黏性土为塑性指数 I_p 大于 10 的土，可按表 1-15 分为黏土、粉质黏土。

表 1-15　**黏性土的分类**

塑性指数 I_p	土的名称
$I_p>17$	黏土
$10<I_p\leqslant 17$	粉质黏土

注　塑性指数由相应于 76g 圆锥体沉入土样中深度为 10mm 时测定的液限计算而得。

黏性土的工程性质与其含水量大小密切相关。密实硬塑的黏性土为优良地基；疏松流塑状态的黏性土为软弱地基。

6. 人工填土

人工填土是由于人类活动而堆填形成的各类土，其物质成分杂乱，均匀性较差。根据其组成和成因，可分为素填土（压实填土）、杂填土、冲填土三类。

（1）素填土。素填土是由碎石土、砂土、粉土、黏性土等组成的填土。其不含杂质或含杂质很少，按主要组成物质分为碎石素填土、砂性素填土、粉性素填土及黏性素填土，经分层压实或夯实的素填土为压实填土，如路基、河堤。

（2）杂填土。杂填土是含有建筑垃圾、工业废料、生活垃圾等杂物的填土。按组成物质分为建筑垃圾土、工业垃圾土及生活垃圾土。通常大中城市地表都有一层杂填土。

（3）冲填土。冲填土是由水力冲填泥砂形成的填土。

人工填土可按堆积时间分为老填土和新填土，通常把堆积时间超过 10 年的黏性填土或超过 5 年的粉性填土称为老填土，否则称为新填土。

通常人工填土的工程性质不良，强度低，压缩性高且不均匀。其中压实填土相对较好。杂填土因成分复杂，平面与立面分布很不均匀，无规律，工程性质最差。

7. 特殊土

特殊土是指具有一定分布区域或工程意义上具有特殊成分、状态和结构特征的土，在工程中需要特别加以注意。从目前工程实践来看，大体可分为软土、红黏土、黄土、膨胀土、多年冻土、盐渍土等。

（1）软土。软土是指沿海的滨海相、三角洲相、溺谷相、内陆的河流相、湖泊相、沼泽相等主要由细粒土组成的孔隙比（$e\geqslant 1$）、天然含水量高（$w\geqslant w_L$）、压缩性高、强度低和具有灵敏性、结构性的土层，为不良地基。其包括淤泥、淤泥质黏性土、淤泥质粉土等。

淤泥和淤泥质土是工程建设中经常遇到的软土。在静水或缓慢的流水环境中沉积，并经生物化学作用形成，其天然含水量 $w>w_L$、天然孔隙比 $e\geqslant1.5$ 的黏性土称为淤泥。当 $w>w_L$ 而天然孔隙比 $1.0\leqslant e<1.5$ 的黏性土或粉土为淤泥质土。当土的有机质含量大于5%时称为有机质土，大于60%称为泥炭。

(2) 红黏土。红黏土是指碳酸盐系的岩石经第四纪以来的红土化作用，形成并覆盖于基岩上，呈棕红、褐黄等色的高塑性黏土。其特征是：$I_p=30\sim50$，$w_L>50\%$，$e=1.1\sim1.7$，$S_r>0.85$。红黏土通常强度高，压缩性低。因受基岩起伏影响，厚度不均匀，土质上硬下软，具有明显胀缩性；裂隙发育。已形成的红黏土经坡积、洪积再搬运后仍保留着黏土的基本特征，且 $w_L>45\%$ 的称为次生红黏土。我国红黏土主要分布于云贵高原，南岭山脉南北两侧及湘西、鄂西丘陵山地等。

(3) 黄土。黄土是一种含大量碳酸盐类、且常能以肉眼观察到大孔隙的黄色粉状土。天然黄土在未受水浸湿时，一般强度较高，压缩性较低。但当其受水浸湿后，因黄土自身大孔隙结构的特征，压缩性剧增使结构受到破坏。土层突然显著下沉（其湿陷系数大于等于0.015），同时强度也随之迅速下降，这类黄土统称为湿陷性黄土。湿陷性黄土根据上覆土自重压力下是否发生湿陷变形，又可分为自重湿陷性黄土和非自重湿陷性黄土。

(4) 膨胀土。膨胀土是指土中黏粒成分主要由亲水性矿物组成，同时具有显著的吸水膨胀和失水收缩特性，其自由膨胀率大于或等于40%的黏性土。由于膨胀土通常强度较高，压缩性较低，易被误认为是良好的地基，而一旦遇水，就呈现出较大的吸水膨胀和失水收缩的能力，往往导致建筑物和地坪开裂、变形而破坏。膨胀土大多分布于当地排水基准面以上的二级阶地及其以上的台地、丘陵、山前缓坡、垅岗地段。其分布特别是不具绵延性和区域性，多呈零星分布且厚度不均。

(5) 多年冻土。多年冻土是指土的温度等于或低于摄氏零度、含有固态水，且这种状态在自然界连续保持3年或3年以上的土。当自然条件改变时，它将产生冻胀、融陷、热融滑塌等特殊不良地质现象，并发生物理力学性质的改变。多年冻土根据土的类别和总含水量可划分其融陷性等级为少冰冻土、多冰冻土、富冰冻土、饱冰冻土及含土冰层等。

(6) 盐渍土。盐渍土是指易溶盐含量大于0.5%，且具有吸湿、松胀等特性的土。由于可溶盐遇水溶解，可能导致土体产生湿陷、膨胀以及有害的毛细水上升，使建筑物遭受破坏。盐渍土按含盐性质可分为氯盐渍土、亚氯盐渍土、硫酸盐渍土、亚硫酸盐渍土、碱性盐渍土等。按含盐量可分为弱盐渍土、中盐渍土、强盐渍土和超盐渍土。

二、细粒土按塑性图分类

细粒土是指粒组小于0.075mm者超过土总质量50%的土，还可参照塑性图进一步细分。塑性图首先由美国卡萨格兰德（Casagrande）于1942年提出，现为全世界通用的一种细粒土的分类方法。前面以塑性指数 I_p 划分细粒土，虽然 I_p 也具有能综合反映土的颗粒组成、矿物成分以及土粒表面吸附阳离子成分等方面特性的优点，但是不能不承认，不同的液限、塑限可能给出相同的塑性指数，而土性却可能根本不同。由此可见，细粒土的合理分类，还应兼顾塑性指数 I_p 和液限 w_L 两个方面。

在卡萨格兰德的塑性图中，以塑性指数为 I_p 纵轴、液限 w_L 为横轴，他将大量的试验数据点在塑性图中，形成了具有良好分布规律的散点条带，其直线方程即为图 1-31 中的 A 线。为了区分高、低液限，又给出了 B 线方程。因此，根据细粒土在坐标图上的位置，就可方便地进行细粒土的分类。当然，卡萨格兰德塑性图难以适于世界各地和各地测定液限的常用习惯，还需要不断地完善和补充。因此各个国家在他的基础上，经过补充和修改，形成了适合自己国情的塑性图。图 1-31 为我国国家标准《土的工程分类标准》(GB/T 50145—2007）对细粒土采用的塑性图。

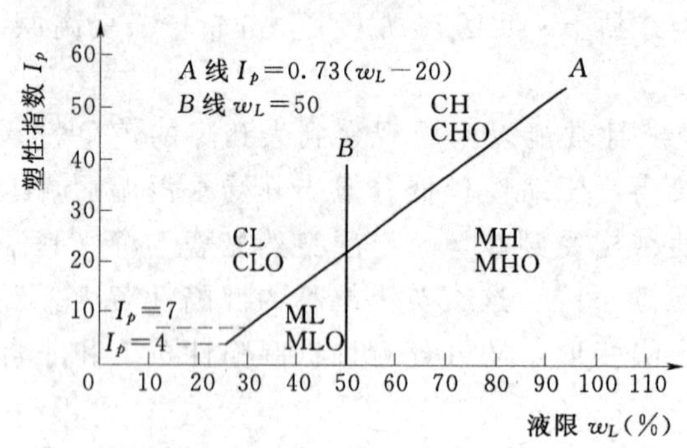

图 1-31　细粒土的塑性图

图中 A 线方程为 $I_p=0.73(w_L-20)$，B 线方程为 $w_L=50\%$。其中 w_L 是以 76g、锥角为 30°的锥式液限仪锥尖入土深度为 17mm 对应的含水量。当点位于 B 线以右时，在 A 线以上者为高液限黏土（CH），A 以下者为高液限粉土（MH）；当点位于 B 线以左时，在 A 线以上者为低液限黏土（CL），A 以下者为低液限粉土（ML），虚线之间为黏土和粉土的过渡区。土中有机质（O）应根据未完全分解的动植物残骸和无定形物质判定。有机质呈黑色，青黑色或暗色，有臭味、弹性和海绵感，可采用自测、手摸或嗅觉判别。当不能判别时，可将试样放入 100～110℃的烘箱中烘烤。当烘烤后试样的液限小于烘烤前试样液限的 3/4 时，试样为有机质土。

用塑性图划分细粒土，是以扰动土的两个指标（I_p 及 w_L）为依据，它能较好地反映土粒与水相互作用的一些性质，却不能反映天然土工程性质的另一重要因素——土的结构性。因此，对于以土料为工程对象时，它是一种较好的分类方法，而对于以天然土样作为地基时，却还存在着不足。

思　考　题

1-1　土是怎样形成的？土的特点是什么？土由哪几部分组成？

1-2　土的颗粒级配是指什么？如何判定土的颗粒级配情况？

1-3　土中水分为哪几类？黏土颗粒表面的哪层水膜对土的工程性质影响最大。

1-4　土的结构是指什么？土的结构分为哪几种？

1-5　土的物理性质指标中哪些指标是直接测定的？采用的方法各是什么？

1-6　反映无黏性土密实度状态的指标有哪些？

1-7　黏性土的物理状态指标是什么？界限含水量包括哪些？

1-8　地基土分为哪几类，它们是怎样划分的？

习　　题

1－1　某试验所用砂土，取样进行颗粒分析试验，试验结果如下表所示：

粒径（mm）	>2	2～0.5	0.5～0.25	0.25～0.1	0.1～0.075	<0.075
粒组含量（%）	10	24	31	18	11	6

试绘制该土的颗粒级配曲线，确定 d_{60}，d_{30}，d_{10}，计算不均匀系数 C_u，C_c，并判断其级配情况。

答案：($d_{60}=0.42$，$d_{30}=0.21$，$d_{10}=0.08$，$C_u=5.25$，$C_c=1.31$，属级配良好)

1－2　某工程地质勘察中，用体积为 100cm^3 的环刀取原状土做试验，用天平称得湿土质量为 190.2g，烘干后质量为 150.1g，土粒相对密度为 2.68，求该土样天然含水量 w，孔隙比 e，饱和度 S_r，天然重度 γ，干重度 γ_d，有效重度 γ'。

（答案：$w=26.7\%$，$e=0.785$，$S_r=91.2\%$，$\gamma=19.02\text{kN/m}^3$，$\gamma_d=15.01\text{kN/m}^3$，$\gamma'=9.41\text{kN/m}^3$）

1－3　某原状土样，试验测得土的天然密度 $\rho=1.7\text{g/cm}^3$，含水量 $w=22.0\%$，土粒相对密度 $d_s=2.72$。试求该土样的孔隙比 e、孔隙率 n、饱和度 S_r、干重度 γ_d、饱和重度 γ_{sat}，及有效重度 γ'。

答案：($e=0.952$，$n=48.8\%$，$S_r=62.9\%$，$\gamma_d=13.93\text{kN/m}^3$，$\gamma_{sat}=18.81\text{kN/m}^3$，$\gamma'=8.81\text{kN/m}^3$)

1－4　某地基土试验中，测得土的干重度 $\gamma_d=15.8\text{kN/m}^3$，含水量 $w=19.5\%$，土粒相对密度 $d_s=2.72$，液限 $w_L=28.4\%$，塑限 $w_p=16.8\%$。

求：(1) 该土的孔隙比 e，有效重度 γ'，饱和度 S_r；

(2) 该土的塑性指数 I_p，I_L，并定出该土的名称及状态。

答案：（$e=0.722$，$\gamma'=9.99\text{kN/m}^3$，$S_r=73.5\%$，$I_p=11.6$，$I_L=0.233$，粉质黏土，硬塑）

1－5　某砂土土样的密度为 1.77g/cm^3，含水量为 9.8%，土粒相对密度为 2.67，烘干后测定最小孔隙比为 0.461，最大孔隙比为 0.943，试求孔隙比 e 和相对密实度 D_r，并评定该砂土的密实度。

答案：($e=0.656$，$D_r=0.595$，中密)

1－6　某一完全饱和黏性土试样的含水量 $w=30\%$，液限 $I_L=32\%$，塑限为 $I_p=17\%$，试按塑性指数、液性指数分别定出该黏性土的分类名称和软硬状态。

答案：(粉质黏土，软塑)

1－7　某无黏性土样的颗粒分析结果列于下表，试定出该土的名称。

粒径范围（mm）	20～2	2～0.5	0.5～0.25	0.25～0.075	<0.075
粒组含量（%）	7.5	24.2	19.3	32.9	16.1

答案：(中砂)

γ_i——第 i 层土的天然重度，对地下下水位以下的土层取浮重度。

在地下水位以下，如埋藏有不透水层（例如岩层或只含结合水的坚硬黏土层），由于不透水层中不存在水的浮力，所以不透水层顶面的自重应力值及层面以下的自重应力应按上覆土层的水土总重计算，如图 2-2 中虚线下端所示。

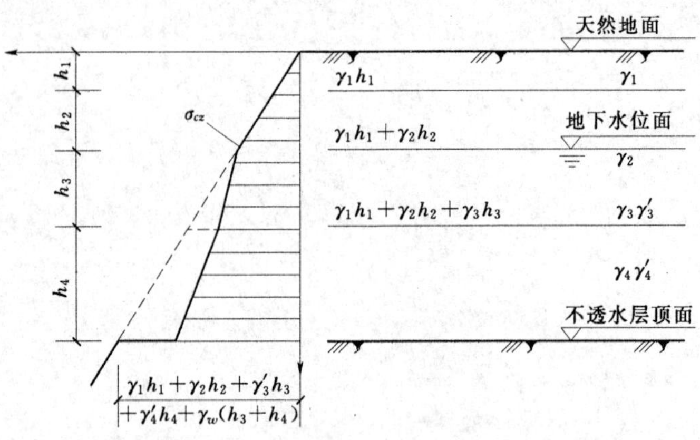

图 2-2　成层土中竖向自重应力沿深度的分布

三、地下水位升降对土中自重应力的影响

地下水位升降，使地基土中自重也相应发生变化。图 2-3（a）为地下水位下降的情况，如大量抽取地下水，导致地下水位长期大幅度下降，使地基中有效自重应力增加，从而引起地面大面积沉降。在进行基坑开挖时，若降水过深，时间过长，则常引起坑外地表下沉而导致邻近建筑物开裂、倾斜。

图 2-3（b）为地下水位长期上升的情况，如在人工抬高蓄水水位地区（如筑坝蓄水）或工业废水大量渗入地下的地区。水位上升会引起地基承载力的减小、湿陷性土的陷塌现象等，在基坑工程完工之前如停止基坑降水而使地下水位回升，则可导致基边坡树坍塌或使新浇注的强度尚低的基础底板断裂，必须引起注意。

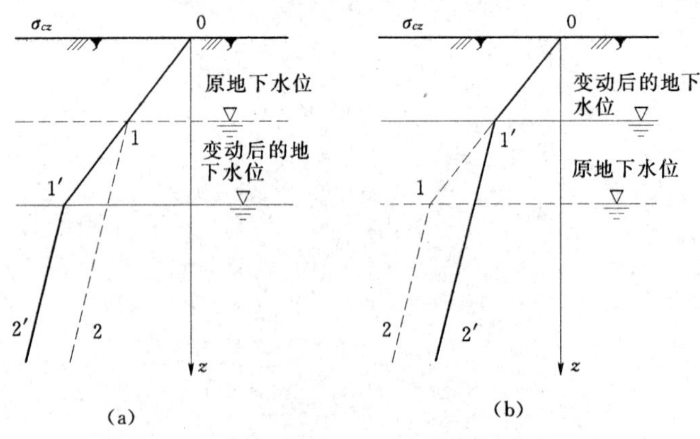

图 2-3　地下水位升降对土中自重应力的影响

0—1—2 线为原来自重应力的分布；0—1′—2′线为地下水位变动后自重应力的分布

【例 2-1】 某建筑场地的地质柱状图和土的有关指标列于图 2-4 中。试计算图 2-4 所示土层的自重应力及作用在基岩顶面的土自重应力和静水压力之和，并绘出分布图。

解：本例天然地面下第一层细砂厚 4.5m，其中地下水位以上和以下的厚度分别为 2.0m 和 2.5m；第二层为厚 4.5m 的黏土层。依次计算土层及地下水位分界面 2.0m、4.5m、和 9.0m 深度处的土中竖向自重应力。

$\sigma_{cz1}=\gamma_1 h_1=19\times 2.0=38$ (kPa)

$\sigma_{cz2}=\gamma_1 h_1+\gamma'_1 h_2=38+(19.4-10)\times 2.5=61.5$ (kPa)

$\sigma_{cz3}=\gamma_1 h_1+\gamma'_1 h_2+\gamma'_2 h_3=61.5+(17.4-10)\times 4.5=94.8$ (kPa)

$\sigma_w=\gamma_w(h_2+h_3)=10\times 7.0=70.0$ (kPa)

作用在基岩顶面处的自重应力为 94.8kPa，静水压力为 70kPa，总应力为 94.8+70=164.8kPa。分布图如图 2-4 所示。

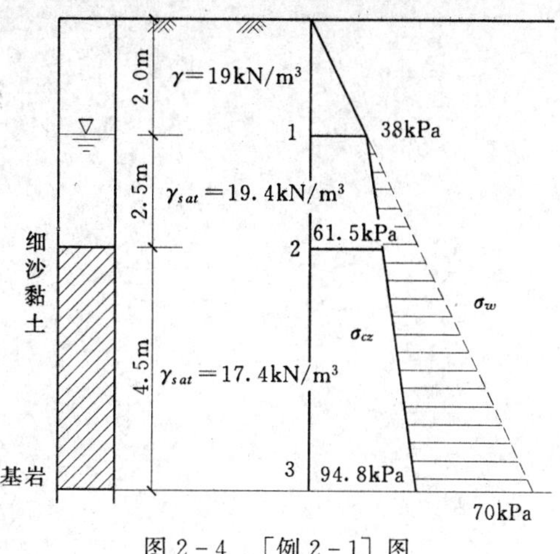

图 2-4 [例 2-1] 图

第三节 基 底 压 力

建筑物荷载通过基础传递至地基，在基础底面与地基之间产生接触应力。它既是基础作用于地基表面的基底压力，又是地基反作用于基础底面的基底反力。基底压力的大小和分布情况，将对地基内部的附加应力有着直接的影响。为了计算上部荷载在地基土层中引起的附加应力，应首先研究基底压力的大小与分布情况。基底压力与荷载的大小分布、基础的刚度、基础的埋置深度以及地基土的性质等多种因素有关。

一般情况下，基底压力呈非线性分布。对于柱下单独基础、墙下条形基础等刚性基础，因为受地基承载力特征值的限制，加上基础还有一定的埋置深度，其基底压力呈马鞍形分布。根据弹性理论中圣维南原理，在基础底面下一定深度所引起的地基附加应力与基底荷载分布形态无关，而只与其合力的大小与作用点位置有关。因此，在工程实用中，对于具有一定刚度以及尺寸较小的柱下单独基础、墙下条形基础等扩展基础，其基底压力近似当作直线分布，按材料力学公式进行简化计算。此假定对靠近基础底面附加应力而言，其影响不大，能够满足工程的计算精度要求。

一、基底压力的简化计算

（一）中心荷载下的基底压力

中心荷载下的基础，其所受荷载的合力通过基底形心。基底压力假定为均匀分布如图 2-5 所示，此时基底平均压力 p(kPa) 按下式计算

$$p=\frac{F+G}{A} \tag{2-5}$$

γ_0——基底标高以上天然土层的加权平均重度；其中地下水位下的重度取浮重度，kN/m^3；

d——从天然地面算起的基础埋深，m。

有了基底附加压力，即可把它作为作用在弹性半空间表面上的局部荷载，由此根据弹性力学求算地基中的附加应力。必须指出，实际上，基底附加压力一般作用在地表下一定深度（指浅基础的埋深）处，因此，假设它作用在半空间表面上，而运用弹性力学解答所得的结果只是近似的。不过，对于一般浅基础来说，这种假设所造成的误差可以忽略不计。

第四节　地基附加应力

地基中的附加应力是由建筑物荷载引起的应力增量，目前采用的计算方法是根据弹性理论推导出来的。计算地基中的附加应力时，一般假定地基土是各向同性的、均质的线性变形体，而且在深度和水平方向上都是无限延伸的，即把地基看成是均质的线性变形半空间，这样就可以直接采用弹性力学中关于弹性半空间的理论解答。

一、竖向集中力作用时的地基附加应力

在弹性半空间表面上作用一个竖向集中力时，半空间内任意点处所引起的应力和位移的弹性力学解答是由法国J. 布辛奈斯克（Boussinesq，1885）作出的。如图2-8所示，在半空间（相当于地基）中任意点$M(x、y、z)$处的六个应力分量和三个位移分量中，对工程计算意义最大的是竖向正应力σ_z（其他几个分量的解答参见弹性力学教程），其解答如下

$$\sigma_z = \frac{3F}{2\pi}\frac{z^3}{R^5} = \frac{3F}{2\pi R^2}\cos^3\theta \qquad (2-12)$$

式中　F——作用于坐标原点0的竖向集中力；

R——M点至坐标原点0的距离，$R=\sqrt{x^2+y^2+z^2}=\sqrt{r^2+z^2}=z/\cos\theta$；

θ——R线与z坐标轴的夹角；

r——M点与集中力作用点的水平距离。

若用$R=0$代入式（2-12）所得出的结果为无限大，因此，所选择的计算点不应过于接近集中力的作用点。

为了计算方便，以$R=\sqrt{r^2+z^2}$代入式（2-10），则

$$\sigma_z = \frac{3F}{2\pi}\frac{z^3}{(r^2+z^2)^{5/2}} = \frac{3}{2\pi}\frac{1}{[(r/z)^2+1]^{5/2}}\frac{F}{z^2} \qquad (2-13)$$

令$\alpha = \dfrac{3}{2\pi}\dfrac{1}{[(r/z)^2+1]^{5/2}}$，则式（2-13）改写为

$$\sigma_z = \alpha\frac{F}{z^2} \qquad (2-14)$$

式中　α——集中力作用下的地基竖向附加应力系数，是r/z的函数，由表2-2查取。

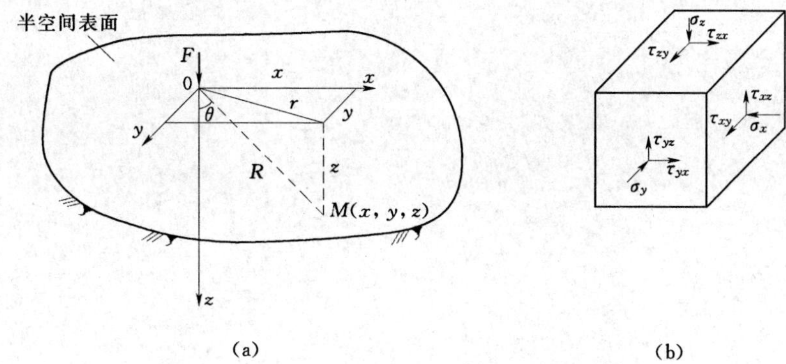

图 2-8　一个竖向集中力作用下所引起的应力

(a) 半空间中任意点 $M(x、y、z)$；(b) M 点处的单元体

若干个竖向集中力 $F_i(i=1、2、\cdots、n)$ 作用在地基表面上，按叠加原理则地面下 z 深度处某点 M 的附加应力 σ_z 应为各集中力单独作用时在 M 点所引起的附加应力之总和，即

$$\sigma_z = \sum_{i=1}^{n} \alpha_i \frac{F_i}{z^2} = \frac{1}{z^2}\sum_{i=1}^{n} \alpha_i F_i \tag{2-15}$$

式中　α_i——第 i 个集中应力系数，其中 r_i 是第 i 个集中荷载作用点到 M 点的水平距离。

建筑物作用于地基上的荷载，总是分布在一定面积上的局部荷载，根据弹性力学的叠加原理利用布辛奈斯克解答，可以通过积分求得各种局部荷载下地基中的附加应力。

【例 2-2】 在地基上作用一集中力 $F=200\text{kN}$，试求：

(1) 在地基中 $z=3\text{m}$ 的水平面上，水平距离 $r=0$、1m、2m、3m、4m、5m 处各点的附加应力 σ_z 值，并绘出分布图。

(2) 在地基中距 F 的作用点 $r=1.0\text{m}$ 处的竖向直线上距地基表面 $z=0$、1m、2m、3m、4m、5m 处各点的 σ_z 值，并绘出分布图。

解：(1) $z=3\text{m}$ 的水平面上 σ_z 的计算资料列于表 2-1；σ_z 分布图绘于图 2-9。

(2) 距作用点 $r=1.0\text{m}$ 处的 σ_z 的计算资料列于表 2-2；σ_z 分布图绘于图 2-9。

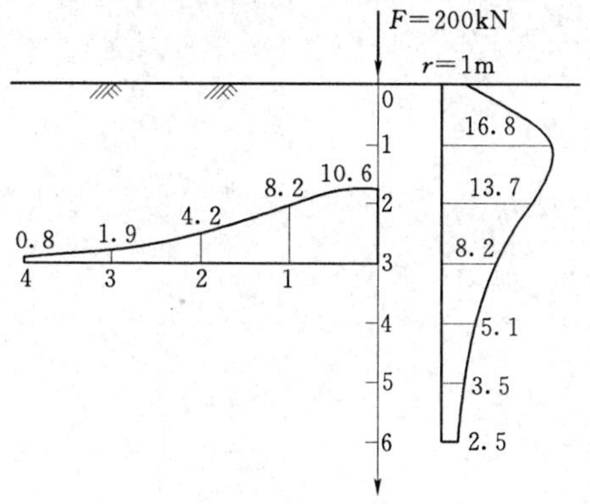

图 2-9　[例 2-2] 图

表 2-1　　$z=3\text{m}$ 的水平面上各点附加应力 σ_z 值

z(m)	r(m)	$\frac{r}{z}$	α（查表 2-2）	σ_z（kPa）
3	0	0	0.478	10.6
3	1	0.33	0.369	8.2
3	2	0.67	0.189	4.2

续表

z/b	l/b											
	1.0	1.2	1.4	1.6	1.8	2.0	3.0	4.0	5.0	6.0	10.0	条形
12.0	0.003	0.004	0.005	0.005	0.006	0.006	0.009	0.012	0.014	0.017	0.022	0.026
14.0	0.002	0.003	0.004	0.004	0.004	0.005	0.007	0.009	0.011	0.013	0.018	0.023
16.0	0.002	0.002	0.003	0.003	0.003	0.004	0.005	0.007	0.009	0.010	0.014	0.020
18.0	0.001	0.002	0.002	0.002	0.003	0.003	0.004	0.006	0.007	0.008	0.012	0.018
20.0	0.001	0.001	0.002	0.002	0.002	0.002	0.004	0.005	0.006	0.007	0.010	0.016
25.0	0.001	0.001	0.001	0.001	0.001	0.002	0.002	0.003	0.004	0.004	0.007	0.013
30.0	0.001	0.001	0.001	0.001	0.001	0.001	0.002	0.002	0.003	0.003	0.005	0.011
35.0	0.000	0.000	0.001	0.001	0，001	0.001	0.001	0.002	0.002	0.002	0.004	0.009
40.0	0.000	0.000	0.000	0.000	0.001	0.001	0.001	0.001	0.001	0.002	0.003	0.008

对于均布矩形荷载附加应力计算点不位于角点下的情况，就可利用式（2－16）以角点法求得。图2－11中列出计算点不位于矩形荷载面角点下的四种情况（在图中O点以下任意深度z处）。计算时，通过O点把荷载面分成若干个矩形面积，这样，O点就必然是划分出的各个矩形的公共角点，然后再按式计算每个矩形角点下同一深度处的附加应力σ_z，并求其代数和。这种方法通常称为“角点法”。四种情况的算式分别如下：

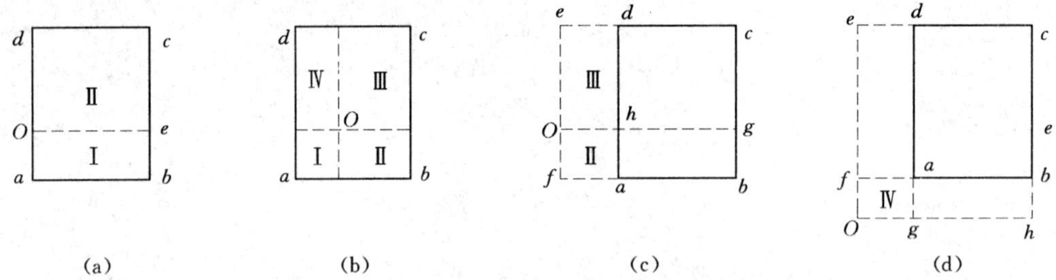

图2－11　以角点法计算均布矩形荷载下的地基附加应力

计算点O在：(a) 荷载面边缘；(b) 荷载面内；(c) 荷载面边缘外侧；(d) 荷载面角点外侧

（1）如图2－11（a）所示，O点在荷载面边缘

$$\sigma_z = (\alpha_{cI} + \alpha_{cII})p_0$$

式中，α_{cI}和α_{cII}分别表示相应于面积Ⅰ和Ⅱ的角点应力系数。需注意的是，查表2－2时所取用边长l应为任一矩形荷载面的长度，而b则为宽度，以下各种情况相同，不再重述。

（2）如图2－11（b）所示，O点在荷载面内

$$\sigma_Z = (\alpha_{cI} + \alpha_{cII} + \alpha_{cIII} + \alpha_{cIV})p_0$$

如果O点位于荷载面中心，则($\alpha_{cI}=\alpha_{cII}=\alpha_{cIII}=\alpha_{cIV}$)，得$\sigma_z=4\alpha_{cI}p_0$，此即利用角点法求均布的矩形荷载面中心点下$\sigma_z$的解。

（3）如图2－11（c）所示，O点在荷载面边缘外侧，此时荷载面$abcd$可看成是由于Ⅰ（$ofbg$）与Ⅱ（$ofah$）之差和Ⅲ（$oecg$）和Ⅳ（$oedh$）之差合成的，所以

$$\sigma_Z = (\alpha_{cI} - \alpha_{cII} + \alpha_{cIII} - \alpha_{cIV})p_0$$

(4) 如图 2-11 (d) 所示，O 点在荷载面角点外侧，把荷载面看成由Ⅰ ($ohce$)、Ⅳ ($ogaf$) 两个面积中扣除Ⅱ ($ohbf$) 和Ⅲ ($ogde$) 而成的，所以

$$\sigma_z = (\alpha_{c\mathrm{I}} - \alpha_{c\mathrm{II}} - \alpha_{c\mathrm{III}} + \alpha_{c\mathrm{IV}}) p_0$$

【例 2-3】 有一长度为 2.0m，宽度为 1.0m 的矩形基础，其上作用均布荷载 p=100kPa，如图 2-12 所示。试用角点法分别计算此矩形面积的角点 A、边点 E、中心点 O 以及矩形面积外 F 点和 G 点下，深度 z=1.0m 处的附加应力。

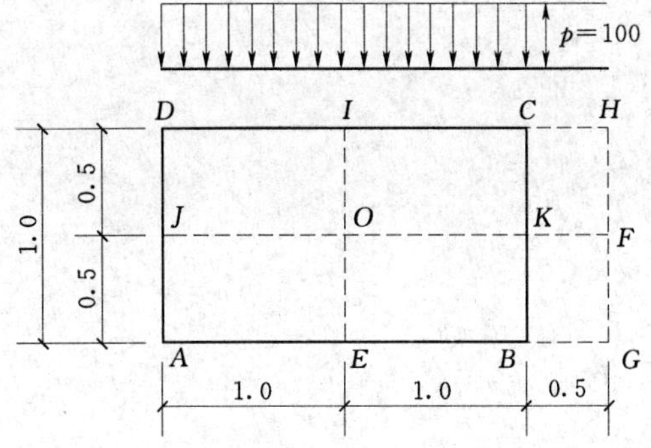

图 2-12 [例 2-3] 图

解： (1) A 点下的附加应力

A 点是矩形 $ABCD$ 的角点。

荷载作用面积	l/b	z/b	α_c
$ABCD$	2/1=2	1/1=1	0.1999

$$\sigma_{za} = \alpha_c\ (ABCD)\ p = 0.1999 \times 100 = 19.99\ (\mathrm{kPa})$$

(2) E 点下的附加应力

E 点为两个相等矩形 $EADI$ 和 $EBCI$ 的公共角点。

荷载作用面积	l/b	z/b	α_c
$EADI$	1/1=1	1/1=1	0.1752

$$\sigma_{zE} = 2\alpha_c\ (EADI)\ p = 2 \times 0.1752 \times 100 = 35.04\ (\mathrm{kPa})$$

(3) O 点下的附加应力

O 点为四个相等矩形 $OEAJ$、$OJDI$、$OICK$ 和 $OKBE$ 的公共角点。

荷载作用面积	l/b	z/b	α_c
$OEAG$	1/0.5=2	1/0.5=2	0.1202

$$\sigma_{zO} = 4\alpha_c\ (OEAJ)\ p = 4 \times 0.1202 \times 100 = 48.08\ (\mathrm{kPa})$$

(4) F 点下的附加应力

F 点为矩形 $FGAJ$、$FJDH$、$FGBK$ 和 $FKCH$ 的公共角点。

荷载作用面积	l/b	z/b	α_c
$FGAJ$	2.5/0.5=5	1/0.5=2	0.1363
$FGBK$	0.5/0.5=1	1/0.5=2	0.0840

$$\sigma_{zF} = 2[\alpha_c\ (FGAJ) - \alpha_c\ (FGBK)]p = 2 \times (0.1363 - 0.0840) \times 100 = 10.5\ (\mathrm{kPa})$$

(5) G 点下的附加应力

G 点为矩形 $GADH$ 和 $GBCH$ 的公共角点。

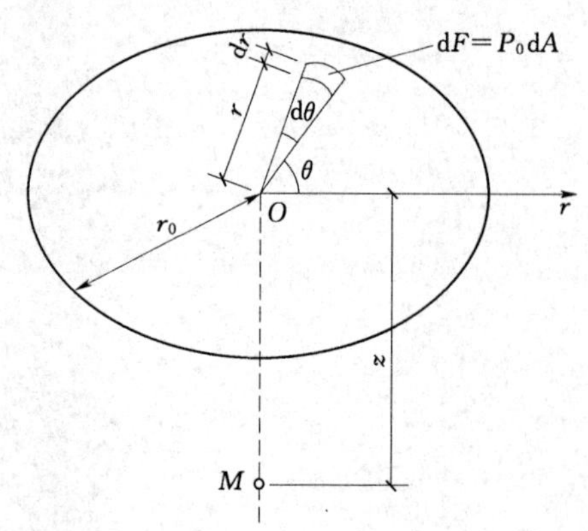

图 2-14　均布圆形荷载中点下的 σ_z

应用上述均布和三角形分布的矩形荷载角点下的附加应力系数 a_c、a_{t1}、a_{t2} 即可用角点法求算梯形分布时地基中任意点的竖向附加应力 σ_z 值，亦可求算条形荷载面时（取$m=10$）的地基附加应力。

（三）均布的圆形荷载

设圆形荷载面积的半径为 r_0，作用于地基表面上的竖向均布荷载为 p_0，如以圆形荷载面的中心点为坐标原点 O，如图 2-14 所示，并在荷载面积上取微面积 $dA=rd\theta dr$，以集中力 $p_0 dA$ 代替微面积上的分布荷载，则可运用式（2-22）以积分法求得均布圆形荷载中点下任意深度 z 处 M 点的 σ_z 如下

$$\sigma_z=\iint_A d\sigma_z=\frac{3p_0z^3}{2\pi}\int_0^{2\pi}\int_0^{r_0}\frac{rd\theta dr}{(r^2+z^2)^{5/2}}=p_0\left[1-\frac{z^3}{(r^2+z^2)^{3/2}}\right]$$

$$=p_0\left[1-\frac{1}{\left(\frac{1}{z^2/r_0^2+1}\right)^{3/2}}\right]=\alpha_r p_0 \tag{2-22}$$

式中　α_r——均布的圆形荷载中心点下的附加应力系数，它是（z/r_0）的函数，由表 2-5 查得。

表 2-5　　均布的圆形荷载中心点下的附加应力系数

z/r_0	α_r	z/r_0	α_r	z/r_0	α_r	z/r_0	α_r	z/r_0	α_r	z/r_0	α_r
0.0	1.000	0.8	0.756	1.6	0.390	2.4	0.213	3.2	0.130	4.0	0.087
0.1	0.999	0.9	0.701	1.7	0.360	2.5	0.200	3.3	0.124	4.1	0.079
0.2	0.992	1.0	0.646	1.8	0.332	2.6	0.187	3.4	0.117	4.2	0.073
0.3	0.976	1.1	0.595	1.9	0.307	2.7	0.175	3.5	0.111	4.3	0.067
0.4	0.949	1.2	0.547	2.0	0.285	2.8	0.165	3.6	0.106	4.4	0.062
0.5	0.911	1.3	0.502	2.1	0.264	2.9	0.155	3.7	0.101	4.5	0.057
0.6	0.864	1.4	0.461	2.2	0.246	3.0	0.146	3.8	0.096	4.6	0.040
0.7	0.811	1.5	0.424	2.3	0.229	3.1	0.138	3.9	0.091	4.7	0.015

三、线荷载和条形荷载作用时的地基附加应力

工程建筑中，无限长的荷载是没有的，但当荷载面积的长宽比 $l/b\geqslant 10$ 时，地基附加应力的计算值与按 $l/b=\infty$时的解相比误差很少。因此，对于条形基础，如墙基、挡土墙基础、路基、坝基等，常可按平面问题考虑。为了求算条形荷载下的地基附加应力，下面先介绍线荷载作用下的解答。

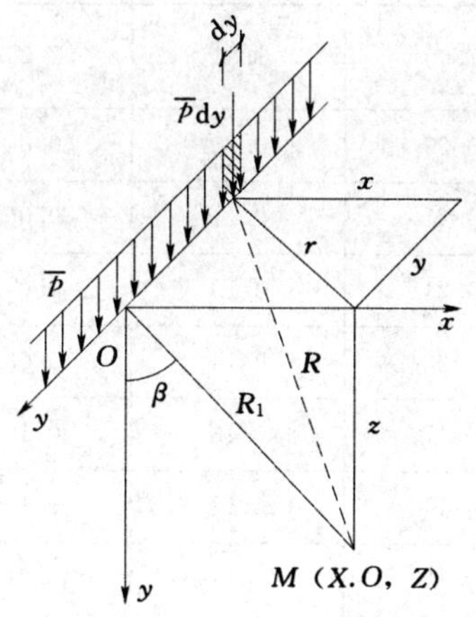

图 2-15 线荷载作用下的地基附加应力

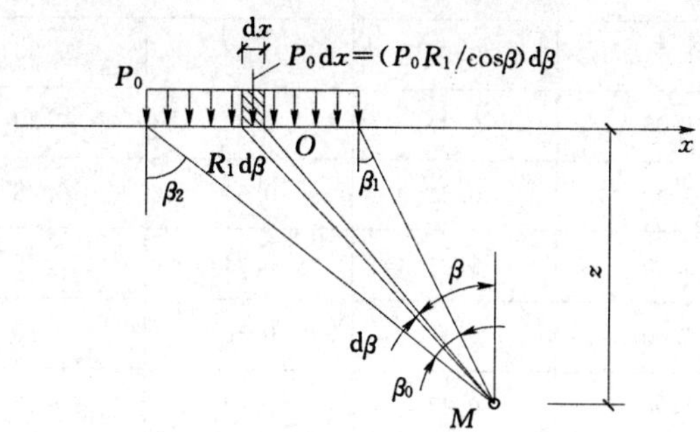

图 2-16 均布条形荷载作用下的地基附加应力

(一) 线荷载

线荷载是在半空间表面上一条无限长直线上的均布荷载，如图 2-15 所示。设一个竖向线荷载$\overline{p}$ (kN/m) 作用在 y 坐标轴上，则沿 y 轴某微分段 dy 上的分布荷载以集中力 $p=\overline{p}\mathrm{d}y$ 代替，从而利用式 (2-23) 求得地基中任意点 M 由 P 引起的附加应力如 $\mathrm{d}\sigma_z$，再通过积分即可求得 M 点的 σ_z

$$\sigma_z=\int_{-\infty}^{+\infty}\mathrm{d}\sigma=\int_{-\infty}^{+\infty}\frac{3z^3\overline{p}\mathrm{d}y}{2\pi R_1^4}=\frac{2\overline{P}}{\pi R_1}\cos^3\beta \tag{2-23}$$

(二) 均布的条形荷载

设一个竖向条形荷载沿宽度方向（图 2-16 中 x 轴方向）均匀分布，则均布的条形荷载 P_0 沿 x 轴上某微分段 dx 上的荷载可以用线荷载 $\overline{p}$ 代替，运用式 (2-23) 并作积分，可求得地基中任意店 M 处的竖向附加应力为

$$\sigma_z=\frac{p_0}{\pi}\left[\arctan\frac{1-2n}{2m}+\arctan\frac{1+2n}{2m}-\frac{4m(4n^2-4m^2-1)}{(4n^2+4m^2-1)^2+16m^2}\right]=\alpha_{sz}p_0 \tag{2-24}$$

式中 α_{sz}——均布条形荷载下的竖向附加应力系数，是 $m=z/b$ 和 $n=x/b$ 的函数，可由表 2-6 查得。

表 2-6 均布条形荷载下的附加应力系数

z/b \ x/b	0.00	0.25	0.50	1.00	1.50	2.00
0.00	1.00	1.00	0.50	0	0	0
0.25	0.96	0.90	0.50	0.02	0.00	0
0.50	0.82	0.74	0.48	0.08	0.02	0
0.75	0.67	0.61	0.45	0.15	0.04	0.02
1.00	0.55	0.51	0.41	0.19	0.07	0.03

续表

z/b ＼ x/b	0.00	0.25	0.50	1.00	1.50	2.00
1.25	0.46	0.44	0.37	0.20	0.10	0.04
1.50	0.40	0.38	0.33	0.21	0.11	0.06
1.75	0.35	0.34	0.30	0.21	0.13	0.07
2.00	0.31	0.31	0.28	0.20	0.14	0.08
3.00	0.21	0.21	0.20	0.17	0.13	0.10
4.00	0.16	0.16	0.15	0.14	0.12	0.10
5.00	0.13	0.13	0.12	0.12	0.11	0.09
6.00	0.11	0.10	0.10	0.10	0.10	—

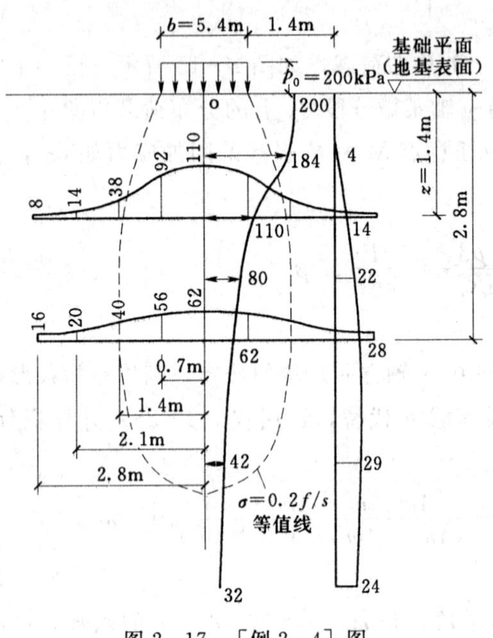

图 2-17　［例 2-4］图

【例 2-4】 某条形基础底面宽度 $b=1.4\text{m}$，作用于基底的平均附加压为 $p_0=200\text{kPa}$，要求确定：

(1) 均布条形荷载中点 O 下的地基附加应力 σ_z 分布；

(2) 深度 $z=1.4\text{m}$ 和 2.8m 处水平面上的 σ_z 分布；

(3) 在均布条形荷载边缘以外 1.4m 处 o_1 点下的 σ_z 分布。

解： (1) 计算 σ_z 时选用表 2-6 列出 $z/b=0.5$、1、1.5、2、3、4 各项 α_{sz} 值，反算出深度 $z=0.7\text{m}$、1.4m、2.1m、2.8m、4.2m、5.6m 处的 σ_z 值，列于表 2-9 中，并绘出分布图列与图 2-17 中。

(2) 及 (3) 的 σ_z 计算结果及分布图分别列于表 2-7、表 2-8 及表 2-9 中。

表 2-7

x/b	z/b	Z(m)	α_{sz}	$\sigma_z=\alpha_{sz}p_o$ (kPa)	x/b	z/b	Z (m)	α_{sz}	$\sigma_z=\alpha_{sz}p_o$(kPa)
0	0	0	1.00	1.00×200=200	0	2	2.8	0.31	62
0	0.5	0.7	0.82	164	0	3	4.2	0.21	43
0	1	1.4	0.55	110	0	4	5.6	0.16	32
0	1.5	2.1	0.40	80					

表 2-8

z(m)	z/b	x/b	α_{sz}	σ_z(kPa)	z(m)	z/b	x/b	α_{sz}	σ_z(kPa)
1.4	1	0	0.55	110	2.8	2	0	0.31	62
1.4	1	0.5	0.41	82	2.8	2	0.5	0.28	56
1.4	1	1	0.19	38	2.8	2	1	0.20	40
1.4	1	1.5	0.07	14	2.8	2	1.5	0.13	26
1.4	1	2	0.03	6	2.8	2	2	0.08	16

表 2-9

z(m)	z/b	x/b	α_{sz}	σ_z(kPa)	z(m)	z/b	x/b	α_{sz}	σ_z(kPa)
0	0	1.5	0	0	2.8	2	1.5	0.13	26
0.7	0.5	1.5	0.02	4	4.2	3	1.5	0.14	28
1.4	1	1.5	0.07	14	5.6	4	1.5	0.12	24
2.1	1.5	1.5	0.11	22					

此外，在图 2-17 中还以虚线绘出 $\sigma_z=0.2p_0=40$kPa 的等值线图。

从图 2-17 中，可见均布条形荷载下地基中附加应力 σ_z 的分布规律如下：

（1）在荷载分布范围内之下任意点垂线的 σ_z 值，随深度愈向下愈小。

（2）基础底面下任意深度的水平面上的 σ_z，在基底中心点下的轴线处最大，随着距离中轴线愈远而愈小。

（3）地基附加应力具有扩散性。σ_z 不仅发生在荷载面积之下，而且分布在荷载面积以外相当大的范围之下。

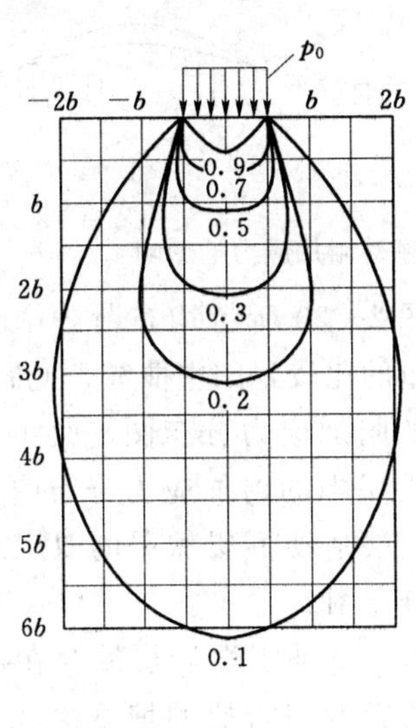

(a)

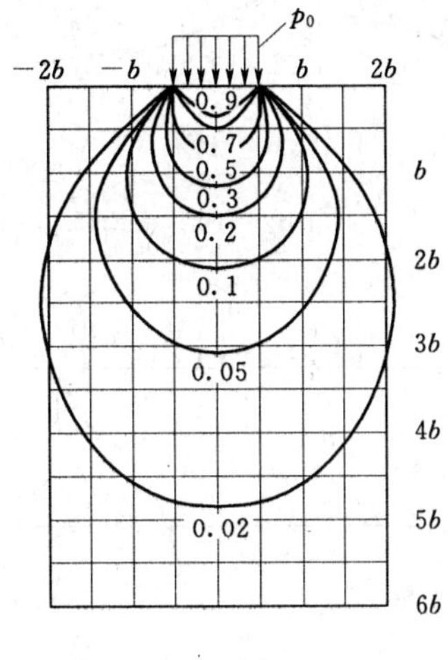

(b)

图 2-18 地基附加应力等值线

(a) 等 σ_z 线（条形荷载）；(b) 等 σ_z 线（方形荷载）

地基附加应力的分布规律还可以用“等值线”的方式完整地表示出来。如图 2-18 所示，附加应力等值线是在地基剖面中划分许多方形网格，使网格结点的坐标恰好是均布荷载半宽（0.5b）的整倍数，查表可得各结点的附加应力 σ_z，然后以插入法绘成均布条形荷载和均布方形荷载下附加应力的等值线图。由图 2-18 可见，方形荷载所引起的 σ_z，其影响深度要比条形荷载小得多，例如方形荷载中心下 $z=2b$ 处 $\sigma_z\approx0.1p_0$，而在条形荷载下 $\sigma_z\approx0.1p_0$ 等值线则约在中心下 $z\approx6b$ 处通过。

四、非均质和各向异性地基中的附加应力

以上介绍的地基附加应力计算都是把地基土看成是均质和各向同性的线性变形体，然后按照弹性力学解答计算附加应力。而实际上地基土并非如此，有的是由不同压缩性土层组成的成层地基，有的是同一土层的变形模量常随深度而增大等。由于地基的非均质性或各向异性，其地基竖向正应力 σ_z 的分布会发生应力集中现象或应力扩散现象。

双层地基是工程中常见的情况。天然形成的双层地基有两种可能的情况：一种是岩层上覆盖着较薄的可压缩土层；另一种则是上层坚硬、下层软弱的双层地基。前者在荷载作用下将发生应力集中现象，如图 2-19（a）所示，而后者则将发生应力扩散现象，如图 2-19（b）所示。

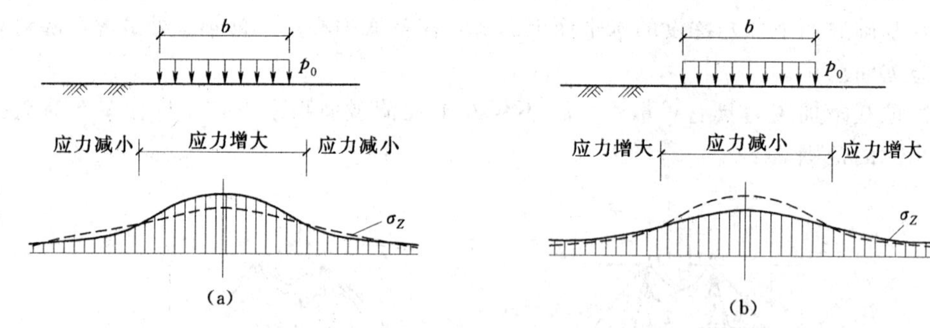

图 2-19　非均质和各向异性地基对附加应力的影响

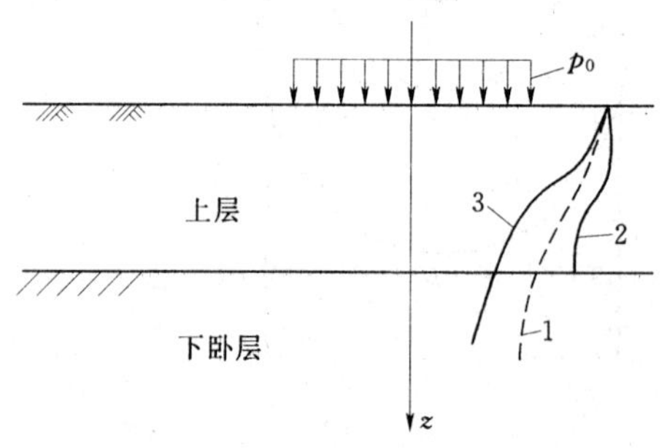

图 2-20　双层地基竖向附加应力分布的比较

图 2-20 所示均布荷载中心线下竖向应力分布的比较，图中曲线 1（虚线）为均质地基中的附加应力分布图，曲线 2 为岩层上可压缩土层中的附加应力分布图，而曲线 3 则表示上层坚硬下层软弱的双层地基中的附加应力分布图。

由于下卧刚性岩层的存在而引起的应力集中的影响与岩层的埋藏深度有关，岩层埋藏愈浅，应力集中的影响愈显著。当可压缩土层的厚度小于或等于荷载面积宽度的一半时，荷载面积下的附加应力 σ_z 几乎不扩散，此时可认为荷载面中心点下的附加应力 σ_z 不随深度而变化。

第五节　土的压缩性

地基土在受到建构物荷重下，在地基土产生的附加应力会产生相应的变形与沉降。地基土的压缩性和地基的沉降，与地基土的物理力学性质、应力历史、固结历史、渗透性质等多种因素相关。

一、基本概念

地基土在压力作用下体积减小的性质，称为土的压缩性。

土的压缩性，从土的组成来说，包括孔隙中水和气体体积的减小以及固体颗粒的变形。研究表明：一般的压力条件下，固体颗粒和水的压缩量与土的总压缩量相比是很微小的，可以忽略不计。所以，土的压缩可看作是土中水和气体从孔隙中被挤出，与此同时，土颗粒相应发生移动，重新排列，靠拢挤紧，从而土孔隙体积减小。对于只有两相的饱和土来说，则主要是孔隙水的挤出。

土的压缩变形的快慢与土的渗透性有关。在荷载作用下，透水性大的饱和无黏性土，其压缩过程短，建筑物施工完毕时，可认为其压缩变形已基本完成；而透水性小的饱和黏性土，其压缩过程所需时间长，十几年甚至几十年压缩变形才稳定。如意大利的比萨斜塔，始建于1173年，至今地基土仍在继续变形，成为世界瞩目的地基问题。土体在外力作用下压缩随时间增长的过程，称为土的固结。对于饱和的黏性土来说，土的固结问题非常重要。

地基土在压缩过程中不出现或不允许出现侧向变形的力学条件称为侧限条件。在计算地基沉降量时，需要利用土的压缩性指标，这些指标，有的是通过室内侧限压缩试验求得，有的是通过现场原位试验得到。土压缩仪的刚性护环在竖向压力不太时可认为是不变形体，因此压缩试验是在侧限条件下进行的。地基土自重应力计算时假定地基表面为无限大水平面、地基土处处均质，由此可得任意水平向应变 $\varepsilon_x=\varepsilon_y=0$，所以地基土在自重作用下的变形也是在侧限条件下发生的。下面分别介绍各种试验方法及其压缩性指标。

二、侧限压缩试验及压缩性指标

（一）压缩试验

该试验是在压缩仪（或固结仪）中完成，如图2-21所示。试验时，先用金属环刀取土，然后将土样连同环刀一起放入压缩仪内，上下各盖一块透水石，以便土样受压后能够自由排水，透水石上面再施加垂直荷载。由于土样受到环刀、压缩容器的约束，在压缩过程中只能发生竖向变形，不可能发生侧向变形，所以这种方法也称侧限压缩试验。试验时，竖向压力 p_i 分级施加。在每级荷载作用下使土样变形至稳定，用百分表测出土样稳定后的变形量 s_i，即可按式（2-23）计算各级荷载下的空隙比 e_i。

设土样的初始高度为 H_0，受压后土样的高度为 H，则 $H=H_0-s$，为外压力 p 作用下土样压缩至稳定的变形量。根据土的孔隙比的定义，假设土粒体积 V_s 不变，则土样孔隙体积在压缩前为 e_0V_s，在压缩稳定后为 eV_s，如图2-22所示。

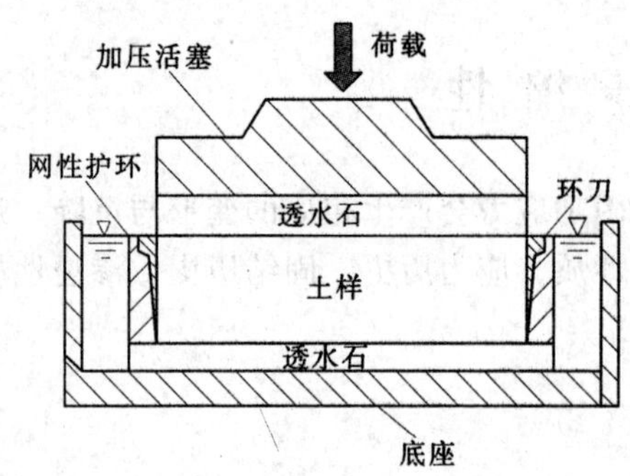

图 2-21　侧限压缩试验示意图

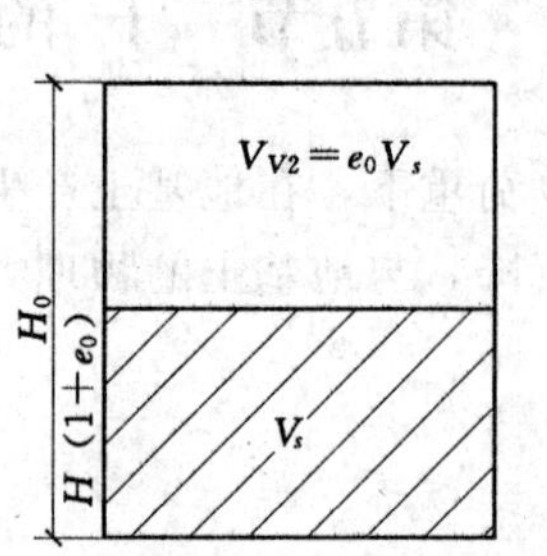

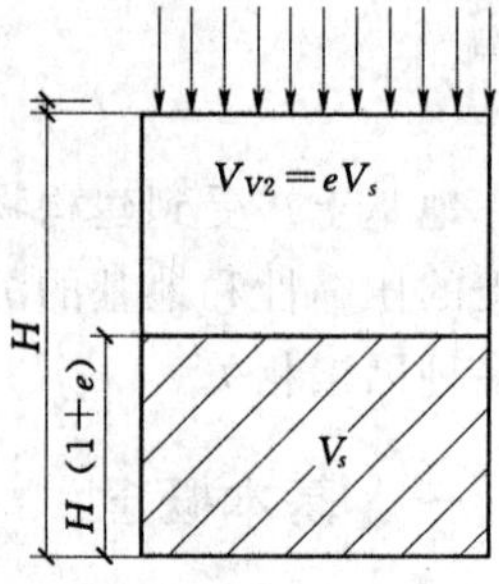

图 2-22　压缩试验中土样变形示意图

为求土样压缩稳定后的孔隙比，利用受压前后土粒体积不变和土样截面面积不变的两个条件，得出

$$\frac{H_0}{1+e_0}=\frac{H}{1+e}=\frac{H_0-s}{1+e} \tag{2-25}$$

或

$$e_i=e_0-\frac{s_i}{H_0}(1+e_0) \tag{2-26}$$

式中　e_0——土的初始孔隙比，可由三个基本试验指标求得。

$$e_0=\frac{d_s(1+w_0)}{\rho}-1 \tag{2-27}$$

这样，只要测定了土样在各级压力 p_i 作用下的稳定变形量 s_i 后，就可以按上式算出相应的孔隙比 e_i。然后以横坐标表示压力 p，纵坐标表示孔隙比 e，得 e—p 曲线，如图 2-23所示。另一种是采用半对数坐标绘制，称为 e—$\lg p$ 曲线，如图 2-24 所示。获得 e—$\lg p$ 压缩曲线一般在高压固结仪上进行，压力分级采用多级法，常用分级压力为 12.5kPa、25kPa、50kPa、100kPa、200kPa、400kPa、800kPa、…。

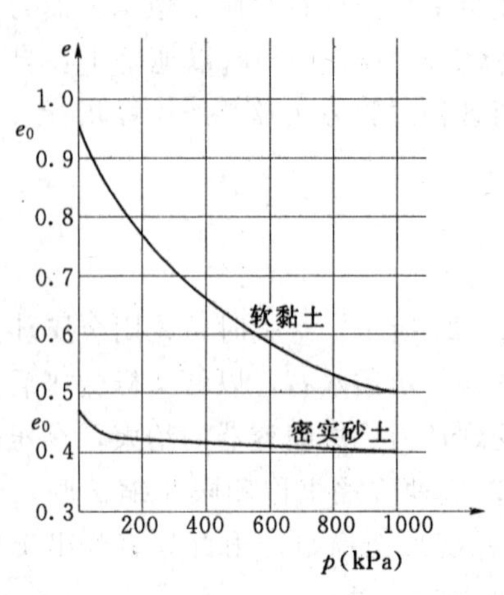

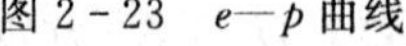
图 2-23　e—p 曲线

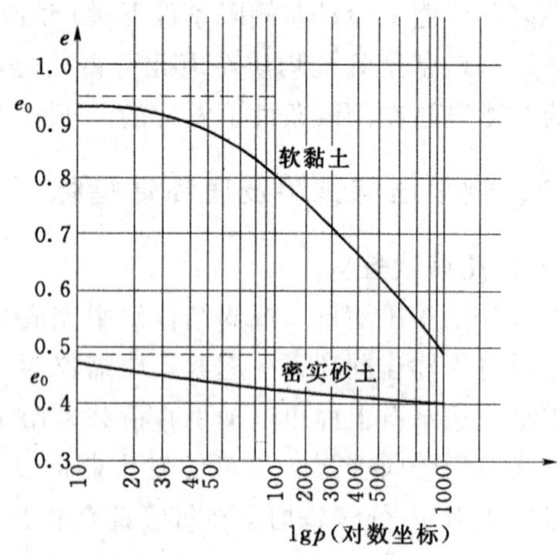

图 2-24　e—$\lg p$ 曲线

需要说明，土的压缩也是土颗粒骨架所承担的力即有效应力逐步趋于土体所受压力的过程，因此，在各级压力作用下压缩稳定时，土中的竖向有效应力 σ_z' 必然等于土体所受到

的竖向压力 p。换言之，土的压缩曲线也就是土的孔隙比 e 与有效应力 σ_z' 的关系曲线。

（二）压缩性指标

1. 土的压缩系数

不同的土具有不同的压缩性，因而就有形状不一的压缩曲线，这些曲线反映了土的孔隙比随压力增大而减小的规律。一种土的压缩曲线越陡就意味着这种土随着压力增加孔隙比的减小越显著。

通过室内土的侧限压缩试验可以得到土的 $e—p$ 曲线。在 $e—p$ 曲线上，用切线的斜率来表示土的压缩性，称为压缩系数，定义为

$$a = \frac{\mathrm{d}e}{\mathrm{d}p} \tag{2-28}$$

显然，曲线上各点的斜率不同，因此土的压缩系数也不是常数，对应于不同的压力 p 就有不同的 a 值。实用上，可以适用割线斜率来代替切线斜率。如图 2-25 所示，设地基中某点的处的压力由 p_1 增至 p_2，相应的孔隙比由 e_1 减小至 e_2，则

$$a = -\frac{\Delta e}{\Delta p} = \frac{e_1 - e_2}{p_2 - p_1} \tag{2-29}$$

式中　a——计算点处土的压缩系数，kPa^{-1} 或 MPa^{-1}；

p_1——计算点处土的竖向自重应力，kPa 或 MPa；

p_2——计算点处土的竖向自重应力与附加应力之和，kPa 或 MPa；

e_1——相应于 p_1 作用下压缩稳定后的孔隙比；

e_2——相应于 p_2 作用下压缩稳定后的孔隙比。

压缩系数是评价地基土压缩性高低的重要指标之一。为了统一标准，在工程实践中，通常采用压力间隔由 $p_1=100\mathrm{kPa}$ 到 $p_2=200\mathrm{kPa}$ 时所得的压缩系数 a_{1-2} 来评价土的压缩性的高低：

当 $a_{1-2}<0.1\mathrm{MPa}^{-1}$ 时，为低压缩性土；

当 $0.1\mathrm{MPa}^{-1}\leqslant a_{1-2}<0.5\mathrm{MPa}^{-1}$ 时，为中压缩性土；

当 $a_{1-2}\geqslant 0.5\mathrm{MPa}^{-1}$ 时，为高压缩性土。

各类地基土的压缩性的高低，取决于土的类别、原始密度和天然结构是否扰动等因素。通常土的颗粒越粗、越密实，其压缩性越低。例如，密实的粗砂、卵石的压缩性比黏性土为低。黏性土的压缩性高低可能相差很大：当土的含水量高、孔隙比大时，如淤泥为高压缩性土；若含水量低的硬塑或坚硬的土，则为低压缩性的土。此外，黏性土扰动后，它的压缩性将增高，特别对于高灵敏的黏土，天然结构遭到破坏时，影响压缩性更甚，同时其强度也剧烈下降。

2. 土的压缩指数与回弹指数

如果采用 $e—\lg p$ 曲线，它的后段接近直线段，如图 2-26 所示，其斜率 C_c 称为压缩指数。

$$C_c = -\frac{e_1 - e_2}{\lg p_1 - \lg p_2} = \frac{e_1 - e_2}{\lg \dfrac{p_2}{p_1}} \tag{2-30}$$

同压缩系数 a 一样，压缩指数 C_c 也能用来确定土的压缩性大小。C_c 值越大，土的压缩高。

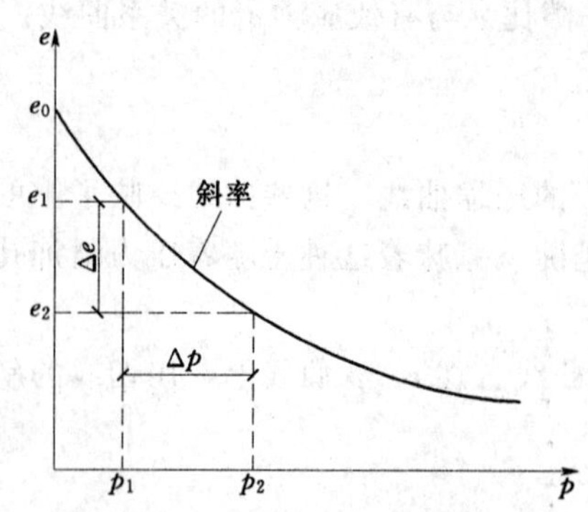

图 2-25　由 e—p 曲线确定压缩系数 a

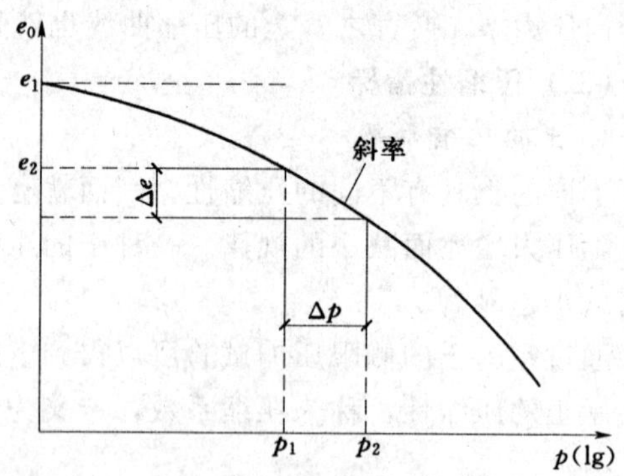

图 2-26　由 e—$\lg p$ 曲线确定压缩系数 C_c

在压缩试验某一压力变形稳定后，可以对土样进行卸载，在 e—$\lg p$ 曲线上的可以作出卸载曲线，其斜率称为回弹指数，用符号 C_s 表示，工程上有时把回弹指数称膨胀指数，按下式计算

$$C_s = -\frac{e_1 - e_2}{\lg p_1 - \lg p_2} = \frac{e_1 - e_2}{\lg \dfrac{p_2}{p_1}} \tag{2-31}$$

3. 土的压缩模量（侧限压缩模量）

土体在完全侧限条件下，土中应力增量与应变增量的比值称为土的压缩模量，用 E_s 表示。可按下式计算

$$E_s = \frac{1 + e_1}{a} \tag{2-32}$$

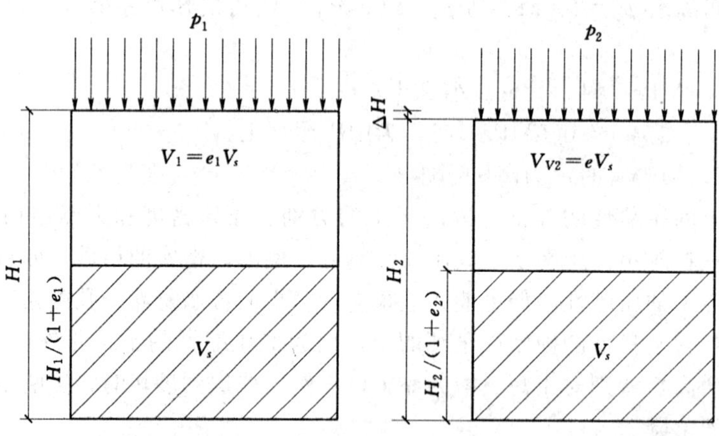

图 2-27　侧限条件下土样高度变化与孔隙比变化的关系（土样横截面面积不变）

其推导过程如下：

把压缩前比拟为实际土体在自重应力 p_1 作用下的情况，压缩后相当于在自重应力和附加应力之和力 p_2 作用下的情况，如图 2-27 所示。这样式（2-25）变换为

$$\frac{H_1}{1 + e_1} = \frac{H_2}{1 + e_2} = \frac{H_1 - \Delta H}{1 + e_2} \tag{2-33}$$

$$\Delta H = \frac{e_1 - e_2}{1 + e_1} H_1 = \frac{\Delta e}{1 + e_1} H_1$$

由于 $\Delta e = a\Delta p$ [见式（2-28)]，则

$$\Delta H = \frac{a\Delta p}{1 + e_1} H_1$$

由此得侧限条件下的压缩模量为

$$E_s = \frac{\Delta p}{\Delta H / H_1} = \frac{1 + e_1}{a} \tag{2-34}$$

压缩模量 E_s 是土的压缩指标的又一个表达方式，其单位为 kPa 或 MPa。由式（2-34）可知，压缩模量 E_s 与压缩系数 a 成反比，E_s 越大，a 就越小，土的压缩性也就越低。压缩模量与压缩系数一样，不同的压力段有不同的值，岩土工程报告中常用压力 $p=100\sim200$kPa下的压缩模量值，用 $E_{s1\sim2}$ 表示，与压缩系数 a_{1-2} 一样，是报告中必须提供的力学变形指标。压缩模量也用来评价土的压缩性高低，但在实际工程中很少用该指标来判定土的压缩性高低。一般认为：

$E_s<4$MPa 时，为高压缩性土；

$E_s=4\sim15$MPa 时，为中压缩性土；

$E_s>15$MPa 时，为低压缩性土。

三、土的变形模量

土的变形模量 E_0 是土体在无侧限条件下的应力与应变的比值，可由现场载荷试验结果反算确定。在理论上，它与压缩模量 E_s 有如下关系

$$E_0 = \beta E_s \tag{2-35}$$

式中，$\beta = 1 - \frac{2\mu^2}{1-\mu}$，其中 μ 为土的泊松比。

压缩模量 E_s 与变形模量 E_0 是两个不同的概念。E_0 是在现场测试获得，土体压缩过程中无侧限；而 E_s 是通过室内压缩试验换算求得，土体是在完全侧限条件下的压缩，且与其他建筑材料的弹性模量不同，压缩过程中具有相当部分不可恢复的塑性变形，两者之间的关系可由广义虎克定律推出。

在无限半空间，土的应变分量 $\varepsilon_x = \varepsilon_y = 0$，只有 ε_z 不为零，由广义虎克定义有：

$$\varepsilon_z = \frac{\sigma_z}{E_0} - \frac{\mu}{E_0}(\sigma_x + \sigma_y)$$

而 $\sigma_x = \sigma_y = k_0\sigma_z = \frac{\mu}{1-\mu}\sigma_z$，代入上式有

$$\varepsilon_z = \frac{\sigma_z}{E_0} - \frac{2\mu^2}{E_0(1-\mu)}\sigma_z = \frac{\sigma_z}{E_0}\left(1 - \frac{2\mu^2}{1-\mu}\right)$$

$$E_0 = \frac{\sigma_z}{\varepsilon_z}\left(1 - \frac{2\mu^2}{1-\mu}\right)$$

上式中 $\frac{\sigma_z}{\varepsilon_z}$ 是无侧限变形条件下，压缩应力与应变之比，即 E_s，所以上式写成

$$E_0 = E_s\left(1 - \frac{2\mu^2}{1-\mu}\right) = E_s(1 - 2\mu k_0) \tag{2-36}$$

或
$$E_0 = \beta E_s$$

上二式中　k_0——土的测压力系数；

μ——土的泊松比。

常见土样 k_0、μ、β 的经验值见表 2-10。

表 2-10　　**k_0、μ、β 的经验值**

土的种类和状态	k_0	μ	β
碎石土	0.18～0.25	0.15～0.20	0.95～0.90
砂土	0.25～0.33	0.20～0.25	0.90～0.83
粉土	0.33	0.25	0.83
粉质黏土坚硬状态	0.33	0.25	0.83
可塑状态	0.43	0.30	0.74
软塑及流塑状态	0.53	0.35	0.62
黏土　坚硬状态	0.33	0.25	0.83
可塑状态	0.53	0.35	0.62
软塑及流塑状态	0.72	0.42	0.39

实际上，由于现场载荷试验测定 E_0 和室内压缩试验测定 E_s 时，各有些无法考虑到的因素，使得上式不能准确地反映 E_0 与 E_s 之间的实际关系。根据统计资料，E_0 值可能是 βE_s 值的几倍。一般说来，土越坚硬则倍数越大。软土的 E_0 值与评 βE_s 值比较接近。在工程实践中，变形模量 E_0 值多用现场载荷试验确定。

在侧限压缩试验中，在某一荷载变化范围内，单位应力增量所引起的应变增量定义为体积压缩系数 m_v

$$m_v = \frac{\varepsilon_z}{\sigma'_z} \tag{2-37}$$

这正是压缩模量 E_s 的倒数。

另外，上述载荷试验，如基础埋深很大，则试坑开挖很深，工程量太大，不适用。若地下水较浅，基础埋深在地下水位以下时，载荷试验也无法使用。在这类情况时，可采用旁压试验。试验在钻孔内进行（有的是预先钻孔，有的是自行钻孔）。将旁压器置于孔内，用液压迫使旁压器的工作腔不断扩大，对孔壁土体施加横向压力，迫使孔周围的土体变形外挤，直至破坏。量测所加的压力 p 的大小及旁压器测量腔的体积 V 的变化，再换算为土的应力应变关系，从而获得地基土强度和变形模量等参数。所得到的模量称为旁压模量 E_M，其值与土的变形模量 E_0 接近。

第六节　应力历史与土的压缩性的关系

由图 2-26 的 e—$\lg p$ 曲线可以看出，曲线的前半段较平缓，而后半段（即前述直线段）较陡，这表明当压力超过某值时土才会发生显著的压缩。这是因为土在其沉积历史上已在上覆压力或其他荷载作用下经历过压缩或固结，当土样从地基中取出，原有的应力释放，土样又经历了膨胀。因此，在压缩试验中如施加的压力小于土样在地基中所受的原有压力，土样的压缩量（或孔隙比的变化）必然较小，而只有当施加的压力大于原有压力，土样才会发生新的压缩，土样的压缩量才会较大。

由此可见，土的压缩性与其应力历史有密切关系。

一、土的回弹与再压缩曲线

1. 回弹曲线

在土的压缩试验过程中加压至某值 p_b［图 2-28（a）中 b 点］后逐级卸荷，土样即回弹，测得其回弹稳定后的孔隙比，可绘制相应的孔隙比与压力的关系曲线，该曲线就称为回弹曲线，如图 2-28（a）中 bc 段所示。由于土体不是完全弹性体，故卸压完毕后，土样在外作用下发生的总压缩变形（即与图中初始孔隙比 e_0 和 p_b 对应的孔隙比外的差值 e_0-e_b 相当的压缩量）并不能完全恢复，而只能恢复一部分。可恢复的这部分变形（即与 e_c-e_b 相当的压缩量）是弹性变形，而不可恢复的变形（与 e_0-e_b 相当的压缩量）则称为残余变形。

2. 再压缩曲线

如卸压后又重新逐级加压至 p_b，并测得土样在各级压力下再压缩稳定后的孔隙比，则据此绘制的曲线为再压缩曲线，如图 2-28（a）中的 cd 段所示。试验研究表明，压力达到 p_b 之后再继续加压至 p_f，得到的继续压缩曲线 df 与原压缩曲线 ab 段是近于光滑连接的。

同样，也可在半对数坐标上绘制土的回弹和再压缩曲线，如图 2-28（b）所示。

3. 回弹压缩等比系数和回弹指数

根据土的回弹和再压缩曲线，可以获得土的回弹压缩系数和回弹指数等指标。

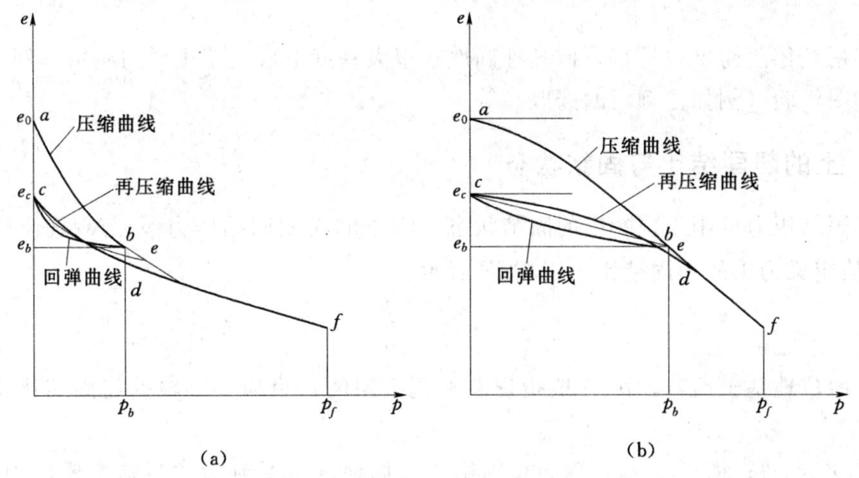

图 2-28　土的回弹曲线和再压缩曲线

（a）直角坐标；（b）半对数坐标

为此，将由回弹曲线 bc 段和再压缩曲线 cd 段形成的滞回环近似用一条直线或曲线段代替，如图 2-28 中的虚线 ce 所示。基于该线段，用类似于确定压缩系数与压缩指数等指标的方法，就可确定土的回弹压缩系数和回弹指数等指标。这些指标可用于预估复杂加、卸荷情况下的基础沉降。

显然，曲线 ce 较原始压缩曲线平缓，因此，土的回弹压缩系数和回弹指数在数值上较压缩系数和压缩指数小。

二、土的先期固结压力的确定

土在历史上所经受过的最大竖向有效应力称为土的先期固结压力（又称前期固结压力），常用 p_c 来表示。

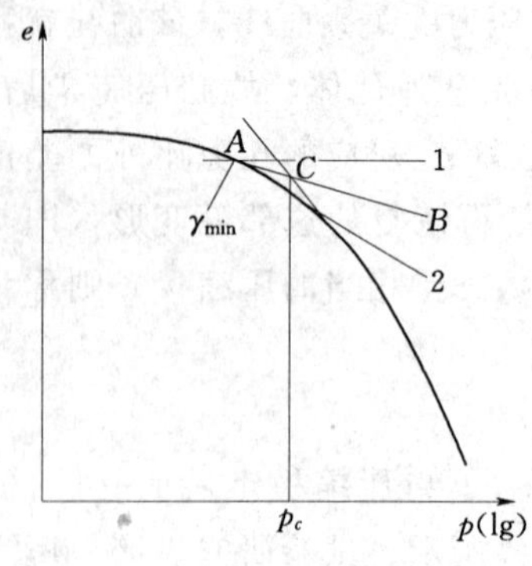

图 2-29　确定先期固结压力 p_c 的卡萨格兰德法

由于土的受荷历史极其复杂，因此确定土的先期固结压力至今无精确的方法。但从前述分析可以认为，在压缩试验中只有当土所受到的压力大于先期固结压力时，土样才发生较明显的压缩，故先期结压力必然应位于 e—lg$p$ 曲线较平缓的前半段与较陡的后半段交接处附近。基于这一认识，卡萨格兰德（A. Cassagrande）于 1936 年提出了确定先期固结压力的经验作图法，如图 2-29 所示，这也是迄今确定 p_c 值最为常用的一种方法。

卡萨格兰德法的作图步骤如下：

（1）在 e—lg$p$ 曲线上找出曲率半径最小的一点 A，过 A 作水平线 $A1$ 和切线 $A2$。

（2）作角∠$1A2$ 的平分线 AB，与 e—lg$p$ 曲线后半段（即直线段）的延长线交于 C 点。

（3）过 C 作垂直于横轴的直线，交横轴于一点，该点对应的压力即为土的先期固结压力 p_c。

卡萨格兰德法简单、易行，但其准确性在很大程度上取决于土样的质量（例如扰动程度）和作图经验（例如比例尺的选取）等。

三、土的超固结比与固结状态

先期固结压力可用于判断土的固结状态。将土的先期固结压力 p_c 与现在土所受的压力 p_0 比值定义为土的超固结比，用 OCR 表示。

$$OCR = \frac{p_c}{p_0} \tag{2-38}$$

对于原位地基土而言，p_0 一般指现有上覆土层的自重应力。根据超固结比将土分为三种：

（1）$OCR>1$，即 $p_c>p_0$，称为超固结土。如地层曾受到大于目前上覆压力 p_0 的压力 p_c 作用，且在 p_0 作用下已完成固结，则土体目前处于超固结状态。

（2）$OCR=1$，即 $p_c=p_0$，称为正常固结土。如地层在历史上从未受到过比现有上覆压力 p_0 更大的压力，且在 p_0 作用下已固结完成，则土体目前处于正常固结状态。

（3）$OCR<1$，即 $p_c<p_0$，称为欠固结土。如土层在 p_0 作用下尚未稳定，固结仍在

进行，则土体目前处于欠固结状态。

对室内压缩试验的土样而言，p_0 即为施加于土样上的当前压力。当土样的应力状态位于 e—lg$p$ 曲线的直线段上时，表示土样当前所受的压力就是最大压力，则 $OCR=1$，土样处于正常固结状态。当土样的应力状态位于某回弹或再压缩曲线上时，则 $OCR>1$，土样处于超固结状态。

显然，土的固结状态在一定条件下是可以相互转化的。例如，对于天然状态下已达沉降稳定的正常固结土，当因地表流水或冰川的剥蚀作用而降低，或因开挖而卸载，就成为超固结土；而超固结土则可因足够大的堆载加压而成为正常固结土。新近沉积土和冲填土等在自重应力作用下固结尚未完成，为欠固结土；但随着时间的推移，在自重应力作用下的压缩会逐渐趋于稳定，从而转化为正常固结土。对于室内压缩稳定并处于正常固结状态的土样，经卸荷就会进入超固结状态；而处于超固结状态的土样则可经过施加更大的压力而进入正常固结状态。

根据土的固结状态可以对土的压缩性作出评价，相对而言，超固结土的压缩性最低，而欠固结土的压缩性最高。

四、土的现场压缩曲线的推求与压缩指标

建筑工程设计中，根据室内压缩试验曲线提取压缩指标进行地基沉降计算。由于取原状土和试样制备的过程中，不可避免地对土样产生一定的扰动，从而使室内试验的压缩曲线与现场土的压缩特性之间产生差别。因此，为使地基土固结沉降的计算更符合实际，有必要在弄清压缩土层应力历史和固结状态的基础上，由室内压缩曲线推求出符合现场实际的现场压缩曲线。

（一）正常固结土现场压缩曲线的确定

对于正常固结土，试验研究表明，土的扰动程度越大，土的压缩曲线越平缓。因此可以期望现场压缩曲线较室内压缩曲线更陡。Schmertmann（1953）曾指出，对于同一种土，无论土的扰动程度如何，室内压缩曲线都将在孔隙比约为 $0.42e_0$ 处交于一点。基于此，可按如下方法确定现场压缩曲线，如图 2-30 所示。

（1）过 e_0 及 p_c 分别作横轴及纵轴的平行线，二者相交于一点 C。

（2）过 $0.42e_0$ 作横轴的平行线，交室内压缩曲线的直线段于一点 D。

（3）连接 CD，即为现场压缩曲线，其斜率为现场压缩指数 C_c。

（二）超固结土的现场压缩曲线

如图 2-31 所示，超固结土的现场压缩曲线及压缩指标可按下列步骤求得：

（1）过 e_0 及 p_0 分别作横轴及纵轴的平行线，二者相交于一点 B。

（2）过 B 作室内压缩曲线滞回环的平行线，过 p_c 作纵轴的平行线，二者相交于一点 C。

（3）过 $0.42e_0$ 作横轴的平行线，交室内压缩曲线的直线段于一点 D，连接 CD。

（4）折线 BCD 即为所推求的现场压缩曲线。BC 的斜率为回弹指数，用 C_e 表示，CD 的斜率为现场压缩指数。

对于欠固结土，可近似按正常固结土的方法获得其现场压缩曲线及其指标。

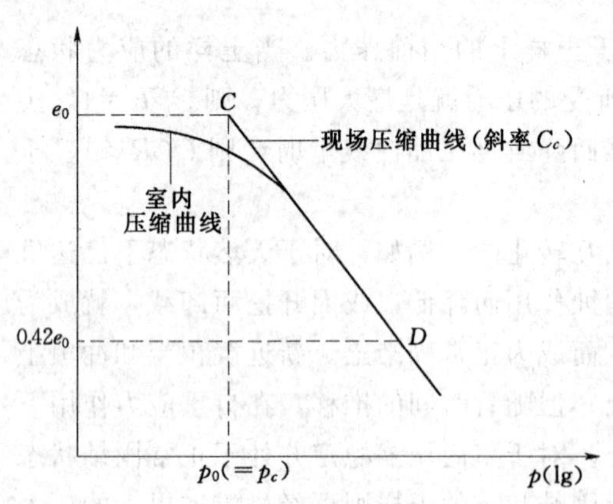

图 2-30　正常固结土现场压缩曲线

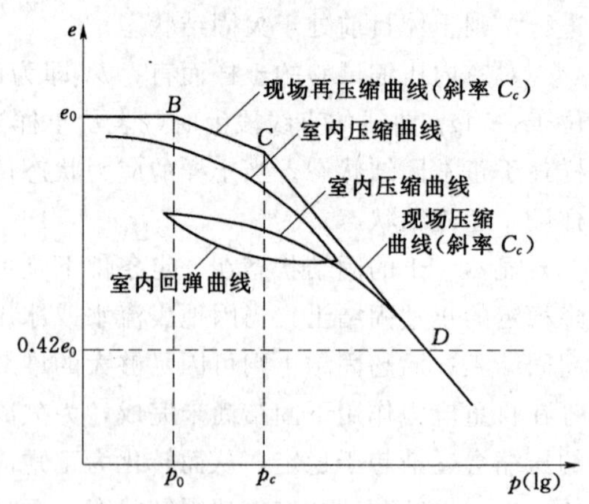

图 2-31　超固结土的现场压缩曲线

第七节　沉降的计算方法

地基土层在建筑物荷载作用下，不断产生压缩，至压缩稳定后地基表面的沉降量称为地基的最终沉降量。通常认为，地基土层在自重作用下的压缩已稳定，因此，地基沉降的外因主要是建筑物荷载在地基中产生附加应力，其内因是土由三相组成，具有碎散性，在附加应力作用下土层的孔隙发生压缩变形，引起地基沉降。预知建筑物建成之后将产生的最终沉降量，可以判断地基变形值是否超过允许的范围，以便在建筑物设计和施工时，采取相应的工程措施来保证建筑物的安全。

本节将介绍三种常见的地基沉降计算方法：普通分层总和法、考虑应力历史影响的分层总和法和《建筑地基基础设计规范》（GB 5007—2011）推荐法。

一、普通分层总和法

（一）计算原理

分层总和法即先将地基土分为若干水平土层，各土层的厚度分别为 h_1，h_2，h_3，…，h_n。计算每层土的压缩量 s_1，s_2，s_3，…，s_n，然后累加起来，即为地基土的总沉降量。

（二）几点假定

为了应用地基中的附加应力计算公式和室内侧限压缩试验的指标，特作下列假定：

（1）地基土为一均匀、各向同性的半无限线性变形体。在建筑物荷载作用下，土中的应力 σ 与应变 ε 呈直线关系，因此，可应用弹性理论方法计算地基中的附加应力。

（2）地基沉降量计算的部位，取基础中心点 o 下土柱所受附加应力 σ_z 进行计算。实际上基础底面边缘或中部各点的附加应力不同，中心点 o 下的附加应力为最大值。

（3）地基土的变形条件为侧限条件，即在建筑物荷载作用下，地基土只产生竖向压缩变形，侧向不能膨胀变形，因而在沉降计算中，可应用试验室测定的侧限压缩试验指标 a 与 E_s 数值。

（4）沉降计算的深度，理论上应计算至无限深，工程上因附加应力扩散随深度而减小，计算至某一深度（即受压层）即可。在受压层以下的附加应力很小，所产生的沉降量可以忽略不计。若受压层以下尚有软弱土层时，则应计算至软弱土层底部。

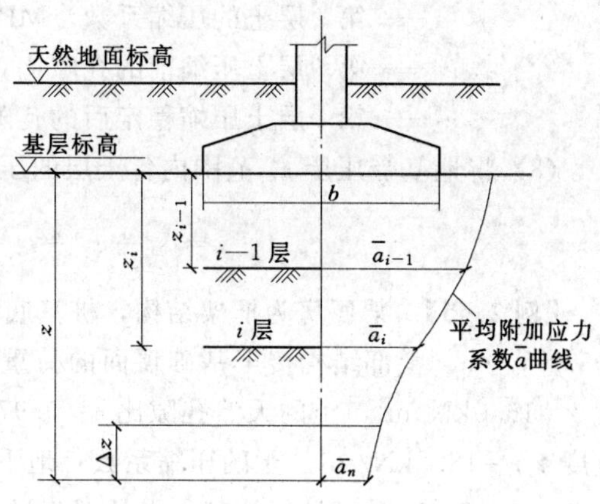

图 2-32　分层总和法计算地基沉降

（三）计算方法与步骤

（1）用坐标纸按比例绘制地基土层分布剖面图和基础，如图 2-32 所示。

（2）计算地基土的自重应力 σ_c，土层变化处为计算点。计算结果按比例尺绘于基础中心线的左侧。自重应力分布曲线横坐标只表示该点的自重应力数值，应力的方向都是竖直方向。

（3）计算基础底面附加应力

中心荷载

$$p = \frac{N+G}{A} \tag{2-39}$$

偏心荷载

$$p_{\min}^{\max} = \frac{F+G}{A}\left(1 \pm \frac{6e}{b}\right) \tag{2-40}$$

（4）计算基础底面附加应力

$$\sigma_0 = p - \gamma d \tag{2-41}$$

（5）计算地基中附加应力的分布。为保证计算的精度，要求每层土的厚度 $h_i \leqslant 0.4B$，同时应将天然层面及地下水面作为分层界面。将计算得到的附加应力值按比例尺绘于基础中心线的右侧。例如，深度 z 处，M 点的竖向附加应力 σ_z 值，以线段$\overline{Mm}$表示。各计算点的附加应力连成一条曲线 KmK'，表示基础中心点 O 以下附加应力随深度的变化。

（6）确定地基受压层的深度 z_n，由图 2-16 中自重应力分布和附加应力分布两条曲线确定。

一般土

$$\sigma_z = 0.2\sigma_{cz} \tag{2-42}$$

软土

$$\sigma_z = 0.1\sigma_{cz} \tag{2-43}$$

式中　σ_z——基础地面中心点 O 以下深度 z 的附加应力，kPa；

σ_{cz}——同一深度 z 处的自重应力。

（7）计算各土层的压缩模量 s_i（mm），可按以下公式进行计算

$$s_i = \frac{\bar{\sigma}_{zi}}{E_{si}} h_i \tag{2-44}$$

$$s_i = \left(\frac{a}{1+e_1}\right)_i \bar{\sigma}_{zi} h_i \tag{2-45}$$

$$s_i = \left(\frac{e_1 - e_2}{1+e_1}\right)_i h_i \tag{2-46}$$

上二式中　$\bar{\sigma}_{zi}$——第 i 层土的平均附加应力，kPa；

E_{si}——第 i 层土的侧限压缩模量，MPa；

h_i——第 i 层土的厚度，m；

a——第 i 层土的压缩系数，MPa^{-1}；

e_1——第 i 层土压缩前的孔隙比；

e_2——第 i 层土压缩稳定后的孔隙比。

(8) 将地基受压层 z_n 范围内各土层的压缩量相加，得地基土的最终沉降量：

$$s = s_1 + s_2 + s_3 + \cdots + s_n = \sum_{i=1}^{n} s_i \tag{2-47}$$

【例 2-5】 某厂房为框架结构，桩基底面为正方形，边长为 $l=b=4.0$m，基础埋深为 $d=1.0$m。上部结构传至基础顶面的荷重 $F=1440$kN。地基为粉质黏土，土的天然重度 $\gamma=16.0$kN/m³，土的天然孔隙比 $e=0.97$。地下水位深 3.4m，地下水位以下土的饱和重度 $\gamma_{sat}=18.2$kN/m³。土的压缩系数：地下水位以上为 $a_1=0.30MPa^{-1}$，地下水位以下为 $a_2=0.25MPa^{-1}$。计算柱基中点的沉降量。

解： (1) 绘制柱基剖面图与地基剖面图，如图 2-33 所示。

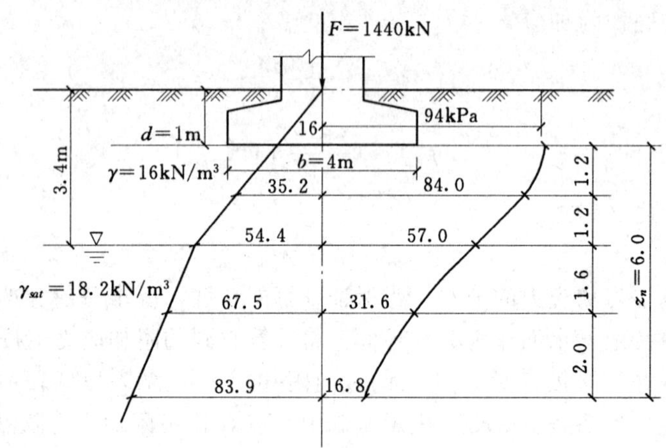

图 2-33　地基应力分布图

(2) 计算地基土的自重应力。

基础底面　　$\sigma_{cd}=\gamma d=16.0\times1=16.0$ (kPa)

地下水面　　$\sigma_{cw}=3.4\gamma=3.4\times16.0=54.4$ (kPa)

地面以下 $2b$ 处　　$\sigma_{c8}=3.4\gamma+4.6\gamma'=3.4\times16.0+4.6\times8.2=92.1$ (kPa)

(3) 基础底面的接触压力 p。

设基础的重度为 $\bar{\gamma}=20$kN/m³，则

$$p=\frac{F}{lb}+\bar{\gamma}d=\frac{1440}{4\times4}+20\times1=90+20=110.0\ (\text{kPa})$$

(4) 基础底面的附加应力。

$$\sigma_0=p-\lambda d=110.0-16.0=94.0\ (\text{kPa})$$

(5) 计算地基中的附加应力。预估受力层的厚度为 6m，分四层进行计算。基础底面为正方形，用角点法计算，分成相等的四小块，计算边长为 $l'=b'=2.0$m。附加应力 $\sigma_z=4a_c\sigma_0$ kPa，列表 2-11 计算。

表 2-11　　附加应力计算

深度（m）	l'/b'	z/b'	应力系数 a_c	附加应力 σ_z（kPa）
0	1.0	0	0.2500	94.0
1.2	1.0	0.6	0.2229	84.0
2.4	1.0	1.2	0.1516	57.0
4.0	1.0	2.0	0.0840	31.6
6.0	1.0	3.0	0.0447	16.8

（6）地基层受压厚度 z_n 的确定。由图 2-33 中自重应力分布与附加应力分布两条曲线，寻找 $\sigma_z=0.2\sigma_{cz}$ 的深度 z_n。

当深度 $z=6.0$m 时，$\sigma_z=16.8$kPa，$\sigma_{cz}=83.9$kPa，$\sigma_z\approx0.2\sigma_{cz}$，故受压层的厚度 $z_n=6.0$m 预估深度合适。若不满足条件，回到（5）进一步进行计算。

（7）地基土每层的沉降量计算，见表 2-12。

$$s_i=\left(\frac{a}{1+e_1}\right)_i\bar{\sigma}_{zi}h_i$$

表 2-12　　地基沉降计算

土层编号	土层厚度 h_i（m）	土的压缩系数 a（MPa^{-1}）	孔隙比 e_i	平均附加应力 $\overline{\sigma_z}$（kPa）	沉降量 S_i（mm）
1	1.20	0.30	0.97	$\frac{94+84}{2}=89.0$	16.3
2	1.20	0.30	0.97	$\frac{84+57}{2}=70.5$	12.9
3	1.60	0.25	0.97	$\frac{57+31.6}{2}=44.3$	9.0
4	2.0	0.25	0.97	$\frac{31.6+16.8}{2}=24.2$	6.1

（8）柱基中点的总沉降量。

$$s=\sum s_i=16.3+12.9+9.0+6.1=44.3\ (\text{mm})$$

二、考虑应力历史影响的分层总和法

该方法又称为 e—$\lg p$ 法。正常固结土、超固结土和欠固结土的现场压缩曲线如图 2-34、图 2-35、图 2-36 所示。

（一）正常固结土的沉降计算

正常固结土地基，在上部建筑物荷载作用下在地基中产生附加应力 σ_z。第 i 层土压缩稳定后的变形量为

$$s_i=\frac{\Delta e_i}{1+e_{0i}}h_i=\frac{h_i}{1+e_{0i}}C_{ci}\lg\frac{\overline{p}_{0i}+\sigma_{zi}}{\overrightarrow{p}_{oi}} \tag{2-48}$$

式中　Δe_i——第 i 层土压缩前和压缩稳定后孔隙比的变化量；

e_{oi}——第 i 层土的初始孔隙比；

h_i——第 i 层土的厚度，m；

C_{ci}——第 i 层土的现场压缩指数；

$\overline{p}_{0i}$——第 i 层土的平均自重应力值，kPa；

$\overline{\sigma}_{zi}$——第 i 层土的平均附加应力值，kPa。

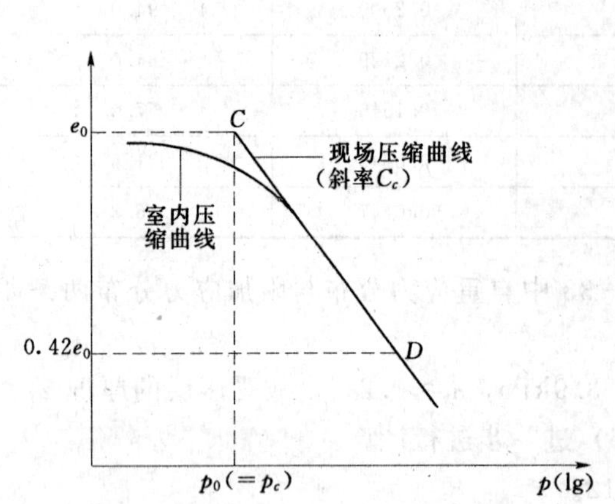

图 2-34　正常固结土的 e—$\lg p$ 曲线

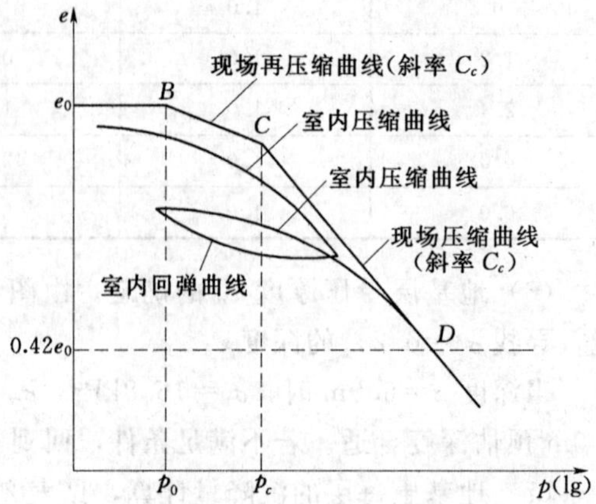

图 2-35　超固结土的 e—$\lg p$ 曲线

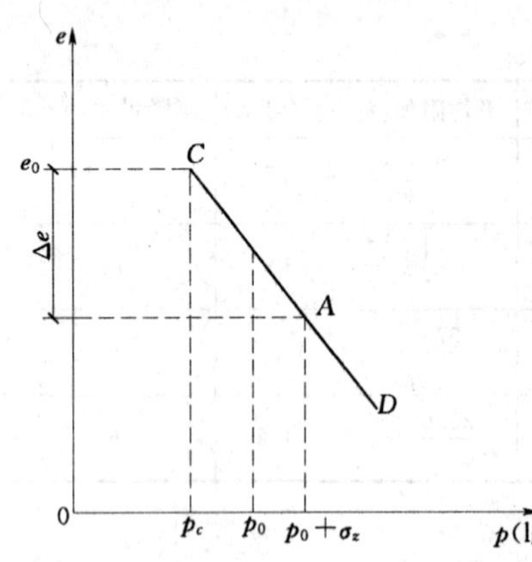

图 2-36　欠固结土的 e—$\lg p$ 曲线

因此，相应的分层总和法的公式为

$$s=\sum_{i=1}^{n}s_i=\sum_{i=1}^{n}\frac{h_i}{1+e_{0i}}C_{ci}\lg\frac{\overline{p}_{0i}+\overline{\sigma}_{zi}}{\overline{p}_{ci}} \tag{2-49}$$

（二）超固结土的沉降计算

根据 σ_z 的大小分两种情况进行计算，如图 2-35所示。

1. $\sigma_z\leqslant p_c-p_0$

$$s_i=\frac{\Delta e_i}{1+e_{0i}}h_i=\frac{h_i}{1+e_{0i}}C_{ei}\lg\frac{\overline{p}_{0i}+\overline{\sigma}_{zi}}{\overline{p}_{ci}} \tag{2-50}$$

式中　C_{ei}——第 i 层土的回弹指数；

其他符号意义同前。

相应的分层总和法的公式为

$$s_m=\sum_{i=1}^{m}s_i=\sum_{i=1}^{m}\frac{h_i}{1+e_{0i}}C_{ei}\lg\frac{\overline{p}_{0i}+\overline{\sigma}_{zi}}{\overline{p}_{ci}} \tag{2-51}$$

式中　m——分层计算沉降时，压缩土层中满足 $\sigma_z\leqslant p_c-p_0$ 的土的分层数。

2. $\sigma_z\geqslant p_c-p_0$

$$s_i=\frac{\Delta e'_i+\Delta e''_i}{1+e_{0i}}h_i=\frac{h_i}{1+e_{0i}}\left(C_{ei}\lg\frac{\overline{p}_{ci}}{\overline{p}_{0i}}+C_{ci}\frac{\overline{p}_{ci}+\overline{\sigma}_{zi}}{\overline{p}_{ci}}\right) \tag{2-52}$$

式中　$\overline{p}_{ci}$——第 i 层土的平均前期固结压力，kPa；

其他符号意义同前。

相应的分层总和法的公式为

$$s_n=\sum_{i=1}^{n}s_i=\sum_{i=1}^{n}\frac{h_i}{1+e_{0i}}\left(C_{ei}\lg\frac{\overline{p}_{ci}}{\overline{p}_{0i}}+C_{ci}\frac{\overline{p}_{ci}+\overline{\sigma}_{zi}}{\overline{p}_{ci}}\right) \tag{2-53}$$

式中　n——分层计算沉降时，压缩土层中满足 $\sigma_z>p_c-p_0$ 的土的分层数。

压缩土层总的沉降 s，为这两部分之和，即

$$s = s_m + s_n \tag{2-54}$$

（三）欠固结土的沉降计算

欠固结土的沉降计算包括两部分，即由土的自重应力作用继续固结引起的沉降和由附加应力产生的沉降。

$$s_i = \frac{\Delta e_i}{1 + e_{0i}} h_i = \frac{h_i}{1 + e_{0i}} C_{ci} \lg \frac{\overline{p}_{0i} + \overline{\sigma}_{zi}}{\overrightarrow{p}_{ci}} \tag{2-55}$$

相应的分层总和法的公式为

$$s = \sum_{i=1}^{n} s_i = \sum_{i=1}^{n} \frac{h_i}{1 + e_{0i}} C_{ci} \lg \frac{\overline{p}_{0i} + \overline{\sigma}_{zi}}{\overrightarrow{p}_{ci}} \tag{2-56}$$

考虑应力历史的分层总和法和普通分层总各法计算正常固结土地基时差别不大，不同的是前者应用 e—lg$p$ 曲线，而后者应用 e—p 曲线。在计算超固结土地基或加载—卸载—再加载的情况时，e—lg$p$ 法比普通分层总和法要精确，它考虑了土体处于超固结状态阶段和正常固结状态阶段土体压缩性指标不同的影响。对于欠固结土来说，很少直接用其作为建筑物的天然地基。

三、《建筑地基基础设计规范》（GB 50007—2011）推荐的沉降计算法

新中国成立以来，全国各地都采用分层总和法对建筑物地基进行沉降计算。同时，对大量建筑物进行沉降观测，并与理论计算相对比。结果发现下列规律：中等地基，计算沉降量与实测沉降量接近 $s_{计} \approx s_{实}$；软弱地基，计算沉降量小于实测沉降量，最多可相差40%，即 $s_{计} < s_{实}$；坚实地基，计算沉降量大于实测沉降量，最多相差5倍，即 $s_{计} \gg s_{实}$。

为了使地基沉降量的计算值与实测沉降相符合，并简化分层总和法的计算，在总结了大量实践经验的基础上，对分层总和法地基沉降计算结果作必要的修正，这就是《建筑地基基础设计规范》沉降计算的来由。

1.《建筑地基基础设计规范》法的实质

为使分层总和法沉降计算结果在软弱地基和坚实地基情况，都与实测沉降量相符合，《建筑地基基础设计规范》法引入一个沉降计算经验系数 φ_s。此经验系数 φ_s 由大量建筑物沉降观测数值与分层总和法计算值进行对比总结所得。对于软弱地基 $\varphi_s > 1.0$，对于坚实地基 $\varphi_s < 1.0$。

2.《建筑地基基础设计规范》法地基沉降计算公式

$$s = \varphi_s s' = \varphi_s \sum_{i=1}^{n} \frac{p_0}{E_{si}} (z_i \overline{a}_i - z_{i-1} \overline{a}_{i-1}) \tag{2-57}$$

式中 s——地基最终变形量，mm；

s'——按分层总和法计算出的地基变形量，mm；

φ_s——沉降计算经验系数，根据地区沉降观测资料及经验确定，无地区经验时刻采用表2-13的数值；

n——地基变形计算深度范围内所划分的土层数；

p_0——对应于荷载效应准永久组合时的基础底面处的附加应力，kPa；

E_{si}——基础底面下第 i 层土的压缩模量，MPa，应取土的自重应力至土的自重应力与附加应力之和的应力段计算；

z_i、z_{i-1}——基础底面至第 i 层土、第 $i-1$ 层土底面的距离，m；

$\overline{a}_i$、$\overline{a}_{i-1}$——基础底面计算点至第 i 层土、第 $i-1$ 层土底面范围内平均附加应力系数，可按 GB 50007—2002 中附录 K 采用。

表 2－13　　沉降计算经验系数 φ_q

$\overline{E_s}$（MPa） 基底附加压力	2.5	4.0	7.0	15.0	20.0
$p_0 \geqslant f_{ak}$	1.4	1.3	1.0	0.4	0.2
$p_0 \leqslant 0.75 f_{ak}$	1.1	1.0	0.7	0.4	0.2

注　1. $\overline{E_s}$为变形计算深度范围内压缩模量的当量值，应按下式计算

$$\overline{E_s}=\frac{\sum A_i}{\sum \frac{A_i}{E_{si}}}$$

式中　A_i—第 i 层土附加应力系数沿厚度的积分值；

f_{ak}—地基承载力的特征值。

3. 地基变形计算深度 z_n

地基变形计算深度，即受压层的计算，分两种情况。

（1）存在相邻荷载影响，计算深度 z_n 应符合下式要求：

$$\Delta s'_n \leqslant 0.025 \sum_{i=1}^{n} \Delta s'_i \tag{2-58}$$

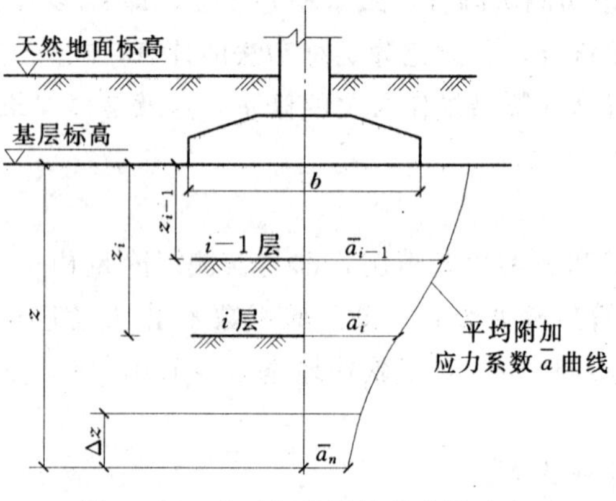

式中　$\Delta s'_i$——在计算深度范围内，第 i 层土的计算变形值；

$\Delta s'_n$——在计算深度向上取厚度为 Δz 的土层计算变形值，Δz 如图 2－37 所示并按表 2－14 确定。

图 2－37　基础沉降计算的分层示意

如确定的计算深度下部仍有较软土层时，应继续计算。

（2）当无相邻荷载影响基础宽度在 1～30m 范围内时，基础中心点的地基变形计算深度也可按下列简化公式计算

$$z_n = b(2.5-0.4\ln b) \tag{2-59}$$

式中　b——基础宽度，m。

表 2－14　　Δz　值

b（m）	$b \leqslant 2$	$2<b\leqslant 4$	$4<b\leqslant 8$	$b>8$
Δz（m）	0.3	0.6	0.8	1.0

在计算深度范围内存在基岩时，z_n 可取至基岩表面；当存在较厚的坚硬黏性土层，其孔隙比小于 0.5，压缩模量大于 50MPa，或存在较厚的密实砂卵石层，其压缩模量大于 80MPa 时；z_n 可取至该层土表面。

矩形及圆形面积上均布荷载作用下，通过中心点竖线上的平均附加应力系数$\bar{\alpha}$见表 2－15、矩形面积上三角形分布荷载作用下角点的平均附加应力系数$\bar{\alpha}$见表 2－16。

表 2－15　矩形及圆形面积上均布荷载作用下，通过中心点竖线上的平均附加应力系数$\bar{\alpha}$

l/b z/b	1.0	1.2	1.4	1.6	1.8	2.0	2.4	2.8	3.2	3.6	4.0	5.0	>10 条形	圆形 z/b	圆形 $\bar{\alpha}$
0.0	1.000	1.000	1.000	1.000	1.000	1.000	1.000	1.000	1.000	1.000	1.000	1.000	1.000	0.0	1.000
0.1	0.997	0.998	0.998	0.998	0.998	0.998	0.998	0.998	0.998	0.998	0.998	0.998	0.998	0.1	1.000
0.2	0.987	0.990	0.991	0.992	0.992	0.992	0.993	0.993	0.993	0.993	0.993	0.993	0.993	0.2	0.998
0.3	0.967	0.973	0.976	0.978	0.979	0.979	0.980	0.980	0.981	0.981	0.981	0.981	0.982	0.3	0.993
0.4	0.936	0.947	0.953	0.956	0.958	0.965	0.961	0.962	0.962	0.963	0.963	0.963	0.963	0.4	0.986
0.5	0.900	0.915	0.924	0.929	0.933	0.935	0.937	0.939	0.939	0.940	0.940	0.940	0.940	0.5	0.974
0.6	0.858	0.878	0.890	0.898	0.903	0.906	0.910	0.912	0.913	0.914	0.914	0.915	0.915	0.6	0.960
0.7	0.816	0.840	0.855	0.865	0.871	0.876	0.881	0.884	0.885	0.886	0.887	0.887	0.888	0.7	0.942
0.8	0.775	0.801	0.819	0.831	0.839	0.844	0.851	0.855	0.857	0.858	0.859	0.860	0.860	0.8	0.923
0.9	0.735	0.764	0.784	0.797	0.806	0.813	0.821	0.826	0.829	0.830	0.831	0.832	0.833	0.9	0.901
1.0	0.698	0.723	0.749	0.764	0.775	0.783	0.792	0.798	0.801	0.803	0.804	0.806	0.807	1.0	0.878
1.1	0.663	0.694	0.717	0.733	0.744	0.753	0.764	0.771	0.775	0.777	0.779	0.780	0.782	1.1	0.855
1.2	0.631	0.663	0.686	0.703	0.715	0.725	0.737	0.744	0.749	0.752	0.754	0.756	0.758	1.2	0.831
1.3	0.601	0.633	0.657	0.674	0.688	0.698	0.711	0.719	0.725	0.728	0.730	0.733	0.735	1.3	0.808
1.4	0.573	0.605	0.629	0.648	0.661	0.672	0.687	0.696	0.701	0.705	0.708	0.711	0.714	1.4	0.784
1.5	0.548	0.580	0.604	0.622	0.637	0.643	0.664	0.676	0.679	0.683	0.686	0.690	0.693	1.5	0.762
1.6	0.524	0.556	0.580	0.599	0.613	0.625	0.641	0.651	0.658	0.663	0.666	0.670	0.675	1.6	0.739
1.7	0.502	0.533	0.558	0.577	0.591	0.603	0.620	0.631	0.638	0.643	0.646	0.651	0.656	1.7	0.718
1.8	0.482	0.513	0.537	0.556	0.571	0.582	0.600	0.611	0.619	0.624	0.629	0.633	0.638	1.8	0.697
1.9	0.463	0.493	0.517	0.536	0.55	0.563	0.581	0.593	0.601	0.606	0.610	0.616	0.622	1.9	0.667
2.0	0.446	0.475	0.499	0.518	0.533	0.545	0.563	0.575	0.584	0.590	0.594	0.600	0.606	2.0	0.658
2.1	0.429	0.459	0.482	0.500	0.515	0.528	0.546	0.559	0.567	0.574	0.578	0.585	0.591	2.1	0.640
2.2	0.414	0.443	0.466	0.484	0.499	0.511	0.530	0.543	0.552	0.558	0.563	0.570	0.577	2.2	0.623
2.3	0.400	0.428	0.451	0.469	0.484	0.496	0.515	0.528	0.537	0.544	0.548	0.556	0.564	2.3	0.606
2.4	0.387	0.414	0.436	0.454	0.469	0.481	0.500	0.513	0.523	0.530	0.535	0.543	0.551	2.4	0.590
2.5	0.374	0.401	0.423	0.441	0.455	0.468	0.486	0.500	0.509	0.516	0.522	0.530	0.539	2.5	0.574
2.6	0.362	0.389	0.410	0.428	0.442	0.455	0.473	0.487	0.496	0.504	0.509	0.518	0.528	2.6	0.560
2.7	0.351	0.377	0.398	0.416	0.430	0.442	0.461	0.474	0.484	0.492	0.497	0.506	0.517	2.7	0.546

续表

$\frac{z}{b}$ \ $\frac{l}{b}$	1.0	1.2	1.4	1.6	1.8	2.0	2.4	2.8	3.2	3.6	4.0	5.0	>10 条形	圆形 z/b	圆形 $\bar{\alpha}$
2.8	0.341	0.366	0.387	0.404	0.418	0.430	0.449	0.463	0.472	0.480	0.486	0.495	0.506	2.8	0.532
2.9	0.331	0.356	0.377	0.393	0.407	0.419	0.438	0.451	0.461	0.469	0.475	0.485	0.496	2.9	0.519
3.0	0.322	0.346	0.366	0.383	0.397	0.409	0.427	0.441	0.451	0.459	0.465	0.474	0.487	3.0	0.507
3.1	0.313	0.337	0.357	0.373	0.387	0.398	0.417	0.430	0.440	0.448	0.454	0.464	0.477	3.1	0.495
3.2	0.305	0.328	0.348	0.364	0.377	0.389	0.407	0.420	0.431	0.439	0.445	0.455	0.468	3.2	0.484
3.3	0.297	0.320	0.339	0.355	0.368	0.379	0.397	0.411	0.421	0.429	0.436	0.446	0.460	3.3	0.473
3.4	0.289	0.312	0.331	0.346	0.359	0.371	0.388	0.402	0.412	0.420	0.427	0.437	0.452	3.4	0.463
3.5	0.282	0.304	0.323	0.338	0.351	0.362	0.380	0.393	0.403	0.412	0.418	0.429	0.444	3.5	0.453
3.6	0.276	0.297	0.315	0.330	0.343	0.354	0.372	0.385	0.395	0.403	0.410	0.421	0.436	3.6	0.443
3.7	0.269	0.290	0.308	0.323	0.333	0.346	0.364	0.377	0.387	0.395	0.402	0.413	0.429	3.7	0.434
3.8	0.263	0.284	0.301	0.316	0.328	0.339	0.356	0.369	0.379	0.388	0.394	0.405	0.422	3.8	0.425
3.9	0.257	0.277	0.294	0.309	0.321	0.332	0.349	0.362	0.372	0.380	0.387	0.398	0.415	3.9	0.417
4.0	0.251	0.271	0.288	0.302	0.314	0.325	0.342	0.355	0.365	0.373	0.379	0.391	0.408	4.0	0.409
4.1	0.246	0.265	0.282	0.296	0.308	0.318	0.335	0.348	0.358	0.366	0.372	0.384	0.402	4.1	0.401
4.2	0.241	0.260	0.276	0.290	0.302	0.312	0.328	0.341	0.352	0.359	0.366	0.377	0.396	4.2	0.393
4.3	0.236	0.255	0.270	0.284	0.296	0.306	0.322	0.335	0.345	0.363	0.359	0.371	0.390	4.3	0.386
4.4	0.231	0.25	0.265	0.278	0.290	0.300	0.316	0.329	0.339	0.347	0.353	0.365	0.384	4.4	0.379
4.5	0.226	0.245	0.260	0.273	0.285	0.294	0.310	0.323	0.333	0.341	0.347	0.359	0.378	4.5	0.372
4.6	0.222	0.240	0.255	0.268	3.279	0.289	0.305	0.317	0.327	0.335	0.341	0.353	0.373	4.6	0.365
4.7	0.218	0.235	0.250	0.263	3.274	0.284	0.299	0.312	0.321	0.329	0.336	0.347	0.367	4.7	0.359
4.8	0.214	0.231	0.245	0.258	5.269	0.279	0.294	0.306	0.316	0.324	0.330	0.342	0.362	4.8	6.353
4.9	0.210	0.227	0.241	0.253	0.265	0.274	0.289	0.301	0.311	0.319	0.325	0.337	0.357	4.9	0.347
5.0	0.206	0.223	0.237	0.249	0.260	0.269	0.284	0.296	0.306	0.313	0.320	0.332	0.352	5.0	0.341

表 2-16　　矩形面积上三角形分布荷载作用下角点的平均附加应力系数$\bar{\alpha}$

$\frac{z}{b}$ \ $\frac{l}{b}$	0.2		0.4		0.6		0.8		1.0		1.2		1.4	
	1	2	1	2	1	2	1	2	1	2	1	2	1	2
0.0	0.0000	0.2500	0.0000	0.2500	0.0000	0.2500	0.0000	0.2500	0.0000	0.25000	0.0000	0.2500	0.0000	0.2500
0.2	0.0112	0.2161	0.0140	0.2308	0.0148	0.2333	0.0151	0.2339	0.0152	0.02341	0.0153	0.2342	0.0153	0.2343
0.4	0.0179	0.1810	0.0245	0.2084	0.0270	0.2153	0.0280	0.2175	0.0285	0.2184	0.0288	0.2187	0.0289	0.2189
0.6	0.0207	0.1505	0.0308	0.1851	0.0355	0.1966	0.0376	0.2011	0.0388	0.2030	0.0394	0.2039	0.0397	0.2043
0.8	0.0217	0.1277	0.0340	0.1640	0.0405	0.1787	0.0440	0.1852	0.0459	0.1883	0.0470	0.1899	0.0476	0.1907
1.0	0.0217	0.1104	0.0351	0.1461	0.0430	0.1624	0.0476	0.1704	0.0502	0.1746	0.0518	0.1769	0.0528	0.1781

续表

$\frac{z}{b}$ \ $\frac{l}{b}$	0.2		0.4		0.6		0.8		1.0		1.2		1.4	
	1	2	1	2	1	2	1	2	1	2	1	2	1	2
1.2	0.0212	0.0970	0.0351	0.1312	0.0439	0.1480	0.0492	0.1571	0.0525	0.1621	0.0546	0.1649	0.0560	0.1666
1.4	0.0204	0.0865	0.0344	0.1187	0.0436	0.1356	0.0495	0.1451	0.0534	0.1507	0.0559	0.1541	0.0575	0.1562
1.6	0.0195	0.0779	0.0333	0.1082	0.0427	0.1247	0.0490	0.1345	0.0533	0.1505	0.0561	0.1443	0.0580	0.1467
1.8	0.0186	0.0709	0.0321	0.1993	0.0415	0.1153	0.0480	0.1252	0.0525	0.1313	0.0556	0.1354	0.0578	0.1381
2.0	0.0178	0.0650	0.0308	0.0917	0.0401	0.1071	0.0467	0.1169	0.0513	0.1232	0.0547	0.1274	0.0570	0.1303
2.5	0.0157	0.0538	0.0276	0.0769	0.0365	0.0908	0.0429	0.1000	0.0478	0.1063	0.0513	0.1107	0.0540	0.1139
3.0	0.0140	0.0458	0.0248	0.0661	0.0330	0.0786	0.0392	0.0871	0.0439	0.0931	0.0476	0.0976	0.0503	0.1008
5.0	0.0097	0.0289	0.0175	0.0424	0.0236	0.0476	0.0285	0.0576	0.0324	0.0624	0.0356	0.0661	0.0382	0.0690
7.0	0.0073	0.0211	0.0133	0.0311	0.0180	0.0352	0.0219	0.0427	0.0251	0.0465	0.0277	0.0496	0.0299	0.0520
10.0	0.0053	0.0150	0.0097	0.0222	0.0133	0.0253	0.0162	0.0308	0.0186	0.0336	0.0207	0.0359	0.0224	0.0379

$\frac{z}{b}$ \ $\frac{l}{b}$	1.6		1.8		2.0		3.0		4.0		5.0		6.0	
	1	2	1	2	1	2	1	2	1	2	1	2	1	2
0.0	0.0000	0.2500	0.0000	0.2500	0.0000	0.2500	0.0000	0.2500	0.0000	0.25000	0.0000	0.2500	0.0000	0.2500
0.2	0.0153	0.2343	0.0153	0.2343	0.0153	0.2343	0.0153	0.2343	0.0153	0.2343	0.0153	0.2343	0.0153	0.2343
0.4	0.0290	0.2190	0.0290	0.2190	0.0290	0.2191	0.0290	0.2192	0.0291	0.2192	0.0291	0.2192	0.0291	0.2192
0.6	0.0399	0.2046	0.0400	0.2047	0.0401	0.2048	0.0402	0.2050	0.0402	0.2050	0.0402	0.2050	0.0402	0.2050
0.8	0.0480	0.1912	0.0482	0.1915	0.0483	0.1917	0.0486	0.1920	0.0487	0.1920	0.0487	0.1921	0.0487	0.1921
1.0	0.0534	0.1789	0.0538	0.1794	0.0540	0.1797	0.0545	0.1803	0.0546	0.1803	0.0546	0.1804	0.0546	0.1804
1.2	0.0568	0.1678	0.0574	0.1684	0.0577	0.1689	0.0584	0.1697	0.0586	0.1699	0.0587	0.1700	0.0587	0.1700
1.4	0.0586	0.1576	0.0594	0.1585	0.0599	0.1591	0.0609	0.1603	0.0612	0.1605	0.0613	0.1606	0.0613	0.1606
1.6	0.0594	0.1484	0.0603	0.1494	0.0609	0.1502	0.0623	0.1517	0.0626	0.1521	0.0628	0.1523	0.0628	0.1523
1.8	0.0593	0.1400	0.0604	0.1413	0.0611	0.1422	0.0628	0.1441	0.0633	0.1445	0.0635	0.1447	0.0635	0.1448
2.0	0.0587	0.1324	0.0599	0.1338	0.0608	0.1348	0.0629	0.1371	0.0634	0.1377	0.0637	0.1380	0.0638	0.1380
2.5	0.0560	0.1163	0.0575	0.1180	0.0586	0.1193	0.0614	0.1223	0.0623	0.1233	0.0627	0.1237	0.0628	0.1239
3.0	0.0525	0.1033	0.0541	0.1052	0.0554	0.1067	0.0589	0.1104	0.0600	0.1116	0.0607	0.1123	0.0609	0.1125
5.0	0.0403	0.0714	0.0421	0.0734	0.0435	0.0749	0.0480	0.0797	0.0500	0.0817	0.0515	0.0833	0.0521	0.0839
7.0	0.0318	0.0541	0.0333	0.0558	0.0347	0.0472	0.0391	0.0619	0.0414	0.0642	0.0435	0.0663	0.0445	0.0674
10.0	0.0239	0.0395	0.0252	0.0409	0.0263	0.0403	0.0302	0.0462	0.0325	0.0485	0.0349	0.0509	0.0364	0.0526

【例 2-6】 建筑物荷载、基础尺寸和地基土的分布与性质同［例 2-5］。地基土的平均压缩模量地下水位以上 $E_{s1}=5.5$MPa，地下水位以下 $E_{s2}=6.51$MPa。地基土承载力的特征值 $f_{ak}=94$kPa。用《建筑地基基础设计规范》推荐法计算柱基中点的沉降量。

解：（1）地基受压层计算深度按式（2-55）计算

$$z_n = b(2.5 - 0.4\ln b) = 4.0 \times (2.5 - 0.4 \times \ln 4.0) = 7.8(\text{m})$$

(2) 柱基中点沉降量 s，按式 (2-53) 计算

$$s = \varphi_s\left[\frac{p_0}{E_{s1}}(z_1\,\overline{\alpha_1}) + \frac{p_0}{E_{s2}}(z_2\,\overline{\alpha_2} - z_1\,\overline{\alpha_1})\right]$$

式中　φ_s——沉降计算经验系数，因地基为两层土，应计算加权平均值$\overline{E_s}$，然后查表2-14；

p_0——基础底面处的附加应力，由［例 2-5］已知 $p_0=94\text{kPa}$；

z_1、z_2——由图 2-38 知，$z_1=2.4\text{m}$，$z_2=7.8\text{m}$；

α_1、α_2——对应于 z_1、z_2 的平均附加应力系数，查表 2-15，其值如下：

$\frac{l}{b}$	$\frac{x}{b}$	$\overline{a}$
$\frac{4}{4}=1.0$	$\frac{z_0}{b}=0$	1.000
1.0	$\frac{z_0}{b}=\frac{2.4}{4.0}=0.6$	0.858
1.0	$\frac{z_0}{b}=\frac{7.8}{4.0}=1.95$	0.455

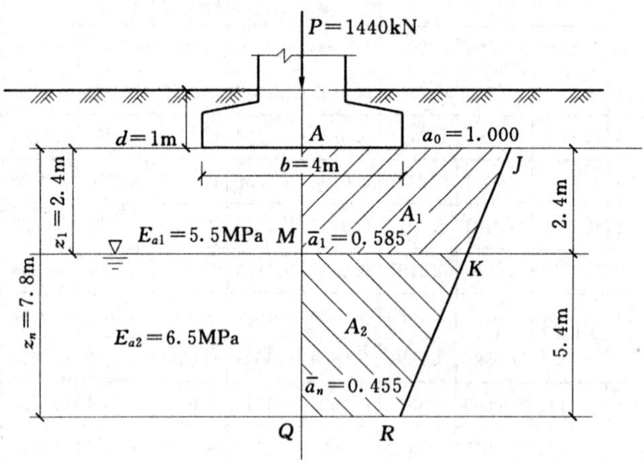

图 2-38 ［例 2-6］图

由
$$E_s=\frac{A_1+A_2}{\dfrac{A_1}{E_{s1}}+\dfrac{A_2}{E_{s2}}}$$

其中 A_1＝四边形 $OKJM=\dfrac{1+0.858}{2}\times 2.4=2.23$，见图 2-38；

A_2＝四边形 $MJRQ=\dfrac{0.858+0.455}{2}\times 5.4=3.54$，见图 2-38；

所以
$$E_s=\frac{2.23+3.54}{\dfrac{2.23}{5.5}+\dfrac{3.54}{6.5}}=\frac{5.77}{0.41+0.54}=\frac{5.77}{0.95}\approx 6.0\text{MPa}$$

由表 2-13 查得 $\varphi_s=1.1$。将以上各项数值代入公式，得

$$s=\varphi_s\left[\frac{p_0}{E_{s1}}(z_1\overline{\alpha_1})+\frac{p_0}{E_{s2}}(z_2\overline{\alpha_2}-z_1\overline{\alpha_1})\right]$$
$$=1.1\times 94\times\left(\frac{2.4\times 0.858}{5.5}+\frac{7.8\times 0.455-2.4\times 0.858}{6.5}\right)$$
$$=103.4\times\left(\frac{2.059}{5.5}+\frac{1.49}{6.5}\right)$$
$$=62\ (\mathrm{mm})$$

第八节　地基沉降与时间的关系

在工程实践中，往往需要了解建筑物在施工期间或以后某一时间的基础沉降量，以便控制施工速度或考虑建筑物正常使用的安全措施（如考虑建筑物各有关部分之间的预留净空或连接方法等）。采用堆载预压等方法处理地基时，也需要考虑地基变形与时间的关系。

碎石土或砂土的透水性好，其变形所经历的时间很短，可以认为在外荷载施加完毕（如建筑物竣工）时，其沉降已稳定；对于黏性土，完成固结所需的时间就比较长，在厚层饱和软黏土中，其沉降固结需要几年甚至几十年的时间才能完成。所以，下面只讨论饱和土的地基沉降与时间的关系。

一、饱和土的渗透固结

饱和黏土在压力作用下，孔隙水将随时间的迁延而逐渐被排出，同时孔隙体积也随之缩小，这一过程称为饱和土的渗透固结。渗透固结所需的时间长短与土的渗透性和土的厚度有关。土的渗透性越小，土层越厚，孔隙水被挤出所需的时间越长。

为了形象地说明饱和土的渗透固结过程，借助一个活塞弹簧力学模型来说明，如图2-39所示，在一个盛满水的圆筒中，装一个带有弹簧的活塞，弹簧表示土的颗粒骨架，容器内的水表示土中的自由水，带孔的活塞则表征土的透水性。由于模型中只有固、液两相介质，则对于外力 σ 的作用只能是水与弹簧两者共同承担。设其中弹簧承担的压力为有效应力 σ'，圆筒中水承担的压力为孔隙水压力 u，则按静力平衡条件应有

$$\sigma=\sigma'+u \tag{2-60}$$

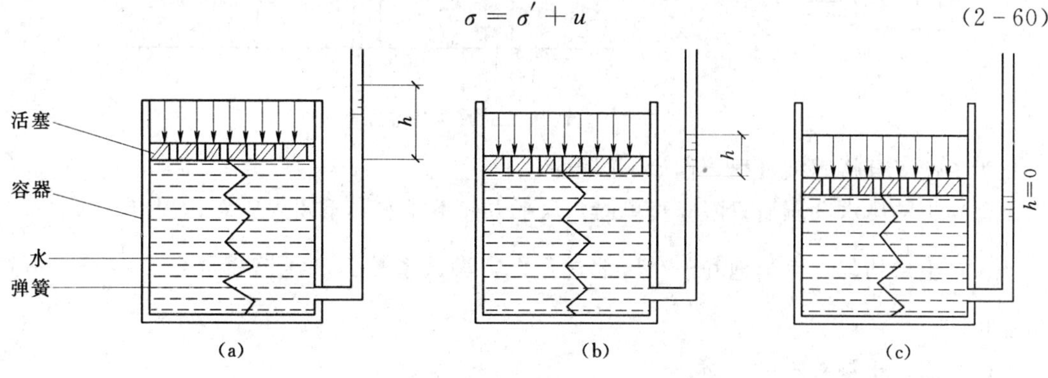

图 2-39　饱和土的渗透固结模型

(a) $t=0$，$u=\sigma$，$\sigma'=0$；(b) $0<t<+\infty$，$u+\sigma'=\sigma$，$\sigma'>0$；(c) $t=\infty$，$u=0$，$\sigma'=\sigma$

上式也称为有效应力原理。其物理意义是饱和土体上所受到的外荷载由土颗粒骨架和孔隙水共同承担，土颗粒骨架承担的部分为有效应力 σ' 水承担的部分为孔隙水压力 u。土体的变形是由有效应力 σ' 引起的。

很明显，有效应力 σ' 与孔隙水压力 u 对外力 σ 的分担作用与时间有关。

(1) 当 $t=0$ 时，即活塞顶面骤然受到压力 σ 的作用，水来不及排出，弹簧没有变形和受力，外力（相当于附加应力）全部由孔隙水来承担，即：$\sigma'=0$，$u=\sigma$。

(2) 随着作用时间的迁延，水受到压力后开始从活塞孔中排出，孔隙水压力 u 减小。活塞下降，弹簧开始受力变形，并随着变形的增长它承受的压力不断增长。

总之，在这一阶段，$\sigma'+u=\sigma$，$\sigma'>0$，$u<\sigma$。

(3) 当 $t\to\infty$ 时（代表"最终"时间），水从排水孔中充分排出，孔隙水压力完全消散，活塞下降到外力完全由弹簧承担，饱和土的渗透固结完成，即：$\sigma'=\sigma$，$u=0$。可见，饱和土的渗透固结也就是孔隙水压力消散和有效应力相应增长的过程。

二、太沙基一维固结理论

为了求得饱和土层在渗透固结过程中某一时间的变形，通常采用太沙基提出的一维固结理论进行计算。

（一）一维固结基本假设

设厚度为 H 的饱和黏土层，如图 2-40 所示，顶面是透水层，底面是不透水和不可压缩层。假设该饱和土层在自重应力作用下的固结已经完成，现在顶面受到一次骤然施加的无限均布荷载 P_0 作用。由于土层厚度远小于荷载面积，故土中附加应力的图形将近似地取作矩形分布，即附加应力不随深度而变化。但孔隙水压力 u 和土中的有效应力 σ' 却是坐标 z 和时间 t 的函数，将 u 和 σ' 分别写为 u_{z-t} 和 σ'_{z-t}。

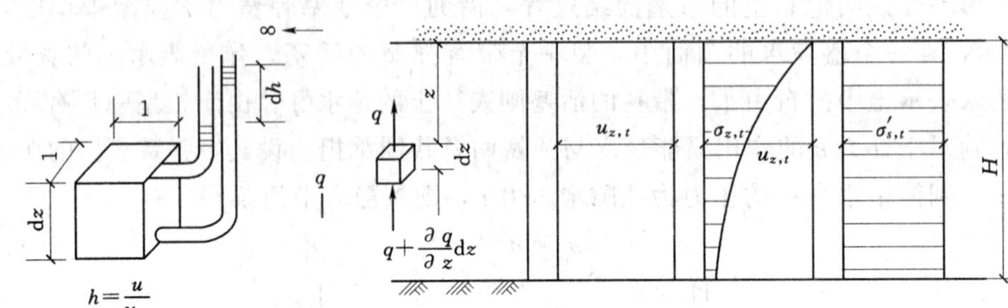

图 2-40 饱和土层的固结过程

为了便于分析固结过程，作如下假设：

(1) 土的排水和压缩只限竖直单向，水平方向不排水，不发生压缩。

(2) 土层均匀，完全饱和，在压缩过程中，渗透系数 k 和压缩模量 $E_s=\frac{1+e}{a}$，不发生变化。

(3) 水、土颗粒不可压缩。

(4) 渗流为层流，服从于达西定律。

(5) 附加应力一次骤加并不变化，且沿深度 z 呈均匀分布。

现从饱和土层顶面下深度 z 处取一微单元体 $1\times1\times dz$ 来考虑。

1. 单元体的渗流条件

由于渗流自下而上进行，设在外荷载施加后某时刻 t 流入单元体的水量为 $\left(q+\frac{\partial q}{\partial z}dz\right)dt$，流出单元体的水量为 q，所以在 dt 时间内，流经该单元体的水量变化为

$$\left(q+\frac{\partial q}{\partial z}dz\right)dt-qdt=\frac{\partial q}{\partial z}dzdt \tag{2-61}$$

根据达西定律，可得单元体过水面积 $A=1\times1$ 的流量 q 为

$$q=vA=ki=k\frac{\partial h}{\partial z}=\frac{k}{\gamma_w}\frac{\partial u}{\partial z} \tag{2-62}$$

代入式（2-57）得

$$\frac{\partial q}{\partial z}dzdt=\frac{k}{\gamma_w}\frac{\partial^2 u}{\partial z^2}dzdt \tag{2-63}$$

2. 单元体的变形条件

在 dt 时间内，单元空隙体积 V_v 随时间的变化量（减小量）为

$$\frac{\partial V_v}{\partial t}dt=\frac{\partial}{\partial t}\left(\frac{e}{1+e}\right)dzdt=\frac{1}{1+e}\times\frac{\partial e}{\partial t}dzdt \tag{2-64}$$

考虑到微单元体土粒体积$\frac{1}{1+e}\times1\times1\times dt$ 为不变的常数，而

$$de=-adp=-ad\sigma'$$

或

$$\frac{\partial e}{\partial t}=-a\frac{\partial(p_0-u)}{\partial t}=a\frac{\partial u}{\partial t} \tag{2-65}$$

再根据有效应力原理以及总应力 $\sigma_z=p_0$ 是常量的条件，将式（2-60）代入式（2-59）得

$$\frac{\partial V_v}{\partial t}dt=\frac{a}{1+e}\frac{\partial u}{\partial t}dzdt \tag{2-66}$$

3. 单元体的渗流连续条件及固结微分方程解答

根据连续条件，在 dt 时间内，该单元体排出的水量（水量的变化）应等于单元体空隙的压缩量（空隙的变化），即

$$\frac{\partial q}{\partial z}dzdt=\frac{\partial V_v}{\partial t}dt$$

$$\frac{k}{\gamma_w}\frac{\partial^2 u}{\partial z^2}dzdt=\frac{a}{1+e}\frac{\partial u}{\partial t}dzdt$$

令

$$C_v=\frac{k(1+e)}{a\gamma_w} \tag{2-67}$$

得

$$C_v\frac{\partial^2 u}{\partial z^2}=\frac{\partial u}{\partial t} \tag{2-68}$$

式中　C_v——土的竖向固结系数，由室内固结（压缩）试验确定；

k、a、e——渗透系数、压缩系数和土的初始孔隙比。

式（2-64）即为饱和土的一维固结微分方程。

式（2-64）微分方程，一般可用分离变量法求解，解得形式可以用傅里叶级数表示。

现根据图 2-40 的初始条件（开始固结时的附加应力分布情况）和边界条件（可压缩土层顶底面的排水条件）有：

当 $t=0$ 和 $0\leqslant z\leqslant H$ 时，$u=\sigma_z=p_0$；

当 $0<t<\infty$ 和 $z=0$（透水面）时，$u=0$；

当 $0<t<\infty$ 和 $z=H$（不透水面）时，$\dfrac{\partial u}{\partial z}=0$；

当 $t=\infty$ 和 $0\leqslant z\leqslant H$ 时，$u=0$。

根据以上初始条件和边界条件，采用分离变量法可求得式（2-64）的特解为

$$u_{z,t}=\frac{4}{\pi}\sigma_z\sum_{m=1}^{\infty}\frac{1}{m}\sin\left(\frac{m\pi z}{2H}\right)e^{-\frac{m^2\pi^2}{4}T_v} \tag{2-69}$$

其中

$$T_v=\frac{C_v t}{H^2} \tag{2-70}$$

式中　$u_{z,t}$——深度 z 处某一时刻 t 的孔隙水压力；

m——正奇整数（1，3，5，…）；

e——自然对数的底；

H——压缩土层最远的排水距离，当土层为单面排水时，H 取土层的厚度；双面排水时，水由土层中心分别向上下两方向排出，此时 H 应取土层厚度之半；

T_v——竖向固结时间因数，无因次。

（二）固结度

为求出地基土在任意时刻 t 的固结沉降量，还需了解固结度的概念。地基在任意时刻 t 的固结沉降量 S_t 与其最终的沉降量 S_∞ 之比。

$$U_t=\frac{S_t}{S_\infty} \tag{2-71}$$

式中　S_∞ 可参照分层总和法计算，而 S_t 取决于土中的有效应力值，所以

$$U_t=\frac{\dfrac{a}{1+e}\displaystyle\int_0^H\sigma'_{z,t}\,dz}{\dfrac{a}{1+e}\displaystyle\int_0^H\sigma_z\,dz}=\frac{\displaystyle\int_0^H\sigma_z\,dz-\int_0^H u_{z,t}\,dz}{\displaystyle\int_0^H\sigma_z\,dz}=1-\frac{\displaystyle\int_0^H u_{z,t}\,dz}{\displaystyle\int_0^H\sigma_z\,dz} \tag{2-72}$$

式中（2-71）适用于任意 σ_z 分布和地基排水条件的情况，它表明土层的固结度也就是土中孔隙水压力向有效应力转化过程的完成程度，显然，固结度随有效应力的增大固结过程逐渐增大，由 $t=0$ 时为零增至 $t=\infty$ 时为 1.0。

将式（2-69）代入式（2-68）积分得

$$U_t=1-\frac{8}{\pi^2}\sum_{m=1}^{\infty}\frac{1}{m^2}e^{-\frac{m^2\pi^2}{4}T_v} \tag{2-73}$$

式（2-73）为一收敛很快的级数，当 $U_t>30\%$ 时可近似取其中一项，即

$$U_t=1-\frac{8}{\pi^2}e^{-\frac{\pi^2}{4}T_v} \tag{2-74}$$

显然，固结度 U_t 是时间因数 T_v 的函数。为了便于实用，可按式（2-74）绘制各种不同附加应力分布及排水条件下的 U_t 与 T_v 的关系曲线，如图 2-41 所示，图中左上角还

给出了 $a=1$ 时 U_t 与 T_v 的部分数值。以上讨论，是以均质饱和黏土单向排水、荷载一次作用于土体上、附加应力沿厚度均匀分布时的沉降与时间的关系。如其他条件不变，只有附加应力分布发生变化时，其压力分布图可简化为五种情况，如图 2-42 所示。为方便起见，定义

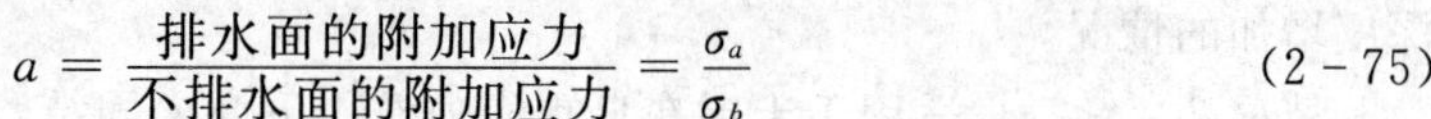

$$a=\frac{\text{排水面的附加应力}}{\text{不排水面的附加应力}}=\frac{\sigma_a}{\sigma_b} \tag{2-75}$$

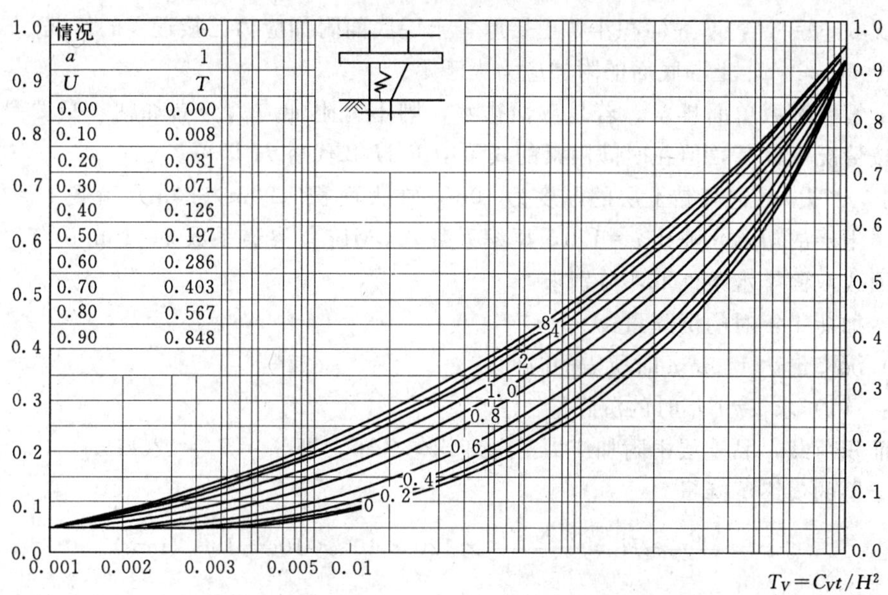

图 2-41　固结度 U_t 与时间因素 T_v 的关系曲线

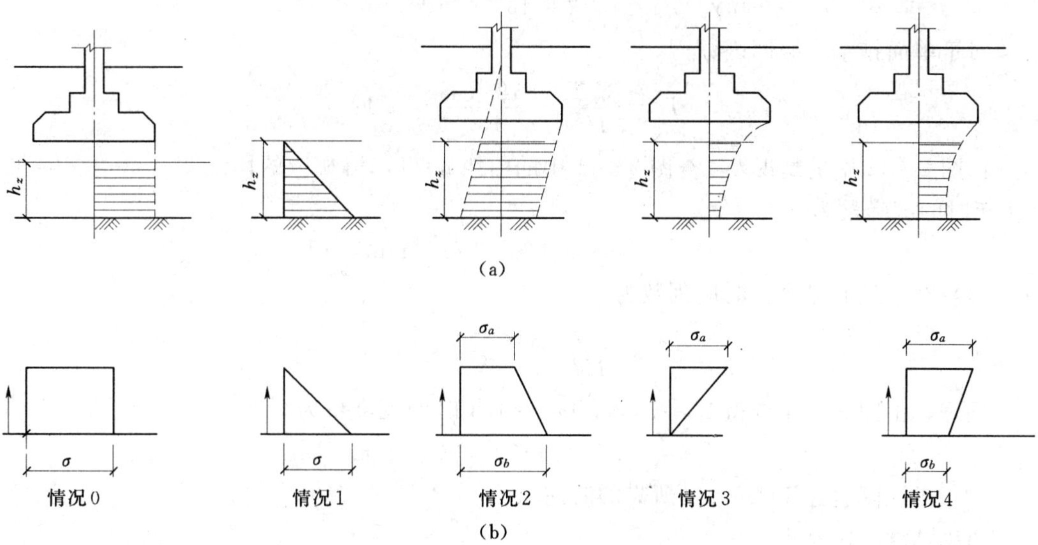

图 2-42　地基中应力的分布图形（单面排水）

(a) 实际图形；(b) 简化图形

情况 0：$a=1$，应力图形为矩形。适用于土层在自重应力作用下已固结，基础面积较大而压缩层较薄的情况。

情况 1：$a=0$，应力图形为三角形。这相当于大面积新填土（饱和时）由于土本身自重应力引起的固结；或者土层由于地下水大幅度下降，在地下水变化范围内，自重应力随深度增加的情况。

情况 2：$a<1$，适用于土层在自重应力作用下尚未固结，又在其上施加荷载的情况。

情况 3：$a=\infty$，基底面积小，土层厚，土层底面附加应力已接近零的情况。

情况 4：$a>1$，土层底面的附加应力大于零。

以上情况都系单面排水。若是双面排水，则不管附加应力分布如何，只要是线性分布，均按情况 0 计算，但在时间因素的式子中以 $H/2$ 代替 H 即可。

【例 2-7】 某饱和黏土层的厚度为 10m，在大面积（20m×20m）荷载 $P_0=120\text{kPa}$ 作用下，土层的初始孔隙比 $e=1.0$，压缩系数 0.3MPa，渗透系数 $k=18\text{mm}/$年。按黏土层在单面或双面排水条件下，分别求：

(1) 加荷 1 年时的沉降量；

(2) 沉降量达 140mm 时所需的时间。

解： (1) 求 $t=1$ 年时的沉降量

大面积荷载，黏土层中附加应力沿深度均匀分布，即 $\sigma_z=P_0=120\text{kPa}$。

黏土层的最终沉降量

$$s=\frac{a}{1+e}\sigma_z H=\frac{3\times10^4}{1+1}\times120\times10^3\times10=180\ (\text{mm})$$

竖向固结系数

$$C_v=\frac{k(1+e)}{a\gamma_w}=\frac{1.8\times10^{-2}\times(1+1)}{3\times10^{-4}\times10}=12(\text{m}^2/\text{年})$$

对于单面排水，时间因数

$$T_v=\frac{C_vT}{H^2}=\frac{12\times1}{10^2}=0.12$$

由图 2-42 中的情况 0，查图 2-41 中的曲线 $a=1$，得相应的固结度 $U_t=40\%$，则 $t=1$ 年时的沉降量为

$$s_t=0.4\times180=72\ (\text{mm})$$

(1) 对于双面排水，时间因数为

$$T_v=\frac{C_vt}{H^2}=\frac{12\times1}{5^2}=0.48$$

同理，由图 2-41 查得 $U_t=75\%$，则 $t=1$ 年时的沉降量为

$$s_t=0.75\times180=135\ (\text{mm})$$

(2) 求沉降量达 140mm 时所需的时间

由固结度的定义得

$$U_t=\frac{s_t}{s_\infty}=\frac{140}{180}=0.78$$

由图 2-41 按 $a=1$，查得 $T_V=0.53$。

1）在单面排水条件下所需的时间为

$$t=\frac{T_vH^2}{C_v}=\frac{0.53\times10^2}{12}4.4\text{（年）}$$

2）在双面排水条件下所需的时间为

$$t=\frac{T_vH^2}{C_v}=\frac{0.53\times5^2}{12}=1.1\text{（年）}$$

可见，达到同一固结度时，双面排水比单面排水所需的时间短得多。

三、实测沉降—时间关系的经验公式

由于分析沉降与时间关系的固结理论所作的假定，以及室内确定的土的物理力学性质与工程实际存在一定的差距，计算结果难以与实际情况相吻合。因此，仔细地分析研究已获得的沉降观测资料，找出具有一定实际价值的变形规律，能够更准确地估算地基最终沉降量的大小及达到此沉降量的相应时间。

在工程实践中，根据实测的时间与沉降的关系资料表明，饱和黏性土的沉降—时间关系大多数呈双曲线或对数曲线关系，如图2-43所示。用已有的资料可以确定这些曲线的参数以及最终沉降量。

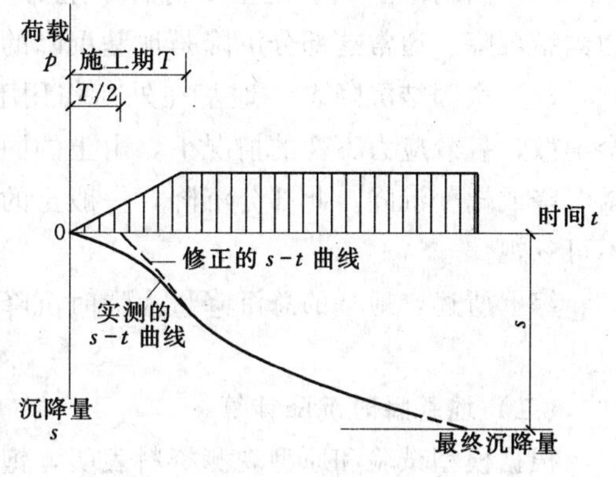

图2-43 实测沉降与时间关系曲线

（一）双曲线公式

假定沉降 s_t 与时间 t 呈双曲线关系，即

$$s_t=\frac{1}{a+t}s \tag{2-76}$$

式中 s——待定的地基最终沉降量；

s_t——t 时刻的地基实测沉降量，根据修正曲线从施工期的一半算起；

a——待定的经验系数。

显然，在式（2-76）中，令 $y=t/s_t$，$a=1/s$，$b=a\alpha$，则 $y=at+b$，该式为一线性方程。因此，可根据实测点，采用线性回归（最小二乘法）求得 a、b 值，再求出 α 及 s 值，即可推算任一时刻 t 的沉降量 s_t。

（二）对数曲线公式

由式（2-69）可知，不同条件的固结度 U_t 可用一个普通的表达式概括为

$$U_t=1-ae^{-bt} \tag{2-77}$$

或

$$s_t=(1-ae^{-bt})s \tag{2-78}$$

式中 a 和 b 是两个参数，由式（2-73）可见：$a=8/\pi^2$ 为一常数，而 b 则是时间因数 T_v、排水距离 H 等因数有关。若把 a 和 b 作为实测变形与时间关系中的两个参数，则其值是待定的。另外，式（2-78）中还有最终沉降量要确定。

为此，利用实测的沉降—时间关系曲线，在后半段中任取三组对应的 s_t、s 值，代入

式（2-74）联立求解得三个未知数 a、b 和 s。代回到式（2-74）中，即可推求出任意时刻 t 的沉降量 s_t。也可采用最优选原理定出参数 a、b 和 s，此处不再赘述。

四、地基瞬时沉降与次固结沉降

（一）地基沉降的组成

深入研究地基的最终沉降量，由下面三部分组成，如图 2-44 所示。

（1）瞬时沉降 S_d。瞬时沉降是地基受荷后立即发生的沉降。对饱和土体来说，受荷的瞬间孔隙中的水尚未排出，土体的体积没有变化。因此，瞬时沉降是由土体产生的剪切变形所引起的沉降，其数值与基础的形状、尺寸及附加应力的大小等因素有关。

（2）固结沉降 S_c。地基受荷后产生的附加应力，使土体的孔隙压缩而产生的沉降称为固结沉降。通常这部分沉降是地基沉降的主要部分。

（3）次固结沉降 S_s。地基在外荷作用下，经历很长时间，土体中超孔隙水压力已完全消散，有效应力不变的情况下，由土的固体骨架长时间缓慢蠕变所产生的沉降称为次固结沉降或蠕变沉降。此部分沉降，一般土的数值很小，但对于含有机质的厚层软黏土，却不可忽视。

综上所述，地基的总沉降量为瞬时沉降、固结沉降和次固结沉降三者之和

$$S = S_d + S_c + S_s \tag{2-79}$$

（二）地基瞬时沉降计算

根据模型试验和原型观测资料表明，饱和黏性土的瞬时沉降，可近似地按弹性力学公式进行计算。

$$S_d = \frac{\omega(1-\mu^2)}{E} pB \tag{2-80}$$

式中　μ——土的泊松比，假定土体的体积不可压缩，取 0.5；

E——地基土的变形模量，采用三轴压缩试验初始切线模量 E_i 或现场实际荷载作用下再加荷模量 E_r；

p——应力，kPa；

B——模型试验板宽度；

ω——形状系数。

（三）地基次固结沉降计算

由图 2-45 中的 e—$\lg t$ 曲线可见，次固结与时间关系近似直线，则

$$\Delta e = C_d \lg \frac{t}{t_1} \tag{2-81}$$

$$S_s = \sum_{i=1}^{n} \frac{h_i}{1+e_{0i}} C_{di} \lg \frac{t}{t_1} \tag{2-82}$$

式中　C_d——e—$\lg t$ 曲线后段的斜率，称次压缩系数，$C_d \approx 0.018w$，w 为天然含水量；

t——所求次固结沉降的时间；

t_1——相当于主固结度为 100% 的时间，由次固结曲线上延而得，如图 2-45 所示。

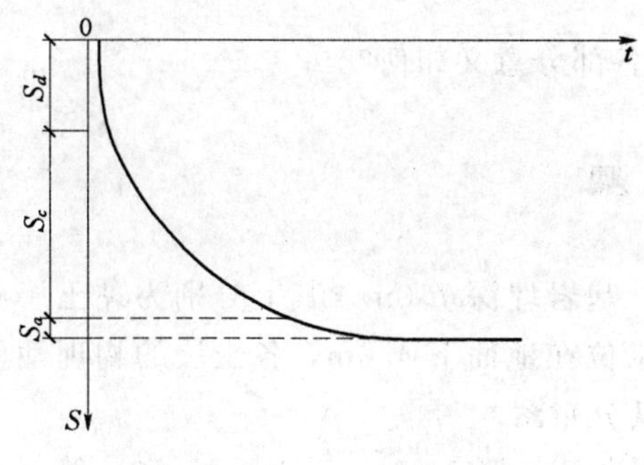

图 2-44　地基沉降的组成

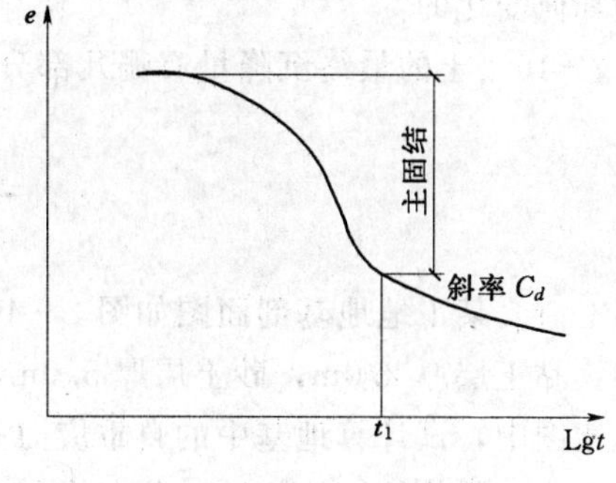

图 2-45　e—lgt 曲线

思　考　题

2-1　何谓土的自重应力和附加应力？两者在地基中如何分布？

2-2　如何计算基底压力 p 和基底压力 p_0？两者概念有何不同？

2-3　地下水位的升降对土中应力有何影响？在工程实践中，有哪些问题应充分考虑其影响？

2-4　试以矩形面积上均布荷载和条形荷载为例，说明地基中附加应力的分布规律。

2-5　采用角点法计算附加应力时，基底面积划分之后，如何确定 b 和 l？

2-6　说明土的各压缩指标的意义和确定方法。

2-7　压缩系数和压缩模量之间有什么关系？如何利用这两个指标来评价土的压缩性高低？

2-8　压缩模量和变形模量有何异同？相互间有何关系？它们与材料力学中的杨氏模量有什么区别？

2-9　载荷试验有何优点？什么情况下应做载荷试验？载荷试验如何加载？停止加荷的标准是什么？

2-10　说明土的前期固结压力的意义，怎样确定其大小？

2-11　什么叫正常固结土、超固结土、欠固结土？土的应力历史对土的压缩性有何影响？

2-12　试写出计算地基最终沉降量的分层总和法的几种表达式，说明各符号的意义和确定沉降计算深度的方法。

2-13　《建筑地基基础设计规范》推荐的地基沉降计算方法中，分层是如何确定的？如何由各土层的压缩模量得到沉降计算经验系数？地基沉降的计算深度如何确定？公式中的平均附加应力系数与第四章中的附加应力系数有何区别？

2-14　简述有效应力原理的基本概念，在地基的最终沉降量计算中，土中的附加应力是指有效应力还是指总应力？

2-15　说明固结度的物理意义。在饱和土的一维固结中，土的有效应力和孔隙水压力是如何变化的？

2-16　土的最终沉降量有哪几部分组成？各部分意义如何？

习　题

2-1　某工地地基剖面图如图2-46所示，基岩埋深7.0m，其上分别为黏土层和砂土层，黏土层厚2.0m，砂土层厚5.0m，地下水位在地面下4.0m，各土层的物理性质指标示于图中，试计算地基中的自重应力并绘出其分布图。

2-2　某建筑场地的地层分布均匀，第一层杂填土厚1.5m，$\gamma=17\text{kN/m}^3$；第二层粉黏土厚4m，$\gamma=19\text{kN/m}^3$、$d_s=2.73$、$w=31\%$，地下水位在地面下2m深处；第三层淤泥质黏土厚8m，$\gamma=18.2\text{kN/m}^3$、$d_s=2.73$、$w=41\%$；第四层粉土厚3m，$\gamma=19.5\text{kN/m}^3$、$d_s=2.72$、$w=27\%$；第五层砂岩未钻穿。试计算各层交界处的竖向自重应力σ_c，并绘出σ_c沿深度分布图。

2-3　如图2-47所示，某正方形基础（abo_1c）的基底均布附加压力$P_0=200\text{kPa}$，求在正方形中心点o及o_1、o_2，点下深度10m处的附加应力。

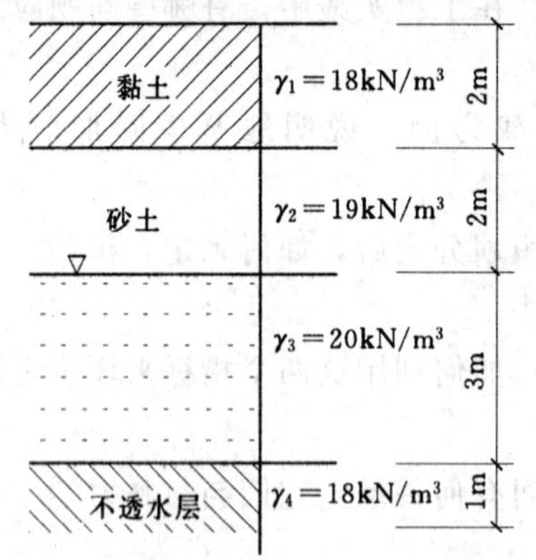

图2-46　习题2-1图

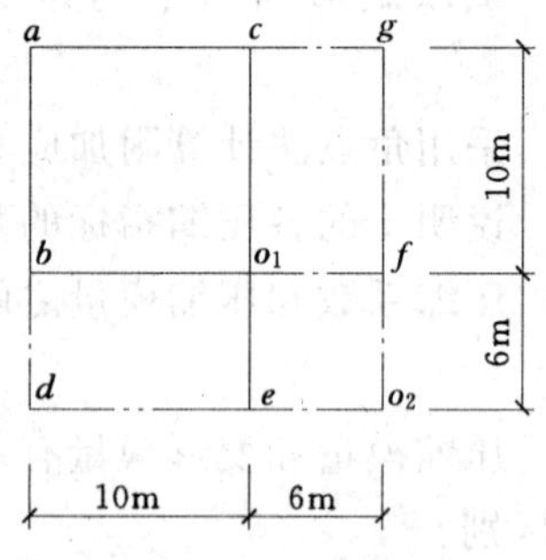

图2-47　习题2-3图

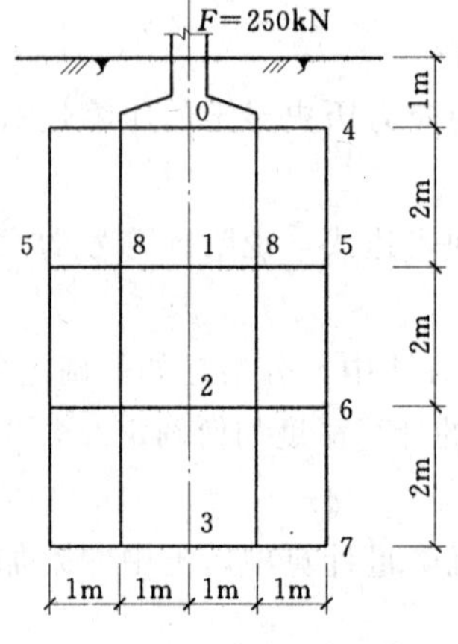

图2-48　习题2-5图

2-4　某方形基础底面宽$b=2\text{m}$，埋深$d=1.0\text{m}$，深度范围内土的重度$\gamma=18.0\text{kN/m}^3$的，作用在基础上的竖向荷载$F=600\text{kN}$，力矩$M=100\text{kN}\cdot\text{m}$，试计算基底最大压力边角深度$z=2\text{m}$处的附加应力。

2-5　某条形基础如图2-48所示，作用在基础上的荷载为250kN/m，基础深度范围内土的重度$\gamma=17.5\text{kN/m}^3$。试计算0-3、4-7和5-5剖面各点的竖向附加应力，并绘制曲线。

2-6　某钻孔土样的压缩试验记录见表2-17，试绘制压缩曲线和计算各土层的a_{1-2}及相应的压缩模量E_S，并评定土的压缩性。

表 2-17　　孔隙比与压力对应表

压力（kPa）		0	50	100	200	300	400
孔隙比	1号土样	0.982	0.964	0.952	0.936	0.924	0.919
	2号土样	1.190	1.065	0.995	0.905	0.850	0.810

2-7　某工程采用箱形基础，基础底面尺寸为 10.0m×10.0m，基础高度 $h=d=$ 6.0m，基础顶面与地面齐平，地下水位深 2.0。地基为粉土，$\gamma_{sat}=20\text{kN/m}^3$，$E_S=$ 5MPa。基础顶面集中中心荷载 $F=8000\text{kN}$，基础自重 $G=3600\text{kN}$。估算此基础的沉降量。

2-8　已知一矩形基础底面尺寸为 5.6m×4.0m，基础埋深 $d=2.01\text{m}$。上部结构总荷重 $F=6600\text{kN}$，基础及其上填土平均重度 $\gamma_0=20\text{kN/m}^3$。地基土表层为人工填土，$\gamma_1=17.5\text{kN/m}^3$，厚度 6.0m；第二层为黏土 $\gamma_2=16.0\text{kN/m}^3$，$e_1=1.0$，$a=0.6\text{MPa}^{-1}$，厚度 1.6m；第三层为卵石，$E_S=25\text{MPa}$，厚度 5.6m。求黏土层的沉降量。

2-9　某宾馆柱基底面尺寸为 4.0m×4.0m，基础埋深 $d=2.0\text{m}$。上部结构传至基础顶面中心荷载 $F=4720\text{kN}$。地表层为细砂，第二层为粉质黏土，$E_{S2}=3.33\text{MPa}$，厚度 $h_2=3.0\text{m}$；第三层为碎石，$E_{S3}=22\text{MPa}$，厚度 $h_3=4.5\text{m}$。用分层总和法计算粉质黏土的沉降量。

2-10　某工程矩形基础长度 3.6m，宽度 2.0m，埋深 $d=1.00\text{m}$。地面以上上部荷重 $N=900\text{kN}$。地基为粉质黏土，$\gamma=16.0\text{kN/m}^3$，$e_1=1.0$，$a=0.4\text{MPa}^{-1}$。试用《规范》法计算基础中心点的最终沉降量。

2-11　某办公大楼柱基底面积 2.00m×2.00m，基础埋深 $d=1.50\text{m}$，上部中心荷载作用在基础顶面 $N=576\text{kN}$。地基表层为杂填土，$\gamma_1=17.0\text{kN/m}^3$，厚度 $h_1=1.50\text{m}$；第二层为粉土，$\gamma_2=18.0\text{kN/m}^3$，$E_{S2}=3\text{MPa}$，厚度 $h_2=4.40\text{m}$；第三层为卵石，$E_{S2}=20\text{MPa}$，厚度 $h_3=6.5\text{m}$。用《规范》法计算柱基最终沉降量。

2-12　设厚度为 10m 的黏土层的边界条件如图 2-49 所示，上下层面均为排水砂层，地面上作用着无限均布荷载 $p=196.2\text{kPa}$，已知黏土层的孔隙比 $e=0.9$，渗透系数 $k=2.0\text{cm/年}=6.3\times10^{-8}\text{cm/s}$，压缩系数 $\alpha=0.025\times10^{-2}\text{kPa}^{-1}$。试求：(1) 荷载加上一年后，地基沉降量是多少厘米？(2) 加荷历时多久，黏土层的固结度达到 90%？

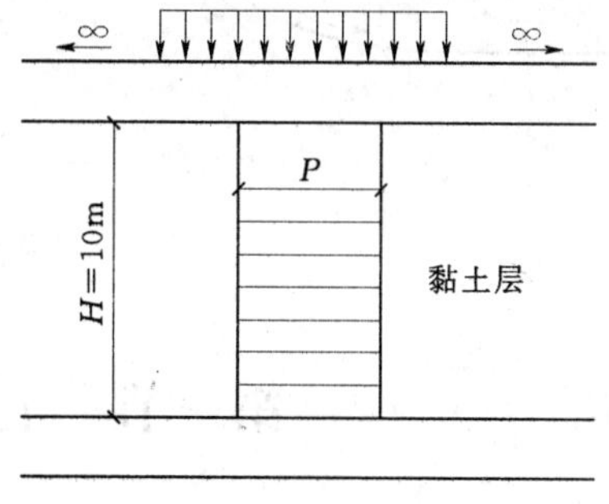

图 2-49　习题 2-12 图

2-13　土层条件及土性指标同题 2-12，但黏土层底面是不透水层。试问：加荷一年后地基沉降量是多少？地基固结度达到 90%时需要多少时间？并将计算结果与 2-12 题作比较。

第三章　土的抗剪强度和地基承载力

本章主要内容有土的强度理论、抗剪强度的主要测定方法、土的抗剪强度指标及其影响因素，地基承载力确定方法。通过本章的学习，掌握库仑公式和土的抗剪强度指标的测定方法，熟悉不同固结和排水条件下土的抗剪强度指标的意义及其应用，熟悉抗剪强度的影响因素，熟悉地基承载力的确定方法。

地基的强度实际上是抗剪强度，并不存在抗压强度，地基破坏主要是剪切破坏。剪切破坏是由剪应力引起的。建筑物的基础所产生的压力，对于地层来讲是局部荷载，而局部荷载会使荷载之下的土产生压缩，基础发生沉降，荷载边缘内外的土粒就会发生竖向的相对运动，从而产生剪应力。在荷载之下一定范围内的土粒也会发生相对错动，也会产生剪应力。

当荷载大到一定程度时，荷载边缘土中的剪应力首先达到土的抗剪强度，土体被破坏，产生一个小小的塑性变形区，若荷载继续增大，这个塑性变形区就会逐渐加深，若荷载大到一定程度，荷载边缘的变形区就会互相连通，形成一个连续的塑性变形区，由于塑性变形区无抗剪能力，实际上它就是一个连续的滑动面，地基失去稳定性而破坏，如图3－1所示。不难看出，地基土抵抗基底压力的能力，即地基承载力是与很多因素有关的，如土的硬软程度、基础埋置深度、基础宽度、上部荷载的增加速度、室内回填土的回填时间及密实度等。

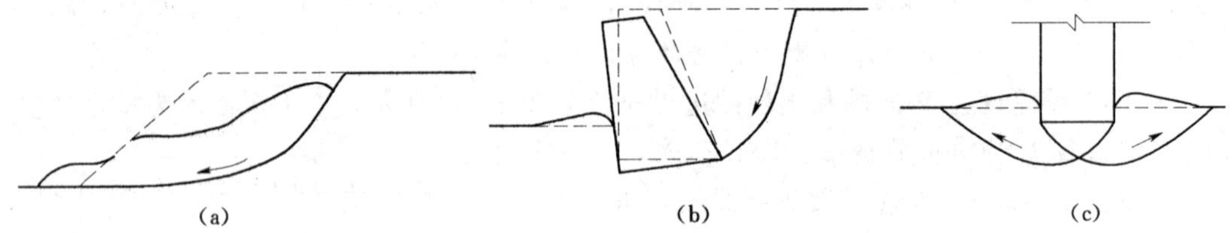

图 3－1　地基剪切破坏

(a) 土体滑坡；(b) 挡土墙倾覆；(c) 地基失稳

第一节　土的抗剪强度和极限平衡条件

在诸多的因素中，土的硬软程度是主要的。把基础宽度、埋置深度等因素舍弃后，地基土不会产生剪切破坏的单位面积的承载能力叫做地基承载能力特征值，工程上常用符号 f_{ak} 表示，而把其他有利因素考虑在内提高了的地基承载能力叫做修正后的地基承载力特征值，用符号 f_a。

为了确定地基土的特征值，必须先研究土的抗剪强度问题。

一、库仑公式

1773年库仑（Coulomb）根据试验，将土的抗剪强度表达为滑动面上法向总应力的函数，即

无黏性土 $$\tau_f = \sigma\tan\varphi \tag{3-1}$$

黏性土 $$\tau_f = c + \sigma\tan\varphi \tag{3-2}$$

式中　τ_f——土的抗剪强度，kPa；

σ——剪切滑动面上的法向总应力；

c——土的黏聚力（内聚力），kPa；

φ——土的内摩擦角，(°)。

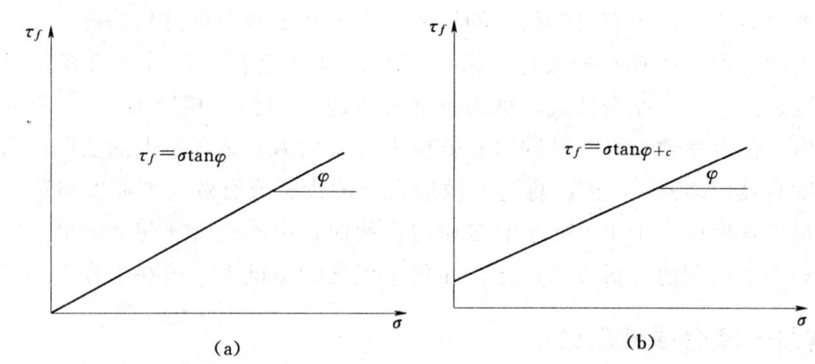

图 3-2　抗剪强度与法向压应力之间的关系

(a) 无黏性土；(b) 黏性土

式（3-1）和式（3-2）统称为库仑公式或库仑定律，c、φ 称为抗剪强度指标或抗剪强度参数。将库仑公式表示在坐标中为一条直线，如图 3-2 所示。由库仑公式可以看出，黏性土的抗剪强度与剪切面上的法向应力成正比，其本质是由于土粒之间的滑动摩擦以及凹凸面间的镶嵌作用所产生的摩阻力，其大小决定于土粒表面的粗糙程度、密实度、土颗粒的大小以及颗粒级配等因素。黏性土的抗剪强度由两部分组成，一部分是摩擦力（与法向应力成正比），另一部分是土粒之间是黏结力，它是由于黏性土颗粒之间的胶结作用和静电引力效应等因素引起的。

长期的试验研究指出，土的抗剪强度不仅与土的性质有关，还与试验时的排水条件、剪切速度、应力状态和应力历史等诸多因素有关，其中最重要的是试验时的排水条件，根据太沙基（Terzaghi）的有效应力概念，土体内的剪应力仅能由土的骨架承担，因此，土的抗剪强度应表示为剪切破坏面上法向有效应力的函数，库仑公式为

无黏性土 $$\tau_f = \sigma'\tan\varphi' \tag{3-3}$$

黏性土 $$\tau_f = c' + \sigma'\tan\varphi' \tag{3-4}$$

式中　σ'——剪切破坏面上的法向有效应力，kPa；

c'——有效黏聚力，kPa；

φ'——有效内摩擦角，(°)。

上述排水条件是指土体在受剪时土中水排出的快与慢。若土中水受到法向应力 σ 后很

快排出，则σ完全转化为土粒之间的接触应力（有效应力），土的抗剪强度就会提高。若用薄膜包裹饱和土作为土样，土中水不会因σ压力而排出，如此，无论σ有多大，都不会增加土粒间的有效应力，只会增加土中的孔隙水压力，因而无法提高土的抗剪强度。对于土力学与地基基础实际工程而言，若地基土是砂类土等透水性好的土质，则在建设过程中，随着荷载的逐步增加，孔隙水及时排出，地基土及时被压密，则地基承载力也会及时得到提高。反之，若地基土是黏土或淤泥质土等排水不好的土，随着荷载的增加，土中水不会很快挤出，地基承载力也就不会得到提高。

剪切速率是指土样在受到σ后从开始受剪到剪切破坏的时间的长短。剪切速率越快，土的抗剪强度越低，反之越高。对于实际工程而言，若施工速度很快，土得不到多少压缩，土中剪力即达到最大值，则地基土的承载力难以得到提高。反之，若施工速度慢，土中水有足够的时间排出，土有足够的时间压密，则地基承载力可得到提高。

因此，土的抗剪强度有两种表达方法：一种是以总应力σ表示剪切破坏面上法向应力，抗剪强度表达式即为库仑公式，称为抗剪强度总应力法，相应的c、φ称为总应力强度指标或总应力强度参数；另一种则以有效应力σ'表示剪切破坏面上的法向应力，其表达式为抗剪强度有效应力法，c'和φ'称为有效应力强度指标或有效应力强度参数。试验研究表明，土的抗剪强度取决于土粒间的有效应力，然而，由库仑公式建立的概念在应用上比较方便，许多土工问题的分析方法都建立在这个概念的基础上，故在工程上仍沿用至今。

二、莫尔—库仑强度理论

1910年莫尔（Mohr）提出材料的破坏是剪切破坏，当任一平面上的剪应力等于材料的抗剪强度时该点就发生破坏，并提出在破坏面上的剪应力τ_f是该面上法向应力σ的函数，即

$$\tau_f = f(\sigma) \tag{3-5}$$

这个函数在τ_f—σ坐标中是一条曲线，称为莫尔包线（或称为抗剪强度包线），如图3－3实线所示，莫尔包线表示材料受到不同应力作用到达极限状态时，滑动面上法向应力σ与剪应力τ_f的关系。理论与实践经验都表明，土的莫尔包线通常可以近似地用直线代替，如图3－3虚线所示，该直线方程就是库仑公式表示的方程。由库仑公式表示莫尔包线的强度理论称为莫尔—库仑强度理论。

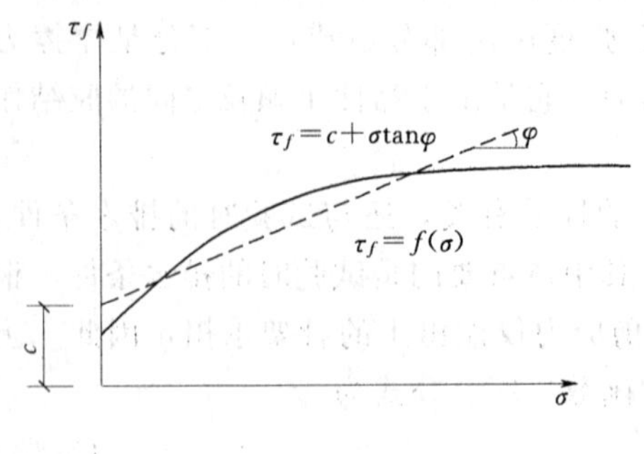

图3－3　莫尔包线

当土体中任意一点在某一平面上剪应力到达土的抗剪强度时，该点即处于极限平衡状态。根据莫尔-库仑理论，可得到土体中一点的剪切破坏条件，即土的极限平衡条件。

下面仅研究平面问题，在土体中取一微元体，如图3－4（a）所示，设作用在该微小单元上的两个主应力为σ_1和σ_3（$\sigma_1>\sigma_3$）在微元体内与大主应力σ_1作用平面成任意角α的mn平面上有正应力σ和剪应力τ。为了建立σ、τ与之σ_1、σ_3间的关系，取微体abc为隔离体，如图3－4（b）所示，将各力分别在水平和垂直方向投影，根据静力平衡条件

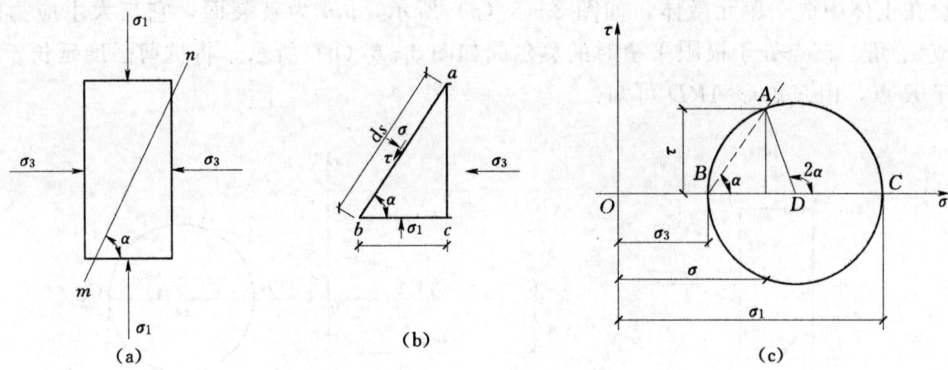

图 3-4　土体中的任意点的应力

(a) 单元微体上的应力；(b) 隔离体 abc 上的应力；(c) 莫尔圆

可得

$$\sigma_3 \mathrm{d}s\sin\alpha - \sigma \mathrm{d}s\sin\alpha + \tau \mathrm{d}s\cos\alpha = 0$$

$$\sigma_1 \mathrm{d}s\cos\alpha - \sigma \mathrm{d}s\cos\alpha + \tau \mathrm{d}s\sin\alpha = 0$$

联立求解以上方程得 mm 平面上的应力为

$$\sigma = \frac{1}{2}(\sigma_1 + \sigma_3) + \frac{1}{2}(\sigma_1 - \sigma_3)\cos 2a$$

$$\tau = \frac{1}{2}(\sigma_1 - \sigma_3)\sin 2a$$

由材料力学可知，以上 σ、τ 与之 σ_1、σ_3 之间的关系也可以用莫尔应力圆表示，如图 3-4 (c) 所示，即在 τ_f—σ 直角坐标系中，按一定的比例尺，沿 σ 轴截取 OB 和 OC 分别表示 σ_3 和 σ_1，以 D 为圆心，以 $\sigma_1-\sigma_3$ 为直径作一圆，从 DC 开始逆时针旋转 2α 角，使 DA 线与圆周交于 A 点，可以证明，A 点的横坐标即为斜面 mn 上的正应力 σ。纵坐标即为剪应力 τ。这样莫尔圆就可以表示土体中一点的应力状态，莫尔圆圆周上各点的坐标就表示该点在相应平面上的正应力和剪应力。

如果给定了土的抗剪强度参数 φ 和 c 以及土中某点的应力状态，则可将抗剪强度包线与莫尔应力圆画在同一张坐标图上，如图 3-5 所示。它们之间的关系有以下三种情况：

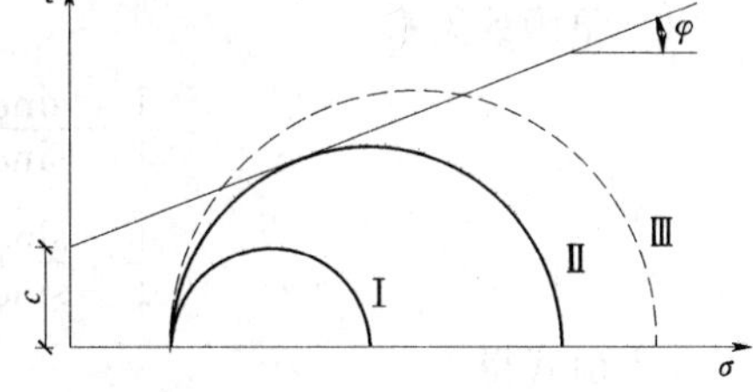

图 3-5　莫尔圆与抗剪强度之间的关系

(1) 整个莫尔圆位于抗剪强度包线的下方（圆Ⅰ），说明该点在任何平面上的剪应力都小于土所能发挥的抗剪强度（$\tau<\tau_f$），因此不会发生剪切破坏。

(2) 抗剪强度包线是莫尔圆的一条割线（圆Ⅲ）实际上这种情况是不可能存在的，因为该点任何方向上的剪应力都不可能超过土的抗剪强度（不存在 $\tau>\tau_f$ 的情况）。

(3) 莫尔圆与抗剪强度包线相切圆 II，切点为 A，说明在 A 点所代表的平面上，剪应力正好等于抗剪强度（$\tau=\tau_f$），该点就处于极限平衡状态，圆 II 称为极限应力圆。根据极限应力圆与抗剪强度包线相切的几何关系，就可建立以下极限平衡条件。

设在土体中取一单元微体，如图 3-6（a）所示，mn 为破裂面，它与大主应力的作用面成 α_f 角。该点处于极限平衡时的莫尔圆如图 3-6（b）所示。将抗剪强度延长于 σ 轴相交于 R 点，由三角形 ARD 可知：

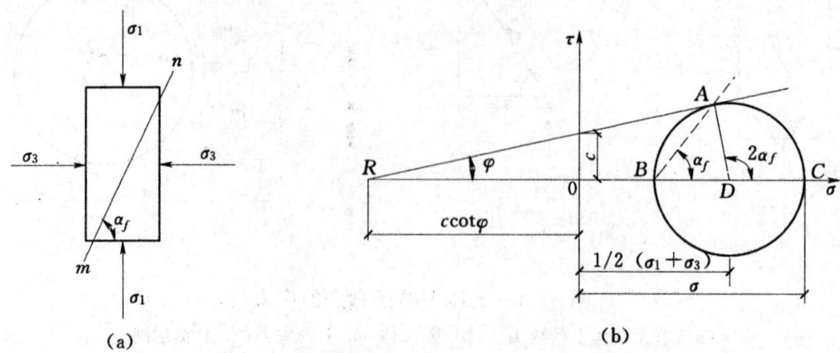

图 3-6　土体中一点达极限平衡状态时的莫尔圆

（a）单元微体；（b）限极平衡状态时的莫尔圆

设在土体中取一单元微体，如图 3-6（a）所示，mn 为破裂面，它与大主应力的作用面成 α_f 角。该点处于极限平衡时的莫尔圆如图 3-6（b）所示。将抗剪强度延长于 σ 轴相交于 R 点，由三角形 ARD 可知

$$\overline{AD} = \overline{RD}\sin\varphi$$

$$\overline{AD} = \frac{1}{2}(\sigma_1 - \sigma_3)$$

$$\overline{RD} = c\cot\varphi + \frac{1}{2}(\sigma_1 + \sigma_3)$$

由上三式可得

$$\frac{1}{2}(\sigma_1 - \sigma_3) = \left[c\cot\varphi + \frac{1}{2}(\sigma_1 + \sigma_3)\right]\sin\varphi$$

$$\sigma_1 = \sigma_3 \frac{1+\sin\varphi}{1-\sin\varphi} + 2c\sqrt{\frac{1+\sin\varphi}{1-\sin\varphi}}$$

由三角函数关系

$$\frac{1+\sin\varphi}{1-\sin\varphi} = \tan^2\left(45° + \frac{\varphi}{2}\right)$$

$$\frac{1-\sin\varphi}{1+\sin\varphi} = \tan^2\left(45° - \frac{\varphi}{2}\right)$$

代入前式得

$$\sigma_1 = \sigma_3\tan^2\left(45° + \frac{\varphi}{2}\right) + 2c\tan\left(45° + \frac{\varphi}{2}\right) \tag{3-6a}$$

或

$$\sigma_3 = \sigma_1\tan^2\left(45° - \frac{\varphi}{2}\right) - 2c\tan\left(45° - \frac{\varphi}{2}\right) \tag{3-6b}$$

对于无黏性土，因 $c=0$，得

$$\sigma_1 = \sigma_3 \tan^2\left(45° + \frac{\varphi}{2}\right) \tag{3-7a}$$

$$\sigma_3 = \sigma_1 \tan^2\left(45° - \frac{\varphi}{2}\right) \tag{3-7b}$$

上述式（3-6）、式（3-7）也是郎肯理论计算挡土墙的土压力理论公式。

在图 3-6（b）的三角形 ARD 中，由外角与内角的关系可得

$$2\alpha_f = 90° + \varphi$$

即破裂角

$$\alpha_f = 45° + \frac{\varphi}{2} \tag{3-8}$$

说明破坏面与最大主应力 σ_1 的作用面的夹角为（$45°+\varphi/2$）。如前所述，土的抗剪强度 τ_f 实际上取决于有效应力，所以，式（3-8）中的 φ 取有效摩擦角 φ' 时才代表实际的破裂角。

利用上述破坏准则直接应用库仑公式，已知土的抗剪强度参数的条件下，可容易判断土体是否产生剪切破坏。

【例 3-1】 已知土中某点的应力状态为 $\sigma_1=700\text{kPa}$，$\sigma_3=200\text{kPa}$，土的抗剪强度参数为 $c=20\text{kPa}$，$\varphi=30°$，试判断土是否发生剪切破坏？

解： 由式（3-6a）得

$$\begin{aligned}\sigma_{1f} &= \sigma_3 \tan^2\left(45° + \frac{\varphi}{2}\right) + 2c\tan\left(45° + \frac{\varphi}{2}\right) \\ &= 200 \times \tan^2\left(45° + \frac{30°}{2}\right) + 2 \times 20 \times \tan\left(45° + \frac{30°}{2}\right) \\ &= 600 + 40\sqrt{3} = 669.3(\text{kPa})\end{aligned}$$

由于土体在围压为 $\sigma_3=200\text{kPa}$ 下，所能承受的最大的主应力为 $\sigma_{1f}=669.3\text{kPa}<700\text{kPa}$，说明莫尔圆被剪破，土体发生剪切破坏。

同理，可由式（3-6b）计算 σ_{3f}

$$\sigma_{3f} = 700\tan^2\left(45° - \frac{30°}{2}\right) - 2 \times 20\tan\left(45° - \frac{30°}{2}\right) = 233.3 - 23.1 = 210.2(\text{kPa})$$

由于由主应力和抗剪强度参数计算所能承受的最小主应力为 $\sigma_{3f}=210.2\text{kPa}$ 大于土中实际的最小主应力 $\sigma_3=200\text{kPa}$，说明莫尔圆被剪破，土体发生剪切破坏。

第二节　抗剪强度指标的确定

土的抗剪强度是土的一个重要力学性能指标，在计算承载力、评价地基的稳定性以及计算挡土墙的土压力等时，都要用到土的抗剪强度指标，因此，正确地测定土的抗剪强度在工程上具有重要意义。

抗剪强度的试验方法有多种，在实验室内常用的有直接剪切试验、三轴压缩试验和无侧限抗压试验，在现场原位测试的有十字板剪切试验、大型直接剪切试验等。本节着重介绍几种常用的试验方法。

一、直接剪切试验

直接剪切仪分为应变控制式和应力控制式两种，前者是等速推动试样产生位移，测定相应的剪应力，后者则是对试件分级施加水平剪应力测定相应的位移，目前我国普遍采用的是应变控制式直剪仪，如图3-7所示，该仪器的主要部件由相对固定的上盒和活动的下盒组成，试样放在盒内上下两块透水石之间。试验时，由杠杆系统通过加压活塞和透水石对试件施加某一垂直压力σ。然后等速转动手轮对下盒施加水平推力，使试样在上下盒的水平接触面上产生剪切变形，直至破坏，剪应力的大小可借助与上盒接触的量力环的变形值计算确定。在剪切过程中，随着上下盒相对剪切变形的发展，土样中的抗剪强度逐渐发挥出来，直到剪应力等于土的抗剪强度时，土样剪切破坏，所以土样的抗剪强度可用剪切破坏时的剪应力来度量。

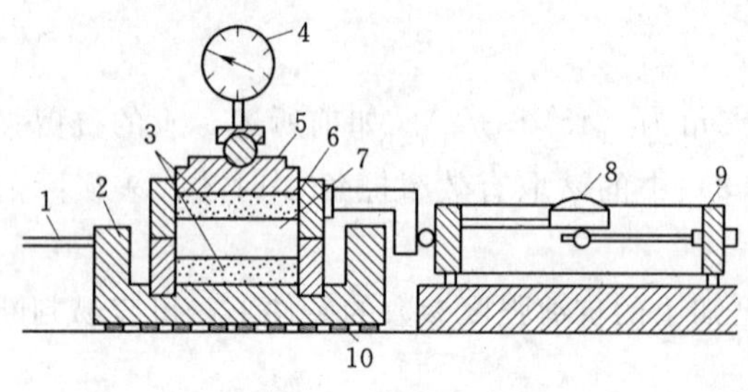

图3-7　应变控制式直剪仪

1—轮轴；2—底样；3—透水石；4—量表；5—活塞；6—上盒；7—土样；8—量表；9—量力环；10—下盒

图3-8（a）表示剪切过程中剪应力τ与剪切位移δ之间的关系，通常可取峰值或稳定值作为破坏点，如图中箭头所示。

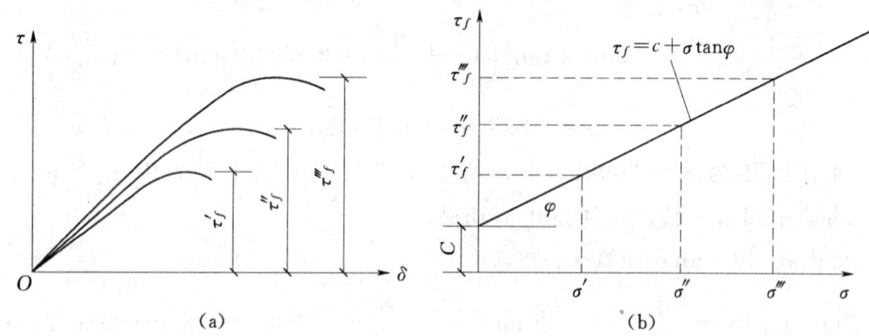

图3-8　抗剪强度包线

对同一种土至少取4个重度和含水量相同的试样，分别在不同垂直压力σ下剪切破坏，一般可取垂直压力为100kPa、200kPa、300kPa、400kPa，将试验结果绘制成如图6-8（b）所示的抗剪强度τ_f和垂直压力σ之间关系。试验表明，对于黏性土τ_f—σ基本上成直线关系，该直线与横轴的夹角为内摩擦角φ，在纵轴上的截距为黏聚力c，直线方程可用库仑公式表示，对于无黏性土，τ_f和σ之间关系则是通过原点的一条直线。

为了近似模拟土体在现场受剪的排水条件，直接剪切试验可分为快剪、固结快剪和慢剪三种方法。

快剪试验：是在试样施加竖向压力σ后，立即快速地施加水平剪应力使试样剪切破坏。

固结快剪试验：是允许试样在竖向压力下充分排水，待固结稳定后，再快速施加水平剪应力使试样剪切破坏。

慢剪试验：是允许试样在竖向压力下排水，待固结稳定后，以缓慢的速率施加水平剪应力使试样破坏，此试验应采用应力控制式直接剪切仪。

上述三种直接剪切试验的方法与实际工程的关系是：

(1) 快剪适用于施工速度快、地基土排水不良的情况。

(2) 慢剪适用于施工速度慢、地基土排水良好的情况。

(3) 按固结快剪的含义，实际工程应该是先堆载预压地基土，使地基土产生压缩后，再快速施工，但此情况当前不可能用于实际工程，故此种情况可用于介于上述两种情况之间的实际工程。

若试验方法与实际工程不符，可能出现两种情况：一是造成浪费；二是有可能发生危险。例如，对于饱和黏土采用慢剪，则土中水有足够的时间排出，土样挤密而抗剪强度提高，所得到的地基承载力就高，基底面积当然就小；但是，如施工速度快，土中水来不及排出，地基的抗剪强度得不到提高，而由于施工速度快，土中的剪应力却很快增加到最大值，因而有可能超过土的抗剪强度使地基发生剪切破坏。

直剪仪具有构造简单，操作方便、操作方便、固结速度快等优点，但它存在若干缺点，主要有：①剪切面限定在上下盒之间的平面，而不是沿土样最薄弱的面剪切破坏，这将导致结果偏大的结果；②剪切面上剪应力分布不均匀，土样剪切破坏时先从边缘开始，在边缘发生应力集中现象，这与试验资料分析中假定剪切面上剪应力分布均匀相矛盾；③在剪切过程中，土样剪切面逐渐减小，而在计算抗剪强度时却是按土样的原截面积计算的；④试验时不能严格控制排水条件，不能量测孔隙水压力，在进行不排水剪切时，试件仍有可能排水，特别是对于饱和黏土，由于它的抗剪强度受排水条件的影响显著，故试验结果不够理想。

由于直剪仪具有前面所说的优点，所以仍为一般工程广泛采用。

二、快剪

设有一均质正常固结低渗透性饱和黏性土层，深度 z_1 处，自重应力 $\sigma_c = p_c = 100\text{kPa}$。现从该处取出一筒原状土，进行快剪试验。切取 4 个试样分别施加垂直荷载 p 为 100kPa、200kPa、300kPa、400kPa。下面，用渗透固结模型对 4 个试样的应力情况作一简化分析。当试样从天然土层中取出后，试样边界上原来所承受的静水压力及有效应力都卸除了。卸除静水压力不改变试样的有效应力，而卸除有效应力（$\sigma_c = 100\text{kPa}$）将使试样产生膨胀的趋势，这种膨胀的趋势使各试样产生超孔隙水压力 $u = -100\text{kPa}$。负超孔隙水压力限制了膨胀的发生，保持有效应力的存在。对第 1 个试样（$p = 100\text{kPa}$），所加荷载恰好消除试样中负超孔隙水压力外，而有效应力仍保持原有值 $\sigma' = 100\text{kPa}$。对第 2 试样（$p = 200\text{kPa}$），加载后除消除了负超孔隙水压力外，还产生正超孔隙水压力 $u = 100\text{kPa}$，有效应力仍为 $\sigma' = 100\text{kPa}$。同理第 3 个试样（$p = 300\text{kPa}$），$u = 200\text{kPa}$，$\sigma' = 100\text{kPa}$；第 4 个试样（$p = 400\text{kPa}$），$u = 300\text{kPa}$，$\sigma' = 100\text{kPa}$。也就是说，4 个试样的有效应力及其历史是相同的，有效应力都等于土体天然条件下的有效固结应力，因而各试样的密实程度也是相同的，它们应具有相同的抗剪强度。所以快剪试验结果抗剪强度包线应为一条水平线，

$\varphi_q=0$、$\tau_f=c_{q1}$（图 3-9）。

1. 快剪与固结快剪强度指标的关系

如果从该土层自重应力 $\sigma_c=200$kPa 的 z_2 深处另取一筒原状土做同样的快剪试验，参照上述分析，4 个试样的应力情况分别为：$p=100$kPa 时，$u=-100$kPa，$\sigma'=200$kPa；$p=200$kPa 时，$u=0$，$\sigma'=200$kPa；$p=300$kPa 时，$u=100$kPa，$\sigma'=200$kPa；$p=400$kPa 时，$u=200$kPa，$\sigma'=200$kPa。4 个试样也具有相同的抗剪强度，强度包线为一水平线，位置高于前者，得到 $\varphi_q=0$、$\tau_f=c_{q2}$（图 3-9）。

如果从 $\sigma_c=300$kPa、$\sigma_c=400$kPa 的深处取土做快剪试验，则得到图 3-9 中的 $\tau_f=c_{q3}$ 及 $\tau_f=c_{q4}$ 另两条强度包线。

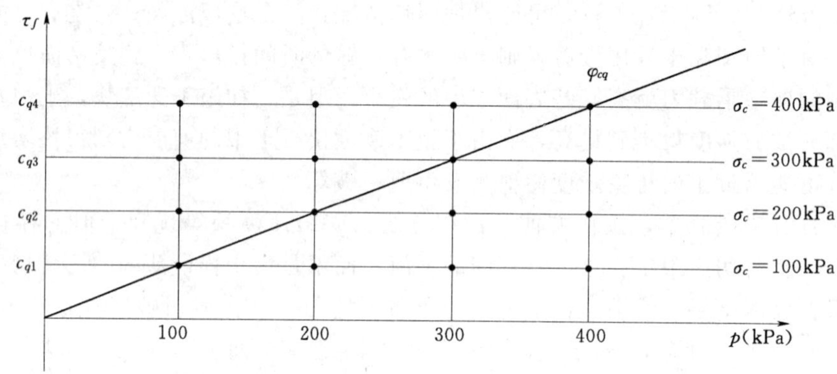

图 3-9　正常固结土快剪与固结快剪强度指标的关系

在上面 16 个试样（图 3-9）中，如果把 p 与 σ_c 相等的 4 个点连起来，恰好得到一条固结快剪强度包线的主支（正常固结段），只不过“固结”不是在仪器中进行，而是在天然土层中进行。过固结快剪强度包线上的每一点都通过一条快剪强度包线。固结快剪的各试样是用不同荷载固结，然后在不排水条件下施加剪应力至剪破得到的强度包线；而快剪的各试样则是在同一荷载作用下预固结，然后在剪前施加不同的荷载 p，但不使试样产生新的固结，立即在不排水条件下施加剪应力至剪破得到的强度包线。如果这一预固结荷载是天然土层中的有效应力，则快剪强度也称为天然强度。也可以说，天然强度是试样保持天然密实状态，在不排水条件下剪破所得到的强度。由图 3-9，可以把正常固结土层中某点的天然强度表示为

$$\tau_{f0}=\sigma_c\tan\varphi_{cq} \tag{3-9}$$

式中　τ_{f0}——天然强度；

其余符号同前。

2. 超固结土快剪与固结快剪强度指标的关系

如果一低渗透性饱和黏性土层，历史上曾受到 p_c 的作用，此时如在不排水条件下施加剪应力至剪破，其强度在主支上一点 A（图 3-10）。后来卸载，其不排水强度将沿相应的超一固结段降低至 B 点。如果这时从土层中取出一筒原状试样，做快剪试验，必然得到一条通过 B 点的水平强度包线，$\varphi_q=0$，$\tau_f=c_q$（图 3-10）。所以固结快剪强度包线超固结段上的每一点也通过一条快剪强度包线，超固结土的天然强度也可用固结快剪指标

表示为

$$\tau_{f0} = \sigma_c \tan\varphi_{cq} + c_{cq} \quad (3-10)$$

式中　φ_{cq}、c_{cq}——相应超固结段的固结快剪指标。

3. 直剪快剪 $\varphi_q \neq 0$ 的原因

上面通过低渗透性饱和黏性土说明了快剪指标的特点。但应说明，由于直剪仪不能密封，即使对低渗透性黏性土，试验结果也常有较小的 φ 角。比如，软黏土常可测得 3°～5°的 φ_q 角。对渗透系数 $k \geqslant 10^{-6}$ cm/s 的黏性土。《土工试验方法标准》（GB/T 50123—1999）规定，不宜用直剪仪做快剪试验。因为试验过程中排水影响较大，有时可得到 20°以上的 φ_q 值，这样的试验结果意义不明确。

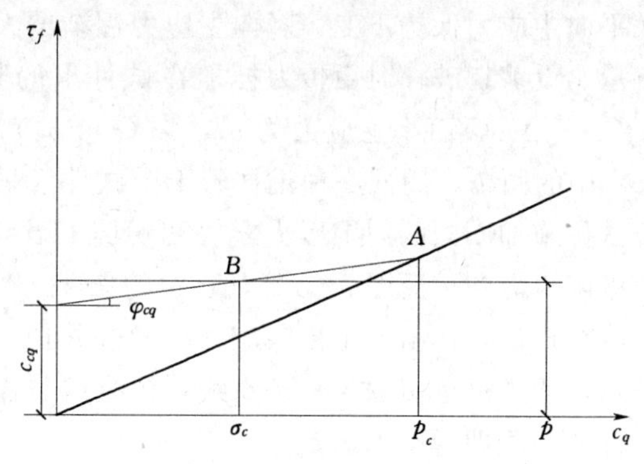

图 3-10　超固结土 c_{cq}、φ_{cq} 与 c_q、φ_q 关系

对非饱和黏性土，由于加载后气体立即压缩或部分排出，土体变密，强度增强，快剪测得 $\varphi_q \neq 0$，这是正常的。

三、三轴压缩试验

三轴压缩试验是测定土抗剪强度的一种较为完善的方法。三轴压缩仪由压力室、轴向加荷系统、施加周围压力系统、孔隙水压力量测系统等组成，如图 3-11 所示，压力室是三轴压缩仪的主要组成部分，它是一个有金属上盖、底座和透明有机玻璃圆筒组成的密闭容器。

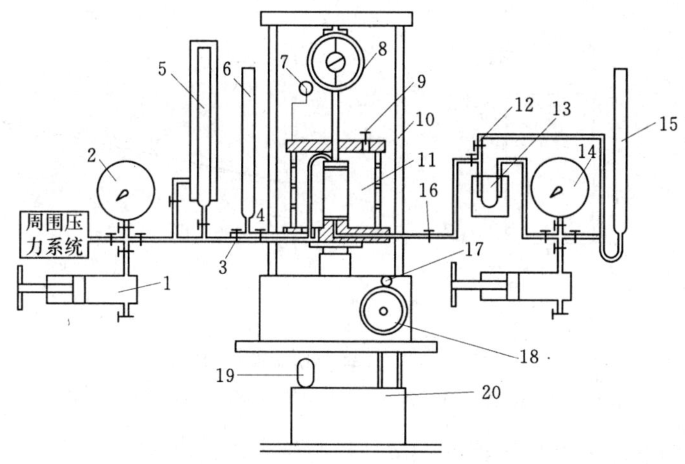

图 3-11　应变控制式三轴剪切仪

1—调压筒；2—周围压力表；3—周围压力阀；4—排水阀；5—体变管；6—排水管；7—变形量表；8—量力环；9—排气孔；10—轴向加压设备；11—压力室；12—量管阀；13—零位指示器；14—孔隙压力表；15—量管；16—孔隙压力阀；17—离合器；18—手轮；19—马达；20—变速箱

常规试验方法的主要步骤如下：将土切成圆柱体套在橡胶膜内，放在密封的压力室

中，然后向压力室内压入水，使试件在各向受到周围压力 σ_3，液压在整个试验过程中保持不变，这时试件内各向的三个主应力都相等，因此不发生剪应力，如图 3－12（a）所示。然后再通过传力杆对试件施加竖向压力，这样，竖向主应力就大于水平向主应力，当水平向主应力保持不变，竖向主应力逐渐增大时，试件终于受剪而破坏，如图 3－12（b）所示。设剪切破坏时由传力杆加在试件上的竖向压应力为 $\Delta\sigma_1$；则试件上的大主应力为 $\sigma_1=\sigma_3+\Delta\sigma_1$，而小主应力为 σ_3，以 $(\sigma_1-\sigma_3)$ 为直径可画出一个极限应力圆，见图 3－12（c）中的圆Ⅰ，用同一种土样若干个试件（三个以上）按以上所述方法分别进行试验，每个试件施加不同的周围压力 σ_3，可分别得出剪切破坏时的大主应力，将这些结果绘成一组极限应力圆，见图 3－12（c）中的圆 1、2 和 3。由于这些试件都剪切至破坏，根据莫尔库仑理论，作出一组极限应力圆的公共切线，即为土的抗剪强度包线，如图 3－12（c）所示，通常可近似取为一条直线，该直线与横坐标的夹角即为土的内摩擦角 φ，直线与纵坐标的截距即为土的黏聚力 c。

对应于直接剪切试验的快剪、固结快剪和慢剪试验，三轴压缩试验按剪切前的固结程度和剪切时的排水条件，分为以下三种试验方法：

（1）不固结不排水试验（Unconsolidation Undrained Shear，记为 UU）。试样在施加周围压力和随后施加竖向压力直至剪切破坏的整个过程中都不允许排水，试验自始至终关闭排水阀门。

（2）固结不排水试验（Consolidation Undrained Shear，记为 CU）。试样在施加周围 σ_3 打开排水阀门，允许排水固结，待固结稳定后关闭排水阀门，再施加竖向压力，使试样在不排水的条件下剪切破坏。

（3）固结排水试验（Consolidation Drained Shear，记为 CD）。试样在施加周围压力 σ_3 时允许排水固结，待固结稳定后，再在排水条件下施加竖向压力至试件剪切破坏。

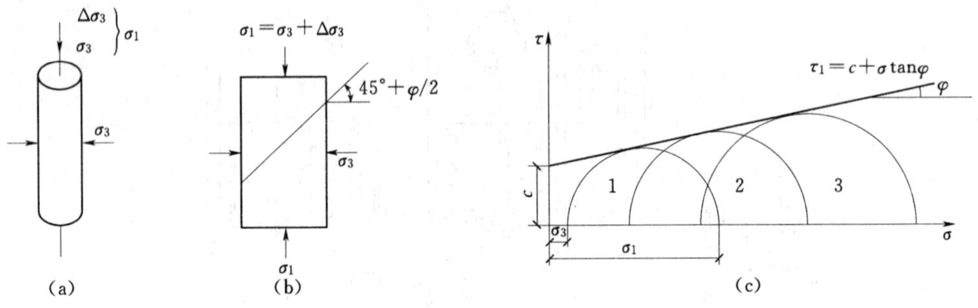

图 3－12　三轴剪切试验原理

（a）试件受周围压力；（b）破坏时试件上的主应力；（c）莫尔破坏包线

三轴压缩仪的突出优点是能较为严格地控制排水条件以及可以量测试件中孔隙水压力的变化。此外，试件中的应力状态也比较明确，破裂面是在最软弱处，而不像直接剪切仪那样限定在上下盒之间。一般说来，三轴压缩试验的结果比较可靠，对那些重要的工程项目，必须用三轴剪切试验测定土的强度指标；三轴压缩仪还用以测定土的其他力学性质，因此，它是土工试验不可缺少的设备。三轴压缩试验的缺点是试件中主应力 $\sigma_2=\sigma_3$，而实际上土体受力状态未必都属于这类轴对称情况。现在真三轴仪中的试件可在不同的三个主

应力 $\sigma_1 \neq \sigma_2 \neq \sigma_3$ 作用下进行试验。

四、无侧限抗压强度试验

无侧限抗压强度试验如同在三轴仪中进行 $\sigma_3=0$ 的不排水剪切试验一样，试验时，将圆柱形试样放在如图 3-13（a）所示的无侧限抗压试验仪中，在不加任何侧向压力的情况下施加垂直压力，直到使试件剪切破坏为止，剪切破坏时试样所能承受的最大轴向压力 q_u 称为无侧限抗压强度。

根据试验结果，只能作一个极限应力圆（$\sigma_1=q_u$、$\sigma_3=0$），因此对于一般黏性土就难以作出破坏包线。而对于饱和黏性土，根据在三轴不固结不排水试验的结果，其破坏包线近于一条水平线，即 $\varphi_u=0$。这样，如仅为了测定饱和黏性土的不排水抗剪切强度，就可以利用构造比较简单的无侧限抗压试验仪代替三轴仪。此时，取 $\varphi_u=0$，则由无侧限抗压强度试验所得的极限应力圆的水平切线就是破坏包线，由图 3-13（b）得

$$\tau_f = c_u = \frac{q_u}{2} \tag{3-11}$$

式中　c_u——土的不排水抗剪强度，kPa；

q_u——无侧限抗压强度，kPa。

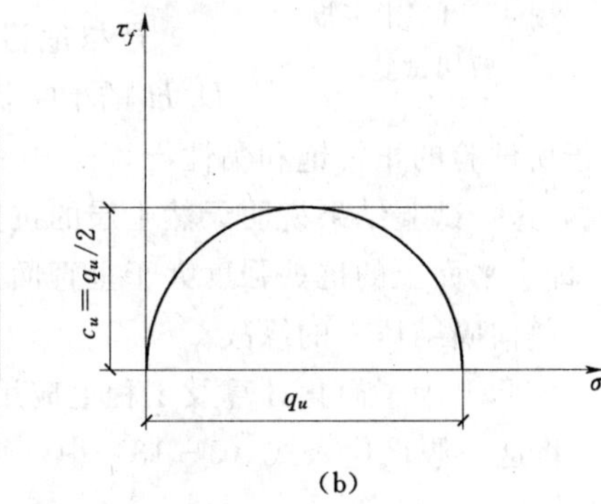

图 3-13　无侧限压缩试验

无侧限抗压强度还可以用来测定土灵敏度。其方法是将同一种土的原状和重塑试样分别进行无侧限抗压强度试验，灵敏度 s_t 为原状土与重塑土无侧限抗压强度的比值

$$s_t = \frac{q_u}{q_u^*} \tag{3-12}$$

式中　q_u——原状土的无侧限抗压强度，kPa；

q_u^*——重塑土的无侧限抗压强度，kPa。

黏性土可根据灵敏度 s_t 进行分类：$s_t<1$，不灵敏；$1\leqslant s_t<2$，低灵敏；$2\leqslant s_t<4$，中等灵敏；$4\leqslant s_t<8$，灵敏；$8\leqslant s_t<16$，很灵敏；$s_t\geqslant 16$，流动。

五、十字板剪切试验

室内的抗剪强度测试要求取得原状土样。但由于试样在采取、运送、保存和制备等方面不可避免地受到扰动，含水量也很难保持，特别是对于高灵敏度的软黏土，室内试验结果的精度就受到影响，因此，发展就地测定土的性质的仪器也具有重要意义。它不需要原状土样，试验时的排水条件，对于很难取样的土（例如软黏土）也可进行测试。

在抗剪强度的原位测试方法中，目前国内广泛应用的是十字板剪切试验，原理如下：

十字板剪切仪的构造如图 3-14 所示，试验时先将套管打到预定的深度。将十字板装在钻杆的下端后，通过套管压入土中，压入深度约为 750mm。然后由地面上的扭力设备对钻杆施加扭矩，直至土剪切破坏。破坏面为十字板旋转所形成的圆柱面。

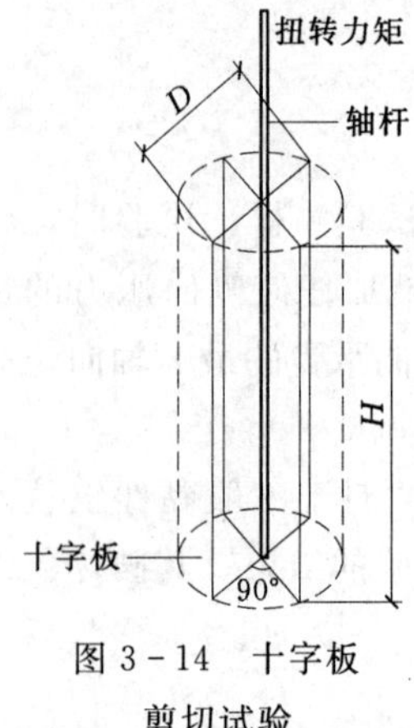

图 3-14　十字板剪切试验

设剪切破坏时所施加的扭矩为 M，则它应该与剪切破坏圆柱面（包括侧面和上下面）上土抗剪强度所产生的抵抗力矩相等，即

$$M = \pi DH\frac{D}{2}\tau_v + 2\frac{\pi D^2}{4}\frac{D}{3}\tau_h = \frac{1}{2}\pi D^2 H\tau_V + \frac{1}{6}\pi D^3\tau_h \tag{3-13}$$

式中　M——剪切破坏时的扭力距，kN·m；

τ_v、τ_h——剪切破坏时圆柱体侧面和上下面土的抗剪强度，kPa；

H——十字板的高度，m；

D——十字板的直径，m。

严格地讲，τ_v 和 τ_h 是不同的。爱斯（Aas）曾经用不同的 D/H 的十字板剪切仪测定饱和黏土的抗剪强度。试验结果表明：对于所试验的正常饱和黏性土，$\tau_h/\tau_v=1.5\sim2.0$；对于稍微固结的饱和软黏土，$\tau_h/\tau_v=1.1$。这一试验结果说明天然土层的抗剪强度是非等向的，例如正常固结饱和黏土 $\tau_h/\tau_v>1$，即水平面上的抗剪强度大于垂直面上的抗剪强度。这主要是由于水平面上的固结压力大于侧向固结压力的缘故。

实际上为了简化计算及工程上应用方便，目前在常规的十字板试验中仍假设 $\tau_h=\tau_v=c_u$，将这一假设代入式（3-13）中，得

$$c_u = \frac{2M}{\pi D^2\left(H+\dfrac{D}{3}\right)} \tag{3-14}$$

式中　c_u——在现场由十字板测定的土的抗剪强度，kPa；

其余符号同前。

在工程实践上，对于正常固结饱和软黏土，常用十字板测定其不排水强度。在硬壳层以下的软土层中抗剪强度随着深度基本上成直线变化，并可用下式表示

$$c_u = c_0 + \lambda z \tag{3-15}$$

式中　λ——直线段的斜率，kN/m³；

z——以地表为起点的深度，m；

c_0——直线段的延长线在水平坐标轴（即原地面）上的截距，kPa。

上式常在对地基稳定性计算时用到。

由于十字板在现场测定的土的抗剪强度，属于不排水剪切的试验条件，因此其结果应与无侧限抗剪强度试验结果接近，即

$$c_u = \frac{q_u}{2} \tag{3-16}$$

十字板剪切仪适用于饱和软黏土，特别适用于难于取样或试样在自重作用下不能保持原有形状的软黏土。它的优点是构造简单，操作方便，试验时对土的结构扰动也较小，故在实际中得到广泛应用。

十字板除了对饱和软黏土的不排水抗剪切强度进行测试外，其成果还用于对饱和软黏土的灵敏度进行划分。十字板试验所确定的灵敏度定义为：原位不排水强度与残余强度

（扰动不排水强度）之比。根据其大小对土的灵敏度进行划分。

第三节 无黏性土的抗剪强度

图 3-15 表示不同初始孔隙的同一种砂土在相同周围压力 σ_3 下受剪时的应力—应变关系和体积变化。由图 3-15 可见，密实的密砂初始孔隙比较小，其应力—应变关系有明显的峰值，超过峰值后，随着应变的增加应力逐步的降低，呈应变软化型，其体积变化是开始稍有减小，继而增加（剪胀性），这是由于较密实的砂土颗粒之间排列比较紧密，剪切时砂粒之间产生滚动，土颗粒之间的位置重新排列的结果。松砂的强度随轴向应变的增加而增大，应力—应变关系呈应变硬化型，对同一种土，紧砂和松砂的强度最终趋向同一值。松砂受剪其体积减小（减缩性），在周围高压下，不论砂土的松紧如何，受剪时都将减缩。

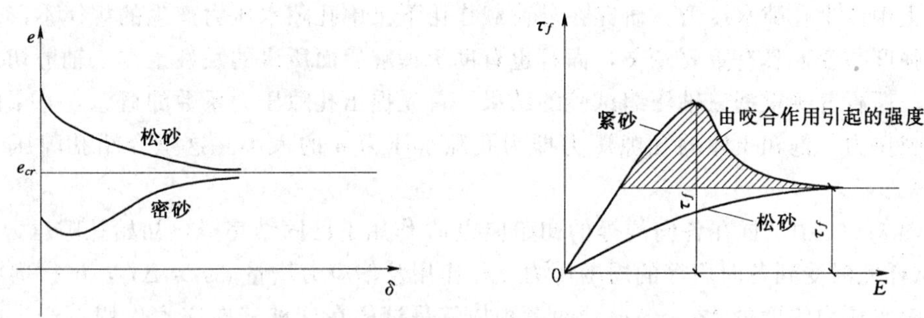

图 3-15 砂土的位移—体变和应力—应变曲线

由不同初始孔隙比的试样在同一压力下进行剪切试验，可以得出初始孔隙比 e_0 与体积变化 $\Delta V/V$ 之间的关系，相应于体积变化为零的初始孔隙比称为临界孔隙比 e_{cr}。在三轴试验中，临界孔隙比是与侧压力 σ_3 有关的，不同的 σ_3 可以得出不同 e_{cr} 值。

如果饱和砂土的孔隙比 e_0 大于临界孔隙比 e_{cr}，在剪应力作用下由于减缩必然使孔隙水压提高，而有效应力降低，致使砂土的抗剪强度降低。当饱和松砂受到动荷载作用（如地震），由于孔隙水来不及排除，孔隙水压不断增加，就有可能使有效应力降低到零，因而使砂土像流体那样完全失去抗剪强度，这种现象称砂土的液化。土体的液化是由于孔隙水压力增加，有效应力减小的结果。

在不排水条件下饱和松砂受剪将产生正孔隙水压力。当饱和松散的无黏性土，特别是粉、细砂受到突发的动力荷载或周期荷载时，一时来不及排水，便可导致孔隙水压力急剧上升。按有效应力原理，无黏性土的抗剪强度应表达为 $\tau_f=\sigma'\tan\varphi'=(\sigma-u)\tan\varphi'$。一旦振动引起的超孔隙水压力 u 趋于 σ，则 σ' 将趋于零，抗剪强度趋于零。现场土体表现为地基喷水冒砂，地基上的建筑物发生严重的沉陷、倾覆和开裂，液化土体本身产生流滑（如尾矿坝在地震作用下的液化）等。

无黏性土粉、细砂是否发生液化，与砂土本身的密实度、临界孔隙比、动荷载作用时间长短、大小等有关。在工程实践中，判别砂土是否液化，主要用原位标准贯入试验进行判定，对于重大工程而言，常结合室内动三轴试验结果，对地基进行动力有限元时程分析后进行判定。

无黏性土的抗剪强度决定于有效法向应力和摩擦角。密实砂土的内摩擦角与初始孔隙比，土粒表面的粗糙度以及颗粒级配等因素有关。初始孔隙比小，土粒表面粗糙，级配良好的砂土，其内摩擦角较大。松砂的内摩擦角大致与干砂的天然休止角相等（天然休止角是指干燥砂土堆积起来所形成的自然坡角），可以在试验室用简单的方法测定。近年的研究表明，无黏性土的强度性状比较复杂，还受到各向异性、试样的沉积方法和应力历史的因素影响。

第四节　孔隙水压力系数 *A*、*B*

与砂土不同，黏性土的渗透性很小，实际工程上黏性土的破坏大多在不排水条件下发生的，土中产生孔隙水压力。研究在外荷载作用下土中孔隙水压力产生的规律不仅对分析土体的强度与变形具有重要意义，而且也有助于理解后面所讲的黏性土在三轴剪切试验中的性状。斯肯普顿根据三轴压缩试验的结果，首先提出孔隙压力系数的概念，并用以表示土中孔隙压力。饱和土体的孔隙压力即为孔隙水压力 u 的大小。这里介绍孔隙压力系数 A、B 概念。

设图 3－16 中试样在各向均等的初始应力 σ_0 作用下已固结完毕，初始孔隙压力 $\Delta u_0=0$。若试样此时受到各向均等的周围压力 $\Delta\sigma_3$ 作用及偏应力增量 $\Delta\sigma_1-\Delta\sigma_3$，试样内将依次产生孔隙水压力的增量 Δu_1、Δu_2。两者相加就是试样在这种三向应力作用下产生的孔隙水压力增量 Δu。

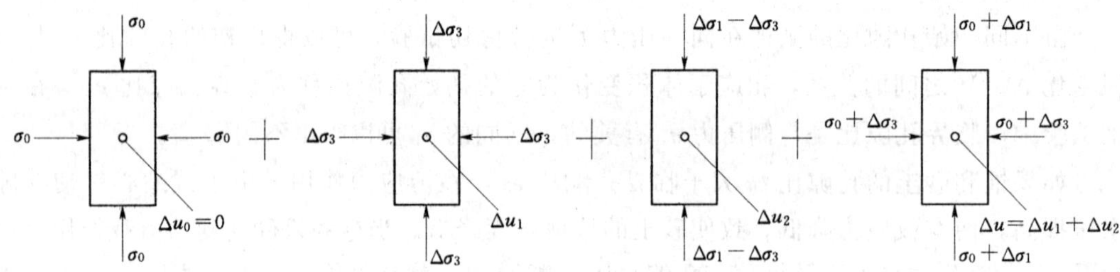

图 3－16　单元土体中孔隙水压力的变化

先分析 Δu_1 的产生与哪些因素有关。各向均等压力 $\Delta\sigma_3$ 将土骨架及孔隙流体（水和气）受力并产生相应的体积压缩。其中，土骨架的体积压缩是外轮廓体积的压缩（不是土颗粒的压缩）。则孔隙水压力增量 Δu_1 与孔隙体积压缩量 ΔV_{V1} 之间的关系为

$$\Delta V_{V1}=V_v m_n \Delta u_1=nVm_n\Delta u_1 \tag{3-17}$$

式中　V_V——土试样孔隙体积；

V——土试样体积；

n——试样孔隙率；

m_n——单位体积的孔隙流体在单位压力下的体积压缩量。

另一方面，对于理想性土骨架，其体积压缩量与平均有效主应力增量相联系，即

$$\Delta V_1 = m_s V \Delta\sigma_m' \tag{3-18}$$

式中　ΔV_1——土体体积压缩量（即土骨架压缩量）；

m_s——单位体积土骨架在平均有效主应力下的体积压缩量；

$\Delta\sigma_m'$——平均有效主应力增量，$\Delta\sigma_m'=\frac{1}{3}(\Delta\sigma_1'+\Delta\sigma_2'+\Delta\sigma_3')$。

对于上述各等向应力状态，$\Delta\sigma_m'=\Delta\sigma_3-\Delta u_1$，所以

$$\Delta V_1 = m_s V(\Delta\sigma_3 - \Delta u_1) \tag{3-19}$$

由于是在不排水条件下施加应力增量，土体体积的压缩量必然等于土孔隙体积的压缩量，令式（3-18）和式（3-19）相等，可得

$$\Delta u_1 = \Delta\sigma_3 \frac{1}{1+n\frac{m_n}{m_s}} = B\Delta\sigma_3 \tag{3-20}$$

即

$$B = \frac{1}{1+n\frac{m_n}{m_s}} \tag{3-21}$$

式中　B——$\Delta\sigma_3$ 作用下孔隙水压力系数，与 m_n、m_s 有关。对于饱和土来讲，由于 m_n 值远小于 m_s，可认为 $m_n=0$，因而 $B=1$。这表明外荷载的增量完全由孔隙水来承担。对于非饱和土，$m_n\neq0$，因而 $B<1.0$，这说明孔隙流体与土骨架共同承担外荷载。土的饱和度越小，B 值也越小，干土的 B 值可认为是零，外荷载全由土骨架承担。

下面分析偏应力增量 $\Delta\sigma_1-\Delta\sigma_3$ 与 Δu_2 的关系。设在试样上［图 3-16（c）］再施加轴向应力增量 $\Delta\sigma_1-\Delta\sigma_3$，其相应的孔隙水压力增量为 Δu_2。这时轴向有效应力增量为 $\Delta\sigma_1-\Delta\sigma_3-\Delta u_2$，而两侧的有效应力增量为 $-\Delta u_2$。

与前同理，孔隙水压力增量 Δu_2 与孔隙体积压缩量 ΔV_{V2} 之间的关系为

$$\Delta V_{V2} = V_v m_n \Delta u_2 = nVm_n\Delta u_2 \tag{3-22}$$

而图 3-16（c）中的平均有效主应力增量为

$$\Delta\sigma_m' = \frac{1}{3}(\Delta\sigma_1 - \Delta\sigma_3) - \Delta u_2 \tag{3-23}$$

同样，土体体积压缩量（土骨架压缩量）ΔV_2 可表示成

$$\Delta V_2 = m_s V\left[\frac{1}{3}(\Delta\sigma_1 - \Delta\sigma_3) - \Delta u_2\right] \tag{3-24}$$

由于是在不排水条件下施加的应力增量，所以有 $\Delta V_{V2}=\Delta V_2$，即有

$$\Delta u_2 = \frac{1}{1+\frac{m_n}{m_s}} \times \frac{1}{3}(\Delta\sigma_1 - \Delta\sigma_3) = \frac{1}{3}B(\Delta\sigma_1 - \Delta\sigma_3) \tag{3-25}$$

若土样同时受到上述各向均等压力 $\Delta\sigma_3$ 与 $(\Delta\sigma_1-\Delta\sigma_3)$ 作用时，则由此产生的孔隙水压力增量为

$$\Delta u = \Delta u_1 + \Delta u_2 = B\left[\Delta\sigma_3 + \frac{1}{3}(\Delta\sigma_1 - \Delta\sigma_3)\right]$$

上述是在土骨架为理想弹性体时推导的，然而，土并非是理想弹性体，所以系数 1/3

并非适用，而以另一个孔隙水压力系数 A 来表示。于是上式改写为

$$\Delta u = \Delta u_1 + \Delta u_2 = B[\Delta\sigma_3 + A(\Delta\sigma_1 - \Delta\sigma_3)] \tag{3-26}$$

式中　Δu——受外荷作用后试样孔隙水压力增量；

$\Delta\sigma_1$、$\Delta\sigma_3$——对试样施加的轴向与水平向外荷增量；

A、B——孔隙水压力系数。

孔隙水压力系数 B 反映土的饱和程度，孔隙水压力系数 A 反映真实土体在偏应力作用下的剪胀性质。当土体剪胀时，产生负的孔隙水压力；当土体剪缩时，产生正的孔隙水压力。

根据上述推导，孔隙水压力系数可以用三轴剪切试验求出：把试样按三轴剪切试验的要求装好，关好排水阀，施加各向均等压力 $\Delta\sigma_3$，测得相应的孔隙水压力增量 Δu_1，则可求出孔隙水压力系数 B 值

$$B = \frac{\Delta\mu_1}{\Delta\sigma_3} \tag{3-27}$$

然后打开排水阀门，使 Δu_1 消散为零。再关闭排水阀，施加偏应力增量 $\Delta\sigma_1 - \Delta\sigma_3$，测得相应的孔隙水压力增量 Δu_2，则孔隙水压力系数 A 为

$$A = \frac{\Delta\mu_2}{B(\Delta\sigma_1 - \Delta\sigma_3)} \tag{3-28}$$

实验表明，饱和土的 B 值完全有理由视为 1.0，但 A 值则不是常数，随偏应力 $\Delta\sigma_1 - \Delta\sigma_3$ 的大小而变化。

因砂土的渗透系数很大，在静荷载作用下，孔隙水极易排出，砂土中孔隙水压力几乎无增长，故孔隙水压力系数主要对黏性土的变形和强度的研究具有重要意义。

A 值的大致范围为

土类	A 值
高灵敏度软黏土	0.75～1.50
正常固结黏土	0.5～1.0
轻微超固结黏土	0.2～0.5
一般超固结黏土	0.0～0.2
高度超固结黏土	−0.5～0.0

在实际工程中，A、B 主要用于确定土体在荷载作用下所产生的初始孔隙水压力，该值是固结计算的初始条件，对分析土体变形与强度增长具有重要意义。

由于孔隙水压力系数 A 不是常数，是偏应力增量的函数，即随应力状态而发生变化，因此，在计算地基中孔隙水压力时，要根据不同的应力状态通过室内试验来确定 A 值，这在工程应用中带来不便。汉克尔在此基础上，提出了一个孔隙水压力系数 α，该孔隙水压力系数称为汉克尔孔隙水压力系数。它与孔隙水压力系数 A 的关系为

$$\alpha = \frac{\sqrt{2}}{2}(3A_f - 1) \tag{3-29}$$

式中　A_f——土试样破坏时所对应的孔隙水压力系数 A 值。

在此基础之上，汉克尔提出了超孔水压力 Δu 的计算公式如下

$$\Delta u = \Delta\sigma_{oct} + \alpha\Delta\tau_{oct} \tag{3-30}$$

式中 $\Delta\sigma_{oct}$——八面体正应力的改变量；

$\Delta\tau_{oct}$——八面体剪应力的改变量。

上式中由于 A_f 是对于某土样来说是一个定值，所以采用汉克尔孔隙水压力系数 α 计算土中超孔水压力，只要测定土的 A_f 值后，就可以计算由于应力状态的改变所产生的孔隙水压力增量 Δu。

【例 3-2】 一个饱和黏土试样，已知孔隙水压力系数 $A=0.7$。装入三轴剪切仪中，先施加各向均等压力 $\sigma_1=\sigma_2=100\text{kPa}$，并固结稳定。然后在不排水条件下向试样施加应力增量 $\Delta\sigma_1=60\text{kPa}$，$\Delta\sigma_3=20\text{kPa}$，试计算施加应力增量后，试样内的孔隙水压力 u 及 σ_1、σ'、σ_3、σ'_3。

解： 施加应力增量 $\Delta\sigma_1$、$\Delta\sigma_3$ 之前，试样已在 100kPa 下固结稳定，所以 $u=0$，$\sigma'_1=\sigma'_3=100\text{kPa}$。施加应力增量后

$$\Delta u = B[\Delta\sigma_3 + A(\Delta\sigma_1 - \Delta\sigma_3)]$$

把题中所给量值及 $B=1$（饱和）代入

$$\Delta u = 20 + 0.7 \times (60 - 20) = 48.0\ (\text{kPa})$$

于是

$$u = 0 + 48 = 48\ (\text{kPa})$$

$$\sigma_1 = 100 + 60 = 160\ (\text{kPa})$$

$$\sigma'_1 = \sigma_1 - u = 160 - 48 = 112\ (\text{kPa})$$

$$\sigma_3 = 100 + 20 = 120\ (\text{kPa})$$

$$\sigma'_3 = \sigma_3 - u = 120 - 48 = 72\ (\text{kPa})$$

第五节 黏性土的三种试验方法

与直剪试验相比，由于三轴剪切试验中，可根据工程的具体特点来控制其排水条件，所以在复杂大型工程中都进行三轴剪切试验。下面具体介绍各类试验方法中黏性土的三轴剪切试验结果的规律性。

一、不固结不排水剪（UU）

由于三轴剪切仪能严格控制排水条件，饱和黏性土不固结不排水剪试验是一条相当满意的水平强度包线，$\varphi_u=0$，$\tau_f=c_u$（图 3-17）。与直剪快剪一样，如果试样为天然地层中的原状土，则 c_u 表示天然强度。在工程中，一般条件下，由于土的成分不均匀、操作过程、仪器设备等因素的影响，试验中对于饱和黏性土而言，很少得到 $\varphi_u=0$，一般都有一个较小的 $\varphi_u \neq 0$ 的情况出现。

对非饱和土，气体将随周围压力 σ_3 的加大而被压缩和被水吸收，土体变密、强度提高。所测得强度包线是一条斜线。随 σ_3 的增大，饱和度逐渐增加，当接近于饱和时，强度包线也趋于水平。其强度指标 c_u、φ_u 可根据实际应力变化范围，用一段直线代替该范围内的曲线而求得。

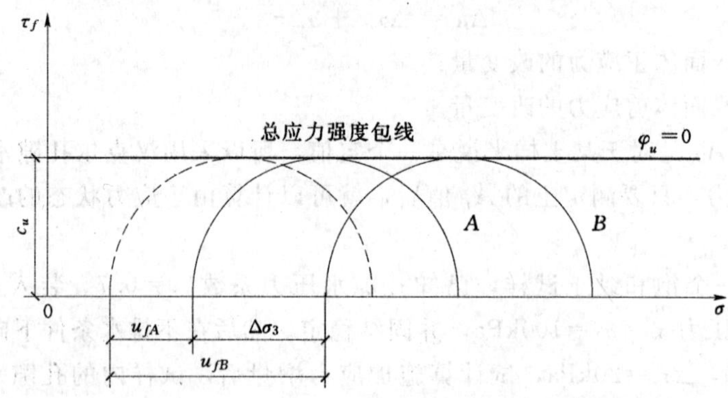

图 3-17　饱和土的不排水剪试验强度包线

二、固结排水剪（CD）

与直剪慢剪一样，三轴固结排水剪剪切过程中，施加给试样的荷载也完全由土骨架承担，不产生超孔隙水压力。所测得的强度包线也表示剪破时剪破面上的法向有效应力与抗剪强度的关系（图 3-18）。所以工程中，直剪 c_s、φ_s 与三轴的 c_d、φ_d 可互相代替。

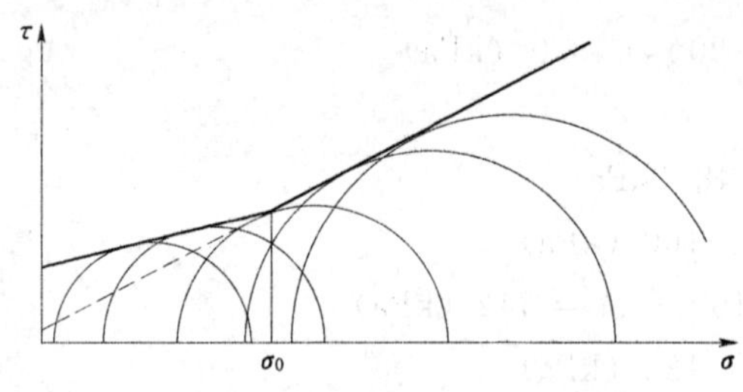

图 3-18　排水剪试验强度包线

图 3-18 中，σ_0 表示各试样在试验之前所受过的各向均等预固结压力。与直剪慢剪类似，强度包线在此处转折，左侧为超固结段，右侧为正常固结段。图 3-18 中的第三个应力圆，虽然剪前 $\sigma_3<\sigma_c$，但剪破时，剪破面上的有效应力超过了 σ_0，所以仍处在正常固结段。

三、固结不排水剪（CU）

与直剪固结快剪类似，进行三轴固结不排水剪试验时，如果所施加的固结压力 σ_3 大于先期固结压力 p_c，则剪前，试样相对于 σ_3 处在正常固结状态。如 $\sigma_3<p_c$，则处在超固结状态。连接正常固结各试样极限应力圆的公切线，可得到一条基本通过原点的强度包线（图 3-19 中的虚线）。连接超固结各试样极限应力圆的公切线，其强度线不通过原点（图 3-19 中的实线）。由于剪破时 σ_{1f}、σ_{3f} 是加在试样上的总应力，所以一般把图 3-19 中的 c_{cu}、φ_{cu} 称为固结不排水剪的总应力指标。

（一）直剪固结快剪与三轴固结不排水剪指标的差别

工程设计实践中，常把三轴剪切试验的 c_{cu}、φ_{cu} 与直剪试验的 c_{cq}、φ_{cq} 不予区分、互相代替，但严格讲，它们是有差别的。直剪固结快剪强度包线表示剪前剪破面上的有效固结应力与抗剪强度的关系，每个试样的抗剪强度值是对应着剪前的有效固结应力绘在 τ—σ 坐标图上的。而三轴固结不排水剪，每个试样的抗剪强度值（图 3-20 中的切点 A）与剪前的有效固结应力 σ_3 并不对应，因而理论上 c_{cu}、φ_{cu} 略小于 c_{cq}、φ_{cq}。

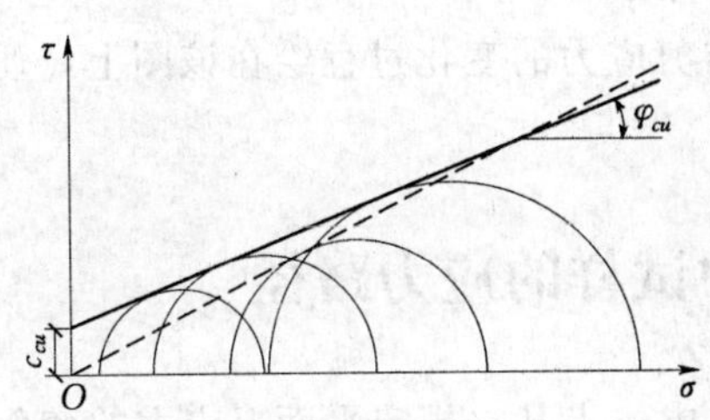

图 3-19　正常固结土固结不排水剪强度

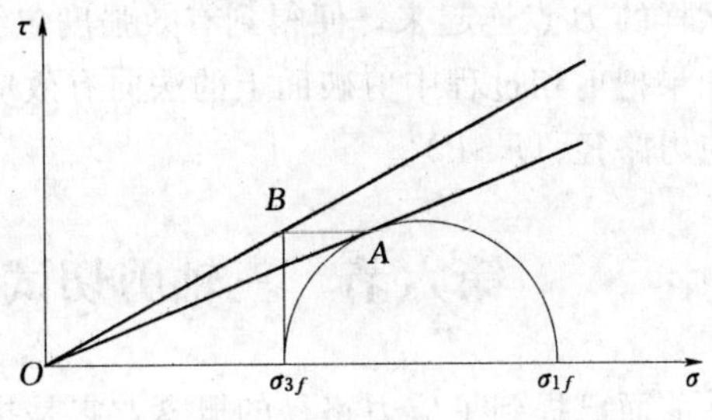

图 3-20　c_{cu}、φ_{cu} 与 c_{cq}、φ_{cq} 的差别

如果把图 3-20 中的 A 点平移与 σ_3 对应的位置，得到 B 点。然后把各试样的 B 点连成直线，便得到与直剪固结快剪意义相当的强度包线。

（二）有效应力强度指标

在三轴固结不排水剪过程中，可连续测得试样内的孔隙水压力。如果从剪破时的主应力 σ_{1f}、σ_{3f} 中扣除该时刻的孔隙水压力值 u，便得到剪破时的有效主应力 σ'_{1f}、σ'_{3f}。

$$\left.\begin{aligned}\sigma'_{1f}&=\sigma_{1f}-u\\ \sigma'_{3f}&=\sigma_{3f}-u\end{aligned}\right\}\tag{3-31}$$

用 σ'_{1f}、σ'_{3f} 作应力圆，称为有效应力圆。由式（3-31）知，有效应力圆与原应力圆大小相等，只是平移一个距离。当 $u_f>0$ 时，有效应力圆向左移；$u_f<0$ 时（比如高度超固结土），有效应力圆向右移。根据有效应力圆绘出的强度包线称为有效强度包线，对应的 c' 称为有效黏聚力，φ' 称为有效内摩擦角（图 3-21 中虚线）。

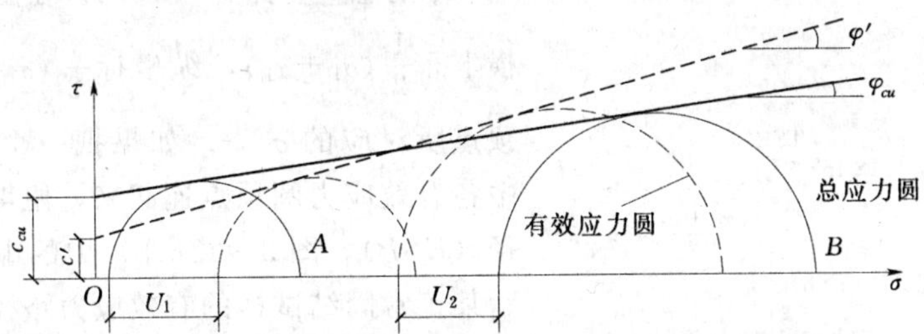

图 3-21 有效强度包线

由有效应力圆所确定的有效强度包线表示“剪破时剪破面上的法向有效应力与抗剪强度的关系”。这与直剪慢剪、三轴固结排水剪强度包线的意义是一致的。因而工程上通常不做很费时间的慢剪、固结排水剪，而采用固结不排水剪测 c'、φ' 代替。

（三）直剪固结快剪指标与有效应力强度指标间的关系

三轴固结不排水剪试验可求得 c'、φ'，由此可以联想到，直剪固结快剪试验。假如在进行直剪固结快剪试验时，能测出试样内的孔隙水压力，那么在垂直荷载 p 中扣去剪破时的孔隙水压力 u_f，便可得到剪破时的法向有效应力 p'（图 3-22）。把测得的抗剪强度 τ_f 对应 p' 绘在 $\tau-p$ 坐标上，得到点 B，

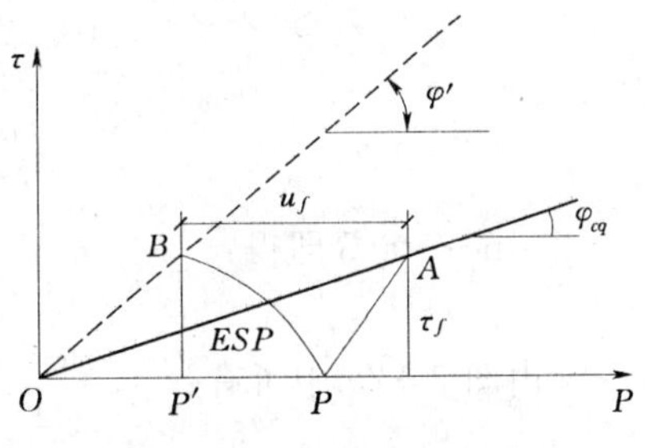

图 3-22　c_{cq}、φ_{cq} 与 c'、φ' 关系

把各试样的 B 点连起来，便得到有效强度包线及 c'、φ'。

如果把剪切过程中剪破面上的法向有效应力与剪应力的变化过程绘在该图上，便得到有效应力路径（ESP）。

第六节　三轴剪切试验中试样的应力路径

在前面已提到了应力路径的概念，它是指土体中一点某一规定平面上应力的变化在应力坐标上的轨迹。这“某一规定平面”对直剪试样自然就选定为剪破面。对三轴试样可以选与大主应力作用面成45°、60°或 $45°+\frac{\varphi}{2}$ 各平面。其中45°面最常用，因为45°面上的应力恰好对应着应力圆的顶点（图 3-23），其应力值为 $p=\frac{1}{2}(\sigma_1+\sigma_3)$，$q=\frac{1}{2}(\sigma_1-\sigma_3)$。

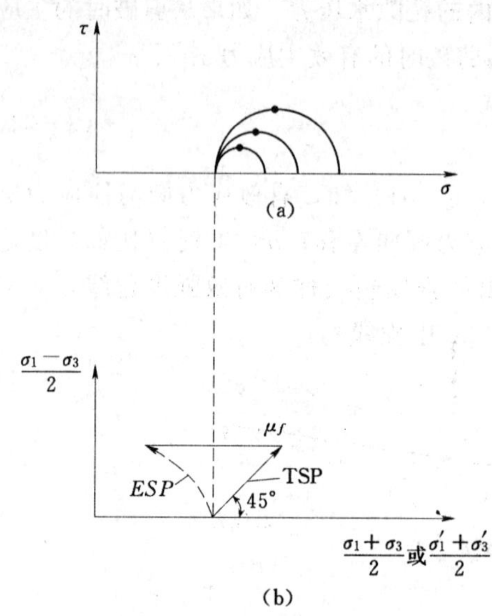

图 3-23　三轴 CU 应力路径

所以，与大主应力作用面成45°平面的应力路径就是应力圆顶点的移动轨迹。这样，当要表示某一个三轴试样的应力变化过程时，就没必要再绘一系列应力圆，只绘一条应力路径就可以了。

比如，三轴固结不排水剪试验，某个试样剪切过程中的总应力变化可用图 3-23（b）的一系列应力圆表示。把各应力圆顶点连起来便成为图3-23（b）中的总应力路径（TSP）。在图3-23（b）中，横坐标 $\frac{1}{2}(\sigma_1+\sigma_3)$，纵坐标 $\frac{1}{2}(\sigma_1-\sigma_3)$ 为应力圆顶点所对应的 σ、τ。如果把一个试样剪切过程中各有效应力圆顶点连起来，便得到有效应力路径（ESP）。图 3-23（b）中的虚线（ESP）表示某正常固结试样的有效应力路径。

对三轴固结排水剪试验，剪切过程中孔隙水压力为零，所以有效应力路径与总应力路径重合（图 3-24）。

把一组三轴剪切试验各试样极限总应力圆的顶点连成直线，称为 K_f 线。一组极限应力圆，切于同一强度包线。取出其中一个圆即如图 3-25 所示，把应力圆的顶点 b 与 O_1 点连一直线（O_1 点为强度包线与横轴交点）。由图 3-25 可知

$$\frac{bO_2}{O_1O_2}=\frac{R}{O_1O_2}=\tan\beta \tag{3-32}$$

$$\frac{dO_2}{O_1O_2}=\frac{R}{O_1O_2}=\sin\varphi \tag{3-33}$$

由 $\sin\varphi=\tan\beta$ 即得：

$$\varphi=\arcsin(\tan\beta) \tag{3-34a}$$

又由图 3-25 中可有：

$$O_1O=\frac{a}{\tan\beta};\quad O_1O=\frac{c}{\tan\varphi}$$

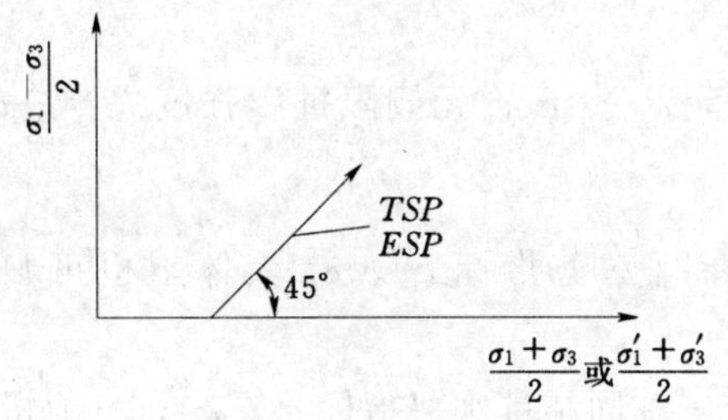

图 3-24　三轴 CD 应力路径

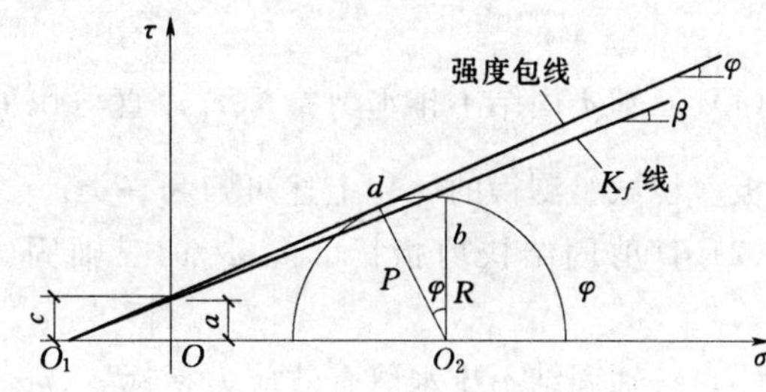

图 3-25　K_f 线与强度包线关系

所以得到

$$\frac{a}{\tan\beta}=\frac{c}{\tan\varphi}$$

即

$$c=a\,\frac{\tan\varphi}{\tan\beta} \tag{3-34b}$$

式（3-34）确立了强度包线与 K_f 线之间的关系。

对应地，将一组三轴剪切试验各试样有效极限应力圆的顶点连成直线，称为 K_f'线。K_f'线与横轴夹角为 β'，在纵轴上的截距为 a'。显然 a'、β'与 c'、φ'之间的关系也符合式（3-34）的关系。

根据 K_f 线（或 K_f'线）的定义可知，三轴剪切试样的总应力路径，剪破时必然到达 K_f 线；三轴剪切试样的有效应力路径，剪破时必然到达 K_f'线。图 3-26 为正常固结试样在不排水条件下进行剪切的应力路径。因为正常固结土剪切过程中孔隙水压力始终为正值，所以有效应力路径在总应力路径的左侧。而对于超固结土而言，由于开始时产生正的孔隙水压力，随后产生负的孔隙水压力，所以 K_f'线开始在 K_f 线左侧，随后转入右侧，剪破时到达 K_f'线。

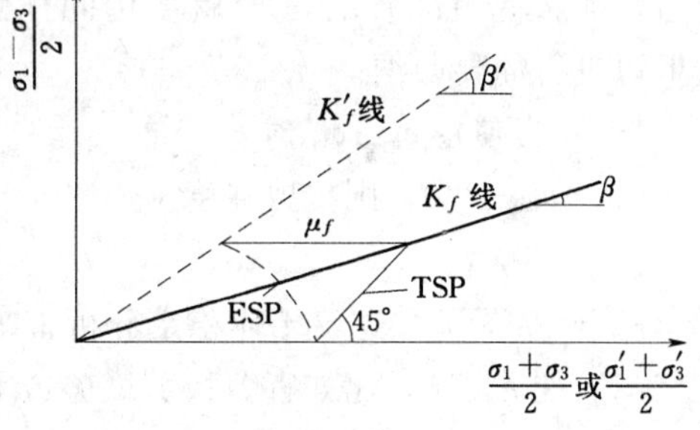

图 3-26　正常固结土 K_f 线与 K_f'线关系

根据剪破时应力路径必然到达 K_f 线（或 K_f'线）这一事实，在整理三轴剪切试验资料时，除可以作极限应力圆的公切线求得 c、φ 或 c'、φ'外，还可以通过下列方法求得。即在 $p=\frac{1}{2}(\sigma_1+\sigma_3)-q=\frac{1}{2}(\sigma_1-\sigma_3)$坐标图上，绘出每个试样的应力路径，然后连 K_f 线求得 β、a，再用式（3-34）算出 c、φ。后一种方法常用于三轴固结不排水剪求 c'、φ'的情况，这一方法也就是有效应力路径法求土的抗剪强度参数。

第七节　实际工程中强度指标的选用

一、三类强度指标

黏性土的三种标准试验方法，提供了三类强度指标。各种仪器的试验结果都可依此归类：

(1) 三轴不固结不排水剪指标 c_u；直剪快剪指标 c_q、φ_q；无侧限抗压强度之半 $\frac{1}{2}q_u$；十字板剪切试验测得的 c_u；上述可归为一类。

(2) 直剪固结快剪指标 c_{cq}、φ_{cq}；三轴固结不排水剪指标 c_{cu}、φ_{cu} 大体上也可归为一类。

(3) 三轴固结不排水剪有效应力指标 c'、φ'；三轴固结排水剪指标 c_d、φ_d；直剪慢剪指标 c_s、φ_s；上述可归为一类。

砂土常规直剪、三轴试验测得的 φ 角应归入直剪慢剪指标及三轴固结排水剪指标一类。φ' 与 φ 通用。

在上面三类指标中，取 c_u、φ_u；c_{cq}、φ_{cq}；c'、φ' 分别作为各类的代表，以便于下面的讨论。

二、抗剪强度的表示方法

用库仑定律表示抗剪强度时，其一般形式为

$$\tau_f = \sigma \tan\varphi + c$$

式中 c、φ 要针对不同情况在上面三类指标中选用。那么对式中的 σ 应提出什么要求呢？具体讲，σ 应该是剪破面上哪种意义的应力？是总应力还是有效应力？处理这个问题的原则是“与剪切试验绘制强度包线的条件一致”。就是说，绘制强度包线时 σ 是哪种意义的应力，那么使用这个 c、φ 时就要用同样意义的应力。这在前面讲试验方法时已经讲过，这里再进行简要归纳。

（一）当使用 c_u、φ_u 时

(1) 如 $\varphi_u=0$，则抗剪强度为

$$\tau_f = c_u$$

τ_f 与 φ_u 无关，这给土体稳定分析带来很大方便。

(2) 如 $\varphi_u \neq 0$，比如直剪快剪试验或非饱和土不排水剪的结果，则抗剪强度为

$$\tau_f = \sigma \tan\varphi_u + c_u$$

式中 $\tau_f = \sigma \tan\varphi_u + c_u$ 为总应力，对饱和黏性土是有效应力与超孔隙水压力之和。所以用 c_u、φ_u 表示抗剪强度的方法可称为总应力法。在工程设计中确定 σ 时，水位以下的土重应按浮重度考虑。因为整理快剪试验资料绘制强度包线时，σ 是有效荷载，不包含静水压力。

（二）当使用 c_{cq}、φ_{cq} 时

抗剪强度为

$$\tau_f = \sigma'_c \tan\varphi_{cq} + c_{cq}$$

式中 σ'_c 为有效固结应力，是施加剪应力之前（$\tau=0$），剪破面上的法向有效应力。所以用 c_{cq}、φ_{cq} 表示抗剪强度的方法可称为有效固结应力法。

（三）当使用 c'、φ' 时

抗剪强度为

$$\tau_f = c' + \sigma' \tan\varphi' \tag{3-35}$$

式中　σ'为剪破时剪破面上的法向有效应力。用c'、φ'表示抗剪强度的方法可称为有效应力法。

三、实际工程中强度指标的选用

在计算土压力、分析土坡稳定性、计算地基承载力时，公式中都包含强度指标c、φ。如果指标选择不当，将使计算结果严重偏离实际。

在选择强度指标这个问题上，对砂土等无黏性土较为明确。因为对这类土只有一种常规试验方法，其结果相当于φ'。砂土的φ'与密实程度有关，试验时要控制试验的干密度ρ_d与实际一致。

下面介绍黏性土强度指标的选用。

（一）使用c_u、φ_u情况

（1）凡是核算饱和黏性土在基本保持现有密实状态的条件下可能发生的破坏，都可$\tau_f = c_u$。比如：

1）在低渗透性饱和黏性土地基上，较快地施工各类建筑物，核算施工期或竣工时的稳定性。

2）在低渗透性饱和黏土土层中的挖方边坡，核算迅速开挖后的稳定性。

（2）在饱和或非饱和黏性土地基上，较快地施工各类建筑物，核算施工期或竣工时的稳定性，实际工程中也常使用$\varphi_u \neq 0$的快剪指标。这是出于如下考虑：$\varphi_u \neq 0$意味着剪切试验时试样有一定程度的固结；另一方面，实际工程的施工过程中土体也总要有一定程度的固结。假定两者效果相当。当然这种用法包含着很大的不确定性，应当在有使用经验的基础上应用。

（二）剪破面上先有法向有效应力，然后较快地施加剪应力

核算这种情况下的稳定性，可用c_{cq}、φ_{cq}。工程中，某些建筑物的水平滑移问题即属此种情况。

一虚拟的条形建筑物，如图 3－27 所示，W'为建筑物的有效重量（扣去浮力）。mn面上的初始有效应力为σ'_0，初始超孔隙水压力为零。现分析一下建筑物在水平波压力H作用下的滑移稳定性。

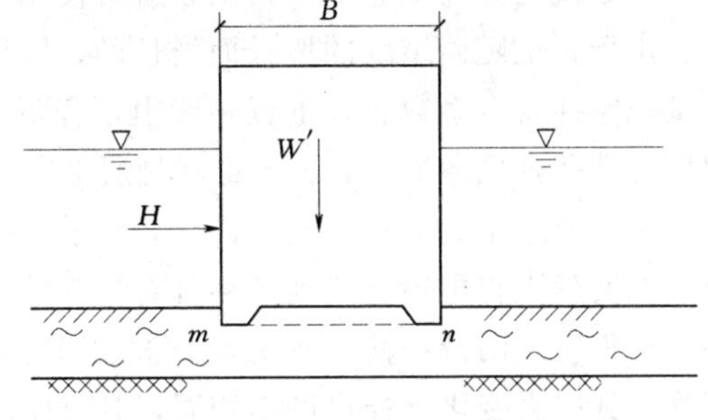

图 3－27　建筑物的水平滑移

1. 固结完成后出现波压力H

这时有效固结应力σ'_c为

$$\sigma'_c = \sigma'_0 + \frac{W'}{B} = \sigma'_0 + p \tag{3-36}$$

式中　p——基础底面上的附加应力。

于是抗剪强度为

$$\tau_f = \sigma'_c \tan\varphi_{cq} + c_{cq} = (\sigma'_0 + p)\tan\varphi_{cq} + c_{cq} \tag{3-37}$$

基础底面上的剪应力τ按均匀分布计算，$\tau = \dfrac{H}{B}$；如忽略建筑物两侧土的作用力，于

是安全系数可表示为

$$K=\frac{\tau_f}{\tau}=\frac{\tau_f B}{H} \tag{3-38}$$

2. 固结过程中出现波压力 H

假如通过计算或实测已知出现波压力之前 mn 面上的超孔隙水压力为 u_e，则

$$\sigma_c'=\sigma_0'+\left(\frac{W'}{B}-u_e\right)=\sigma_0'+(p-u_e)=\sigma_0'+p\left(1-\frac{u_e}{p}\right)=\sigma_0'+Up \tag{3-39}$$

其中

$$U=1-\frac{u_e}{p}$$

式中　U——mn 面处的固结度。

于是抗剪强度表达式为

$$\tau_f=(\sigma'_0+Up)\tan\varphi_{cq}+c_{cq} \tag{3-40}$$

3. 固结度 $U=0$ 时，出现波压力 H

这时

$$\sigma_c'=\sigma_0' \tag{3-41}$$

$$\tau_f=\sigma_0'\tan\varphi_{cq}+c_{cq} \tag{3-42}$$

这恰好是天然强度。这也正符合 c_u、φ_u 的使用情况。

（三）剪破面上同时存在法向有效应力 σ' 与剪应力 τ，核算发生快速破坏的稳定性

核算这种情况的稳定性，可以应用 c'、φ'，也可以应用 c_{cq}、φ_{cq}。

这种情况是常见的，后面将要讲的土压力计算、土坡稳定分析、地基承载力计算等，都含有这种情况。

实际工程中，土体内各点的应力及其变化趋势各不相同，不便于考虑 τ 值大小对抗剪强度的影响。设计中估算强度时，应用不同的抗剪强度计算式计算强度，会有不同的结果。当高估强度时，把容许安全系数也定得高些。当低估强度时，把容许安全系数也定得低些。这就是为什么有些工程问题既可使用 c'、φ'，也可使用 c_{cq}、φ_{cq} 的道理。

由于 σ' 是随固结度的增长而增长的，因而可以计算任何固结度时的抗剪强度及相应的地基稳定性安全系数。在工程实践中，若要评价地基（边坡）的长期稳定性，一般应用有效应力抗剪强度参数 c'、φ'，也就是通常所说的有效应力法。

上面介绍了 c_u、φ_u；c_{cq}、φ_{cq}；c'、φ' 三类强度指标的应用原则，这些都是最常见的情况。在实际工程中还会遇到各种具有特殊性质的土类、特殊的破坏形式。这时除一般原则外，更重视土的特殊性质及工程经验。同时要也注意到，土体在受力后由于其所在的位置不同，其应力变化路径也可不相同，其对应的抗剪强度强度的选取也不相同。

第八节　土的抗剪强度的其他影响因素

如概述所述，地基的强度实际上就是地基土的抗剪强度，因此，影响土的抗剪强度也就是影响地基强度，亦即影响地基承载力。

对土的抗剪强度的影响因素考虑得越全面，就越能使所取用的地基承载力接近于实

际，也就越能接近进行地基基础设计的两个主要目标——安全、经济。

就上述两个目标而言，一般只要做到正常勘察、正常设计（尤其是荷载统计不漏项）、正常材料、正常施工，达到安全目标是不成问题的（上部结构亦如此）。但是要达到经济目标就不是很容易，而工程技术人员的水平高低也表现与此。

本节内容在前述内容已涉及一部分，不妨再比较系统地阐述一下。需要说明的是，影响土的抗剪强度的诸多因素必须综合考虑，此外，理论与实际的差异必须在工程实践中逐步认识、积累经验，对这些因素进行定量或定性的分析，提高解决实际问题的能力。

一、试验方法的影响

试验方法的影响取决于试验仪器和试验过程与实际工程的差异。

前面介绍的各种试验仪器都不能准确反映地基土的受剪情况，以直剪仪为最差，但即便采用真三轴仪也同样与实际情况有异。可以知道，采用真三轴仪虽然可以获得 $\sigma_1 \neq \sigma_2 \neq \sigma_3$ 情况下的土的抗剪强度，但实际工作中各向应力的变化实在是太复杂了，况且，一般只能采用简化计算的方法得知土中的各向应力，但计算本身就不是符合实际的，因为地基土是弹塑性的而非纯弹塑性的，施工对地基土的影响，基坑土的回填时间及密度等都是不易事前确定的等。

二、实际工程施工速度的影响

关于试验速度与实际工程的关系，第二节中已有阐述。必须知道，这仅是一个大概的关系，因为影响施工速度的因素太多，如土质、基坑深浅、地下水位高低、施工力量、拨款速度及业主要求等。

应当说明，地基土的抗剪能力亦即地基强度随施工速度而变化。地基强度亦即地基承载力是一个变化值，当基础自重或再加一部分上部结构的重量超过基坑被挖除的土重时，亦即基底出现附加压力时，地基土中即出现了剪应力。同时，地基土开始被压密，抗剪强度开始提高。若施工速度不快，则地基土有足够的时间被压密，地基承载力也会不断得到提高。因此地基承载力在施工前、施工中和竣工后是不一样的，这也是在旧建筑物上适当加层一般可以不考虑地基承载力是否满足的原因。

三、外部荷载的影响

外部荷载包括覆土重、相邻基础的基底压力等。

1. 大面积覆土重的影响

若覆土的面积足够大，则覆土荷载只会压缩地基土，不会在地基土中产生剪应力。此种大面积荷载增加了土中的各向应力，也就提高了土的抗剪强度。夸张地设想一下，某建筑施工到一定高度时，发现地基承载力不够（当然不大可能），不能达到设计高度，如何处理？答案为一停止加高；二停工一段时间，缓慢加高；三在建筑物外围大面积填土，使一层或两层变成地下室。如此，由大面积填土引起地基土中三向应力增加，即可大幅度提高地基承载力。当然，大面积填土也会引起地表附加沉降。

虽然上述情况不会在实际工程中出现，但可以借鉴之用于实际工程，将室外填方、室内填土尽量早施工，在地基土产生剪应力前提高土的抗剪强度，也使填土引起的地基变形尽早完成。

2. 相邻基础基底压力的影响

当基底压力大到一定程度时，地基土会发生剪切破坏直至滑动。但如果在滑动块的第Ⅲ区再加一基础，则可以使第Ⅲ区的大主应力改为竖向的，也就提高了第Ⅲ区的抗剪能力。因此，当基础较密集时（如混合结构的基础），地基承载力会得到较大的提高，在基宽较大的情况下尤其如此。

四、建筑物使用情况的影响

与填土作用正好相反，若在原建筑物旁边挖沟，则会大幅度降低竖向应力，使滑动面上的抗剪强度大幅度降低而导致地基土滑动、地基失稳而破坏。此类情况在实际工程中常常可以见到。

如必须在原建筑物旁开挖基槽建房，可采取多种方法预防原有建筑物地基失稳，如间隔开挖分段施工或先打板桩等，在此不再叙述。

五、建筑物本身刚度的影响

建筑物本身刚度可以调整基底压力的分布，也就可以调节土中剪应力。设想某外墙基础在压力足够大时会向室外方向发生滑动而破坏，若在此外墙内侧有较密集的横墙，则外墙就第六章土的抗剪强度和地基承载力会受到一定的约束，基底压力有所减小，即基底土中大主应力有所减小，也就不容易发生滑动破坏。

综上所述，可以知道什么情况对地基的抗剪强度是有利的，什么情况是不利的，通过综合分析考虑，达到既安全、又经济的目的。例如在设计内墙、柱基础时，基底面积可以小一点，至少不要人为地加大基底面积。

第九节　地基的承载力

一、地基土的破坏形式

试验研究表明，在荷载作用下，建筑物地基的破坏通常是由承载力不足而引起的剪切破坏，地基剪切破坏的形式可分为整体剪切破坏、局部剪切破坏和冲剪破坏三种，如图3－28所示。

（1）整体剪切破坏的特征是，当基础荷载较小时，基底压力 p 与沉降 s 基本上成直线关系，如图3－28中 p—s 曲线中（a）曲线，开始属于线形变形阶段，当荷载增加到某一数值时，在基础边缘处的土开始发生剪切破坏。随着荷载的增加，剪切破坏区（或塑性变形区）逐渐扩大，这时压力与沉降之间成曲线关系，如图3－28中 p—s 曲线（a）的下降段，属弹塑性变形阶段。如果基础上的荷载继续增加，剪切破坏区不断增大，最终在地基中形成一连续的滑动面，基础急剧下沉或向另一侧倾倒，同时基础四周的地面隆起，地基发生整体剪切破坏所示。

(2) 局部剪切破坏是介于整体剪切破坏和冲剪破坏之间的一种破坏形式，剪切破坏也从基础边缘开始，但滑动面不发展到地面，而是限制在地基内部某一区域，基础四周地面也有隆起现象，但不会有明显的倾斜和倒塌。压力和沉降关系曲线从一开始就呈现非线形关系，如图 3-28 曲线（b）所示。

(3) 冲剪破坏先是由于基础下软弱土的压缩变形使基础连续下沉，如荷载继续增加到某一数值时，基础可能向下“切入”土中，基础侧面附近的土体因垂直剪切而破坏，冲剪破坏时，地基中没有出现明显的连续滑动面，基础四周的地面不隆起，基础没有很大的倾斜，压力—沉降关系曲线与局部剪切破坏的情况类似，不出现明显的转折现象，如图 3-28中 p—s 曲线曲线（c）所示。

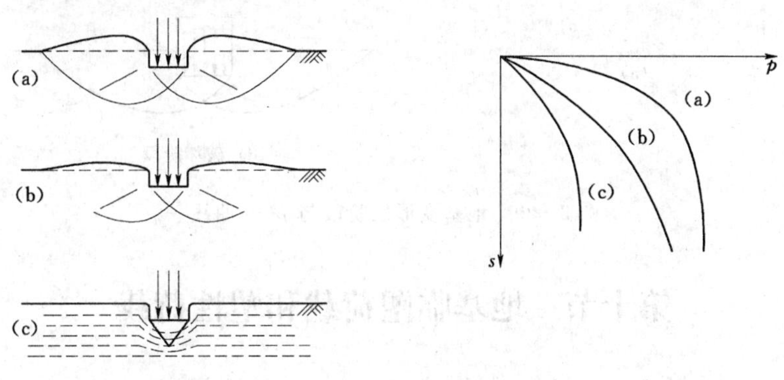

图 3-28 地基土破坏形式

二、地基承载力与承载力特征值

地基承载力是指地基承受荷载的能力。在图 3-29 所示的压力与沉降关系曲线中，整体剪切破坏的曲线 A 有两个转折点 a 和 b，相应于 a 点的荷载称为临塑荷载，以 p_{cr} 表示，指地基土开始出现剪切破坏时的地基压力，相应于 b 点压力称为极限荷载 p_u，是地基承受基础荷载的极限压力，当基底压力达到 p_u 时，地基就会发生整体剪切破坏。临塑荷载 p_{cr} 与极限荷载 p_u 称为地基的两个临界荷载。工程上为了保证建筑物的安全可靠，在基础设计时必须把基底压力限制在某一承载力之内：$p \leqslant f_a$，f_a 称为地基承载力特征值［《建筑地基基础设计规范》(GB 50007—2011)］。地基承载力特征值（包括特征值的修正值）是在保证地基稳定的条件下，使建筑物的沉降不超过允许值的地基承载力。根据现场载荷试验定义为：在现场载荷试验所得的 p—s 曲线上直线段内规定的沉降量所对应的压力值称为地基承载力特征值。由此可知，地基承载力特征值不是唯一的。

在岩土工程中，有关地基承载力特征值常有两种符号：f_{ak} 和 f_a，这两者是有区别的。f_{ak} 是指没有考虑建筑物基础埋深和宽度影响的地基承载力特征值，而 f_a 则是考虑了建筑物基础埋深和宽度影响的地基承载力特征值，或者说 f_a 是 f_{ak} 考虑基础埋深与宽度后的修正值。一般地，由理论计算公式所确定的地基承载力特征值是 f_a（如由规范推荐的理论公式、地基极限承载力公式确定的地基承载力特征值）；由规范承载力表、建筑经验确定的地基承载力特征值是 f_{ak}。

地基承载力的确定方法主要有理论公式计算、现场原位试验和经验方法，本节主要介绍由地基极限承载力确定地基承载力特征值的方法。地基承载力特征值可由地基极限承载力 p_u 除以安全系数 K 确定，即 $f_a=p_u/K$，是有一定安全储备的地基承载力。

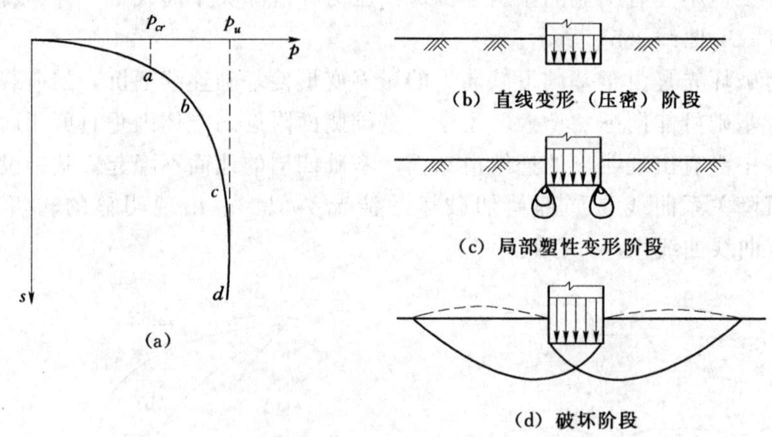

(a)

(b) 直线变形（压密）阶段

(c) 局部塑性变形阶段

(d) 破坏阶段

图 3-29　地基变形三阶段与 p—s 曲线

第十节　地基临塑荷载和塑性荷载

设在地表作用一均布的条形荷载 p_0，如图 3-30 所示，它在地表下任一点 M 处产生的大、小主应力可按下式计算

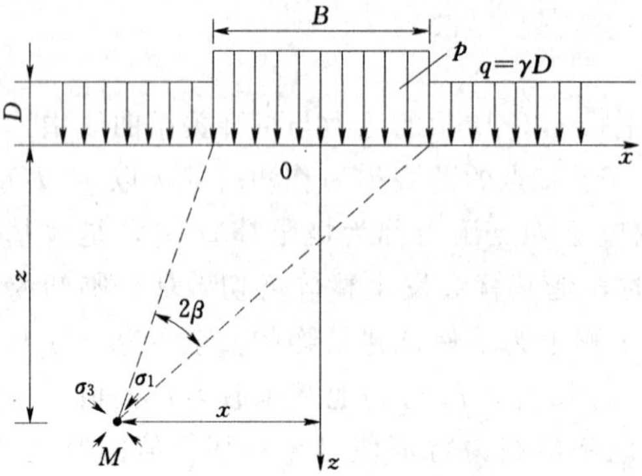

$$\sigma_1=\frac{p_0}{\pi}(\beta_0+\sin\beta_0) \quad (3-43)$$

$$\sigma_3=\frac{p_0}{\pi}(\beta_0-\sin\beta_0) \quad (3-44)$$

式中　p_0——均布条形荷载，kPa；

β_0——任意点 M 到均布条形荷载两端点的夹角，rad。

图 3-30　地基中的应力

实际上一般基础都具有一定的埋置深度 d，此时地基中任意一点的应力除了由基底附加压力 $p-\gamma_0 d$ 产生外，还有土自重应力 $\gamma_0 d+\gamma z$。由于 M 点上的自重应力在各向是不等的，因此严格讲，以上两项在 M 点处产生的应力在数值上不能叠加。但在推导临塑荷载公式中，认为土处于极限平衡状态与固体处于塑性状态一样，即假设各向的土自重应力相等。因此，地基中任意一点的 σ_1 和 σ_3 可写成如下形式

$$\sigma_1=\frac{p-\gamma_0 d}{\pi}(\beta_0+\sin\beta_0)+\gamma_0 d+\gamma z \quad (3-45)$$

$$\sigma_3=\frac{p-\gamma_0 d}{\pi}(\beta_0-\sin\beta_0)+\gamma_0 d+\gamma z \quad (3-46)$$

当 M 点达到极限平衡状态时，该点的大、小主应力应满足极限平衡条件式

$$\frac{1}{2}(\sigma_1-\sigma_3)=\left[c\cot\varphi+\frac{1}{2}(\sigma_1+\sigma_3)\right]\sin\varphi \tag{3-47}$$

将式（3-45）、式（3-46）代入式（3-47）整理后得

$$z=\frac{p-\gamma_0 d}{\pi\gamma}\left(\frac{\sin\beta_0}{\sin\varphi}-\beta_0\right)-\frac{c}{\gamma\tan\varphi}-\frac{\gamma_0}{\gamma}d \tag{3-48}$$

式（3-48）为塑性区的边界方程，它表示塑性区边界上任意一点的 z 与 β_0 之间的关系。如果基础的埋置深度 d、荷载 p 以及土的 γ、c、φ 已知，则根据上式可绘出塑性区的边界。塑性区的最大深度 z_{max}，可由的 $dz/d\beta_0=0$ 条件求得，即

$$\frac{dz}{d\beta_0}=\frac{p-\gamma_0 d}{\pi\gamma}\left(\frac{\cos\beta_0}{\sin\varphi}-1\right)=0 \tag{3-49}$$

则有

$$\cos\beta_0=\sin\varphi$$

即

$$\beta_0=\frac{\pi}{2}-\varphi \tag{3-50}$$

将式（3-50）代入式（3-48）得 z_{max} 的表达式为

$$z_{max}=\frac{p-\gamma_0 d}{\pi\gamma}\left[\cot\varphi-\left(\frac{\pi}{2}-\varphi\right)\right]-\frac{c}{\gamma\tan\varphi}-\frac{\gamma_0}{\gamma}d \tag{3-51}$$

当荷载 p 增大时，塑性区就发展，该区的最大深度也随而增大；若 $z_{max}=0$，表示地基中刚要出现而尚未出现塑性区，相应的荷载 p 即为临塑荷载 p_{cr}。因此，在式（3-51）中令 $z_{max}=0$，得临塑荷载的表达式如下

$$p_{cr}=\frac{\pi(\gamma_0 d+c\cot\varphi)}{\cot\varphi+\varphi-\frac{\pi}{2}}+\gamma_0 d \tag{3-52}$$

式中　d——基础的埋置深度，m；

γ_0——基底的标高以上土的重度，kN/m^3；

c——地基土的黏聚力，kPa；

φ——地基土的内摩擦角，rad。

经验证明：即使地基发生局部剪切破坏，地基中塑性区有所发展，只要塑性区的范围不超过某一限度，就不至影响建筑物的安全和使用，因此，如果用 p_{cr} 作为浅基础的地基承载力特征值无疑是偏于保守的，但地基中的塑性区究竟容许发展多大范围，与建筑物的性质、荷载的性质、变形要求以及土特征等因素有关。当塑性区的最大深度 z_{max} 可以控制在基础宽度的 1/4，相应的荷载用 $p_{\frac{1}{4}}$ 表示。因此，在式（3-51）中，令 $z_{max}=b/4$ 得出 $p_{\frac{1}{4}}$ 荷载公式为

$$p_{1/4}=\frac{\pi\left(\gamma_0 d+c\cot\varphi+\frac{1}{4}\gamma b\right)}{\cot\varphi-\frac{\pi}{2}+\varphi}+\gamma_0 d \tag{3-53}$$

式中各符号同前，如令 $z_{max}=b/3$ 得出 $p_{1/3}$ 荷载公式。

应该指出，临塑荷载公式是在均布条形荷载的情况下导出的，通常对矩形和圆形基础也借用这个公式计算，其结果偏于安全。此外，在临塑荷载的推到过程中采用弹性力学的解答，对于已出现塑性区的塑性变形阶段，公式的推导是不够严格的。

第十一节　地基的极限荷载

一、普朗德尔极限承载力理论

1920年，L. 普朗德尔（Prandtl）根据塑性理论，研究了刚性冲摸压入无质量的半无限刚塑性介质时的情况，导出了介质达到破坏时滑动面形状和极限压应力公式，人们把他的理论解应用的地基极限承载力的课题。

根据土体极限平衡理论，对于一无限长、底面光滑的条形荷载板置于无质量的土（$\gamma=0$）的表面上，当荷载板下的土体处于塑性平衡状态时，塑流边界为如图3-31所示的$d'c'bcd$，塑性区共分为五个区，即一个I区，两个II区和两个III区，由于基底是光滑的，因此在I区的大主应力σ_1是垂直向的，破裂面与水平面成图3-31所示（$45°+\varphi/2$）角，称为主动郎肯区，在III区的大主应力是水平的，其破裂面与水平面成（$45°-\varphi/2$）角，称为被动郎肯区。在II区中的滑动线，一组是对数螺线，另一组是以a'和a为起点的辐射线，对数螺线的方程可表示为

$$r = r_0 \exp(\theta \tan\varphi) \tag{3-54}$$

式中　r——从起点o到任意点m的距离。

如图3-31所示，r_0是沿任一所选择的轴线on的距离，θ是on与om之间的夹角，任一点m的半径与该点的法线成φ角。

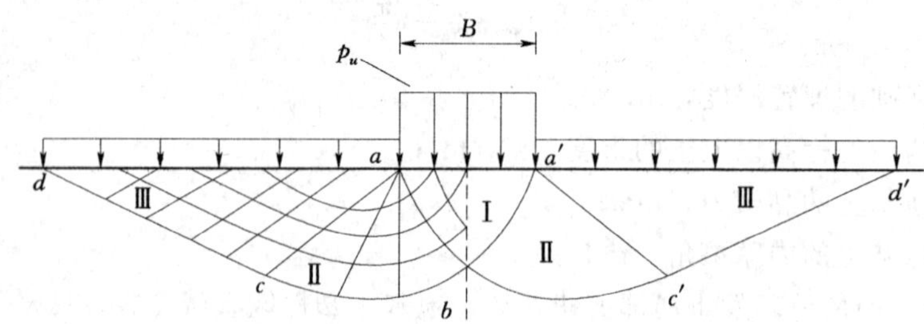

图3-31　无重介质地基的滑裂线图

对于以上所属情况，普朗德尔得出极限承载力的理论解为

$$p_u = cN_c \tag{3-55}$$

其中

$$N_c = \cot\varphi\left[\exp(\pi\tan\varphi)\tan^2\left(45° + \frac{\varphi}{2}\right) - 1\right] \tag{3-56}$$

式中　N_c——承载力因数，是仅与φ有关的无量纲系数；

c——土的黏聚力。

如果考虑到基础有埋置深度d，如图3-32所示，将基底水平面以上的土重用均布超载$q(=\gamma_0 d)$代替。赖斯纳（Reissner，1924）得出极限承载力还需加上qN_q，即

$$p_u = cN_c + qN_q \tag{3-57}$$

其中

$$N_q = \exp(\pi\tan\varphi)\tan^2\left(45° + \frac{\pi}{2}\right) \tag{3-58}$$

$$N_c = (N_q - 1)\cot\varphi \tag{3-59}$$

式中　N_q——仅与 φ 有关的另一承载力因数。

以上所述理论解是在某些特殊条件下得到的，实际上在某些情况下会得到不合理的结果。如对于放置在砂土地基表面上（$c=0$，$d=0$）的基础，按上两式计算的极限承载力为零。实际上，土不是没有质量的，基底与土之间也无疑是有摩擦力的，因此，需要作一些合理的假设。在普朗德尔和奈斯纳之后，不少学者根据其基本原理，进行了许多研究工作，得到了不同条件下各种地基极限承载力的计算方法。例如 K. 太沙基（Terzaghi，1943）、G. G. 梅耶霍夫（Meyerhof，1951）、J. B. 汉森（Hansen）、A. S. 魏锡克（Vesic）等人在普朗德尔基础上作了修正和发展，引入了一些修正系数等。

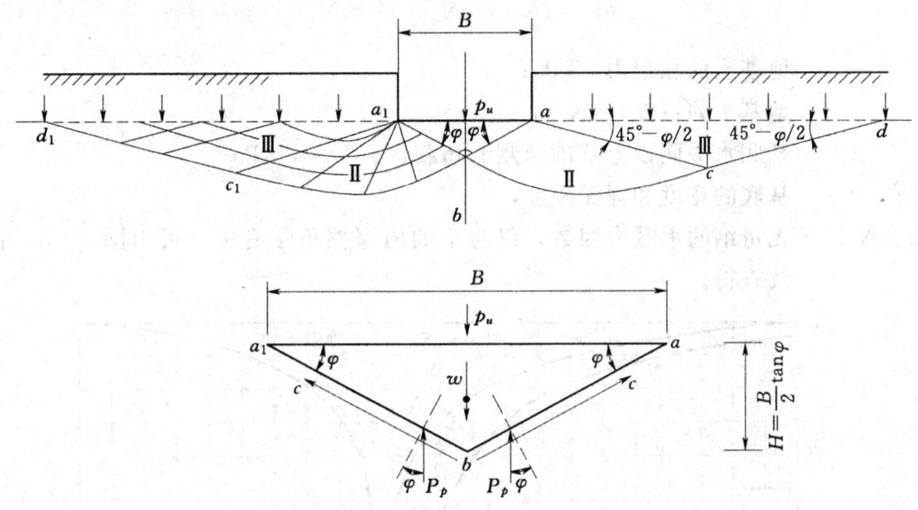

图 3-32　太沙基承载力计算图

二、太沙基承载力理论

因为基底实际上往往是粗糙的，太沙基假设基底与土之间的摩擦力阻止了在基底处剪切位移的发生，因此直接在基底以下的土不发生破坏而处于弹性平衡状态，破坏时，它像一"弹性核"随着基础一起向下移动，如图 3-32（a）所示的Ⅰ区。

如果考虑到土是有质量的（$\gamma\neq0$），而 $c=0$，$\varphi\neq0$，以及基础荷载时作用在地表（$d=0$），则破坏时理论上的流塑边界为如图 3-22（a）所示的 $abcd$ 和 $a'bc'd'$。其中Ⅱ区的滑动面一组是由对数螺线形成的曲面，另一组则是辐射向的曲面；Ⅲ区是被动朗肯区，滑动面是平面，它与水平面夹角为（$45°-\varphi/2$）。为了便于推导公式，将曲面 ab 和 $a'b$ 用平面代替，并假定与水平面成 ψ 角；如图 3-22（b）所示，一般 $\varphi<\psi<45°+\varphi/2$。极限承载力可以根据弹性土楔 $aa'b$ 的静力平衡条件确定。破坏时，作用 ab 和 $a'b$ 面上的力是被动土压力，如果忽略土楔 $aa'b$ 的自重，则由作用于土楔的各力在垂直方向的静力平衡条件得

$$p_u = \frac{2E_p}{b}\cos(\psi-\varphi) \tag{3-60}$$

引用符号

$$N_r = \frac{4E_p}{rb^2}\cos(\psi-\varphi) \tag{3-61}$$

则
$$p_u = \frac{1}{2}\gamma b N_\gamma \tag{3-62}$$

上列各式中 E_p 是被动土压力，ψ 角是未知的，需要用试算法确定，用不同的 ψ 角进行试算，直到得出最小的 N_r 值，N_r 是考虑土质量影响的又一无量纲的承载力因数。

对于所有一般的情况，太沙基认为浅基础的地基极限承载力可近似地假设为分别由以下三种情况计算结果的总和：①土是没有质量的，有黏聚力和内摩擦角，没有超载，即 $\gamma=0$，$c\neq0$，$\varphi\neq0$，$q=0$；②土是没有质量的，无黏聚力有内摩擦角，有超载即 $\gamma=0$，$c=0$，$\varphi\neq0$，$q\neq0$；③土是有质量的，没有黏聚力，但有内摩擦角，没有超载，即 $\gamma\neq0$，$c\neq0$，$\varphi\neq0$，$q=0$。因此，极限承载力可近似地由式（3-57）和式（3-62）叠加得

$$p_u = cN_c + qN_q + \frac{1}{2}\gamma b N_\gamma \tag{3-63}$$

式中　c——地基土的黏聚力，kPa；

γ——地基土的重度，kN/m^3；

q——基底水平面以上基础两侧的超载，$q=\gamma_0 d$，kPa；

b，d——基底的宽度和埋深深度，m；

N_c、N_q、N_r——无量纲的承载力因数，仅与土的内摩擦角 φ 有关，可由图3-33中的实线查得。

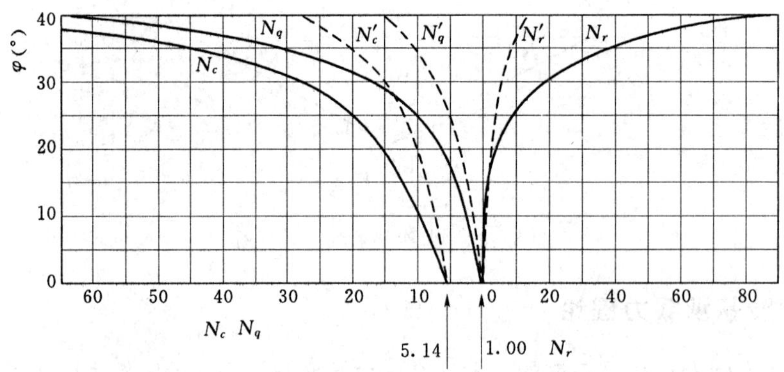

图3-33　承载力因数 N_c、N_q、N_r 值

对于局部剪切破坏的情况（软黏土和松砂），太沙基根据应力—应变关系的资料建议用经验的方法调整抗剪强度指标 c 和 φ，即用

$$\bar{c} = \frac{2}{3}c \tag{3-64}$$

$$\bar{\varphi} = art\tan\left(\frac{2}{3}\tan\varphi\right) \tag{3-65}$$

代替式（3-63）中的 c 和 φ。对于这种情况，极限承载力采用下式计算

$$p_u = \frac{2}{3}cN'_c + qN'_q + \frac{1}{2}\gamma b N'_r \tag{3-66}$$

式中　N'_c、N'_q 和 N'_γ——相应与局部剪切破坏的承载力因数，由 φ 查图3-33中的虚线或由 $\bar{\varphi}$ 查图中的实线；

其余符号意义同前。

至于方形和圆形基础的情况则属于三维问题，由于数学上的困难，至今还没有从理论上推导出计算公式，太沙基根据一些试验资料建议按以下公式计算。

对于边长为 b 的正方形基础

$$p_u = 1.2N_c + \gamma_0 dN_q + 0.4\gamma bN_r \tag{3-67}$$

对于直径为 b 的圆形基础

$$p_u = 1.2N_c + \gamma_0 dN_q + 0.6\gamma bN_\gamma \tag{3-68}$$

对于矩形基础（bl）可以按 b/l 值，在条形基础（$b/l=0$）和方形基础（$b/l=1$）的承载力之间以插入法求得。

以上两式适用于发生剪切破坏的坚硬黏土和密实砂的情况，即地基土较密实，其 p—s 曲线有明显转折点，破坏前沉降不大的情况，其中 N_c、N_q 和 N_γ 查图 3-33 中的实线，如是发生局部剪切破坏的松砂和软土，上列两式中的承载力因数改用 N'_c、N'_q和 N'_γ。

【例 3-3】 某砖混结构住宅楼采用条形基础，基础宽度 $b=1.5\text{m}$，基础埋深 $d=1.4\text{m}$。地基为粉土，内摩擦角 $\varphi=30°$，黏聚力 $c=20\text{kPa}$，天然重度 $\gamma=18.8\text{kN/m}^3$。用太沙基公式计算地基的承载力特征值，安全系数 $k=3.0$，地基土中无地下水。

解：由太沙基公式极限承载力公式：

$$p_u = cN_c + qN_q + \frac{1}{2}\gamma bN_\gamma$$

其中的承载力因数查图 3-33 中实线有

$$N_r = 19,\quad N_c = 35,\quad N_q = 18$$

代入公式有

$$\begin{aligned} p_u &= cN_c + qN_q + \frac{1}{2}\gamma bN_\gamma \\ &= \frac{1}{2} \times 18.8 \times 1.5 \times 19 + 18.8 \times 1.4 \times 18 + 20 \times 35 \\ &= 1441.66\ (\text{kPa}) \end{aligned}$$

则地基承载力特征值为

$$f_a = \frac{p_u}{k} = \frac{1441.66}{3} = 480.5\ (\text{kPa})$$

第十二节　地基承载力特征值的确定

地基承载力特征值的确定，主要有四类：①根据土的抗剪强度指标以理论公式计算；②由现场载荷试验的 p—s 曲线确定；③按规范提供的承载力表确定；④在土质基本相同的情况下，参照邻近建筑物的工程经验确定。在具体工程中，根据地基的设计等级、地基的岩土工程条件并结合当地工程经验选择确定地基承载力的适当方法，必要时可以按多种方法综合确定。

一、按土的抗剪强度指标确定

（一）地基极限承载力理论公式

根据地基极限承载力计算地基承载力特征值的公式如下：

$$f_a = \frac{p_u}{K} \tag{3-69}$$

式中　p_u——地基极限承载力；

K——安全系数，其取值与地基基础设计等级、上部结构的类型、荷载的性质、土的抗剪强度指标的可靠程度及地基条件有关，工程中一般取2～3。

确定地基极限承载力的理论公式有多种，如斯肯普顿公式、太沙基公式、魏西克公式和汉森公式等，其中以魏西克公式考虑的影响因素最多，如基础底面形状、偏心和倾斜、基础两侧覆盖层的抗剪强度、基底和地面倾斜、土的压缩性影响等。

（二）规范推荐的理论公式

当荷载偏心距$e \leqslant l/30$（l为偏心方向基础边长）时，可以采用《建筑地基基础设计规范》（GB 50007—2011）推荐的、以地基临界荷载$p_{1/4}$为基础的理论公式计算地基承载力特征值，计算公式如下：

$$f_a = M_b \gamma b + M_d \gamma_m d + M_c c_k \tag{3-70}$$

式中　M_b、M_d、M_c——承载力系数，按φ_k值查表3-1；

γ——基底下土的重度，地下水位以下取有效重度；

b——基础底面宽度，大于6m时按6m考虑；对于砂土，小于3m时按3m考虑；

γ_m——基础底面以上土的加权平均重度，地下水位以下取有效重度；

d——基础埋置深度，一般自室外地面算起；

c_k、φ_k——基底下一倍基宽深度内的内摩擦角、黏聚力标准值。

表3-1　承载力系数表

土的内摩擦角标准值φ_k（°）	M_b	M_d	M_c	土的内摩擦角标准值φ_k（°）	M_b	M_d	M_c
0	0.00	1.00	3.14	22	0.61	3.44	6.04
2	0.03	1.12	3.32	24	0.8	3.87	6.45
4	0.06	1.25	3.51	26	1.1	4.37	6.9
6	0.10	1.39	3.71	28	1.4	4.93	7.4
8	0.14	1.55	3.93	30	1.9	5.59	7.95
10	0.18	1.73	4.17	32	2.6	6.35	8.55
12	0.23	1.94	4.42	34	3.4	7.21	9.22
14	0.29	2.17	4.69	36	4.2	8.25	9.97
16	0.36	2.43	5.00	38	5	9.44	10.8
18	0.43	2.72	5.31	40	5.8	10.84	11.73
20	0.51	3.06	5.66				

需要注意的是：

(1) 按理论公式计算地基承载力，关键是土的抗剪强度指标 c_k、φ_k 的取值。对甲级建筑物，要求采取原状土样以三轴剪切试验测定，一般要求在建筑场地范围内主要土层的试验不得小于 6 组。对于一般建筑物，可采用直接剪切试验代替。

(2) 确定抗剪强度指标 c_k、φ_k 的试验方法必须和地基土的工作状态相适应。例如：对饱和软土，取不固结不排水内摩擦角 $\varphi_k=0$，由表 3-1 知：$M_b=0$、$M_d=1$、$M_c=3.14$；将式 (3-70) 中的 c_k 改为 c_u，则地基短期承载力特征值：$f_a=\gamma_m d+3.14c_u$；这时，增大基底尺寸不可能提高地基承载力。但对 $\varphi_k>0$ 的土，增大基底宽度，承载力将随着 φ_k 的提高而逐渐增大。

(3) 系数 $M_d>1$，故承载力随埋深 d 线性增加，但对实体基础，增加的承载力将被基础和回填土重量的相应增加所部分抵偿。尤其是对于饱和软土，因 $M_d=1$，这两方面几乎相抵而收不到明显的效果。

(4) 式 (3-70) 仅适用于 $e\leqslant l/30$ 的情况，这是因为用该公式确定承载力时相应的理论模式是基底压力呈条形均匀分布。当受到较大水平荷载而使合力的偏心距过大时，地基反力就会很不均匀，为了使理论计算的地基承载力符合其假定的理论模式，故而对公式使用时增加了以上限制条件。

(5) 按土的抗剪强度确定地基承载力时，没有考虑建筑物对地基变形的要求。因此按式 (3-70) 求得的承载力确定基础底面尺寸后，还应进行地基变形特征验算。

(6) 抗剪强度指标 c_k、φ_k 的确定，按国标《建筑地基基础设计规范》(GB 50007—2011) 或当地的地标相应公式进行计算确定。

二、试验结果确定地基承载力

现场载荷试验确定地基承载力是最可靠的方法。在现场通过一定数量的载荷板对扰动较小的地基土体直接施加荷载，所得的成果一般能反映相当于 1～2 倍载荷板宽度的深度以内的土体的平均性质。对地基进行载荷试验，整理试验记录可以得到图 3-34 级所示的荷载 p 与沉降 s 的关系曲线，由此来确定地基承载力特征值：

对于密实砂土、硬塑黏土等低压缩性土，其 p—s 曲线通常由比较明显的起始直线段和极限值，曲线呈“陡降型”[图 3-34 (a)]，《建筑地基基础设计规范》(GB 50007—2011) 规定，取图中比例界限所对应的荷载 p_1，作为承载力特征值。

当极限荷载小于对应比例界限的荷载值的 2 倍时，取极限荷载值的一半作为承载力特征值。

对于有一定强度的中、高压缩性土，如松砂、填土、可塑黏土等，其 p—s 曲线无明显转折点，但曲线的斜率随荷载的增大而逐渐增大，最后稳定在某个最大值，即呈渐进破坏的“缓变型”[图 3-34 (b)]，当加载板面积为 $0.25\sim0.50\text{m}^2$，可取 $s=(0.01\sim0.015)b$ 所对应的荷载，但其值不大于最大加载量的一半。

同一土层参加统计的试验点数不应少于三点，当试验实测值的极差（即最大值减最小值）不超过平均值的 30%时，取此平均值作为地基承载力特征值 f_{ak}。

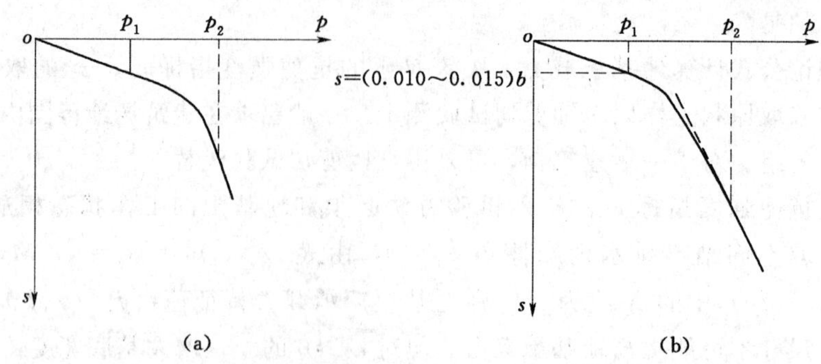

图 3-34　按载荷试验结果确定地基承载力基本值

(a) 低压缩性土；(b) 高压缩性土

三、按规范提供的承载力表格确定

根据新中国成立以来大量工程实践经验、原位试验和室内土工试验数据，对于基础宽度小于 3m 以及埋深小于等于 0.5m 情况，现国标《建筑地基基础设计规范》（GB 50007—2011）已取消了承载力表格一节，按规范查表 3-2 时，用工程场地所在地区的规范确定场地土层的承载力特征值 f_{ak}。表 3-2 给出是砂土按标准贯入试验锤击数 N 查取承载力特征值的表格。需要说明的是，采用规范查表时，不同的土层有不同的指标：对于一般黏性土，常用的是孔隙比和液限指数；老黏土则用土的含水比指标；砂土用标准贯入击数；碎石类土则用动力触探险试验击数；膨胀土用含水比及孔隙比指标；淤泥则常采用天然含水量指标等。总之，地区不同，所采用的规范也不同，查表所用的指标也不尽相同。这在工程中在制定勘察纲要及采用何种原位试验、室内试验时要格外慎重。

标准贯入试验装置和静力触探探头见图 3-35。

表 3-2　　　　砂土承载力特征值 f_{ak} (kPa)

土类 \ N（击数）	10	15	30	50
中、粗砂	180	250	340	500
粉、细砂	140	180	250	340

除岩石地基外，地基承载力特征值和所有表格都是针对基础宽度 $b\leqslant 3$m、埋置深度 $d\leqslant 0.5$m 的情况制定的。当基础宽度大于 3m 或埋深大于 0.5m 时，根据《建筑地基基础设计规范》（GB 50007—2011）按下式确定修正后的地基承载力特征值 f_a

$$f_a = f_{ak} + \eta_b\gamma(b-3) + \eta_d\gamma_m(d-0.5) \tag{3-71}$$

式中　f_a——修正后的地基承载力特征值，kPa；

f_{ak}——地基承载力特征值，kPa；

η_b、η_d——基础宽度和埋深的地基承载力修正系数，按基底下土的类别查表 3-3；

γ——基础底面以下土的重度，地下水位以下取浮重度，kN/m^3；

γ_m——基础底面以上土的加权平均重度，地下水位以下部分取浮重度，kN/m^3；

b——基础底面宽度，$b<3$m 时按 3m 计，$b>6$m 时按 6m 计，m；

d——基础埋置深度，$d<0.5$m 时按 0.5m 计，一般自室外地面标高算起；在填方整平地区，可自填土地面标高算起，但填土在上部结构施工后完成时，应以天然地面标高算起。对于地下室，如采用箱形基础或筏板时，基础埋置深度自室外地面标高算起，在其他情况下，应从室内地面标高算起。

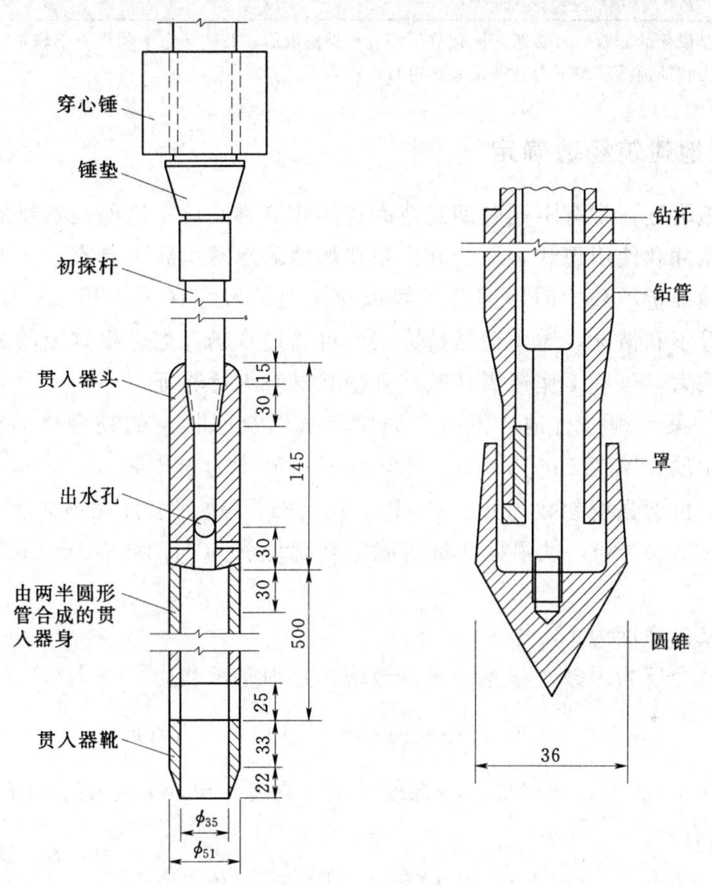

图 3-35　标准贯入试验装置和静力触探探头

表 3-3　　承载力修正系数

土的类别		η_b	η_d
淤泥和淤泥质土		0	1.0
人工填土 e 或 I_l 大于等于 0.85 的黏性土		0	1.0
红黏土	含水比 $a_w>0.8$	0	1.2
	含水比 $a_w\leqslant0.8$	0.15	1.4
大面积压实填土	压实系数大于 0.95、黏粒含量 $\rho_c\geqslant10\%$的粉土	0	1.5
	最大干密度大于 2.1t/m³ 的级配砂石	0	2.0
粉土	黏粒含量 $\rho_c\geqslant10\%$的粉土	0.3	1.5
	黏粒含量 $\rho_c<10\%$的粉土	0.5	2.0

续表

土的类别	η_b	η_d
e 或 I_l 小于 0.85 的黏性土	0.3	1.6
粉砂、细砂（不包括很湿与饱和时的稍密状态）	2.0	3.0
中砂、粗砂、砾砂和碎石土	3.0	4.4

注　1. 强风化和全风化的岩石，可参照所风化成的相应土类别取值，其他状态下的岩石不修正。

2. 地基承载力特征值按深层平板载荷试验确定时，η_d 取 0。

四、按当地建筑经验确定

在拟建场地附近，常有不同时期建造的各类建筑物。调查这些建筑物的结构类型、基础形式、地基条件和使用现状，对于确定拟建场地的地基承载力具有一定的参考价值。

按建筑经验确定承载力时，需要了解拟建场地是否存在人工填土、暗浜或暗沟、土洞、软弱夹层等不利情况。对于地基持力层，可通过现场开挖，根据土的名称和所处的状态估计地基承载力。这些工作还需在基坑开挖验槽时进行验证。

【例 3-4】 某工程进行地质勘查、原位测试以及原状土的物理试验得到如下资料，场地表层土为中砂，厚度 2m，$\gamma=18.7\text{kN/m}^3$；中砂下为粉质黏土，$\gamma=18.2\text{kN/m}^3$，$\gamma_{sat}=19.1\text{kN/m}^3$，抗剪强度参数为 $c_k=10\text{kPa}$、$\varphi_k=21°$，地下水位在地表下 2.1m。若修建的基础尺寸为 2m×2.8m，试根据此资料确定基础埋深为 1m 和 2.1m 时持力层的承载力特征值。

解：（1）基础埋深为 1m

这时地基持力层为中砂，根据标贯击数来确定地基承载力，查表得

$$f_{ak}=180+\frac{13-10}{15-10}(250-180)=220(\text{kPa})$$

因为埋深大于 0.5m，所以要进行深度修正。查表有承载力修正系数为 $\eta_b=3.0$，$\eta_d=4.4$，代入公式有

$$\begin{aligned}f_a&=f_{ak}+\eta_b\gamma(b-3)+\eta_d\gamma_m(d-0.5)\\&=222+3.0\times18.7\times(3-3)+4.4\times18.7\times(1-0.5)\\&=263\ (\text{kPa})\end{aligned}$$

（2）基础埋深为 2.1m

根据场地条件，地基持力层为粉质黏土，根据所给条件，按规范推荐的理论公式来计算地基承载力特征值。由 $\varphi_k=21°$ 查承载力系数表得 $M_b=0.56$、$M_d=3.25$、$M_c=5.85$。因基底与地下水位齐平，故 γ 取浮重度

$$\gamma'=\gamma_{sat}-\gamma_w=19.1-10=9.1\ (\text{kN/m}^3)$$

此时

$$\gamma_m=(18.7\times2+18.2\times0.1)/2.1=18.7\ (\text{kN/m}^3)$$

则按公式地基承载力特征值为

$$\begin{aligned}f_a&=M_b\gamma b+M_d\gamma_m d+M_c c_k\\&=0.56\times9.1\times2+3.25\times18.7\times2.1+5.85\times10\\&=196\ (\text{kPa})\end{aligned}$$

注意，采用规范推荐的理论公式计算的地基承载力特征值，由于公式中考虑了基础宽度、埋深的影响，所以不需要再进行深宽修正。

思　考　题

3-1　何谓土的抗剪强度和地基承载力？两者之间有何关系？

3-2　何谓地基承载力特征值？什么情况下需要修正？

3-3　试述抗剪强度的组成。当抗剪强度指标 $\varphi_k=0$ 或 $c_k=0$ 时各为何种地基土？

3-4　何谓土的极限平衡？土体的极限平衡有哪些表达形式？

3-5　为何饱和软黏土的无侧限抗压强度 q_u 的一半正好是其不固结不排水抗剪强度 c_u？

3-6　为什么饱和软黏土的不固结不排水剪切试验的破坏包线在理论上是一条水平线？

3-7　为什么抗剪试验要分慢剪、快剪和固结快剪？

3-8　三轴剪切试验与直剪试验受力有何区别，相应排水条件下两种抗剪强度是否一致，为什么？

3-9　何谓地基的临塑荷载、塑性荷载和极限荷载？

3-10　太沙基地基极限承载力公式如何表达，地基承载力与哪些因素有关？

3-11　什么是地基承载力特征值？对于某一地基土而言，它是唯一值吗？为什么？

习　题

3-1　某土样的抗剪强度指标值外 $\varphi_k=30°$、$c_k=0$，若该土样承受最小主应力 $\sigma_3=150\text{kN/m}^2$，最大主应力 $\sigma_1=200\text{kN/m}^2$ 时，问该土样是否会破坏？

3-2　某砂土试样在法向应力 $\sigma=200\text{kPa}$ 作用下进行直剪试验，测得其抗剪强度 $\tau_f=60\text{kPa}$。求：(1) 用作图方法确定该土样的抗剪强度指标 φ 值；(2) 如果试样的法向应力增至 $\sigma=250\text{kPa}$，则土样的抗剪强度是多少？

3-3　对饱和黏土试样进行无侧限抗压试验，测得其无侧限抗压强度 $q_u=120\text{kPa}$，求：(1) 该土样的不排水抗剪强度；(2) 与圆柱形试样轴成 60°交角面上的法向应力和剪应力 τ。

3-4　某饱和黏性土在三轴仪中进行固结不排水试验，得 $c'=0$，$\varphi'=28$ 如果这个试件受到 $\sigma_1=200\text{kPa}$ 和 $\sigma_3=150\text{kPa}$ 的作用，测得孔隙水压力 $u=100\text{kPa}$，问该试件是否会破坏？为什么？

3-5　某正常固结饱和黏土试样进行不固结不排水试验得 $\varphi_u=0$，$c_u=20\text{kPa}$ 对同样的土进行固结不排水试验，得有效抗剪强度指标 $c'=0$，$\varphi'=30$，如果试样在不排水条件下破坏，试求剪切破坏时有效大主应力和小主应力。如果试样某一面上的法向应力突然增加到 200kPa，法向应力刚增加时沿这个面的抗剪强度是多少？经很长时间后沿这个面的抗剪强度又是多少？

3-6　一干砂堤，如图 3-36 所示，试证明如砂堤坡角 α 大于砂的内摩擦角 φ'，则超出 $n—n$ 面的部分必沿 $n—n$ 面下滑。

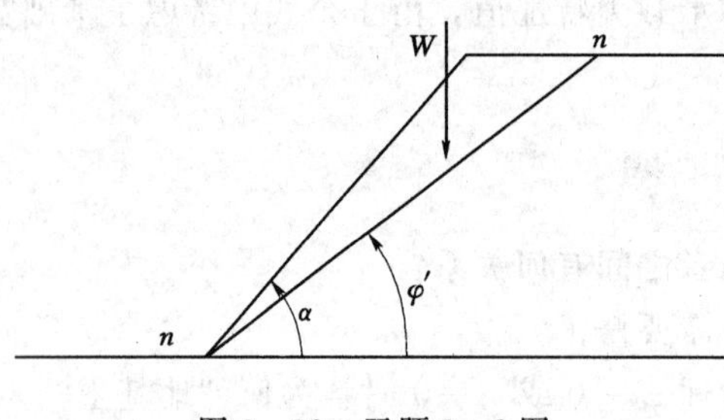

图 3 - 36　习题 3 - 6 图

3 - 7　某土样承受 $\sigma_1=200\text{kPa}$，$\sigma_2=100\text{kPa}$ 的应力。土的内摩擦角 $\varphi=28°$，黏聚力 $c=0$。

(1) 判断该土样是否剪破?

(2) 求最大剪应力及最大剪应力面上的抗剪强度。

(3) 求 $\Delta\tau=\tau_f-\tau$ 为最小的平面与大主应力面的夹角，并求该面 $\Delta\tau$ 的数值。(答案：未剪破；50kPa，79.8kPa；59°，23.1kPa)

3 - 8　建筑物下基土某点的应力为：$\sigma_z=250\text{kPa}$，$\sigma_x=100\text{kPa}$ 和 $\tau_{xz}=40\text{kPa}$。并知土的 $\varphi=30°$、$c=0$。问该点是否剪破?(答案：未剪破)

3 - 9　推导十字板剪切强度与十字板尺寸及扭矩的关系式：

$$c_u=\frac{2M}{\pi D^2\left(H+\dfrac{D}{3}\right)}$$

3 - 10　某饱和黏土，已知其有效应力强度指标 $c'=0$、$\varphi'=30°$，孔隙水压力系数 $A=0.8$，如将该土一试样在各向均等压力 $\sigma_3=50\text{kPa}$ 下固结稳定，然后在不排水条件下施加偏应力 $\sigma_1-\sigma_3=46\text{kPa}$，问该土样会否剪破?(答案：剪破)

3 - 11　已知饱和黏土层内一点的某一截面上的法向总应力 $\sigma=295\text{kPa}$，孔隙水压力 $u=120\text{kPa}$，该土的有效强度指标为 $c'=12\text{kPa}$，$\varphi'=30°$，试确定该平面上的抗剪强度。(答案：113.04kPa)

3 - 12　已知某饱和黏土固结排水剪指标 $\sigma_d=0$、$\varphi_d=29°$，现对同一饱和黏土作固结不排水剪试验，测得剪破时 $\sigma_3=132\text{kPa}$，$\sigma_1=228\text{kPa}$，试计算剪破时的孔隙水压力。(答案：81kPa)

3 - 13　证明正常固结土 φ'、φ_{cu} 与 A_f 间存在下述关系：

$$\sin\varphi'=\frac{\sin\varphi_{cu}}{(1-2A_f\sin\varphi_{cu})}$$

3 - 14　有一圆柱形饱和试样，在不排水条件下施加应力增量 $\Delta\sigma_1=250\text{kPa}$，$\Delta\sigma_3=80\text{kPa}$，测得孔隙水压力增量 $\Delta u=0$，求试样的 $\Delta\sigma_1'$、$\Delta\sigma_3'$ 及孔隙水压力系数 A。(答案：250kPa，80kPa，－0.47)

3 - 15　一黏土试样作三轴固结不排水剪切试验，加 $\sigma_3=100\text{kPa}$ 后测得孔隙水压力 $u=80\text{kPa}$，剪破时测得 $(\sigma_1-\sigma_3)_f=85\text{kPa}$，孔隙水压力为 40kPa，求该土样的孔隙水压力系数 A_f、B。(答案：0.588，0.8)

3 - 16　已知一砂土试样 $\varphi=30°$，在排水条件下进行三轴剪切试验，如先向试样施加各向均等压力 120kPa，然后按 $\Delta\sigma_1/\Delta\sigma_3=4$ 的比例连续增加竖向与侧向应力。问剪破时 σ_1 为多少?(答案：1080kPa)

3 - 17　试证明对于饱和软黏土 $(\varphi_u=0)$ 时，普朗德尔极限承载力的理论解为 $(2+\pi)c_u$。

3 - 18　某条形基础宽 12m，埋深 2m，基土为均质黏性土，$c=15\text{kPa}$，$\varphi=15°$，地下

水与基底面同高，该面以上土的湿重度为 18kN/m^3，以下土的饱和重度 19kN/m^3，计算在受到均布荷载作用时 $p_{1/4}$、$p_{1/3}$、p_{cr}？

3-19　某基础长 60m，宽 10m，设置在均质地基上，基础的埋深为 3m，地下水位距地面很深，基土的湿重度为 18kN/m^3，土粒比重 $G_s=2.7$，$\omega=31\%$，$\varphi=16°$，$c=20$kPa，该地基的载荷试验曲线如图线所示。试按太沙基公式计算承受铅直中心荷载（$F_s=2.5$）时地基的容许承载力。又如地下水升至基础地面高程时，地基的承载力是多少？（设 c、φ 不变化）（答案：312.8kPa，271.7kPa）。

第四章　土压力与土坡稳定

【本章要点】

- 掌握静止土压力计算、朗肯土压力理论、库仑土压力理论。
- 掌握几种常见情况的土压力计算，了解库尔曼图解法。
- 掌握挡土墙的类型和设计方法。
- 掌握无黏性土土坡的稳定分析方法、黏性土土坡稳定分析的圆弧法，了解毕肖普条分法及普遍条分法。

第一节　概　　述

挡土墙是防止土体坍塌的构筑物，广泛用于工业与民用建筑、水利、铁路、公路、桥梁、港口及航道等各类建筑工程中。例如，支撑建筑物周围填土的挡土墙、地下室侧墙、桥梁工程中连接路堤的桥台、基坑工程中的支护结构、隧道结构的侧墙、堆放煤、卵石等散粒材料的挡墙等（图 4 - 1）。

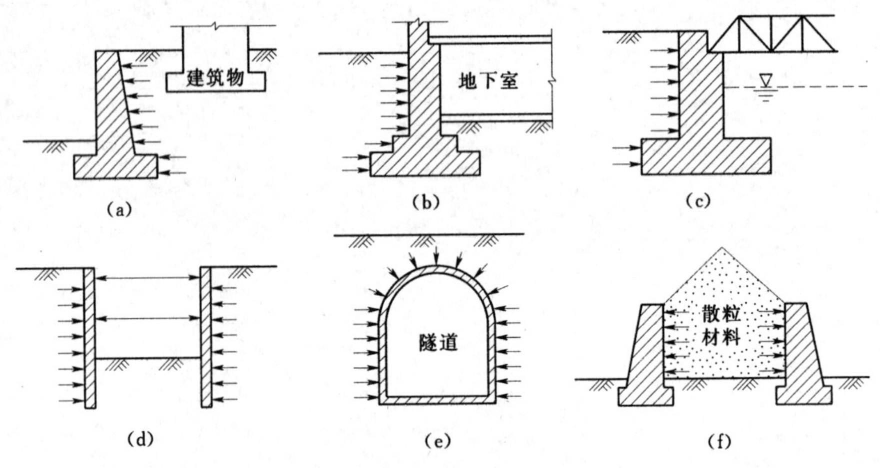

图 4 - 1　挡土墙应用举例

(a) 支撑建筑物周围填土的挡土墙；(b) 地下室侧墙；(c) 桥台；
(d) 基坑支护结构；(e) 隧道；(f) 堆放散粒材料的挡墙

挡土墙按结构形式可分为重力式、悬臂式、扶壁式、锚杆式和加筋土式等，通常用块石、砖、素混凝土及钢筋混凝土等材料建成。

挡土墙按其刚度和位移方式可分为刚性挡土墙、柔性挡土墙和临时支撑。

1. 刚性挡土墙

刚性挡土墙指用砖、石或混凝土所筑成的断面较大的挡土墙。如图 4-2（a）中的重力式。墙身不允许过大的挠曲变形，在土压力作用下，与墙身的位移比起来，挠曲变形对土压力的影响可忽略不计。这类挡土墙利用材料的重力来维持稳定，需要较大的断面尺寸，存在着结构笨重、施工慢和投资多等缺点。由于刚度大，墙体在侧向土压力作用下，仅发生整体平移或转动，本身挠曲变形可忽略。墙背受到的土压力呈三角形分布，最大压力强度发生在底部，类似于静水压力分布。

本章主要介绍刚性挡土墙土压力的计算与分布。

2. 柔性挡土墙

当墙身受土压力作用时发生挠曲变形，如图 4-2（b）所示的悬臂式，为了减小变形和提高抗弯能力，可以采用扶壁措施，如图 4-2（c）所示的扶壁式，还有用锚杆来保持稳定的锚杆式挡土墙，如图 4-2（d）所示。

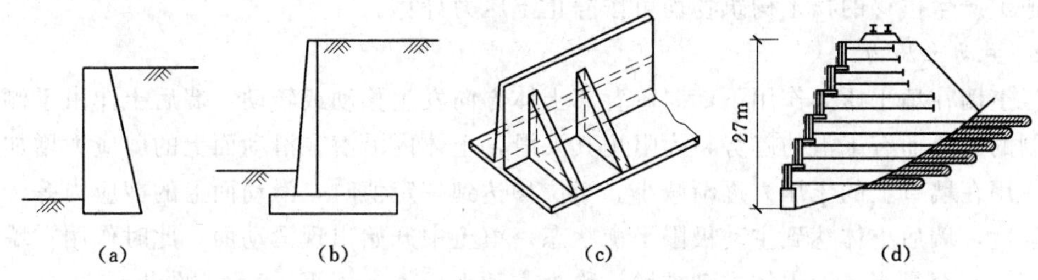

图 4-2　挡土墙的结构形式

（a）重力式挡土墙；（b）悬臂式挡土墙；（c）扶壁式挡土墙；（d）锚杆式挡土墙

3. 临时支撑

临时支撑边施工边支撑的临时性挡墙。

第二节　土压力的种类与影响因素

一、土压力的种类

挡土墙的土压力是指挡土墙后的填土因自重或外荷载作用对墙背产生的侧向压力。土压力的计算是挡土墙设计的重要依据。

（一）土压力试验

在试验室里通过挡土墙的模型试验，可以测得当挡土墙产生不同方向的位移时，将产生三种不同性质的土压力。

在一个长方形的模型槽中部插上一块刚性挡板，在板的一侧安装压力盒，填上土。板的另一侧临空。在挡板静止不动时，测得板上的土压力为 E_0。如将挡板向离开填土的临空方向移动或转动时，测得的土压力数值减小为 E_a。反之，若将挡板推向填土方向则土压力逐渐增大，当墙后土体发生滑动时达最大值 E_p。土压力随挡土墙移动而变化的情况如图 4-3 所示。试验表明，在相同的墙高和填土条件下，主动土压力小于静止土压力，而静止土压力又小于被动土压力，即：$E_a<E_0<E_p$。

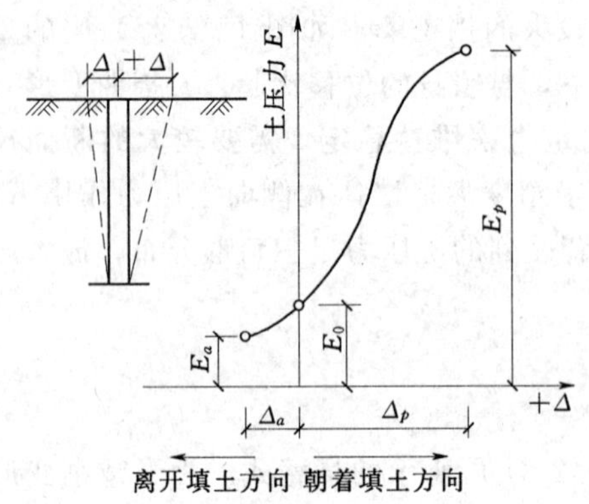

图 4-3　墙身位移与土压力的关系

（二）土压力种类

根据上述土压力试验，可知挡土墙的位移方向和位移量是影响土压力诸多因素中最主要的因素。根据挡土墙的位移情况和墙后土体所处的应力状态，可将土压力分为以下三种。

1. 静止土压力

挡土墙在墙后填土的侧向土压力作用下，不发生任何方向的移动或转动，墙后土体没有破坏，而处于弹性平衡状态，作用于墙背上的水平压力称为静止土压力，用 E_0 表示［图 4-4（a）］。例如，地下室外墙、地下水池侧壁、涵洞的侧壁以及其他不产生位移的挡土构筑物均可按静止土压力计算。

2. 主动土压力

挡土墙在填土压力作用下，向着背离土体方向发生移动或转动，墙后土体由于侧面所受限制的放松而有下滑的趋势，为阻止其下滑，土体内沿潜在滑动面上的剪应力增加，从而使作用在墙背上的土压力逐渐减小。当位移达到一定值时，滑动面上的剪应力等于土的抗剪强度，墙后土体达到主动极限平衡状态，填土中开始出现滑动面，此时作用在墙背上的土压力减至最小，因土体主动推墙，称为主动土压力，用 E_a 表示［图 4-4（b）］。

试验研究可知，墙体向前位移值，对于墙后填土为密砂时，$\Delta_a=0.5\%H$（H 为挡土墙高度）；填土为密实黏性土时，$\Delta_a=(1\%\sim2\%)H$，即可产生主动土压力。

3. 被动土压力

挡土墙在较大的外力作用下，向着土体的方向移动或转动时，墙后土体由于受到挤压，有向上滑动的趋势，土体内沿潜在滑动面上的剪应力反向增加，从而使作用在墙背上的土压力逐渐增大。当位移达到一定值时，滑动面上的剪应力等于土的抗剪强度，墙后土体达到被动极限平衡状态，形成滑动面。此时，作用在墙背上的土压力增至最大，因土体被动地被墙推移，称为被动土压力，用 E_p 表示［图 4-4（c）］。如拱桥桥台在桥上荷载作用下挤压土体并产生一定量的位移，则作用在台背的侧压力属被动土压力。

试验研究可知，墙体在外力作用下向后位移值，对于墙后填土为密砂时，$\Delta_p\approx5\%H$；填土为密实黏性土时，$\Delta_p\approx10\%H$，才会产生被动土压力。例如，挡土墙高 $H=10$m，填土为粉质黏土，则位移量约为 1.0m 才能产生被动土压力，这 1.0m 的位移量往往为工程结构所不允许。因此，一般情况下，只能利用被动土压力的一部分。

土压力的计算十分复杂，目前大多采用古典的朗肯（Rankine，1857）和库仑（Coulomb，1773）土压力理论。尽管这些理论都基于各种不同的假定和简化，但其计算简便，且国内外大量挡土墙模型试验、原位观测及理论研究结果均表明，其计算方法实用可靠。

二、影响土压力的因素

土压力的性质和大小与墙身的位移、墙体的材料、墙体高度及结构形式、墙后填土的

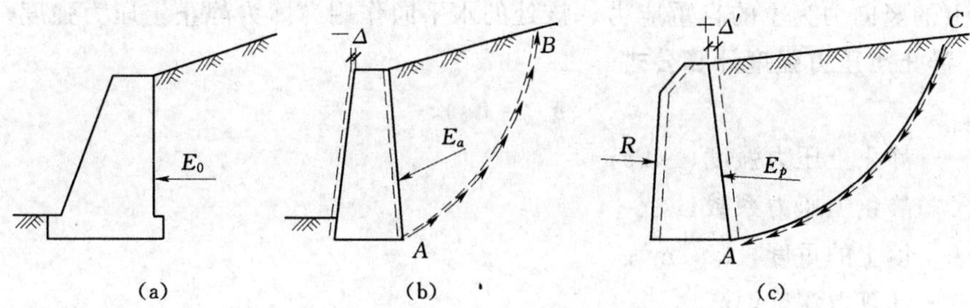

图4-4 土压力的类型

(a) 静止土压力；(b) 主动土压力；(c) 被动土压力

性质、填土表面的形状以及地基土质等因素有关。

1. 挡土墙的位移

挡土墙的位移（或转动）方向和位移量的大小，是影响土压力大小的最主要因素。挡土墙位移的方向不同，土压力的种类就不同。由试验与计算可知，其他条件完全相同，仅挡土墙位移方向相反，土压力数值相差可达20倍左右。因此，在设计挡土墙时，首先应考虑墙体可能产生位移的方向和位移量的大小。

2. 挡土墙形状

挡土墙的剖面形状，包括墙背为竖直还是倾斜、墙背为光滑还是粗糙，都关系采用何种土压力计算理论公式和计算结果。采用素混凝土和钢筋混凝土，可认为墙的表面光滑，不计摩擦力；若为砌石挡土墙，就要计入摩擦力，因而土压力的大小和方向都不相同。

3. 填土的性质

挡土墙后填土的性质，包括填土松密程度（即重度）、干湿程度（即含水量）、土的强度指标（内摩擦角和黏聚力）的大小，以及填土表面的形状（水平、上斜或下斜）等、都将会影响土压力的大小。

第三节 静止土压力计算

一、产生条件

静止土压力产生的条件：挡土墙静止不动，（水平位移 $\Delta=0$，转角为零）。

修筑在坚硬土质地基上，断面很大的挡墙，例如，在岩石地基上的重力式挡土墙符合上述条件。由于墙的自重大，地基坚硬，墙体不会产生位移和转动。此时，挡土墙背面的土体处于静止的弹性平衡状态，作用在此挡土墙背上的土压力即为静止土压力 E_0。

二、计算公式

假定挡土墙后填土表面水平，重度为 γ，挡土墙静止不动，填土处于弹性平衡状态。因此可按照第二章介绍的半无限土体在自重作用下无侧向变形时的水平侧压力公式进行计算静止土压力强度。图4-5（a）表示在填土表面以下深度 z 处取一微小单元体，作用在此微元体上的竖向力为土的自重应力，该处的水平向作用力即为静止土压力强度。

（一）静止土压力强度计算公式

$$\sigma_0 = K_0 \gamma z \tag{4-1}$$

式中　σ_0——静止土压力强度，kPa；

K_0——静止土压力系数；

γ——填土的重度，kN/m^3；

z——计算点深度，m。

静止土压力系数 K_0（即土的侧压力系数），通过室内的或原位的静止侧压力试验测定。它的物理意义为在不允许侧向变形的情况下，土样受到轴向压力增量 $\Delta\sigma_1$ 将会引起侧向压力的相应增量 $\Delta\sigma_3$，比值 $\Delta\sigma_3/\Delta\sigma_1$ 称为土的侧压力系数或静止土压力系数 K_0，其确定方法如下。

1. 按经典弹性力学理论计算

$$K_0 = \frac{\Delta\sigma_3}{\Delta\sigma_1} = \frac{\mu}{1-\mu} \tag{4-2}$$

式中　μ——墙后填土的泊松比。

2. 半经验公式

对于无黏性土及正常固结黏土，可近似按下列公式计算

$$K_0 = 1 - \sin\varphi' \tag{4-3}$$

式中　φ'——填土的有效内摩擦角。

对于超固结黏性土可用下式计算

$$(K_0)_{O \cdot C} = (K_0)_{N \cdot C}(OCR)^m \tag{4-4}$$

式中　$(K_0)_{O \cdot C}$——超固结土的 K_0 值；

$(K_0)_{N \cdot C}$——正常固结土的 K_0 值；

OCR——超固结比；

m——经验系数，一般可用 $m=0.41$。

3. 按经验取值

砂土，$K_0=0.34\sim0.45$；黏性土，$K_0=0.50\sim0.70$。

日本《建筑基础结构设计规范》建议不分土的种类，K_0 均为 0.5。

（二）总静止土压力

由公式（4-1）可知，静止土压力强度沿墙高呈三角形分布［图 4-5（a）］。作用在单位长度挡土墙上的总静止土压力［图 4-5（b）］为

$$E_0 = \frac{1}{2}\gamma H^2 K_0 \tag{4-5}$$

式中　H——挡土墙的高度，m。

总静止土压力为土压力强度三角形分布图的面积，它的作用点位于三角形分布图形的重心，即墙底面以上 $H/3$ 处［图 4-5（c）］。

【例 4-1】 某建于岩基上的挡土墙，墙高 $H=6.0$m，墙后填土为中砂，重度 $\gamma=18.2kN/m^3$，有效内摩擦角 $\varphi'=30°$。计算作用在挡土墙上的静止土压力，并绘出静止土

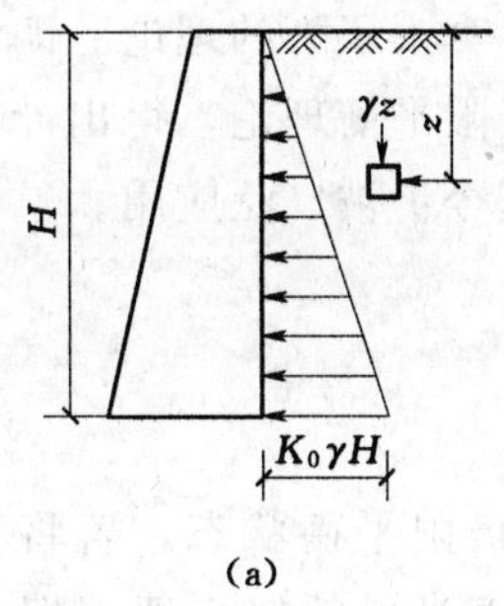

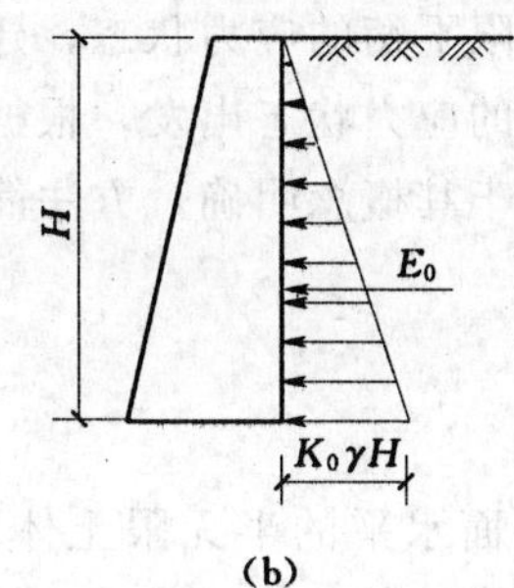

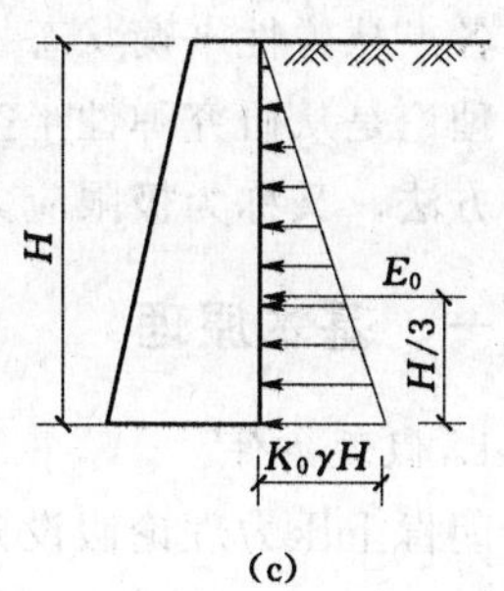

图 4-5 静止土压力计算

(a) 静止土压力计算图；(b) 总静止土压力；(c) 总静止土压力作用点位置

压力强度沿墙背的分布及其合力作用点的位置。

解：因挡土墙建于岩基上，所以按静止土压力公式计算。

静止土压力系数

$$K_0 = 1 - \sin\varphi' = 1 - \sin 30^\circ = 0.5$$

墙底静止土压力强度分布值为

$$\sigma_0 = K_0 \gamma H = 0.5 \times 18.2 \times 6.0 = 54.6\ (\text{kPa})$$

静止土压力合力为

$$E_0 = \frac{1}{2}\gamma H^2 K_0 = \frac{1}{2} \times 18.2 \times 6.0^2 \times 0.5 = 163.8\ (\text{kN/m})$$

静止土压力合力作用点

$$x = H/3 = 6.0/3 = 2.0\ (\text{m})$$

静止土压力强度分布及其合力作用点的位置如图 4-6 所示。

三、静止土压力的应用

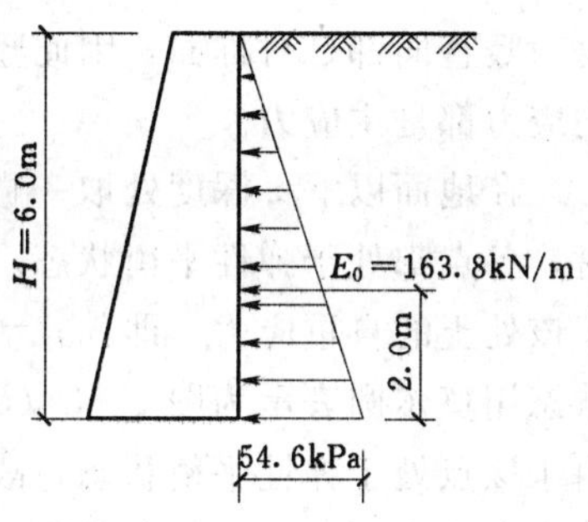

图 4-6 [例 4-1] 计算图

1. 地下室外墙

通常地下室外墙，都有内隔墙支挡，墙位移与转角为零，按静止土压力计算。

2. 岩基上的挡土墙

挡土墙与岩石地基牢固连接，墙体不发生位移或转动，按静止土压力计算。

3. 拱座

拱座不允许产生位移，故按静止土压力计算。

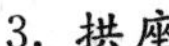

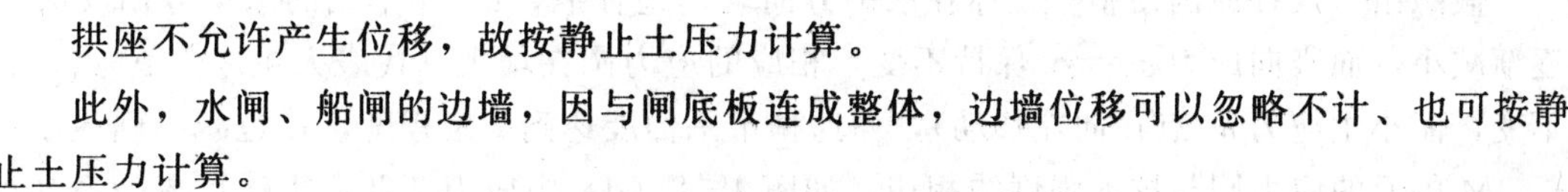

此外，水闸、船闸的边墙，因与闸底板连成整体，边墙位移可以忽略不计、也可按静止土压力计算。

第四节 朗肯土压力理论

英国学者朗肯（W. J. M. Rankine）于 1857 年研究了半无限土体在自重作用下，土体内各点从弹性平衡状态发展为极限平衡的应力状态，建立了计算土压力的理论。朗肯土压力理论是从研究弹性半空间体内的应力状态出发，根据土的极限平衡理论，得出计算压力的方法，又称为极限应力法。由于其概念明确，方法简便，至今仍被广泛应用。

一、基本原理

1. 假设条件

朗肯土压力理论假设条件：表面水平的半无限土体，处于极限平衡状态。若将垂线 AB 左侧的土体，换成虚设的墙背竖直光滑的挡土墙（墙本身是刚性的，不考虑墙身的变形），如图 4-7 所示。当挡土墙发生足够大的位移使墙后填土处于主动或被动极限平衡状态时，则挡土墙墙背上的土压力强度，等于原来土体作用在 AB 竖直线上的水平法向应力。

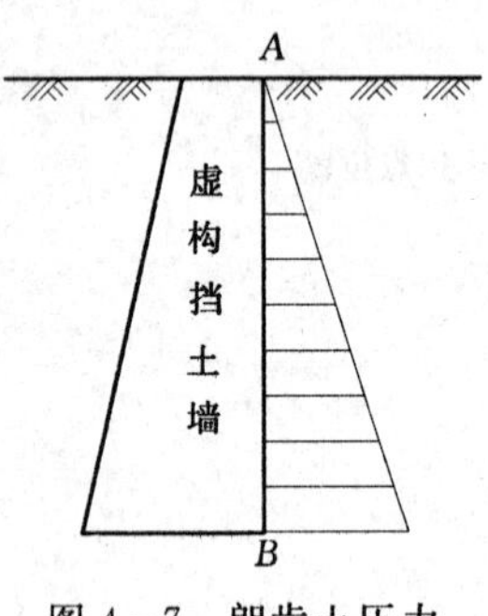

图 4-7　朗肯土压力理论的假设

为使墙背与土接触满足剪应力为零的边界应力条件以及产生主动或被动极限平衡状态的边界变形条件，朗肯土压力理论对墙背及墙后填土作如下假定：

(1) 墙背垂直（相应于竖直应力面），则作用到墙背上的土压力为水平方向，可以看做主应力。

(2) 墙背光滑，不考虑墙背与填土之间的摩擦力，即墙后土体达到极限平衡状态时所产生的两组破裂面不受墙身的影响。

(3) 墙后填土表面水平，填土延伸到无限远处，则填土面可作为半无限空间的界面。

2. 分析方法

某一表面水平的均质弹性半无限土体，即垂直向下和沿水平方向都为无限伸展。土体每一竖直面都是对称面，因此竖直截面和水平截面上的剪应力都等于零，相应截面上的法向应力都是主应力。

在地面以下 z 深度处取一微单位体 M [图 4-8 (a)]，当整个土体都处于静止状态时，各点都处于弹性平衡状态。设土的重度为 γ，显然 M 单元水平截面上的法向应力等于该处土的自重应力，即：$\sigma_z=\gamma z$，而竖直截面上的法向应力为：$\sigma_x=K_0\gamma z$。此时的应力状态用莫尔圆表示为图 4-8 (d) 所示的应力圆Ⅰ，大主应力 $\sigma_1=\sigma_z$，小主应力 $\sigma_3=\sigma_x$，由于该点处于弹性平衡状态，故莫尔圆位于抗剪强度包线下方，此时竖直截面上的水平法向应力相当于静止土压力强度。

假想由于某种原因使整个土体在水平方向均匀地伸展，则 M 单元的水平方向应力 σ_x 逐渐减小，而竖向应力 $\sigma_z=\gamma z$ 保持不变，相应的应力圆在增大（代表大主应力 σ_z 点位置不变，而小主应力 σ_x 点在向左移动），当这种水平伸展达到一定程度，σ_x 也减小到最小值 σ_a，M 单元的应力圆与抗剪强度线相切，如图 4-8 (d) 中应力圆Ⅱ，土体形成一系列滑裂面，面上各点都处于极限平衡状态，称为主动极限平衡状态。此时水平方向的应力 σ_a 称为主动土压力强度。滑裂面的方向与大主应力作用面（即水平面）成 $\alpha=45°+\frac{\varphi}{2}$ 角。反之，由于某种原因，整个土体在水平均匀地被压缩，则 σ_x 逐渐增大并超过 σ_z 值，而 σ_z 保持不变，在应力圆中代表竖向应力 σ_z 点位置不变，而水平应力 σ_x 点在向右移动. 超过 σ_z 点，当 $\sigma_x>\sigma_z$ 时，大小主应力方向发生改变，σ_x 由小主应力转变为大主应力，σ_z 转变为小主应力。σ_x 最终达到最大值 σ_p，此时应力圆与抗剪强度线相切，如图 4-8（d）中应力圆Ⅲ，土体形成一系列滑裂面，称为被动极限平衡状态，此时水平方向的应力 σ_p 称为被动土压力强度。滑裂面的方向与大主应力作用面（即水平面）成 $\alpha'=45°-\dfrac{\varphi}{2}$ 角。

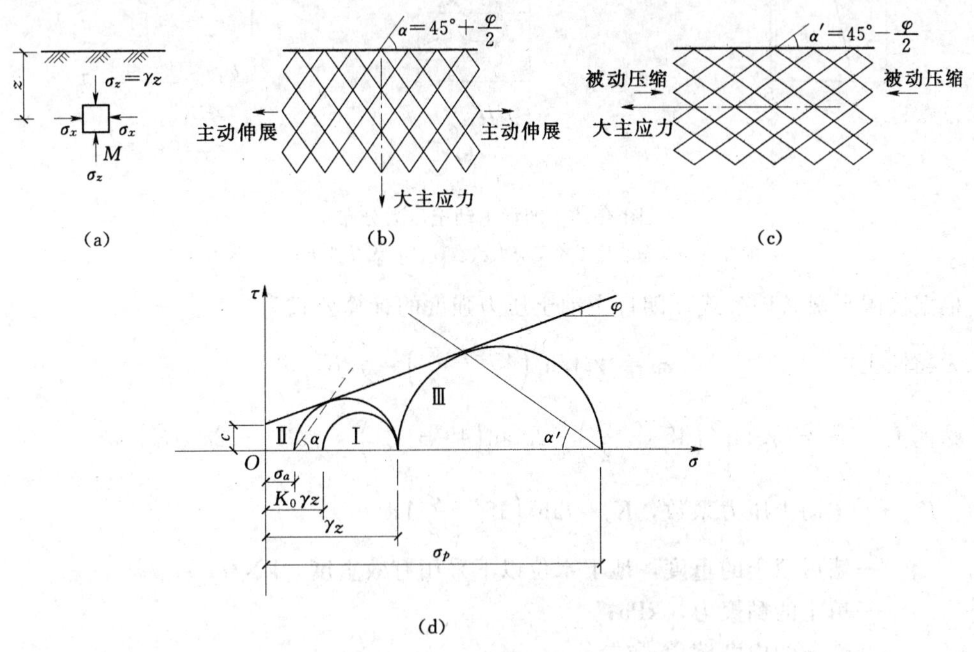

图 4-8　半无限土体的极限平衡状态

（a）土体微单元应力状态；（b）朗肯主动状态；（c）朗肯被动状态；（d）莫尔应力圆表示的朗肯状态

二、主动土压力

根据土的强度理论，当土体中某点处于极限平衡状态时，大小主应力满足如下关系式：

无黏性土：

$$\sigma_3=\sigma_1\tan^2\left(45°-\frac{\varphi}{2}\right)$$

$$\sigma_1=\sigma_3\tan^2\left(45°+\frac{\varphi}{2}\right)$$

黏性土：

$$\sigma_3=\sigma_1\tan^2\left(45°-\frac{\varphi}{2}\right)-2c\tan\left(45°-\frac{\varphi}{2}\right)$$

$$\sigma_1=\sigma_3\tan^2\left(45°+\frac{\varphi}{2}\right)+2c\tan\left(45°+\frac{\varphi}{2}\right)$$

如图 4-9（a）所示刚性挡墙墙背光滑、直立，填土面为水平面，如果挡土墙向着离开墙后土体的方向发生平移，墙后填土达到主动极限状态时，墙背土体中离地面任意深度 z 处的竖向应力 $\sigma_z=\gamma z$ 为大主应力，水平方向应力 σ_x 为小主应力，也即为所求的主动土

压力强度 σ_a。

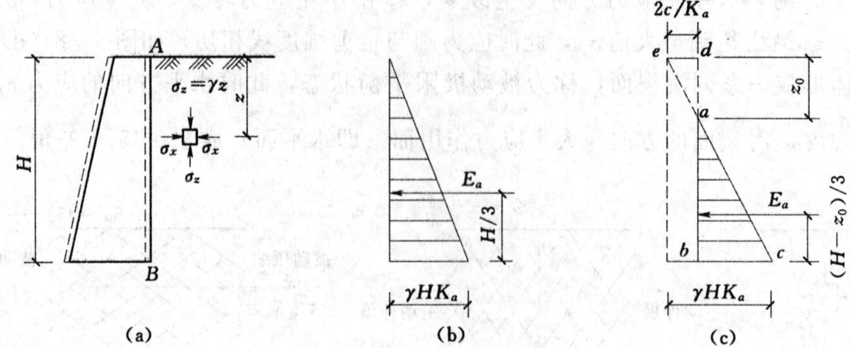

图 4-9　朗肯主动土压力分布

(a) 朗肯主动状态墙后土单元应力状态；(b) 无黏性土；(c) 黏性土

根据极限平衡条件公式，朗肯主动土压力强度的计算公式为

无黏性土：
$$\sigma_a = \gamma z \tan^2\left(45° - \frac{\varphi}{2}\right) = \gamma z K_a \tag{4-6}$$

黏性土：
$$\sigma_a = \gamma z \tan^2\left(45° - \frac{\varphi}{2}\right) - 2c\tan\left(45° - \frac{\varphi}{2}\right) = \gamma z K_a - 2c\sqrt{K_a} \tag{4-7}$$

式中　K_a——主动土压力系数，$K_a = \tan^2\left(45° - \frac{\varphi}{2}\right)$；

γ——墙后填土的重度，地下水位以下采用有效重度，kN/m^3；

c——填土的黏聚力，kPa；

φ——填土的内摩擦角，(°)；

z——所计算的点离填土面的深度，m。

从式（4-6）可知，无黏性土主动土压力强度 σ_a 与 z 成正比，沿墙高呈三角形分布，如图 4-9（b）所示，如取单位墙长计算，则主动土压力为

$$E_a = \frac{1}{2}\gamma H^2 K_a \tag{4-8}$$

主动土压力 E_a 垂直于墙背，通过三角形形心，作用点在距墙底 $H/3$ 处。

从式（4-7）可知，黏性土的主动土压力强度由两部分组成。一部分是土自重引起的土压力 $\gamma z K_a$，另一部分是由黏聚力 c 引起的负侧压力 $2c\sqrt{K_a}$，这两部分土压力叠加的结果如图 4-9（c）所示，图中 ade 部分为负值，对墙背是拉力，但实际上墙与土在很小的拉力作用下就会分离，因此在计算土压力时，该部分应略去不计，黏性土的土压力分布实际仅是 abc 部分。

a 点离填土面的深度 z_0 称为临界深度，当填土表面无荷载时，可令式（4-7）为零求得，即

$$\sigma_a = \gamma z_0 K_a - 2c\sqrt{K_a} = 0$$

得
$$z_0 = \frac{2c}{\gamma\sqrt{K_a}} \tag{4-9}$$

如取单位墙长计算，则主动土压力为

$$E_a = \frac{1}{2}(H - z_0)(\gamma H K_a - 2c\sqrt{K_a})$$

$$= \frac{1}{2}\gamma H^2 K_a - 2cH\sqrt{K_a} + \frac{2c^2}{\gamma} \qquad (4-10)$$

主动土压力 E_a，通过三角形 abc 形心，作用点距墙底 $(H-z_0)/3$ 处。

三、被动土压力

如图 4-10（a）所示，当挡土墙在外力作用下，向着墙后填土的方向发生位移时，即挡土墙挤压土体。当墙后填土达到被动极限状态时，墙背填土中任意深度 z 处的竖向应力 $\sigma_z = \gamma z$ 已变为小主应力 σ_3，而水平方向应力 σ_x 为大主应力 σ_1，即被动土压力强度 σ_p。同理，根据土的极限平衡条件公式，可得朗肯被动土压力强度的计算公式

无黏性土：
$$\sigma_p = \gamma z \tan^2\left(45° + \frac{\varphi}{2}\right) = \gamma z K_p \qquad (4-11)$$

黏性土：
$$\sigma_p = \gamma z \tan^2\left(45° + \frac{\varphi}{2}\right) + 2c\tan\left(45° + \frac{\varphi}{2}\right) = \gamma z K_p + 2c\sqrt{K_p} \qquad (4-12)$$

式中　K_p——被动土压力系数，$K_p = \tan^2\left(45° + \frac{\varphi}{2}\right)$。

从式（4-11）可知，无黏性土被动土压力强度 σ_p 与 z 成正比，沿墙高呈三角形分布，如图 4-10（b）所示，如取单位墙长计算，则被动土压力为

$$E_p = \frac{1}{2}\gamma H^2 K_p \qquad (4-13)$$

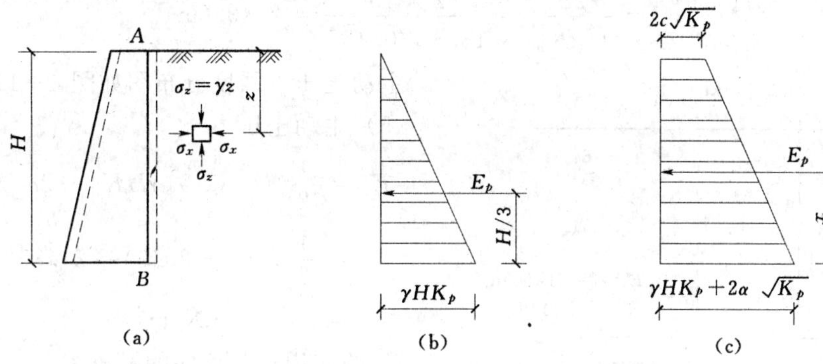

图 4-10　朗肯被动土压力分布

（a）朗肯被动状态墙后土单元应力状态；（b）无黏性土；（c）黏性土

被动土压力 E_p 通过三角形形心，作用点在距墙底 $H/3$ 处。

从式（4-12）可知，黏性土被动土压力强度 σ_p 沿墙高呈梯形分布，如图 4-10（c）所示，如取单位墙长计算，则被动土压力为

$$E_p = \frac{1}{2}\gamma H^2 K_p + 2cH\sqrt{K_p} \qquad (4-14)$$

被动土压力的作用点通过梯形的形心。梯形的形心可以通过一次求矩的方法得到，即

梯形分布图形可分为矩形和三角形两部分，得到的分力分别为 $E_{p矩}$ 和 $E_{p\triangle}$，由力矩平衡得

$$E_p x = E_{p矩}\frac{H}{2} + E_{p\triangle}\frac{H}{3} \tag{4-15}$$

求出 x（合力作用点至墙底的距离）即为土压力 E_p 的作用点位置。

此外，还可以通过梯形的形心计算公式得到，即

$$x = \frac{H}{3}\frac{2\sigma_{pa} + \sigma_{pb}}{\sigma_{pa} + \sigma_{pb}} \tag{4-16}$$

式中 σ_{pa}、σ_{pb}——填土表面处、墙底处被动土压力强度，kPa。

【例 4-2】 挡土墙高 5m，墙背直立、光滑，墙后填土面水平，填土的物理力学性质指标为：$c=15\text{kPa}$，$\varphi=22°$，$\gamma=18.5\ \text{kN/m}^3$。试计算挡土墙主动土压力及作用点位置，并绘出主动土压力分布图。

解： 墙背竖直光滑，填土面水平，满足朗肯条件，故按式（4-6）计算沿墙高的土压力强度。

（1）主动土压力系数

$$K_a = \tan^2\left(45° - \frac{\varphi}{2}\right) = \tan^2\left(45° - \frac{22°}{2}\right) = 0.455$$

（2）地面处主动土压力强度

$$\sigma_a = \gamma z K_a - 2c\sqrt{K_a} = 18.5\times 0\times 0.455 - 2\times 15\times\sqrt{0.455} = -20.24\ (\text{kPa})$$

（3）墙底处主动土压力强度

$$\sigma_a = \gamma z K_a - 2c\sqrt{K_a} = 18.5\times 5\times 0.455 - 2\times 15\times\sqrt{0.455} = 21.85\ (\text{kPa})$$

（4）临界深度

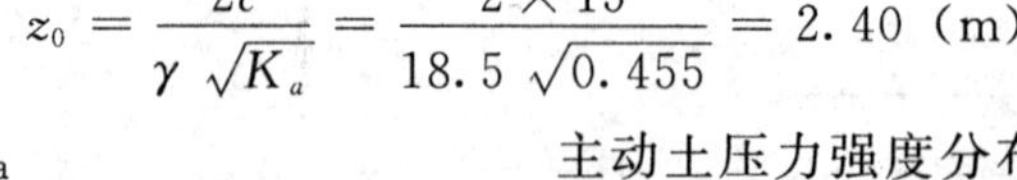

$$z_0 = \frac{2c}{\gamma\sqrt{K_a}} = \frac{2\times 15}{18.5\sqrt{0.455}} = 2.40\ (\text{m})$$

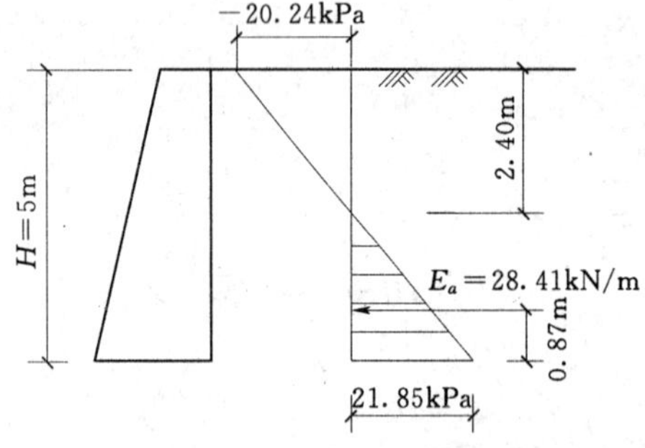

图 4-11 ［例 4-2］主动土压力分布

主动土压力强度分布图如图 4-11 所示。

（5）主动土压力

$$E_a = \frac{1}{2}(H - z_0)(\gamma H K_a - 2c\sqrt{K_a})$$
$$= \frac{1}{2}\times(5 - 2.40)\times 21.85$$
$$= 28.41\ (\text{kN/m})$$

E_a 的作用点距墙底的距离为

$$\frac{H - z_0}{3} = \frac{5 - 2.40}{3} = 0.87\ (\text{m})$$

第五节 库仑土压力理论

一、基本假定

库仑（C. A. Coulomb）土压力理论是根据挡土墙墙后土体处于极限平衡状态并形成

一滑动楔体，从楔体的静力平衡条件得出的土压力计算理论。该理论是库仑1776年提出的，具有计算简便、能适用各种复杂情况，而且具有足够的精度，至今仍被广泛采用。在现行的设计规范中，一般规定采用库仑土压力理论来计算主动土压力。

其基本假设为：①墙后填土为理想的散粒体（黏聚力 $c=0$）；②滑动破裂面为通过墙锺的平面；③滑动土楔体为刚性体。

库仑土压力理论适用于砂土或碎石填料的挡土墙计算，可考虑墙背倾斜、填土面倾斜以及墙背与填土间的摩擦等多种因素的影响。

二、无黏性土主动土压力

如图4-12（a）所示，挡土墙墙高为 H，墙背俯斜，与竖直线的夹角为 α，墙后土体为无黏性土（$c=0$），土体表面与水平线夹角为 β，墙背与土体的摩擦角为 δ。挡土墙在土压力作用下将向远离土体的方向发生位移（平移或转动），最后土体处于极限平衡状态，墙后土体将形成一滑动土楔体，其滑裂面为平面 BC，滑裂面与水平面成 θ 角。

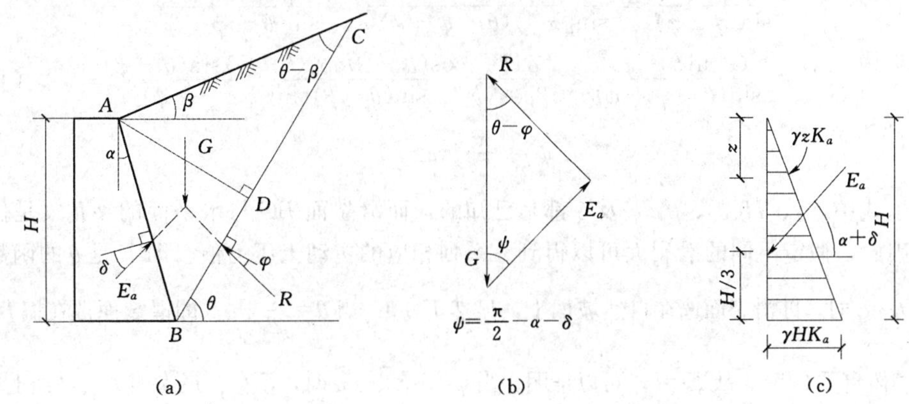

图4-12　库仑主动土压力计算图

因为一般挡土墙的土压力计算均属于平面应变问题，故沿挡土墙长度方向取1m进行分析。取滑动土楔体 ABC 为隔离体，作用在滑动土楔上的力有：

1. 土楔体 ABC 的自重 G

由三角形几何关系可得

$$G=\Delta ABC\gamma=\frac{1}{2}BCAD\gamma$$

在三角形 ABC 中，利用正弦定理可得

$$BC=AB\frac{\sin\left(\frac{\pi}{2}-\alpha+\beta\right)}{\sin(\theta-\beta)}$$

又因为

$$AB=\frac{H}{\cos\alpha}$$

所以

$$BC=H\frac{\cos(\alpha-\beta)}{\cos\alpha\cdot\sin(\theta-\beta)}$$

在三角形 ADB 中，利用正弦定理可得

$$AD = AB\cos(\theta - \alpha) = H\frac{\cos(\theta - \alpha)}{\cos\alpha}$$

所以
$$G = \frac{1}{2}BCAD\gamma = \frac{\gamma H^2}{2}\frac{\cos(\alpha - \beta)\cos(\theta - \alpha)}{\cos^2\alpha\sin(\theta - \beta)}$$

2. 滑裂面 BC 下方土体的反力 R

反力 R 是 BC 面上土楔体重力的法向分力的反力与该面土体间的摩擦力的合力，其作用于 BC 面上，与 BC 面法线的夹角等于土的内摩擦角 φ。当楔体下滑时，位于法线下侧。因此，反力 R 的作用方向已知，大小未知。

3. 墙背 AB 对滑动楔体的反力 E

E 即土压力的反作用力。它是 AB 面上的摩擦力与法向反力合力，其方向与墙背法线成 δ 角。当楔体下滑时，位于法线下侧。因此，反力 R 的作用方向已知，大小未知。

土楔体 ABC 在上述三力作用下处于静力平衡状态，W，E，R 应相交于一点，因此这三力构成一闭合的力矢三角形，如图 4-12（b）所示，根据正弦定理可得

$$\frac{E}{\sin(\theta - \varphi)} = \frac{G}{\sin[\pi - (\theta - \varphi + \psi)]} = \frac{G}{\sin(\theta - \varphi + \psi)}$$

即
$$E = \frac{G\sin(\theta - \varphi)}{\sin(\theta - \varphi + \psi)} = \frac{\gamma H^2}{2\cos^2\alpha}\frac{\cos(\alpha - \beta)\cos(\theta - \alpha)\sin(\theta - \varphi)}{\sin(\theta - \beta)\sin(\theta - \varphi + \psi)} \tag{4-17}$$

其中
$$\psi = \frac{\pi}{2} - \alpha - \delta$$

在上式中，γ、H、α、β、φ 及 δ 都是已知的，而滑裂面 BC 与水平面的夹角 θ 是任意假定的。因此，假定不同的滑裂面可以得到一系列相应的主动土压力值，即 E 是 θ 的函数。

当 $\theta = \varphi$ 时，即滑裂面选在自然坡面上，显然 $E=0$；当 $\theta = \frac{\pi}{2} + \alpha$，即滑裂面选在墙背面上，这时土楔体自重 $G=0$，故 $E=0$。可以证明，当 $\varphi < \theta < \frac{\pi}{2} + \alpha$ 时，E 存在最大值 E_{max}，挡土墙所受到的主动土压力 E_a 即为 E_{max} 的反作用力，其对应的滑裂面即是土楔体的最危险滑裂面。

采用微分学中求极值的方法求得 E 的极大值，即令

$$\frac{dE}{d\theta} = 0$$

可解得使 E 为极大值时填土的破坏角 θ_{cr} 为

$$\theta_{cr} = \arctan\left[\frac{\sin\beta s_q + \cos(\alpha + \varphi + \delta)}{\cos\beta s_q - \sin(\alpha + \varphi + \delta)}\right]$$

其中
$$s_q = \sqrt{\frac{\cos(\alpha + \delta)\sin(\varphi + \delta)}{\cos(\alpha - \beta)\sin(\varphi - \beta)}}$$

将 θ_{cr} 代入式（4-17），可得库仑主动土压力为

$$E_a = \frac{1}{2}\gamma H^2 K_a \tag{4-18}$$

其中
$$K_a = \frac{\cos^2(\varphi - \alpha)}{\cos^2\alpha\cos(\alpha + \delta)\left[1 + \sqrt{\frac{\sin(\varphi + \delta)\sin(\varphi - \beta)}{\cos(\alpha + \delta)\cos(\alpha - \beta)}}\right]^2} \tag{4-19}$$

式中 γ——墙后填土的重度，kN/m³；

H——挡土墙高度，m；

φ——土体内摩擦角，(°)；

α——墙背与竖直线的夹角，俯斜时取正号、仰斜时取负号；

β——墙后填土面的倾角，(°)；

δ——墙背与土体之间的摩擦角，(°)，其值一般由试验确定，缺乏试验资料时可参考表 4-1 取值；

K_a——库仑主动土压力系数，可由表 4-2 查得。

表 4-1　挡土墙墙背与土间的摩擦角

挡土情况	摩擦角 δ	挡土情况	摩擦角 δ
墙背平滑、排水不良	$(0\sim0.33)\varphi$	墙背很粗糙、排水良好	$(0.5\sim0.67)\varphi$
墙背粗糙、排水良好	$(0.33\sim0.5)\varphi$	墙背与土体间不可能滑动	$(0.67\sim1.0)\varphi$

当墙背竖直（$\alpha=0$）、光滑（$\delta=0$）、填土面水平（$\beta=0$）时，式（4-19）变为

$$K_a=\frac{\cos^2\varphi}{(1+\sin\varphi)^2}=\frac{1-\sin^2\varphi}{(1+\sin\varphi)^2}=\frac{1-\sin\varphi}{1+\sin\varphi}=\tan^2\left(45°-\frac{\varphi}{2}\right)$$

可见在此条件下，库仑公式和朗肯公式完全相同。因此，朗肯理论是库仑理论的特殊情况。

由式（4-18）可知，主动土压力 E_a 是墙高 H 的二次函数，沿墙高度分布的主动土压力强度 σ_a 可通过式（4-18）对 z 求导得到

$$\sigma_a=\frac{\mathrm{d}E_a}{\mathrm{d}z}=\frac{\mathrm{d}}{\mathrm{d}z}\left(\frac{1}{2}\gamma z^2K_a\right)=\gamma zK_a \tag{4-20}$$

由式（4-20）可知，库仑主动土压力分布强度沿墙高呈三角形线性分布［图 4-12(c)，注意这种分布形式只表示土压力大小，并不代表实际作用墙背上的土压力方向］，土压力的合力作用点离墙底 $H/3$，方向与墙背法线方向成 δ 角，与水平方向夹角为 $\alpha+\delta$。

表 4-2　库仑主动土压力系数 K_a 值

δ	α	β \ φ	15°	20°	25°	30°	35°	40°	45°	50°
0°	0°	0°	0.589	0.490	0.406	0.333	0.271	0.217	0.172	0.132
		10°	0.704	0.569	0.462	0.374	0.300	0.238	0.186	0.142
		20°		0.883	0.572	0.441	0.344	0.267	0.204	0.154
		30°				0.750	0.436	0.318	0.235	0.172
	10°	0°	0.652	0.559	0.478	0.407	0.343	0.287	0.238	0.194
		10°	0.784	0.654	0.550	0.461	0.384	0.318	0.261	0.211
		20°		1.015	0.684	0.548	0.444	0.360	0.291	0.232
		30°				0.925	0.566	0.433	0.337	0.262
	20°	0°	0.735	0.648	0.569	0.498	0.434	0.375	0.322	0.274
		10°	0.895	0.767	0.662	0.572	0.492	0.421	0.358	0.302
		20°		1.205	0.833	0.687	0.576	0.483	0.405	0.337
		30°				1.169	0.740	0.586	0.474	0.385

续表

δ	α	β \ φ	15°	20°	25°	30°	35°	40°	45°	50°
0°	−10°	0°	0.539	0.433	0.344	0.270	0.209	0.158	0.117	0.083
		10°	0.643	0.500	0.389	0.301	0.229	0.171	0.125	0.088
		20°		0.785	0.482	0.353	0.261	0.190	0.136	0.094
		30°				0.614	0.331	0.226	0.155	0.104
	−20°	0°	0.497	0.380	0.287	0.212	0.153	0.106	0.070	0.043
		10°	0.594	0.438	0.323	0.234	0.166	0.114	0.074	0.045
		20°		0.707	0.401	0.274	0.188	0.125	0.080	0.047
		30°				0.498	0.239	0.147	0.090	0.051
10°	0°	0°	0.533	0.447	0.373	0.308	0.253	0.204	0.163	0.127
		10°	0.664	0.531	0.431	0.350	0.282	0.225	0.177	0.136
		20°		0.897	0.549	0.420	0.326	0.254	0.195	0.148
		30°				0.762	0.423	0.306	0.226	0.166
	10°	0°	0.603	0.520	0.448	0.384	0.326	0.275	0.229	0.189
		10°	0.759	0.626	0.524	0.440	0.368	0.307	0.253	0.206
		20°		1.064	0.674	0.534	0.432	0.351	0.283	0.227
		30°				0.969	0.564	0.427	0.332	0.258
	20°	0°	0.695	0.615	0.543	0.478	0.419	0.365	0.316	0.271
		10°	0.890	0.752	0.646	0.558	0.481	0.414	0.354	0.300
		20°		1.308	0.844	0.687	0.573	0.481	0.403	0.337
		30°				1.268	0.758	0.593	0.478	0.388
	−10°	0°	0.476	0.385	0.309	0.245	0.191	0.146	0.109	0.078
		10°	0.890	0.455	0.354	0.275	0.211	0.159	0.116	0.082
		20°		0.773	0.450	0.328	0.242	0.177	0.127	0.088
		30°				0.605	0.313	0.212	0.146	0.098
	−20°	0°	0.427	0.330	0.252	0.188	0.137	0.096	0.064	0.039
		10°	0.529	0.388	0.286	0.209	0.149	0.103	0.068	0.041
		20°		0.675	0.364	0.248	0.170	0.114	0.073	0.044
		30°				0.475	0.220	0.135	0.082	0.047
15°	0°	0°	0.518	0.434	0.363	0.301	0.248	0.201	0.160	0.125
		10°	0.655	0.522	0.423	0.343	0.277	0.221	0.174	0.135
		20°		0.914	0.546	0.415	0.323	0.251	0.194	0.147
		30°				0.776	0.422	0.305	0.225	0.165
	10°	0°	0.592	0.511	0.441	0.378	0.323	0.273	0.228	0.188
		10°	0.759	0.622	0.520	0.437	0.366	0.305	0.252	0.206
		20°		1.103	0.679	0.535	0.432	0.350	0.284	0.228
		30°				1.005	0.570	0.430	0.333	0.260
	20°	0°	0.690	0.611	0.540	0.476	0.419	0.366	0.317	0.273
		10°	0.903	0.757	0.649	0.560	0.483	0.416	0.357	0.303
		20°		1.382	0.862	0.697	0.579	0.486	0.408	0.341
		30°				1.341	0.778	0.605	0.487	0.395
	−10°	0°	0.457	0.371	0.298	0.237	0.186	0.142	0.106	0.076
		10°	0.575	0.441	0.344	0.267	0.205	0.155	0.114	0.081
		20°		0.776	0.441	0.320	0.236	0.174	0.125	0.087
		30°				0.607	0.308	0.209	0.143	0.097

续表

δ	α	β \ φ	15°	20°	25°	30°	35°	40°	45°	50°
15°	−20°	0°	0.405	0.314	0.240	0.180	0.132	0.093	0.062	0.038
		10°	0.509	0.372	0.274	0.201	0.144	0.100	0.066	0.040
		20°		0.667	0.352	0.239	0.164	0.110	0.071	0.042
		30°				0.470	0.214	0.131	0.080	0.046
20°	0°	0°			0.357	0.297	0.245	0.199	0.160	0.125
		10°			0.419	0.340	0.275	0.220	0.174	0.135
		20°			0.547	0.414	0.322	0.250	0.193	0.147
		30°				0.798	0.425	0.305	0.225	0.166
	10°	0°			0.438	0.377	0.322	0.273	0.229	0.190
		10°			0.521	0.438	0.367	0.306	0.254	0.207
		20°			0.690	0.540	0.435	0.354	0.286	0.230
		30°				1.051	0.582	0.437	0.338	0.263
	20°	0°			0.543	0.479	0.422	0.370	0.321	0.277
		10°			0.659	0.568	0.490	0.423	0.363	0.309
		20°			0.890	0.714	0.592	0.496	0.417	0.349
		30°				1.434	0.807	0.624	0.501	0.406
	−10°	0°			0.291	0.232	0.182	0.140	0.105	0.076
		10°			0.337	0.262	0.202	0.153	0.113	0.080
		20°			0.436	0.316	0.233	0.171	0.123	0.086
		30°				0.614	0.306	0.207	0.142	0.096
	−20°	0°			0.232	0.174	0.128	0.090	0.061	0.038
		10°			0.266	0.195	0.140	0.097	0.064	0.039
		20°			0.344	0.233	0.160	0.108	0.069	0.042
		30°				0.468	0.210	0.129	0.079	0.045

【例 4-3】 已知挡土墙高度 $H=6\text{m}$，墙背倾角 $\alpha=10°$，墙后的填土倾角 $\beta=20°$，墙背与填土间的摩擦角 $\delta=20°$，填土重度 $\gamma=19\text{kN/m}^3$，抗剪强度指标：$c=0\text{kPa}$，$\varphi=30°$，试计算挡土墙主动土压力 E_a，并绘出主动土压力分布以及合力的方向。

解：采用库仑土压力公式（4-18）进行主动土压力计算

由 $\delta=20°$、$\alpha=10°$、$\beta=20°$、$\varphi=30°$查表 4-2 得 $K_a=0.540$，则

$$E_a=\frac{1}{2}\gamma H^2 K_a=\frac{1}{2}\times 19\times 6^2\times 0.540=184.68\ (\text{kN/m})$$

主动土压力分布强度沿墙高呈三角形分布，合力作用点离墙底高为

$$x=\frac{H}{3}=\frac{6}{3}=2\ (\text{m})$$

主动土压力 E_a 的作用方向与墙背法线方向 $N—N$ 成 $\delta=20°$角，且位于法线的上侧，即与水平方向成 $\alpha+\delta=30°$角，如图 4-13 所示。

三、无黏性土被动土压力

如图 4-14 所示，当挡土墙在外力作用下向填土方向发生位移，使滑动楔体 ABC 达

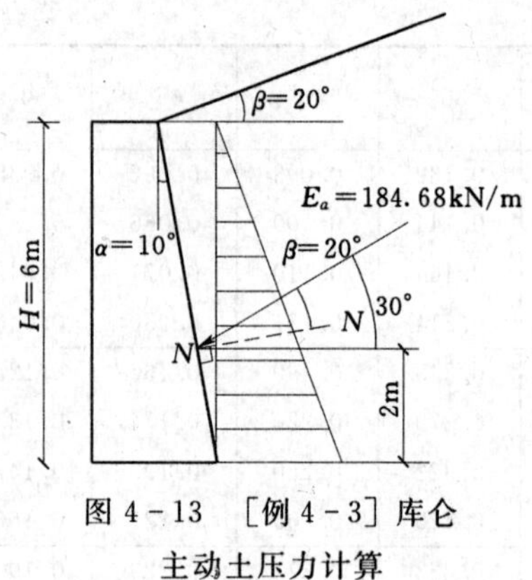

图 4-13　[例 4-3] 库仑主动土压力计算

到极限平衡状态，墙后填土沿墙背和填土内某一滑裂面 BC 同时向上滑动，此时作用在墙背上的土压力为被动土压力。

与求主动土压力的原理相似，根据库仑理论假设，取滑动楔体 ABC 为隔离体进行受力分析。作用在滑动土楔上的力仍有三个：土楔体 ABC 的自重 G、滑裂面 BC 下方土体的反力 R、墙背 AB 对滑动楔体的反力 E。R 的方向与 BC 面法线的成 φ 角，E 的方向与墙背法线成 δ 角，但由于楔体上滑，E 和 R 均位于法线的上侧。

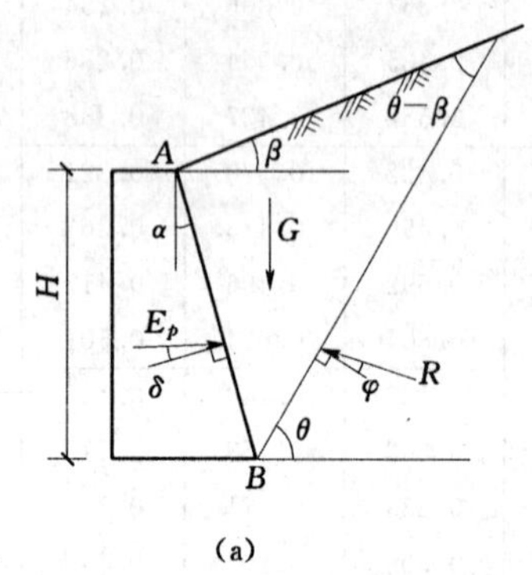

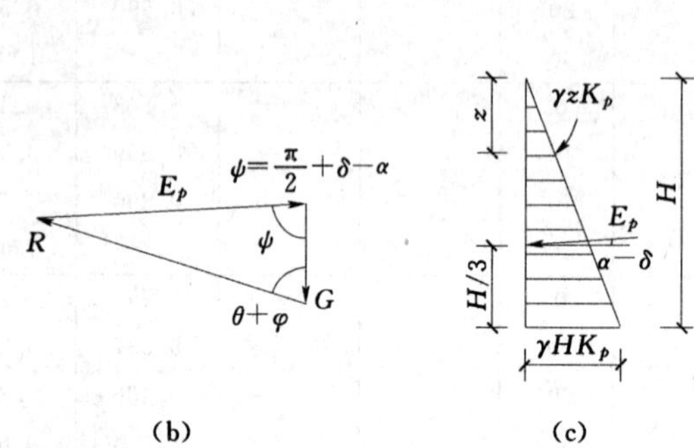

(a)　(b)　(c)

图 4-14　库仑被动土压力计算图

按求主动土压力相同的方法可求得被动土压力 E_p 的库仑公式

$$E_p=\frac{1}{2}\gamma H^2K_p \tag{4-21}$$

其中
$$K_p=\frac{\cos^2(\varphi+\alpha)}{\cos^2\alpha\cos(\alpha-\delta)\left[1-\sqrt{\dfrac{\sin(\varphi+\delta)\sin(\varphi+\beta)}{\cos(\alpha-\delta)\cos(\alpha-\beta)}}\right]^2} \tag{4-22}$$

式中　K_p——库仑被动土压力系数；

其他符号意义同式（4-19）。

当墙背竖直（$\alpha=0$）、光滑（$\delta=0$）、填土面水平（$\beta=0$）时，式（4-22）变为

$$K_p=\frac{\cos^2\varphi}{(1-\sin\varphi)^2}=\frac{1-\sin^2\varphi}{(1-\sin\varphi)^2}=\frac{1+\sin\varphi}{1-\sin\varphi}=\tan^2(45°+\frac{\varphi}{2})$$

即与无黏性土的朗肯公式相同。

被动土压力强度为

$$\sigma_p=\frac{dE_p}{dz}=\frac{d}{dz}\left(\frac{1}{2}\gamma z^2K_p\right)=\gamma zK_p \tag{4-23}$$

库仑被动土压力分布强度沿墙高也呈三角形线性分布［图 4-14（c）］，其合力作用点离墙底 $H/3$，方向与墙背法线方向成 δ 角并在法线上方，与水平方向夹角为 $\alpha-\delta$。

四、黏性土库仑土压力理论

1. 黏性土的主动土压力

如前所述，库仑土压力理论假设墙后填土为理想的无黏性土（$c=0$），只适用于无黏性土，对于挡土墙后土体为黏性土时，不能直接应用库仑理论。但在实际工程中，土体大多为黏土，粉质黏土或黏土夹石，都具有一定的黏聚力。因此，要计算黏性土压力，必须将库仑理论加以推广。近年来较多学者在库仑理论的基础上，考虑了墙后填土面超载、填土黏聚力、填土与墙背间的黏聚力以及填土表面附近的裂缝深度等因素的影响（图4-15），提出了所谓的“广义库仑理论”。根据图4-15所示的计算图，可导得主动土压力系数 K_a 如下：

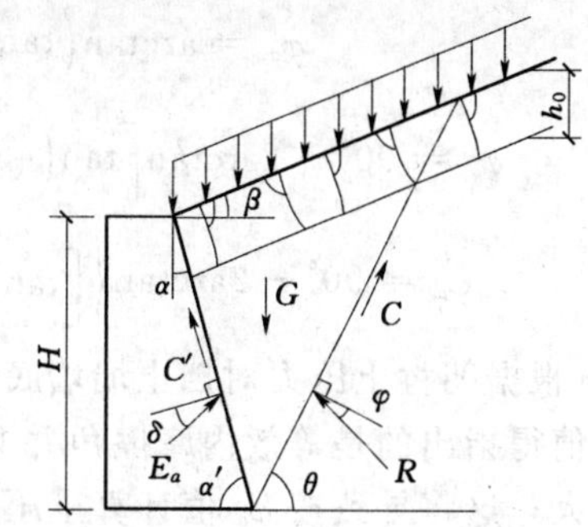

图 4-15 挡土墙的一般计算图示

$$K_a=\frac{\cos(\alpha-\beta)}{\cos\alpha\cos^2\varphi}\{[\cos(\alpha-\beta)\cos(\alpha+\delta)+\sin(\varphi-\beta)\sin(\varphi+\delta)]k_q+2k_2\cos\varphi\sin\varphi$$

$$+k_1\sin(\alpha+\varphi-\beta)\cos\psi+k_0\sin(\beta-\varphi)\cos\psi-2\sqrt{G_1G_2}\} \tag{4-24}$$

其中

$$k_q=\frac{1}{\cos\alpha}\left[1+\frac{2q}{\gamma H}\xi-\frac{h_0}{H^2}\left(h_0+\frac{2q}{\gamma}\right)\xi^2\right]$$

$$k_0=\frac{h_0^2}{H^2}\left(1+\frac{2q}{\gamma h_0}\right)\frac{\sin\alpha}{\cos(\alpha-\beta)}\xi$$

$$k_1=\frac{2c'}{\gamma H\cos(\alpha-\beta)}\left(1-\frac{h_0}{H}\xi\right)$$

$$k_2=\frac{2c}{\gamma H}\left(1-\frac{h_0}{H}\xi\right)$$

$$\xi=\frac{\cos\alpha\cos\beta}{\cos(\alpha-\beta)}$$

$$h_0=\frac{2c}{\gamma}\frac{\cos\alpha\cos\varphi}{1+\sin(\alpha-\varphi)}$$

$$G_1=k_q\sin(\delta+\varphi)\cos(\delta+\alpha)+k_2\cos\varphi+\cos\psi[k_1\cos\delta-k_0\cos(\alpha+\delta)]$$

$$G_2=k_q\cos(\alpha-\beta)\sin(\varphi-\beta)+k_2\cos\varphi$$

$$\psi=\alpha+\delta+\varphi-\beta$$

式中 q——填土表面均布荷载，kPa；

h_0——地表裂缝深度，m；

c——填土的黏聚力，kPa；

c'——墙背与填土间的黏聚力，kPa；

其他符号意义同前。

显然，若在上式中令 $c=0$，$q=0$ 及 $c'=0$，则整理可得式（4-19）。

2. 等效内摩擦角法

等效内摩擦角法就是在根据一定的等效原则，将黏性土等效为具有摩擦角 φ_d 的砂性土，然后按照砂性土的方法计算库仑土压力。这样就会大大简化计算方法，但关键问题是如何确定 φ_d 值。

在实际应用时一般根据经验确定。一般黏性土中地下水位以上取 $\varphi_d=30°\sim35°$；地下水位以下取 $\varphi_d=25°\sim30°$。其他的经验公式还有：

$$\varphi_d=\arctan\left(\tan\varphi+\frac{c}{\gamma H}\right)\text{（根据抗剪强度相等得到）} \quad (4-25)$$

$$\varphi_d=90°-2\arctan\left[\tan\left(45°-\frac{\varphi}{2}\right)-\frac{2c}{\gamma H}\right]\text{（根据朗肯总土压力相等得到）} \quad (4-26)$$

$$\varphi_d=90°-2\arctan\left\{\left[\tan\left(45°-\frac{\varphi}{2}\right)-\frac{2c}{\gamma H}\right]\sqrt{1-\frac{2c}{\gamma H}\tan\left(45°+\frac{\varphi}{2}\right)}\right\} \quad (4-27)$$

（根据朗肯土压力对挡土墙墙底力矩相等得到）

值得指出的是等效内摩擦角并非定值，它与挡土墙高度有关。通常墙高越小，φ_d 值就越大；这将导致按 φ_d 值计算土压力时对高墙可能偏于不安全，而对于低墙可能偏于保守。因此在实际应用时，应结合原位土层和挡土墙的具体情况，确定合理的 φ_d 值。

五、《建筑地基基础设计规范》(GB 50007—2011) 推荐的公式

《建筑地基基础设计规范》（GB 50007—2011）推荐的主动土压力计算法是采用类似的平面滑动面的假设，得出的公式如下：

$$E_a=\psi_c\frac{1}{2}\gamma H^2K_a \quad (4-28)$$

式中 E_a——主动土压力，kPa；

ψ_c——主动土压力增大系数，土坡高度小于5m时宜取1.0，高度为5～8m时宜取1.1，高度大于8m时宜取1.2；

γ——填土的重度，kN/m^3；

H——挡土结构的高度，m；

K_a——主动土压力系数。

主动土压力系数 K_a 采用上述"广义库仑理论"解答，但不计地表裂缝深度 h_0 及墙背与填土的黏结力 c'，即在式（4-24）中令 $h_0=0$，$c'=0$，从而得到

$$\begin{aligned}K_a=&\frac{\sin(\alpha'+\beta)}{\cos\alpha\cos^2\psi}\{k_q[\sin(\alpha'+\beta)\sin(\alpha'-\delta)+\sin(\varphi-\beta)\sin(\varphi+\delta)]\\&+2\eta\sin\alpha'\cos\varphi\cos(\alpha+\beta-\varphi-\delta)\\&-2\sqrt{k_q[\sin(\alpha'+\beta)\sin(\varphi-\beta)+\eta\sin\alpha'\cos\varphi][k_q\sin(\alpha'-\delta)\sin(\varphi+\delta)+\eta\sin\alpha'\cos\varphi]}\}\end{aligned} \quad (4-29)$$

其中 $$k_q=1+\frac{2q}{\gamma H}\frac{\sin\alpha'\cos\beta}{\sin(\alpha'+\beta)};\quad \eta=\frac{2c}{\gamma H}$$

其他符号意义同前。

第六节 朗肯理论与库仑理论的比较

朗肯和库仑两种土压力理论都是研究土压力问题的一种简化方法，它们却各有其不同

的基本假定、分析方法与适用条件。只有当墙背直立（$\alpha=0$）、墙面光滑（$\delta=0$），填土表面水平（$\beta=0$）时，用这两种理论计算结果相同。因此，在应用时必须注意针对实际情况合理选择，否则将会造成不同程度的误差。

一、分析方法的异同

朗肯与库仑土压力理论均属于极限状态土压力理论。就是说，用这两种理论计算出的土压力都是墙后土体处于极限平衡状态下的主动与被动土压力 E_a 和 E_p，这是它们的相同点。但两者在分析方法上存在着较大的差别，主要表现在研究的出发点和途径的不同。朗肯理论是从研究半无限土体中一点的极限平衡应力状态出发，首先求出的是作用在土中竖直面上的土压力强度 σ_a 或 σ_p 及其分布形式，然后再计算出作用在墙背上的总土压力 E_a 和 E_p，因而朗肯理论属于极限应力法。库仑理论则是根据墙背和滑裂面之间的土楔体处于极限平衡状态，用静力平衡条件，先求出作用在墙背上的总土压力 E_a 和 E_p，需要时再计算土压力强度 σ_a 或 σ_p 及其分布形式，因而库仑理论属于滑动楔体法。

在上述两种研究途径中，朗肯理论在理论上比较严密，但只能得到如本章所介绍的理想简单边界条件下的解答，在应用上受到限制。库仑理论显然是一种简化理论，但由于其能适用于较为复杂的各种实际边界条件，且在一定范围内能得出比较满意的结果，因而应用更广。

二、适用范围

朗肯和库仑两种土压力理论的适用范围显然与填土面的形状、墙背的倾角和粗糙度等因素有关。

（一）朗肯理论的应用范围

1. 墙背与填土条件

（1）墙背垂直、光滑，墙后填土面水平，即 $\alpha=0$，$\delta=0$，$\beta=0$［图 4-16（a）］。

（2）墙背垂直，填土面为倾斜平面，即 $\alpha=0$，$\beta\neq0$，但 $\beta<\varphi$ 且 $\delta>\beta$［图 4-16（b）］。

（3）坦墙（工程中常把出现第二滑裂面的挡土墙定义为坦墙），墙背倾角 $\alpha>\left(45°-\dfrac{\varphi}{2}\right)$，［图 4-16（c）］。

（4）L 形钢筋混凝土挡土墙［图 4-16（d）］。

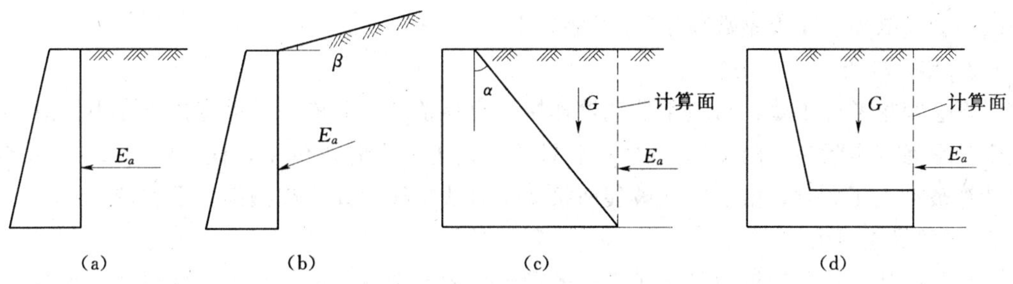

图 4-16　用朗肯公式求解的适用范围

2. 土质条件

无黏性土与黏性土均可用。除情况（2）且填土为黏性土外，均有公式直接求解。

（二）库仑理论的应用范围

1. 墙背与填土面条件

（1）可用于$\alpha \neq 0$，$\beta \neq 0$，$\delta \neq 0$［图 4-17（a）］或$\alpha = 0$，$\beta = 0$，$\delta = 0$的情况，故较朗肯公式应用范围更广。

（2）坦墙，填土形式不限，计算面为第二滑裂面［图 4-17（b）］。

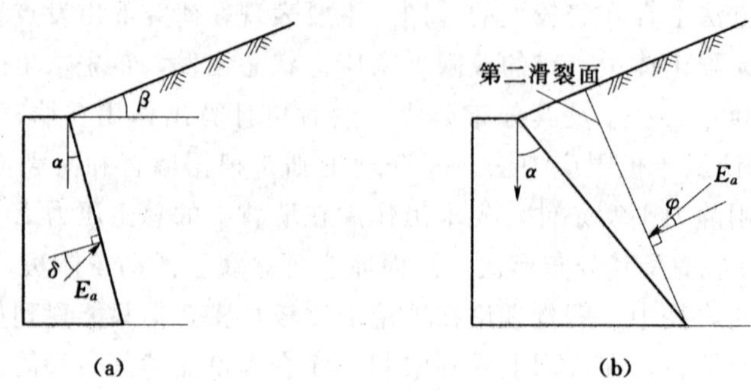

图 4-17　用库仑公式求解的适用范围

2. 土质条件

数解法一般只用于无黏性土，黏性土的数解法由于表达式过于复杂，目前还很少用。图解法则对于无黏性土或黏性土均可方便应用。

三、计算误差

如前所述，朗肯和库仑土压力理论都是建立在某些人为假定的基础上，例如对于竖直墙背和水平填土面的挡土墙，朗肯假定墙背为理想的光滑面，忽略了墙与土之间的摩擦对土压力的影响；库伦理论虽计及墙背与填土的摩擦作用，但却假定土中的滑裂面是通过墙踵的平面，因此计算结果都有一定的误差。

1. 朗肯理论

朗肯理论由于不考虑墙背与填土之间的摩擦力，因此计算所得的主动土压力系数K_a偏大，而被动土压力系数K_p偏小。特别是当δ和φ都比较大时，忽略墙背与填土的摩擦作用，会使被动土压力系数偏小 2～3 倍以上。

2. 库仑理论

库仑理论考虑了墙背与填土的摩擦作用，边界条件是正确的，但却把土体中的滑动面假定为平面（实际为一曲面）。通常，在计算主动土压力时稍偏小，误差约为 2%～10%，但计算被动土压力时，由于实际破裂面接近于对数螺线，计算值偏高，误差较大，有时可达 2～3 倍甚至更大。

综前所述，对于计算主动土压力，各种理论的差别都不大。朗肯土压力公式简单，便于记忆，在工程中得到广泛应用。不过在具体实用中，要注意边界条件是否符合朗肯理论的规定，以免得到错误的结果。库伦理论可适用于比较广泛的边界条件，包括各种墙背倾角、填土面倾角和墙背与土的摩擦角等，在工程中应用更广。至于被动土压力的计算，当δ和φ较小时，这两种古典土压力理论尚可应用；而当δ和φ较大时，误差都很大，均不宜采用。

第七节 库尔曼图解法

如前所述，库仑土压力理论最初只能计算墙后填土为砂性土（$c=0$）、填土表面为平面情况下的土压力。引入内摩擦角概念后，可将库仑理论推广到墙后为黏性土的情况。对于更加复杂的情况，采用前面所讲的库仑土压力公式就显得比较困难。例如：墙后填土表面为曲面或不规则形状、填土表面有集中荷载或局部荷载，墙后填土为黏性土等情况，此时可考虑采用图解法形象地求得库仑土压力。

库尔曼（C. Culmann）图解法是以库仑土压力理论为基础，采用楔体试算法求得库仑主动或被动土压力。该方法因其概念明确、使用简单，不仅可以求得库仑土压力的大小。而且可以直接绘出破裂面的方向，因而在工程中得到广泛应用。

一、基本原理

根据库仑土压力理论基本假设，任意假定通过墙踵的滑裂面BC，分析作用于滑动土楔体ABC上的力，并绘制矢量多边形。当墙后填土为无黏性土时，作用于土楔体上的力有土楔重力G、挡土墙对土楔的反力E及滑裂面BC下面土体对于土楔体的反力R，如图4-12所示；而当墙后为黏性土时，除了以上3个力外，还有墙背与土楔间的黏聚力合力C_w及滑裂面上黏聚力的合力C_s，如图4-18（a）所示。根据前述朗肯理论已知，在无荷载作用的黏性土半无限体表层约h_0深度内，由于存在拉应力，将导致裂缝出现，故在h_0深度内的墙背面上和滑裂面上无黏聚力c的作用。$h_0=\dfrac{2c}{\gamma\sqrt{K_a}}$，该表达式不因地表倾角不同而变化。

绘制矢量多边形时，将整个矢量多边形逆时针旋转$90°+\varphi$，从而使滑裂面BD上的反力R的作用方向与假定的滑裂面相一致，滑动楔体$AFBDC$重力G作用方向与水平线的夹角为φ角；G与E之间的夹角为ψ，如图4-18（b）所示。根据滑动土楔体的极限平衡条件，该矢量多边形必定闭合，其中所有力的作用方向均已知，且$C_w=c'\cdot BF$，$C_s=c\cdot BD$，重力G大小（矢量长度）已知，由矢量多边形可以确定墙背AB上的反力E。

按照同样的方法假定多个不同的滑裂面，可绘制出一系列闭合的矢量多边形，求出各土楔体对应的墙背反力E值。对于主动极限平衡状态，求出各个E值中的最大值E_{max}，E_{max}的反作用力即为主动土压力；对于被动极限平衡状态，求出各E值中的最小值E_{min}，E_{min}的反作用力即为被动土压力。

二、库尔曼图解法步骤

在作图时，库尔曼闭合的矢量多边形的顶点O直接放在墙踵B处。以求解填土表面为曲面、墙后为砂土情况的主动土压力为例，具体步骤如下：

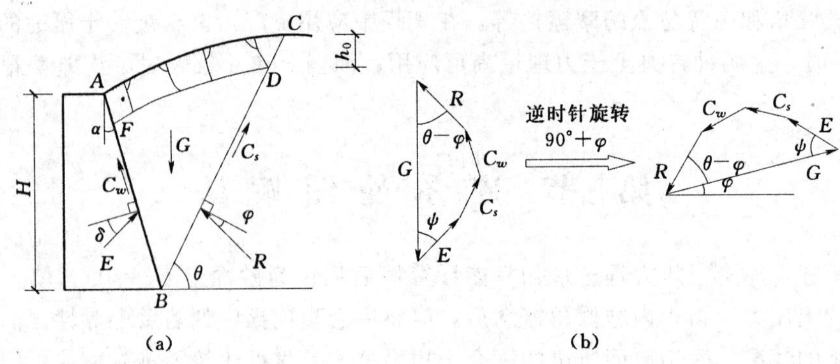

图 4－18　库尔曼图解法原理

(1) 如图 4－19 所示的挡土墙和土坡，过 B 点作 BL 线，使 BL 与水平面成 φ 角，BL 线为重力 G 逆时针旋转 $90°+\varphi$ 后的方向。

(2) 以 BL 为基线顺时针方向旋转 $\psi=90°-\delta-\alpha$，作 BF 线，BF 即旋转变化后的土压力 E 的方向。

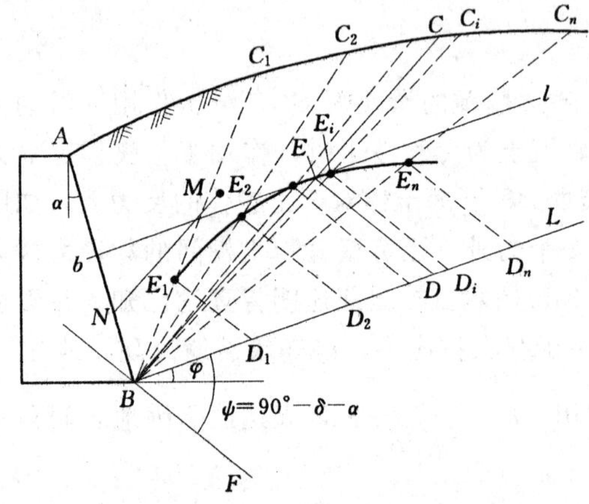

图 4－19　库尔曼图解法步骤

(3) 任意假定一个破裂面 BC_1，计算滑动土楔 ABC_1 的重量 G_1，按一定比例在 BL 线上截取 $BD_1=G_1$。

(4) 过 D_1 点作 BF 的平行线交 BC_1 于 E_1，按与 $BD_1=G_1$ 同样的比例可以确定 $E_1D_1=E_1$ 的大小。

(5) 重复 3 和 4 的步骤可以确定 $E_2D_2=E_2$，$E_3D_3=E_3$，…

(6) 连接 E_1、E_2、E_3、…可得一曲线，称为库尔曼土压力轨迹线，它表示在各不同假想滑裂面的情况下，墙背 AB 上受到的土压力大小的变化情况。

(7) 在土压力轨迹线上作一条平行于 BL 的切线，切点为 E，过切点 E 作 BF 的平行线交 BL 线于 D 点，按同一比例尺确定 $E_a=ED$。

(8) 连接 BE，并延长至坡面 C，则 BC 就是实际破裂面。

(9) 求 ABC 土楔的形心点 M，过 M 点作与 BC 平行的直线交墙背于 N 点，则 N 点可近似作为总主动土压力 E_a 的作用点。

对于填土为黏性土时，用与无黏性土同样的方法，试算多个滑裂面，根据矢量 E 与 R 的交点的轨迹，画出一条光滑曲线，找到 E_{max} 即为主动土压力 E_a。

第八节　常见情况的土压力计算

一些特殊的情况（例如墙后填土表面有连续均布荷载、填土为成层土以及填土中存在地下水等）常在工程中遇到。下面介绍这些情况下主动土压力的方法。

一、填土面上有均布荷载

（一）连续均布荷载

1. 挡土墙墙背垂直，填土表面水平的情况

墙后填土表面有连续均布荷载 q 作用时，可以采用当量土层代换法，即将均布荷载 q 换算成当量厚度土层的自重应力，则虚构的当量土层厚度为

$$h' = \frac{q}{\gamma} \tag{4-30}$$

式中　q——填土面上的均布荷载，kPa；

γ——填土的重度，kN/m^3。

如图 4-20 所示，再以 $H+h'$ 为墙高，按填土面无荷载情况，采用朗肯理论计算土压力。以填土为黏性土的主动土压力计算为例，可得 A 点以下深度 z 处的主动土压力强度为

$$\begin{aligned}\sigma_a &= \gamma(z+h')K_a - 2c\sqrt{K_a} \\ &= \gamma z K_a - 2c\sqrt{K_a} + qK_a\end{aligned} \tag{4-31}$$

从式（4-31）可见，填土面上连续均布荷载 q 在墙背上引起的主动土压力强度为 qK_a，沿墙高呈均匀分布。

此时，临界深度计算公式为

$$z_0 = \frac{2c}{\gamma\sqrt{K_a}} - \frac{q}{\gamma} \tag{4-32}$$

因此，当 $q > \frac{2c}{\sqrt{K_a}}$ 时，$z_0 < 0$，墙顶 A 点的土压力强度 $\sigma_{aA} > 0$，墙背上的主动土压力呈梯形分布；当 $q = \frac{2c}{\sqrt{K_a}}$ 时，$z_0 = 0$，$\sigma_{aA} = 0$，主动土压力呈三角形分布；当 $q < \frac{2c}{\sqrt{K_a}}$ 时，$z_0 > 0$，$\sigma_{aA} < 0$，主动土压力在临界深度以下呈三角形分布（图 4-20）。

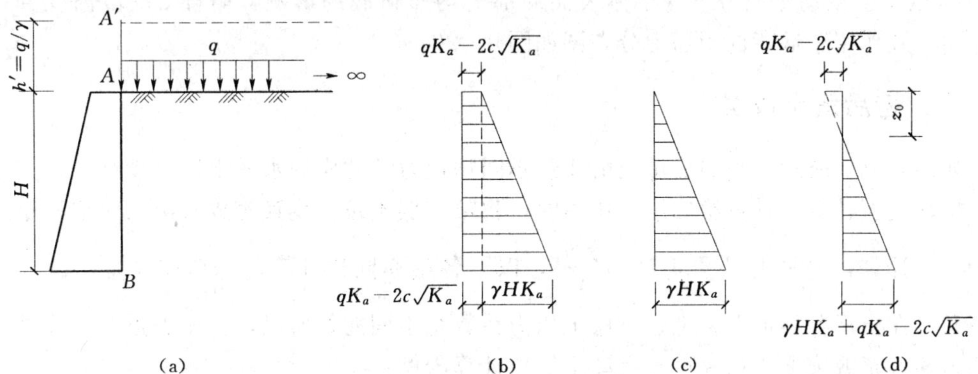

图 4-20　填土表面有连续均布荷载时的朗肯主动土压力计算

（a）当量土层代换法；（b）$q > 2c/\sqrt{K_a}$；（c）$q = 2c/\sqrt{K_a}$；（d）$q < 2c/\sqrt{K_a}$

在计算主动土压力合力时，不计假想墙背 AA' 上的那部分土压力，而只计算实际墙

背 AB 上的土压力。总土压力为 σ_a 分布图的面积，作用点在 σ_a 分布图形的重心位置。

对于填土为无黏性土（$c=0$）时，也是一样，土压力强度只是比无荷载情况增加一项 qK_a，主动土压力呈梯形分布。

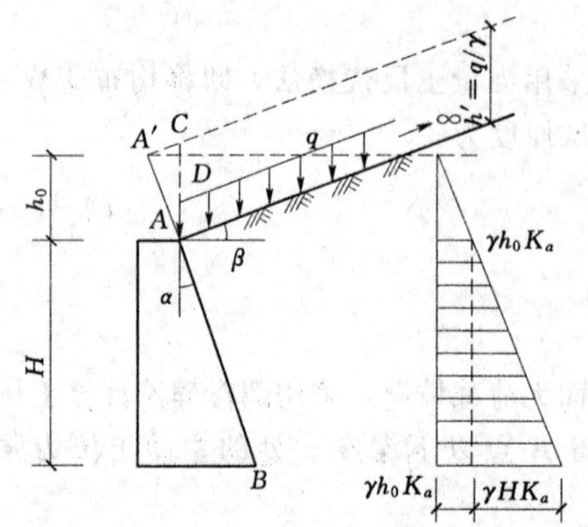

图 4-21　填土表面有连续均布荷载时的库仑主动土压力计算

2. 挡土墙墙背倾斜，填土表面倾斜的情况

如图 4-21 所示，采用当量土层代换法同理计算当量填土高度 $h'=\dfrac{q}{\gamma}$，虚构的填土表面斜向延伸与墙背 AB 向上延长线交于 A' 点，按 $A'B$ 为虚构墙背来计算土压力，这时挡土墙的总高度为 $H+h_0$。

$\Delta AA'D$ 中应用正弦定理可得

$$\frac{h_0}{\sin(90°-\alpha)}=\frac{AA'}{\sin 90°}$$

$\Delta AA'C$ 中应用正弦定理可得

$$\frac{h'}{\sin(90°-\alpha+\beta)}=\frac{AA'}{\sin(90°-\beta)}$$

故

$$h_0=h'\frac{\sin(90°-\beta)\sin(90°-\alpha)h_0}{\sin(90°-\alpha+\beta)\sin 90°}=h'\frac{\cos\beta\cos\alpha}{\cos(\alpha-\beta)}=\frac{q}{\gamma}\cdot\frac{\cos\beta\cos\alpha}{\cos(\alpha-\beta)}\qquad(4-33)$$

同样，以 $H+h_0$ 为墙高，按填土面无荷载情况，采用库仑理论计算主动土压力。计算主动土压力合力 E_a 时，不计作用在虚构墙背上的那部分土压力，作用点在 σ_a 分布图形的重心高度处。

（二）局部均布荷载

当填土表面承受有局部均布荷载时，荷载对墙背的土压力强度附加值仍为 qK_a，但其分布范围难于从理论上严格规定。通常可采用近似方法处理，即从局部荷载的两个端点 M 和 N 作两条与水平面呈 $45°+\dfrac{\varphi}{2}$ 角的直线，与墙背交于 C 和 D 两点，并认为 C 点以上及 D 点以下的主动土压力不受土体表面局部荷均布荷载的影响，墙背 CD 段内受到 qK_a 的作用，故作用于墙背的土压力分布图如图 4-22。

二、墙后填土成层

如图 4-23 所示，当墙后填土由几层不同物理力学性质的水平土层组成时，第一层土压力按均质土计算。计算第二层土压力时，将第一层土按重度换算成与第二层重度相同的当量土层计算，当量土层厚度 $h_1'=\dfrac{\gamma_1 h_1}{\gamma_2}$，以下各层亦同样计算。计算应注意，各土层性质不同，在土层分界面上，上、下层土压力系数是不同的，所以，土压力强度在分界面处可能出现转折或突变。以黏性土主动土压力计算为例：

第一层填土土压力强度

$$\sigma_{a_0}=-2c_1\sqrt{K_{a1}}$$

$$\sigma_{a_1}=\gamma_1 h_1 K_{a1}-2c_1\sqrt{K_{a1}}$$

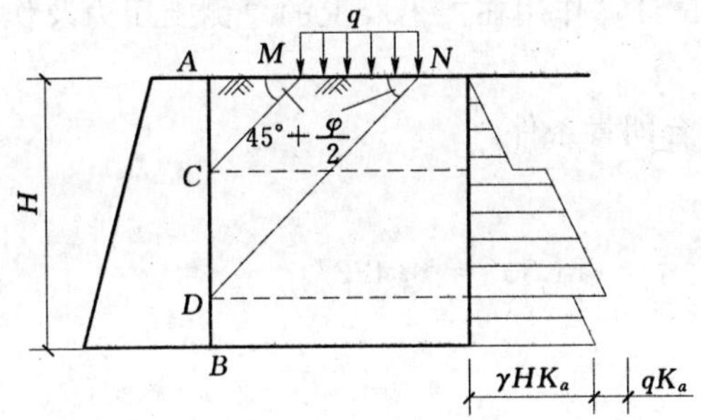

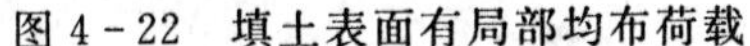

图 4-22　填土表面有局部均布荷载

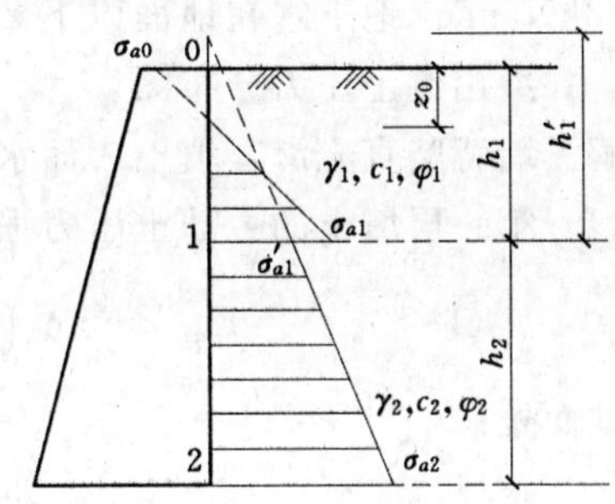

图 4-23　墙后填土成层时土压力计算

第二层填土土压力强度

$$\sigma_{a_1}' = \gamma_2 \frac{\gamma_1 h_1}{\gamma_2} K_{a2} - 2c_2\sqrt{K_{a2}} = \gamma_1 h_1 K_{a2} - 2c_2\sqrt{K_{a2}}$$

$$\sigma_{a_2} = \gamma_2 \left(\frac{\gamma_1 h_1}{\gamma_2} + h_2\right) K_{a2} - 2c_2\sqrt{K_{a2}} = (\gamma_1 h_1 + \gamma_2 h_2) K_{a2} - 2c_2\sqrt{K_{a2}}$$

主动土压力的合力 E_a 为主动土压力强度分布图形的面积，作用点位置为其形心处。

三、填土中有地下水

墙后填土常会部分或全部处于地下水位以下，这时作用在挡土墙上的压力除了土压力外，还受到水压力的作用。在计算挡土墙所受到的总的侧压力时，对地下水位以上部分的土压力计算同前，对对地下水位以下部分的土压力和水压力的计算，在工程实践中，通常采用所谓的“水土分算”和“水土合算”方法。对透水性较强的砂土和碎石土，一般采用水土分算的方法；对于透水性弱的黏性土，可根据现场情况和当地工程经验，确定采用“水土合算”还是“水土分算”。

1. “水土分算”法

“水土分算法”是指分别计算作用于挡土墙的土压力和水压力，然后进行叠加（图 4-24中 $ABCDE$ 为土压力分布图，而 CEF 为水压力分布图）。地下水位以下，土体的重度采用有效重度，土压力系数采用有效应力抗剪强度指标计算，并计算水压力。

2. “水土合算”法

对于地下水位以下，透水性弱的粉土和黏性土，一般采用“水土合算”的方法计算挡土墙上的作用力，地下水位以下计算土压力的方法与地下水位以上土层采用方法相同，只是土的重度采用饱和重度，土压力系数采用总应力抗剪强度指标计算。

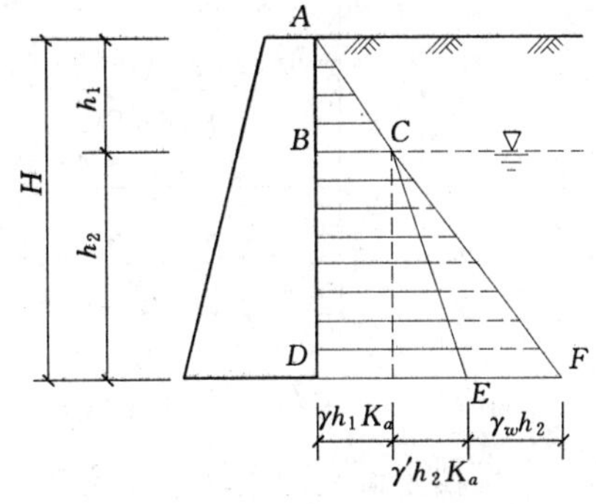

图 4-24　填土中有地下水时土压力计算

【例 4-4】 挡土墙高 5m，墙背直立、光滑，墙后填土面水平，填土表面作用均布荷载 $q=20\text{kPa}$，墙后填土由两层组成。第一层土厚 2m，$c_1=10\text{kPa}$，$\varphi_1=24°$，$\gamma_1=18.0\ \text{kN/m}^3$；第二层土厚 3m，$c_2=0\text{kPa}$，$\varphi_2=30°$，$\gamma_2=17.5\text{kN/m}^3$，$\gamma_{sat2}$

$=19.8\text{kN/m}^3$。地下水在地面以下2m处，试计算作用在挡土墙上的总侧土压力及作用点位置，并绘出侧土压力分布图。

解： 墙背竖直光滑，填土表面水平，符合朗肯条件。

（1）第一层填土的主动土压力强度

$$K_{a1} = \tan^2\left(45° - \frac{\varphi_1}{2}\right) = \tan^2 33° = 0.422$$

地面处：

$$\begin{aligned}\sigma_{a0} &= qK_{a1} - 2c_1\sqrt{K_{a1}}\\ &= 20 \times 0.422 - 2 \times 10\sqrt{0.422}\\ &= -4.55\ (\text{kPa})\end{aligned}$$

第一层底：

$$\begin{aligned}\sigma_{a1} &= (q + \gamma_1 h_1)K_{a1} - 2c_1\sqrt{K_{a1}}\\ &= (20 + 18.0 \times 2) \times 0.422 - 2 \times 10\sqrt{0.422}\\ &= 10.64\ (\text{kPa})\end{aligned}$$

（2）第二层填土的主动土压力强度

$$K_{a2} = \tan^2\left(45° - \frac{30}{2}\right) = \tan^2 30° = 0.333$$

$$\begin{aligned}\sigma'_{a1} &= (q + \gamma_1 h_1)K_{a2} - 2c_2\sqrt{K_{a2}}\\ &= (20 + 18.0 \times 2) \times 0.333 - 2 \times 0 \times \sqrt{0.422}\\ &= 18.65\ (\text{kPa})\end{aligned}$$

$$\begin{aligned}\sigma_{a2} &= (q + \gamma_1 h_1 + \gamma'_2 h_2)K_{a2} - 2c_2\sqrt{K_{a2}}\\ &= [20 + 18.0 \times 2 + (19.8 - 10) \times 3] \times 0.333 - 2 \times 0 \times \sqrt{0.422}\\ &= 28.44\ (\text{kPa})\end{aligned}$$

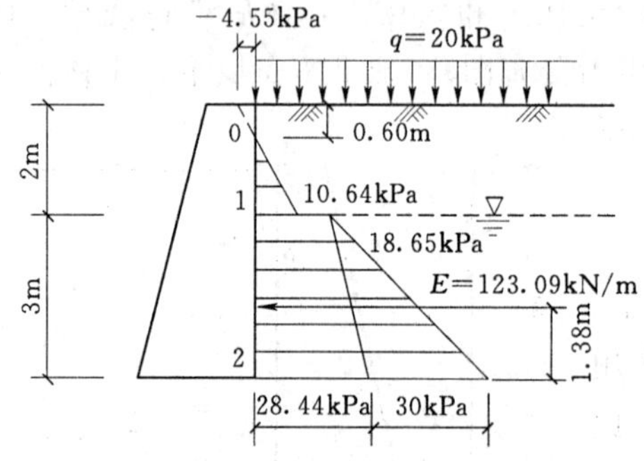

图4-25 ［例4-4］土压力分布

主动土压力分布图见图4-25。注意，在实际应用中，地下水以下的有效应力强度指标c'，φ'常用总应力强度指标c，φ代替。

（3）第二层底部水压力强度

$$\sigma_w = \gamma_w h_w = 10 \times 3 = 30\ (\text{kPa})$$

（4）临界深度：

$$\begin{aligned}z_0 &= \frac{1}{\gamma_1}\left(\frac{2c_1}{\sqrt{K_{a1}}} - q\right)\\ &= \frac{1}{18.0} \times \left(\frac{2 \times 10}{\sqrt{0.422}} - 20\right) = 0.60\ (\text{m})\end{aligned}$$

（5）挡土墙上的主动土压力为

$$\begin{aligned}E_a &= \frac{1}{2} \times 10.64 \times (3 - 1.45) + 18.65 \times 3 + \frac{1}{2} \times (28.44 - 18.65) \times 3\\ &= 7.45 + 55.95 + 14.69\\ &= 78.09\ (\text{kN/m})\end{aligned}$$

(6) 挡土墙上的水压力为

$$E_w = \frac{1}{2}\sigma_w h_w = \frac{1}{2} \times 30 \times 3 = 45 \text{ (kN/m)}$$

(7) 挡土墙上的总压力

$$E = E_a + E_w = 78.09 + 45 = 123.09 \text{ (kN/m)}$$

(8) 总压力 E 至墙底的距离

$$x = \frac{1}{123.09}\left[7.45 \times \left(3 + \frac{2-0.60}{3}\right) + 55.95 \times \frac{3}{2} + 14.69 \times \frac{3}{3} + 45 \times \frac{3}{3}\right] = 1.38 \text{ (m)}$$

第九节　挡土墙设计

挡土墙设计包括墙型选择、稳定性验算、地基承载力验算、墙身材料强度验算以及一些设计中的构造要求和措施等。本节着重介绍重力式挡土墙设计中的有关问题。

一、挡土墙类型选择

常用的挡土墙形式有重力式、悬臂式、扶壁式、锚杆及锚定板式和加筋土挡墙等。一般应根据工程需要、土质情况、材料供应、施工技术以及造价等因素合理地选择。

1. 重力式挡土墙

一般由块石或混凝土材料砌筑，墙身截面较大。重力式挡土墙依靠墙身自重抵抗土压力引起的倾覆弯矩，其各部分名称见图 4-26 (a)。根据墙背倾斜方向可分为仰斜、直立和俯斜三种（图 4-26）。墙高一般小于 8m，当 $h=8\sim12$m 时，宜用衡重式［图 4-26 (d)］，它由上墙和下墙组成，上、下墙间有一平台，称为衡重台。衡重台上的填土相当于挡土墙的一部分，既节省了圬工，又增加了墙体的稳定性。重力式挡土墙具有结构简单，施工方便，能就地取材等优点，在建筑工程中被广泛采用。

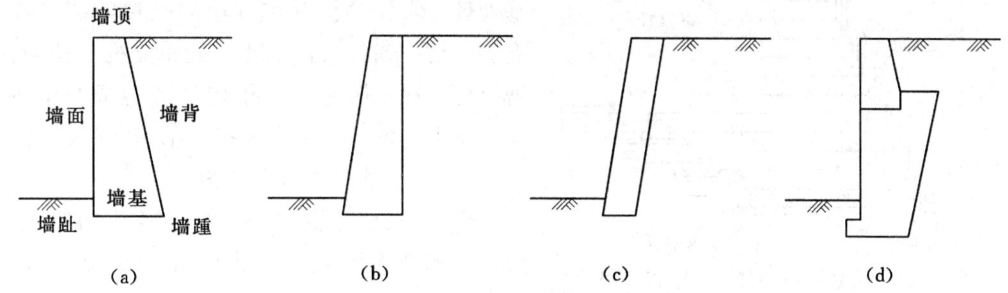

图 4-26　重力式挡土墙

(a) 俯斜；(b) 直立；(c) 仰斜；(d) 衡重

2. 悬臂式挡土墙

一般由钢筋混凝土建造，由三个悬臂板组成，即立壁、墙趾悬臂和墙踵悬臂组成。墙的稳定主要依靠墙踵悬臂以上土重维持。墙体内设置钢筋承受拉应力，故墙身截面较小。

初步设计时可按图 4-27 选取截面尺寸。其适用于墙高大于 5m、地基土质较差，当地缺少石料等情况。多用于市政工程及储料仓库。

3. 扶壁式挡土墙

当墙高大于 10m 时，挡土墙立壁挠度较大，为了增强立壁的抗弯性能，常沿墙体的纵向每隔一定距离［（0.3～0.6）h］设置一道扶壁，称为扶壁式挡土墙（图 4-28）。扶壁间填土可增加抗滑和抗倾覆能力，一般用于重要的大型土建工程。

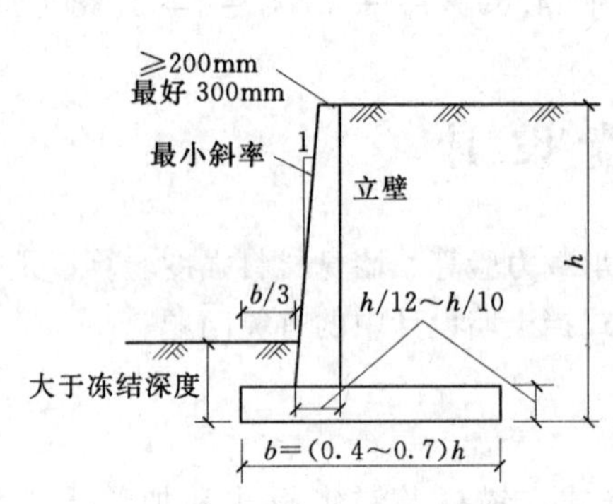

图 4-27 悬臂式挡土墙初步设计尺寸

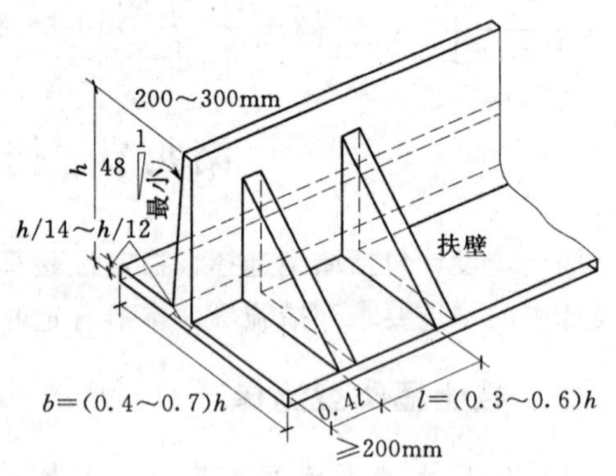

图 4-28 扶壁式挡土墙初步设计尺寸

4. 锚杆及锚定板式挡土墙

锚定板挡土墙由预制的钢筋混凝土立柱、墙面、钢拉杆和埋置在填土中的锚定板在现场拼装而成，依靠填土与结构的相互作用力维持其自身稳定。与重力式挡土墙相比，其结构轻、柔性大、工程量少、造价低、施工方便，特别适用于地基承载力不大的地区。设计时，为了维持锚定板挡土结构的内力平衡，必须保证锚定板挡土结构周边的整体稳定和土的摩擦阻力大于由土自重和超载引起的土压力。

锚杆式挡土墙是利用嵌入坚实岩层的灌浆锚杆作为拉杆的一种挡土结构。锚杆式挡土墙适用于承载力较低的地基，不必进行复杂的地基处理，常作为深基坑开挖的一种经济有效的支挡结构。锚杆式挡土墙一般由立柱、墙面板、钢拉杆组成。图 4-29 为 1974 年建成的山西太焦铁路上的锚杆、锚定板挡土结构实例。

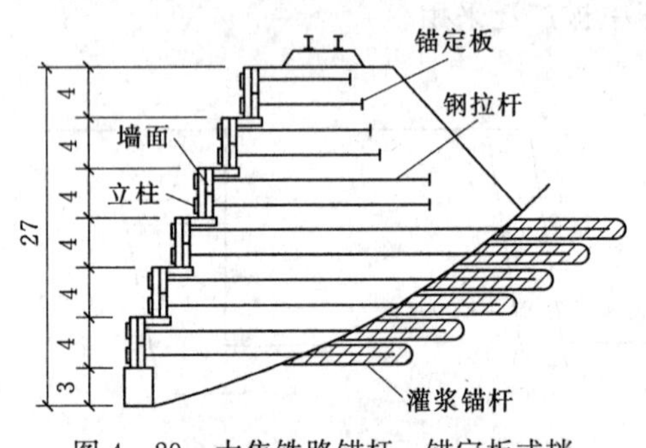

图 4-29 太焦铁路锚杆、锚定板式挡土墙实例（单位：mm）

5. 其他型式的挡土结构

此外，还有混合式挡土墙［图 4-30（a）］、构架式挡土墙［图 4-30（b）］、板桩墙［图 4-30（c）］、加筋土挡土墙［图 4-30（d）］以及近年来发展的土工合成材料挡土墙［图 4-30（e）］等。

二、挡土墙的计算

挡土墙的设计计算应根据使用过程中可能出现的荷载，按承载能力极限状态和正常使

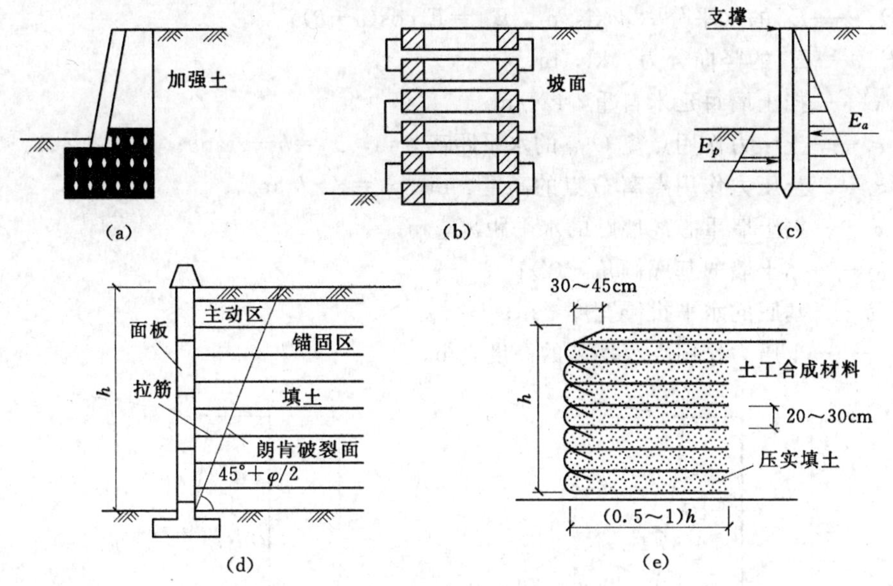

图 4-30 其他各种形式的挡土结构

用极限状态进行荷载效应组合，并取最不利组合进行设计。截面尺寸一般按试算法确定，即先根据挡土墙的工程地质条件、填土性质以及墙身材料和施工条件等凭经验初步拟定截面尺寸，然后进行验算。如不满足要求，则修改截面尺寸或采取其他措施。

根据《建筑地基基础设计规范》(GB 50007—2011)，挡土墙基底面积及埋深按地基承载力确定，传至基础底面的荷载效应按正常使用极限状态下荷载效应的标准组合。土体自重、墙体自重均按实际的重力密度计算，在地下水位以下时应扣去水的浮力，相应的抗力应采用地基承载力特征值。

计算挡土墙上的土压力应采用承载能力极限状态荷载效应基本组合，但荷载效应组合设计值 S 中荷载分项系数均为 1.0；在计算挡土墙内力、确定配筋和验算材料强度时，上部结构传来的荷载效应组合和相应的基底反力，应按承载能力极限状态下荷载效应的基本组合，采用相应的荷载系数，即永久荷载对结构不利时分项系数取 1.35，对结构有利时取 1.0。

此外，在挡土墙设计中，波浪力、冰压力和冻胀力不同时计算。当墙身有泄水孔、墙后回填渗水的砂土时，墙前、后水位接近平衡。填料浸水后，受到水的减重作用，计算时应计入墙身浸水的上浮力及填料的减重作用。但应注意墙前、后水位的急剧变化，将会引起较大的动水压力。

重力式挡土墙的计算内容通常包括：稳定性验算、地基承载力验算和墙身强度验算。

1. 抗倾覆稳定性验算

研究表明，挡土墙的破坏大部分是倾覆破坏。要保证挡土墙在土压力的作用下不发生绕墙趾 O 点的倾覆 [图 4-31 (a)]，必须要求抗倾覆安全系数（O 点的抗倾覆力矩与倾覆力矩之比）$K_t \geqslant 1.6$，即

$$K_t = \frac{Gx_0 + E_{az}x_f}{E_{ax}z_f} \geqslant 1.6 \qquad (4-34)$$

式中　E_{ax}——E_a 的水平分力，kN/m，$E_{ax}=E_a\cos(\alpha+\delta)$；

E_{az}——E_a 的竖向分力，kN/m；

G——挡土墙每延米自重，kN/m；

x_f——土压力作用点离 O 点的水平距离，m，$x_f=b-z\tan\alpha$；

z_f——土压力作用点离 O 点的高度，m，$z_f=z-b\tan\alpha_0$；

x_0——挡土墙重心离墙趾的水平距离，m；

α_0——挡土墙的基底倾角，(°)；

b——基底的水平投影宽度，m；

z——土压力作用点离墙踵的高度，m。

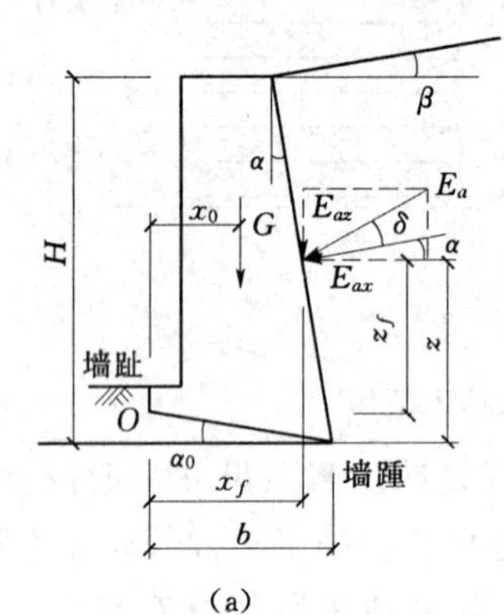

(a)

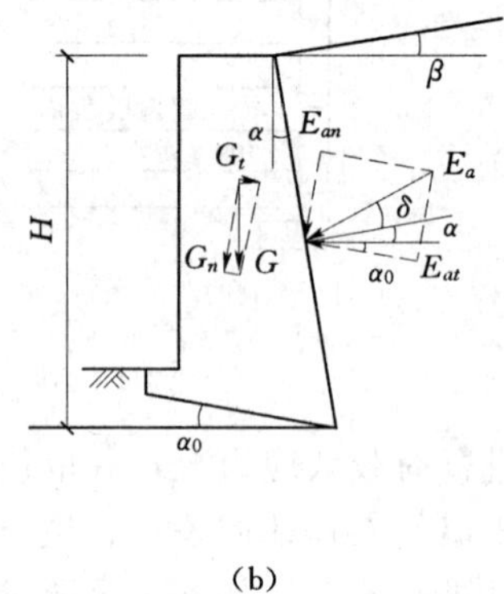

(b)

图 4-31　挡土墙的稳定性验算

(a) 抗倾覆稳定性验算；(b) 抗滑动稳定性验算

在软弱地基上倾覆时，墙趾可能陷入土中，使力矩中心点内移，导致抗倾覆安全系数降低，有时甚至会沿圆弧滑动而发生整体破坏，因此验算时应注意土的压缩性。验算悬臂式挡土墙时，可视土压力作用在墙踵的垂直面上，将墙踵悬臂以上土重计入挡土墙自重。

若验算结果不能满足式（4-34）要求时，可按以下措施处理：

（1）增大挡土墙断面尺寸，使 G 增大，但工程量也相应增大。

（2）加大 x_0，伸长墙趾。但墙趾过长，若厚度不够，则需配置钢筋。

（3）墙背做成仰斜，可减小土压力。

（4）在挡土墙垂直墙背上做卸荷台，形状如牛腿（图 4-32），则平台以上土压力不能传到平台以下，总土压力减小，故抗倾覆稳定性增大。

2. 抗滑动稳定性验算

在土压力的作用下，挡土墙也可能沿基础底面发生滑动，如图 4-31（b）所示。因此要求基底的抗滑安全系数 K_s（抗滑力与滑动力之比）即

$$K_s=\frac{(G_n+E_{an})\mu}{E_{at}-G_t}\geqslant 1.3 \tag{4-35}$$

式中　G_n——挡墙自重在垂直于基底平面方向的分力，$G_n=G\cos\alpha_0$；

G_t——挡墙自重在平行于基底平面方向的分力，$G_t=G\sin\alpha_0$；

E_{an}——E_a 在垂直于基底平面方向的分力，$E_{an}=E_a\sin(\alpha+\alpha_0+\delta)$；

E_{at}——E_a 在平行于基底平面方向的分力，$E_{at}=E_a\cos(\alpha+\alpha_0+\delta)$；

μ——土对挡土墙基底的摩擦系数，宜按试验确定，也可按表 4-3 选用。

表 4-3　土对挡土墙基底的摩擦系数 μ

土的类别		摩擦系数 μ
黏性土	可塑	0.25～0.30
	硬塑	0.30～0.35
	坚硬	0.35～0.45
粉土		0.30～0.40
中砂、粗砂、砾砂		0.40～0.50
碎石土		0.40～0.60
软质岩石		0.40～0.60
表面粗糙的硬质岩石		0.65～0.75

注　对易风化的软质岩石和 $I_P>22$ 的黏性土，μ 应通过试验测定；对碎石土，可根据其密实度、填充物状况，风化程度等确定。

若验算不能满足式（4-35）要求，可采取以下措施加以解决。

（1）修改挡土墙断面尺寸，以加大 G 值。

（2）墙基底面做成砂、石垫层，以提高 μ 值。

（3）墙底做成逆坡（图 4-33），利用滑动面上部分反力来抗滑。

（4）在软土地基上，其他方法无效或不经济时，可在墙踵后加拖板，利用拖板上的土重来抗滑。拖板与挡土墙之间应用钢筋连接。

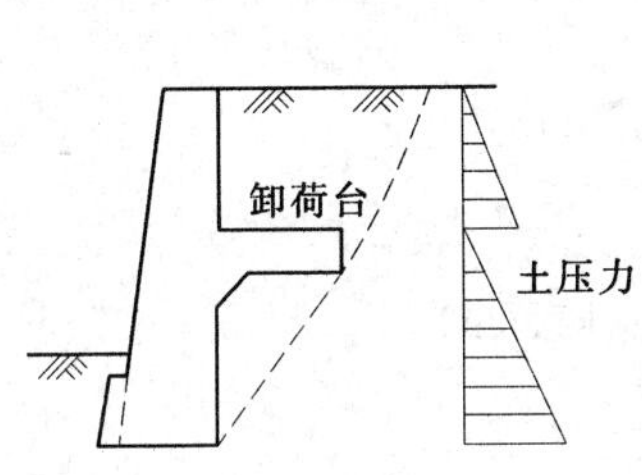

图 4-32　有卸荷台的挡土墙

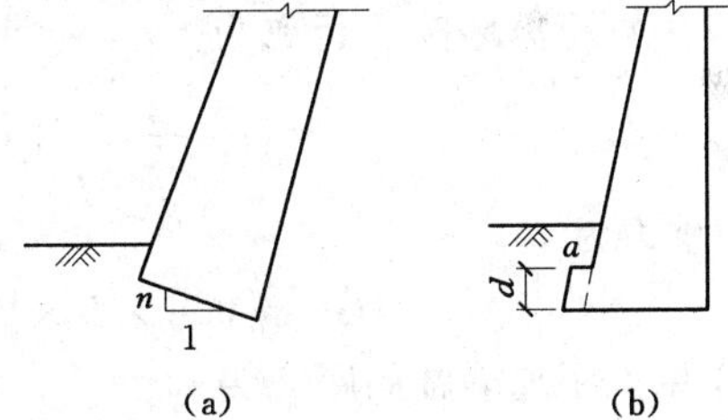

图 4-33　基底逆坡及墙趾台阶

土质地基：$n=0.1$，$d:a=2:1$；

岩石地基：$n=0.2$，$a\geqslant 20$cm

3. 圆弧滑动稳定性验算

当土质较软弱时，可能产生接近于圆弧状的滑动面而丧失其稳定性（图 4-34）。此时可采用条分法进行分析验算，具体详见本章第九节。

4. 地基承载力及墙身强度验算

挡土墙在自重及土压力的垂直分力作用下，基底压力按线性分布。其验算方法及要求完全同如天然地基浅基础验算，具体可参见第五章的有关内容。挡土

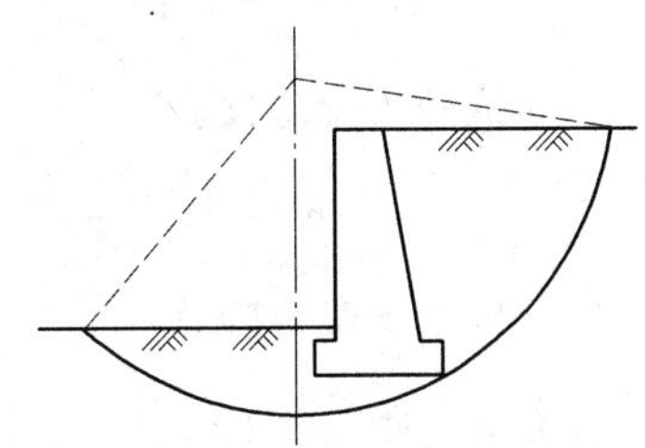

图 4-34　挡土墙圆弧滑动稳定性验算

墙墙身材料强度应满足《混凝土结构设计规范》(GB 50010—2002) 和《砌体结构设计规范》(GB 50003—2001) 中有关要求。

【例 4-5】 设计一浆砌块石（重度为 $23kN/m^3$）挡土墙，墙高 $H=5m$，墙背竖直光滑，墙后填土面水平，填土重度 $\gamma=19kN/m^3$，内摩擦角 $\varphi=38°$，黏聚力 $c=0$。墙底摩擦系数 $\mu=0.6$，墙底地基承载力为 $f_a=200kPa$，试设计挡土墙的断面尺寸，使之满足抗倾覆稳定、抗滑动稳定性和地基承载力要求。

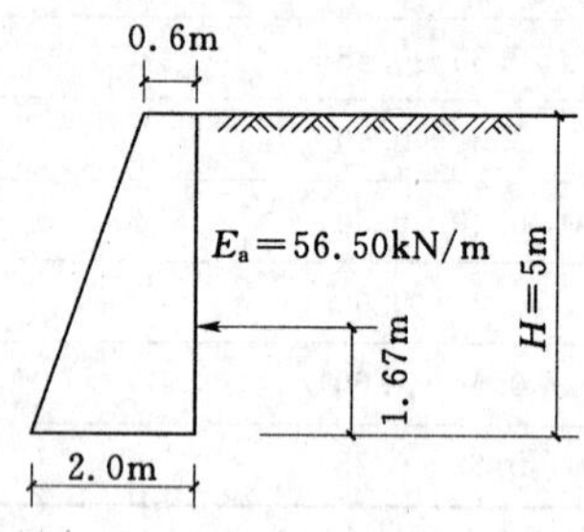

4-35 ［例 4-5］挡土墙尺寸

解： 挡土墙顶宽选择 0.6m，底宽 b 取 2.0m，见图 4-35。

(1) 土压力计算

墙后土压力为：

$$E_a = \frac{1}{2}\gamma H^2 \tan^2\left(45° - \frac{\varphi}{2}\right)$$

$$= \frac{1}{2} \times 19 \times 5^2 \times \tan^2\left(45° - \frac{38°}{2}\right)$$

$$= 56.50 \ (kN/m)$$

土压力作用点离墙趾的距离为

$$z_f = \frac{H}{3} = \frac{5}{3} = 1.67 \ (m)$$

(2) 挡土墙自重计算

将挡土墙的截面分为一个三角形和一个矩形，三角形的重力为

$$G_1 = \frac{1}{2} \times 1.4 \times 5 \times 23 = 80.5 \ (kN/m)$$

G_1 的作用点距离墙趾的距离为

$$x_{01} = \frac{2}{3} \times 1.4 = 0.933 \ (m)$$

矩形的重力为

$$G_2 = 0.6 \times 5 \times 23 = 69 \ (kN/m)$$

G_2 的作用点距离墙趾的距离为

$$x_{02} = 1.4 + \frac{1}{2} \times 0.6 = 1.7 \ (m)$$

(3) 抗倾覆稳定性验算

$$K_t = \frac{G_1 x_{01} + G_2 x_{02}}{E_a z_f} = \frac{80.5 \times 0.933 + 69 \times 1.7}{56.5 \times 1.67} = 2.04 > 1.6$$

(4) 抗倾覆稳定性验算

$$K_s = \frac{(G_1 + G_2)\mu}{E_a} = \frac{(80.5 + 69) \times 0.6}{56.5} = 1.59 > 1.3$$

(5) 地基承载力验算

合力偏心距

$$e = \frac{b}{2} - \frac{G_1 x_{01} + G_2 x_{02} - E_a z_f}{G_1 + G_2}$$

$$= \frac{2.0}{2} - \frac{80.5 \times 0.933 + 69 \times 1.7 - 56.5 \times 1.67}{80.5 + 69}$$

$$= 0.344(\text{m}) > \frac{b}{6} = 0.333\text{m}$$

墙底最大压应力

$$p_{\max} = \frac{2(G_1 + G_2)}{3\left(\frac{b}{2} - e\right)} = \frac{2 \times (80.5 + 69)}{3 \times \left(\frac{2.0}{2} - 0.344\right)} = 151.93(\text{kPa}) < 1.2f = 240\text{kPa}$$

$$p = \frac{1}{2}(p_{\max} + p_{\min}) = \frac{1}{2}(151.93 + 0) = 75.97(\text{kPa}) < f = 200\text{kPa}$$

三、重力式挡土墙的构造措施

挡土墙的设计，除进行前述验算外，还必须合理的选择墙型和采取必要的构造措施，以保证其安全、经济和合理。

（一）墙背倾斜形式的选择

重力式挡土墙按墙背的倾斜情况分为仰斜、俯斜和直立三种。如用相同的计算方法和计算指标计算主动土压力，一般仰斜最小，直立居中，俯斜最大。因此，从减小墙背主动土压力的角度出发，则选择仰斜墙背较为合理。

此外，墙背的倾斜形式还应综合考虑使用要求、地形和施工等条件。一般当边坡采用挖方时，仰斜较为合理，因为墙背可以和边坡紧密贴合；反之，如在填方地段筑墙，由于仰斜墙背的填土夯实比俯斜和直立困难，此时选择直立或俯斜墙比较合理。而在山坡上建墙，则宜用直立，因此时仰斜墙身较高，俯斜则土压力太大。

（二）断面尺寸拟定

重力式挡土墙的断面尺随墙型和墙高而变化。挡土墙的高度是由任务要求确定的，即考虑墙后被支挡的填土呈水平时墙顶的高程。有时，对长度很大的挡土墙，也可使墙顶低于填土顶面，而用斜坡连接，以节省工程量。挡土墙的墙顶宽度，一般对于块石挡土墙应不小于 0.5m，混凝土挡土墙可取 0.2～0.4m。挡土墙基底埋深一般应 0.5m；岩石地基应将基底埋入未风化的岩层内。重力式挡土墙基底宽度应根据计算结果最终确定，初定挡土墙底宽与墙高之比约为 1/2～1/3。重力式挡土墙每隔 10～20m 应设置一道伸缩缝。当地基有变化时宜加设沉降缝。在拐角处应适当采取加强的构造措施。

1. 墙背和墙面坡度的选择

当墙前地面较陡时，墙面坡度可取 1∶0.05～1∶0.2，也可采用直立的截面。当墙前地形较平坦时，对于中、高挡土墙，墙面坡度可用较缓坡度，但不宜缓于 1∶0.4，以免增高墙身或增加开挖宽度。仰斜墙背坡愈缓，则主动土压力愈小，为了避免施工困难，墙背仰斜时其倾斜度一般不宜缓于 1∶0.25。墙面坡度应尽量与墙背坡度平行。

2. 墙底的构造要求

在墙体稳定性验算中，倾覆稳定较易满足要求，而滑动稳定常不易满足要求。为了增加墙身的抗滑稳定性，将基底作成逆坡是一种有效的方法［图 4－33（a）］。但是逆坡过大，可能使墙身连同基底下的一块三角形土楔体一起滑动。因此，对于土质地基的基底逆坡一般不宜大于0.1∶1。对于岩石地基一般不宜大于0.2∶1。由于基底倾斜，会使基底承载力减少因此需将地基承载力特征值折减。当基底逆坡为0.1∶1时，折减系数为0.9；当基底逆坡为0.2∶1时，折减系数为0.8。

3. 墙趾台阶

当墙高较大时，墙底压力是否超过地基承载力常常是控制墙身截面的重要因素。为了使基底压应力不超过地基承载力，可加设墙趾台阶［图4－33（b）］，以扩大基底宽度，这对挡土墙的抗倾覆稳定也是有利的。

墙趾高宽比可取 $d:a=2:1$，a 不得小于20mm。墙趾台阶的夹角一放应保持直角或钝角，若为锐角时不宜小于60°。此外，基底法向反力的偏心距必须满足 $e\leqslant 0.25b_1$（b_1 为无台阶时的基底宽度）。

（三）墙后排水措施

挡土墙常因排水不良而大量积水，使土的抗剪强度指标下降，土压力增大，导致挡土墙破坏。因此，在设计挡土墙时应采取有效的排水措施。通常的做法是在墙身设置适当数量的泄水孔，其间距宜取2～3m，外斜5％，孔眼尺寸宜不小于 $\phi100$。墙后要做好反滤层（易于渗水的粗颗粒材料，以免堵塞泄水孔）和必要的排水暗沟。为防止地面水渗入填土和一旦渗入填土中的水渗到墙下地基，应在墙顶地面和泄水孔下部铺设黏土层并夯实，以利隔水。为防止墙前积水渗入墙底，墙前回填土体应分层夯实并修筑散水沟或排水沟。当墙后有山坡时，还应在坡脚处设置截水沟。对不能向坡外排水的边坡应在墙背填土体中设置足够的排水暗沟。图4－36给出了两个排水处理的工程实例。

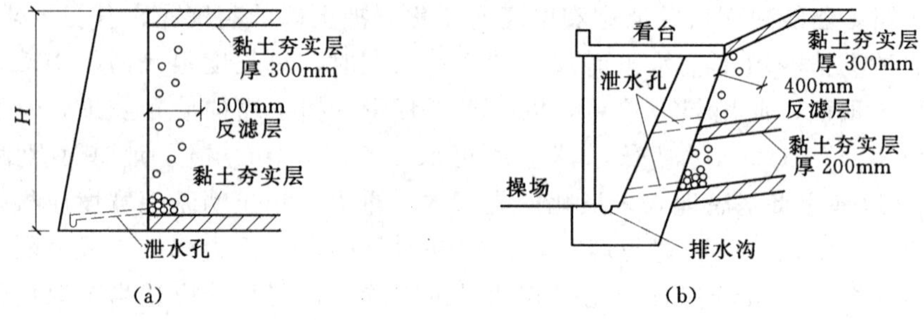

图4－36　挡土墙排水措施举例

（四）填土质量要求

根据挡土墙稳定验算及提高稳定性措施的分析可知，作用在挡土墙上的土压力越小越利于挡土墙的稳定性。由土压力理论可知，填土的内摩擦角 φ 越大，则主动土压力越小。因此，填料宜选用内摩擦角 φ 较大、透水性较强的粗砂、砾石、碎石、块石等。当采用黏性土作填料时，宜掺入适量的块石。在季节性冻土地区墙后填土应选用非冻胀性填料（如炉渣、碎石、粗砂等）

对于重要的、高度较大的挡土墙，不宜采用黏性填土。因黏性填土性能不稳定，干缩湿胀，这种交错变化将使挡土墙产生较大的侧压力，而导致挡土墙外移，甚至失去稳定而发生事故。此外，墙后填土均应分层夯实，以提高填土质量。

第十节　土坡稳定分析

土坡是指具有倾斜坡面的土体。由于地质作用自然形成的土坡，如山坡、江河的岸坡等，称为天然土坡。由人工开挖或填筑而形成的土坡，如基坑、渠道、土坝、路堤、路堑等，则称为人工土坡。简单土坡的外形和各部位名称如图 4-37 所示。

由于土坡表面倾斜，在自重及外荷载作用下，土体具有自上而下的滑动趋势。土坡内部分土体在自然或人为因素的影响下，沿某一潜在滑动面发生剪切破坏，向坡下和坡外移动而丧失其稳定性的现象称为土坡失稳。土坡失稳的根本原因在于土体内部某个面上的剪应力达到了该面上的抗剪强度，土体的稳定平衡遭到破坏。

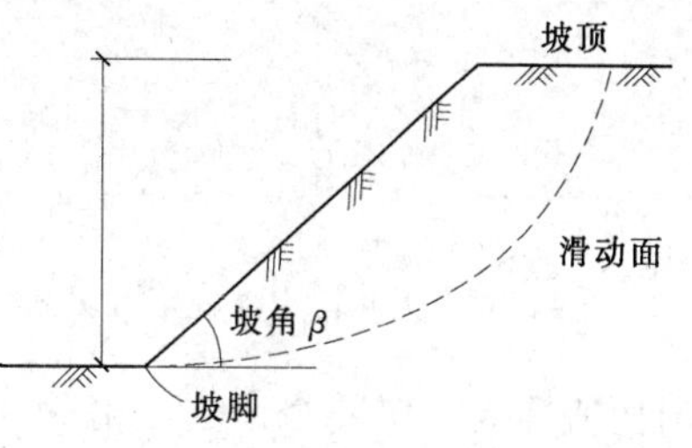

图 4-37　简单土坡各部位名称

实际工程中，按照规模及性质的不同，土坡失稳表现为滑坡、塌方、坍塌、溜塌、溜滑等多种形式。各种形式的土坡失稳常常会造成工程事故，例如滑坡可导致交通中断、河道堵塞、厂矿城镇被掩埋、工程建设受阻等，威胁人类的生命财产安全。因此，土坡稳定问题在工程设计和施工中应引起足够的重视。

一、影响土坡稳定的因素

影响土坡稳定有多种因素，包括土坡的边界条件、土质条件和外界条件。其主要因素如下：

(1) 土坡的几何条件，如土坡坡度和高度。坡角 β 越小则土坡越稳定。土坡在其他条件相同时，坡高越小，土坡越稳定。

(2) 土的性质。土的性质越好，土坡越稳定。例如，土的抗剪强度指标 c、φ 值大的土坡比 c、φ 值小的土坡稳定。有时由于地震等原因，使 φ 降低或产生孔隙水压力，可能使原来稳定的边坡失稳滑动，地下水位上升，对土坡不利。

(3) 土坡作用力发生变化。例如人工开挖坡脚、在坡顶堆放土方、材料或建造建筑物使坡顶受荷，或由于打桩、车辆行驶、爆破、地震等引起的振动改变了原来的平衡状态，促使土坡坍塌。

(4) 土体抗剪强度由于外界各种因素的影响而降低。例如由于外界气候等自然条件的变化，使土体时干时湿、收缩膨胀、冻结、融化等，从而使土变松、强度降低；土坡内因雨水的浸入使土湿化，孔隙水压力增加，强度降低。

(5) 静水压力的作用。例如雨水或地面水流入土坡中的竖向裂缝，对土坡产生侧向压力，从而促进土坡的滑动。因此黏性土坡发生裂缝常是土坡稳定性的不利因素，也是滑坡的预兆之一。

(6) 地下水的渗透。当土坡中存在与滑动方向一致的渗透力时，对土坡稳定不利。例如，水库土坝下游土坡就可能发生这种情况。

土坡稳定性分析属于土力学中的稳定问题，是一个比较复杂的问题。本节主要介绍土坡稳定性分析常用方法的基本原理。

二、无黏性土坡的稳定性分析

由于无黏性土颗粒间无黏聚力存在，只有摩阻力，因此，只要坡面不滑动，土坡就可以保持稳定状态。砂土土坡的稳定平衡条件如图 4－38 所示。

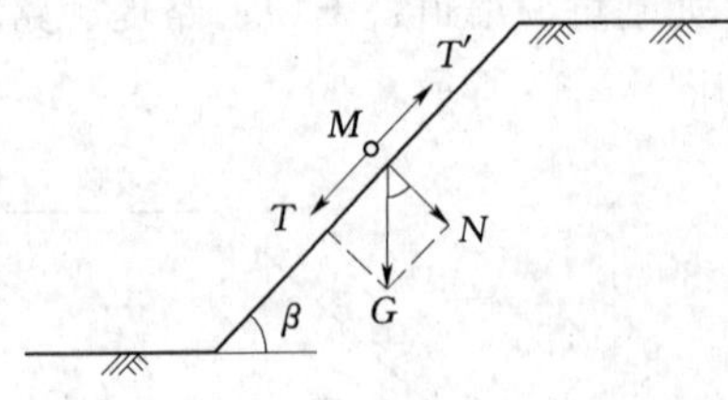

图 4－38 无黏性土坡稳定性分析

沿土坡长度方向截取单位长度土坡，作为平面应变问题进行分析。设土坡的坡角为 β，土坡的内摩擦角为 φ，坡面上的某土颗粒 M 的重力为 G。G 沿坡面的法向分力、切向分力分别为 $N=G\cos\beta$ 和 $T=G\sin\beta$。切向分力 T 使颗粒 M 向下滑动，为滑动力。阻止 M 下滑的抗滑力则是由法向分力 N 引起的最大静摩擦力 $T'=N\tan\varphi=G\cos\beta\tan\varphi$。抗滑力与滑动力的比值称为稳定安全系数，用 K_s 表示，即

$$K_s=\frac{T'}{T}=\frac{G\cos\beta\tan\varphi}{G\sin\beta}=\frac{\tan\varphi}{\tan\beta} \tag{4-36}$$

由式（4－36）可知，当 $\beta=\varphi$ 时，即抗滑力等于滑动力，土坡处于极限平衡状态。因此土坡稳定的极限坡角等于砂土的内摩擦角 φ，此坡角称为自然休止角。从式（4－36）还可看出，无黏性土坡的稳定性与坡高无关，而仅与坡角 β 有关，只要坡角 $\beta<\varphi$ 土坡就是稳定的。为了保证土坡具有足够的安全储备，可取 $K_s=1.1\sim1.5$。

三、黏性土坡的稳定性分析

黏性土的抗剪强度包括摩擦强度和黏聚强度两个组成部分。由于黏聚力的存在，黏性土坡不会像无黏性土坡一样沿坡面表面滑动。均质黏性土坡发生滑坡时，其滑动面形状多数为一曲面，土坡滑动前，一般在坡顶先产生张力裂缝，然后沿某一曲面产生整体滑动。此外，滑动体在纵向也有一定的范围，并且也是曲面。为了简化，在进行理论分析时，通常假设滑动面为圆筒面，在横断面上呈现圆弧形，并按平面应变问题进行处理。

根据土坡的坡角 β 大小、土的强度指标以及土中硬层的位置的不同，圆弧滑动面的形式一般有三种：圆弧滑动面通过坡脚 B 点［图 4－39（a）］，称为坡脚圆；圆弧滑动面通过坡面上 E 点［图 4－39（b）］，称为坡面圆；圆弧滑动面发生在坡角以外的 A 点［图 4－39（c）］，且圆心位于坡面中点的垂直线上，称为中点圆。

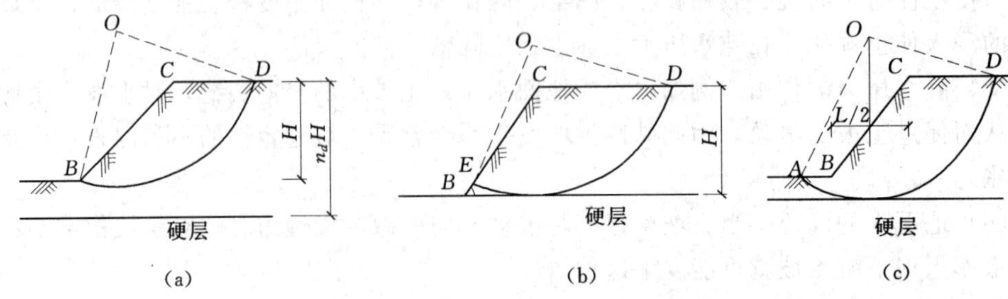

图 4－39 均质黏性土坡的三种圆弧滑动面

（a）坡脚圆；（b）坡面圆；（c）中点圆

黏性土坡稳定性分析的常用方法有：瑞典圆弧法［彼得森（Petterson，1915）；费伦纽斯（Fellenius），1927］、稳定因数法［泰勒（Taylor），1937］以及条分法［费伦纽斯，毕肖普（Bishop，1955）］等。

1. 瑞典圆弧法

瑞典圆弧法（又称整体圆弧滑动法）是最常用的方法之一，是1915年由瑞典的彼得森提出的，后被广泛应用于简单土坡工程。所谓简单土坡是指土坡的坡度不变，顶面和底面水平，且土质均匀，无地下水。

瑞典圆弧法假定滑动面以上的土体为刚性体，假定滑面为无限延伸的圆柱面，可以看做是平面应变问题，截取一个横剖面，代表延长方向单位长度的土坡。在剖面上，滑面呈现为一段圆弧。如图4-40所示 AD 为均质黏性土坡可能的圆弧滑动面，O 为圆心，半径为 R。

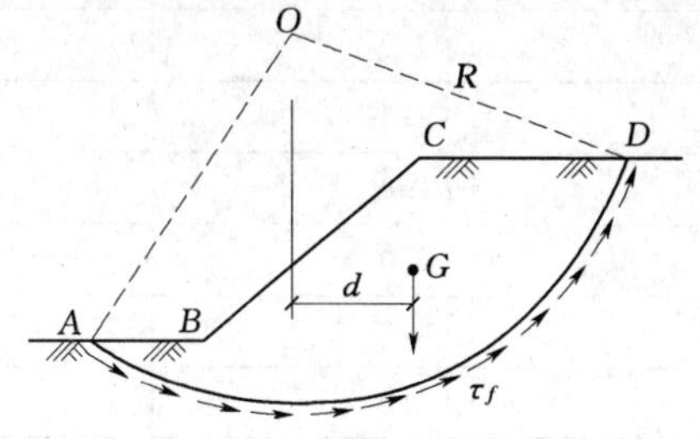

图4-40　黏性土坡整体滑动受力示意图

滑动土体 $ABCD$ 在重力G作用下，将绕圆心 O 沿圆弧 AD 弧转动下滑，如果假设滑动面上的抗剪强度充分发挥，即 $\tau=\tau_f$，则其抗滑力矩 M_R、滑动力矩 M_S 分别为

$$M_R = \tau_f \widehat{L}R \tag{4-37}$$

$$M_S = Gd \tag{4-38}$$

式中　τ_f——土的抗剪强度，按库仑公式 $\tau_f=c+\sigma\tan\varphi$ 计算，kPa；

$\widehat{L}R$——滑动圆弧 AD 的长度，m；

R——滑动圆弧面的半径，m；

G——滑动土体 $ABCD$ 的重力，kN；

d——滑动土体的重力 G 对圆心 O 点的力臂，m。

土坡滑动的稳定安全系数 K_s 为抗滑力矩与滑动力矩之比，即

$$K_s = \frac{M_R}{M_S} = \frac{\tau_f \overline{L}R}{Gd} \tag{4-39}$$

由于滑动面上的正应力 σ 是不断变化的，上式中的抗剪强度 τ_f 沿滑动面AD上的分布是不均匀的，因此直接按式（4-40）计算土坡的稳定安全系数有一定的误差。

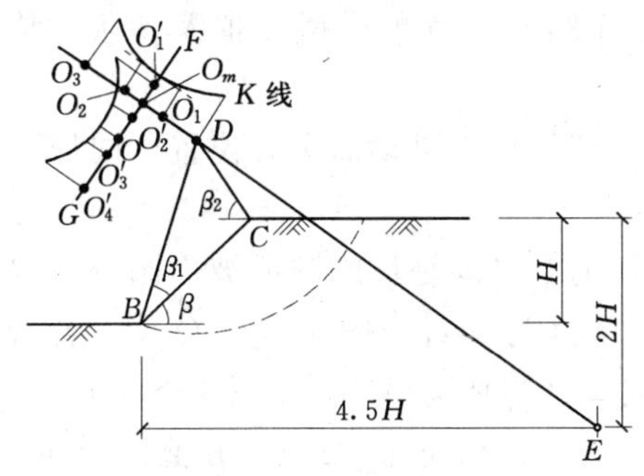

图4-41　费伦纽斯法确定最危险滑动面的圆心

上式计算中，由于滑动面 AD 是任意假定的，因而所选的滑动面就不一定是最危险滑动面。为此，可先假定多个不同的滑动面，按上述方法通过试算分析求出相应的 K 值，其中最小值即为该土坡的稳定安全系数。由此可以看出，土坡稳定性分析的计算工作量是很大的。为此，瑞典的费伦纽斯对均质土坡做了大量的近似分析工作，提出了确定危险滑动面圆心的方法。

费伦纽斯通过大量试算，结果指出，当 $\varphi=0°$ 时，土坡的最危险圆弧滑动面通过坡脚，其圆心为

D 点，如图 4-41 所示，D 点是由坡脚 B 及坡顶 C 分别作 BD 及 CD 线的交点，BD 和 CD 线分别与坡面及水平面成 β_1 及 β_2 角，β_1 和 β_2 角与土坡坡角 β 有关，可由表 4-4 查得。

表 4-4　　β_1 和 β_2 数值表

土坡坡度（竖直：水平）	坡角 β	β_1	β_2
1：0.58	60°	29°	40°
1：1.0	45°	28°	37°
1：1.5	33°41′	26°	35°
1：2.0	26°34′	25°	35°
1：3.0	18°26′	25°	35°
1：4.0	14°03′	25°	36°
1：5.0	11°19′	25°	37°

当 $\varphi>0°$ 时，费伦纽斯提出，这时最危险滑动面也通过坡角，其圆心在 ED 的延长线上，见图 4-41。E 点的位置距坡脚 B 点的水平距离为 $4.5H$，距坡顶的竖直距离为 $2H$。φ 值越大，圆心越向外移。计算时从 D 点向外延伸取几个试算圆心 O_1，O_2，…分别求得相应的滑动稳定安全系数 K_1，K_2，…按一定比例尺，将 K 的数值画在圆心 O 与 ED 线的正交线上，并连成 K 值曲线。取最小稳定安全系数 $K_{\min}$ 相应的圆心 O_m 即为最危险滑动面的圆心。

实际上，土坡的最危险滑动面圆心位置有时并不一定在 ED 的延长线上，而可能在其左右附近，因此圆心 O_m 可能并不是最危险滑动面的圆心，这时可通过 O_m 点作 ED 垂线 FG，在 FG 上取几个试算滑动面的圆心 O'_1，O'_2，…分别求得相应的滑动稳定安全系数 K'，用上述方法求出 $K'_{\min}$ 相应的圆心 O' 即为最危险滑动面的圆心。

从上述可见，根据费伦纽斯提出的方法，虽然可以把最危险滑动面的圆心位置缩小到一定范围，但其试算工作量还是很大的。

2. 泰勒稳定因数法

为了减轻繁重的计算工作量，泰勒在进一步研究的基础上，用图表的形式给出了确定简单黏性土坡最危险滑动面圆心位置和稳定因数的方法。泰勒认为圆弧滑动面的 3 种形式是同土的内摩擦角值，坡角 β 以及硬层埋藏深度等因素有关，泰勒经过大量计算分析后提出：

当 $\varphi>3°$ 时，滑动面为坡脚圆，其最危险滑动面圆心位置可根据 φ 值及 β 角，从图 4-42中曲线查得 θ 及 α 值作图求得。

当 $\varphi=0°$ 时，且 $\beta>53°$ 时，滑动面也是坡脚圆，其最危险滑动面圆心位置，同样可从图 4-42 中的曲线查得 θ 及 α 值作图求得。

当 $\varphi=0°$，且 $\beta<53°$ 时，滑动面可能是中点圆，也有可能是坡脚圆或坡面圆，它取决于硬层的埋藏深度。当土体高度为 H，硬层的埋藏深度为 n_dH [图 4-43 (a)]，若滑动面为中点圆，则圆心位置在坡面中点 M 的铅直线上，且与硬层相切，见图 4-43 (a)，滑动面与土面的交点为 A，A 点距坡脚 B 的距离为 n_xH，n_x 值可根据 n_d 及 β 值由图 4-43 (b) 查得。若硬层埋藏较浅，则滑动面可能是坡脚圆或坡面圆，其圆心位置需通过试算确定。

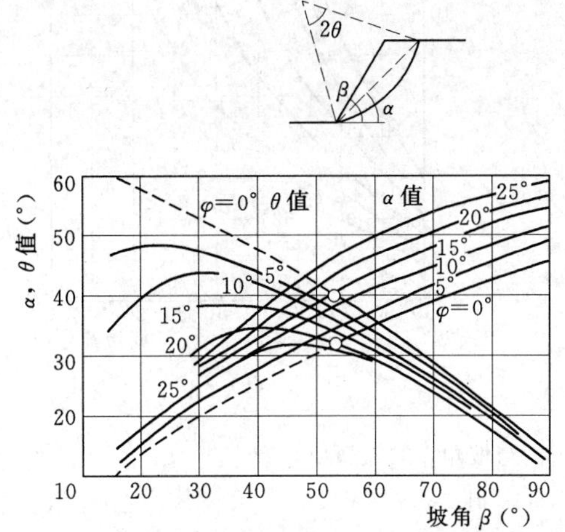

图 4-42 按泰勒方法确定最危险滑动面圆心位置（当 $\varphi>3°$ 或 $\varphi=0°$ 且 $\beta>53°$ 时）

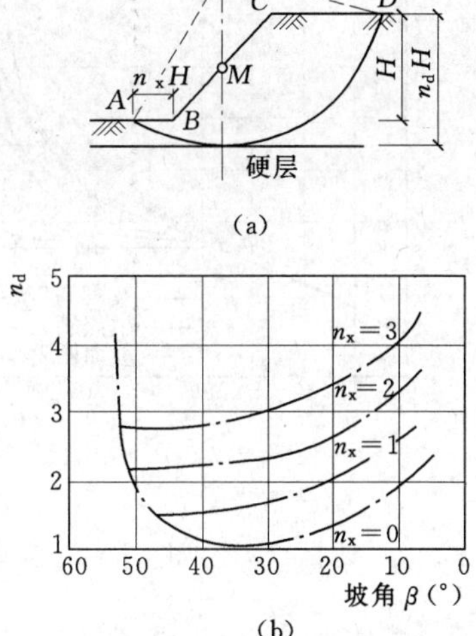

图 4-43 按泰勒方法确定最危险滑动面圆心位置（当 $\varphi=3°$ 且 $\beta<53°$ 时）

泰勒提出在土坡稳定分析中共有 5 个计算参数，即土的重度 γ、土坡高度 H、坡角 β 以及土的抗剪强度指标 c、φ，若知道其中 4 个参数时就可以求出第 5 个参数值。为了简化计算，泰勒把 3 个参数 c、γ、H 组成一个新的参数 N_s，称为稳定因数，即

$$N_s=\frac{\gamma H}{c} \tag{4-40}$$

通过大量计算可得到 N_s 与 φ 及 β 间的关系曲线（图 4-44）。图 4-44（a）给出 $\varphi=0°$ 时，稳定因数 N_s 与 β 的关系曲线；图 4-44（b）给出 $\varphi>0°$ 时，稳定因数 N_s 与 β 的关系曲线，从图中可以看到，当 $\varphi=0°$ 且 $\beta<53°$ 时滑动面形式与硬层埋藏深度 η_d 值有关。

由图 4-44 查稳定因数是边坡处于极限状态时的稳定因数，如果边坡的实际稳定因数 N_s 小于由图中查得的稳定因数 N'_s，则表示边坡是稳定的，若 $N_s>N'_s$，则表示边坡是危险的。边坡的稳定安全系数为

$$K_s=\frac{N'_s}{N_s}=\frac{\dfrac{\gamma H}{c'}}{\dfrac{\gamma H}{c}}=\frac{c}{c'} \tag{4-41}$$

式中 c'——处于边坡处于极限状态时所需的黏聚力，kPa。

值得注意的是，泰勒分析简单土坡的稳定性时，假定滑动面上土的摩阻力首先得到充分发挥，然后才由土的黏聚力补充。

【例 4-6】 图 4-45 所示黏性土简单土坡，已知土坡高度 $H=8\text{m}$，坡角 $\beta=45°$，土的重度 $\gamma=19.2\text{kN/m}^3$，土的内摩擦角 $\varphi=10°$，$c=5\text{kPa}$。试用泰勒稳定因数法，验算边坡稳定情况。

解： 根据 β、φ，由图 4-43 查得稳定因数 $N'_s=9.2$，

由式（4-40）求得边坡处于极限状态时所需的黏聚力 c' 为

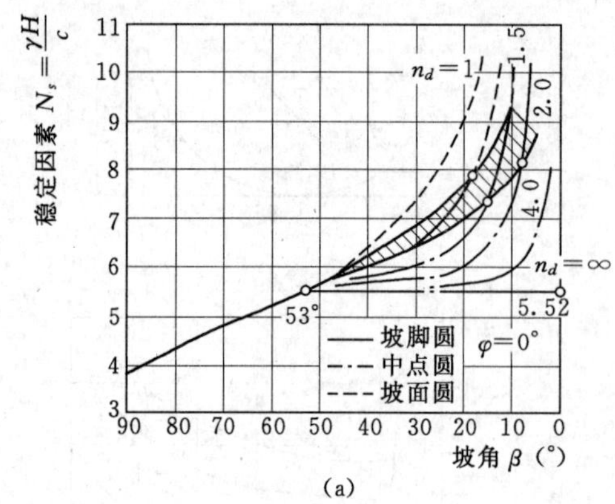

(a)

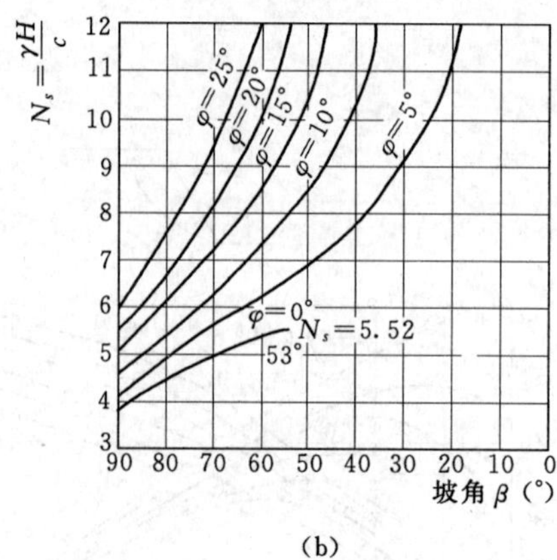

(b)

图 4-44 泰勒的稳定因数 N_s 与坡角 β 的关系

(a) $\varphi=0°$时；(b) $\varphi>0°$时

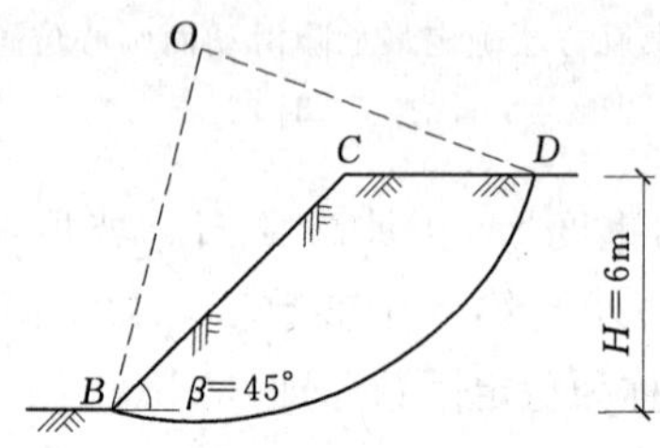

图 4-45 ［例 4-6］边坡图

$$c'=\frac{\gamma H}{N_s'}=\frac{19.2\times 8}{9.2}=16.7\ (\text{kPa})$$

土坡的稳定安全系数

$$K_s=\frac{c}{c'}=\frac{25}{16.7}=1.50$$

故边坡稳定。

可以看出，上述安全系数的意义与前述不同，前面指的是抗剪强度与剪应力之比。在本例中，对于内摩擦角而言，安全系数为 1.0，而黏聚力的安全系数为 1.50，两者不一致。若要求 c、φ 值具有相同的安全系数，则需采用试算法确定。

3. 费伦纽斯条分法

从前面分析知道，由于圆弧滑动面上各点的法向应力不同，因此土的抗剪强度各点也不相同，这样就不能直接应用式（4-39）计算土坡稳定安全系数。而且圆弧法是将滑动体作为一个整体来计算，对于非均质的土坡或比较复杂的土坡（如土坡形状比较复杂、土坡上有荷载作用、土坡中有水渗流时等）均不适用。瑞典的费伦纽斯提出的条分法（又称为瑞典条分法）是解决这一问题的基本方法，至今仍得到广泛应用。

条分法的基本原理是将具有圆弧滑面的滑动土体分成若干垂直土条，把所有土条看作刚体，对每个土条进行受力分析，分别求出各土条对滑弧中心的滑动力矩和抗滑力矩，分别求其总和，然后求得土坡的稳定安全系数。

如图 4-46 所示土坡，取单位长度土坡按平面问题计算。设可能的滑动面是一圆弧 AD，其圆心为 O，半径为 R。将滑动土体 $ABCDA$ 分成许多竖向土条，土条宽度一般可取 $b=0.1R$。

任一土条 i 上的作用力包括：土条的重力 G_i，其大小、作用点位置及方向均已知；滑动面 ef 上的法向反力 N_i 及切向反力 T_i，假定 N_i，T_i 作用在滑动面 ef 的中点，它们的大小均未知；土条两侧的法向力 E_i，E_{i+1} 及竖向剪切力 X_i，X_{i+1}，其中 E_i 和 X_i 可由前一个土条的平衡条件求得，而 E_{i+1} 和 X_{i+1} 的大小未知，E_{i+1} 的作用点位置也未知。

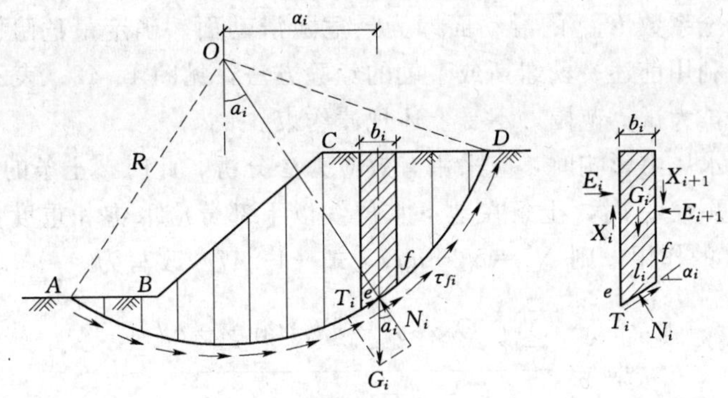

图 4-46 用条分法计算土坡稳定

由此看到，土条 i 的作用力中有 5 个未知数，但只能建立 3 个平衡条件方程，故为静不定问题。为了求得 N_i，T_i 值，必须对土条两侧作用力的大小和位置作适当假定。费伦纽斯的条分法假设不考虑土条两侧的作用力，即假设 E_i 和 X_i 的合力等于 E_{i+1} 和 X_{i+1} 的合力，同时它们的作用线也重合，因此土条两侧的作用力相互抵消。这时土条 i 仅有作用力 G_i、N_i 及 T_i。根据平衡条件可得

$$N_i = G_i\cos\alpha_i \tag{4-42}$$

$$T_i = G_i\sin\alpha_i \tag{4-43}$$

土条滑动面 ef 上土的抗剪强度为

$$\tau_{fi} = \sigma_i\tan\varphi_i + c_i = \frac{N_i}{l_i}\tan\varphi_i + c_i = \frac{1}{l_i}(G_i\cos\alpha_i\tan\varphi_i + c_i l_i) \tag{4-44}$$

式中 α_i——土条 i 滑动面的法线（亦即半径）与竖直线的夹角，(°)；当土条重力沿滑面产生下滑力时 α_i 为正，当产生抗力时，α_i 为负；

l_i——土条 i 滑动面 ef 的弧长，m；

c_i、φ_i——滑动面上土的黏聚力即内摩擦角，(°)。

土条 i 上的作用力对圆心 O 产生的滑动力矩 M_S 和抗滑稳定力矩 M_R 分别为

$$M_S = T_iR = G_iR\sin\alpha_i \tag{4-45}$$

$$M_R = \tau_{fi}l_iR = (G_i\cos\alpha_i\tan\varphi_i + c_il_i)R \tag{4-46}$$

整个土坡相应于滑动面 AD 时的稳定安全系数为

$$K_s = \frac{M_R}{M_S} = \frac{\sum_{i=1}^{n}(G_i\cos\alpha_i\tan\varphi_i + c_il_i)}{\sum_{i=1}^{n}G_i\sin\alpha_i} \tag{4-47}$$

对于均质土坡，$\varphi_i=\varphi$，$c_i=c$，且 $\sum_{i=1}^{n}l_i = \widehat{L}$，即整个滑动面的弧长，则得

$$K_s = \frac{M_R}{M_S} = \frac{\tan\varphi\sum_{i=1}^{n}G_i\cos\alpha_i + c_i\widehat{L}}{\sum_{i=1}^{n}G_i\sin\alpha_i} \tag{4-48}$$

上面是对于某一个假定滑动面求得的稳定安全系数，因此需要试算许多个可能的滑动面，相应于最小安全系数 $K_{s\min}$ 的滑动面即为最危险滑动面。确定最危险滑动面圆心位置的方法，同样可以利用前述费伦纽斯或泰勒的经验方法，见图 4-42、表 4-4 及图4-43。当坡形复杂时，应扩大试算范围，不受上述规律约束。

当需考虑孔隙水压力影响时，应采用有效应力法分析。此时，土条的抗剪强度参数为 c'_i，φ'_i，计算土条重力 G_i 时，土条在地下水位线以下部分应取饱和重度计算，考虑到土条底孔隙水压力 u_i 的作用，则 $N'_i=N_i-u_il_i$，式（4-47）改写为

$$K_s=\frac{\sum_{i=1}^{n}[(G_i\cos\alpha_i-u_il_i)\tan\varphi'_i+c'_il_i]}{\sum_{i=1}^{n}G_i\sin\alpha_i} \tag{4-49}$$

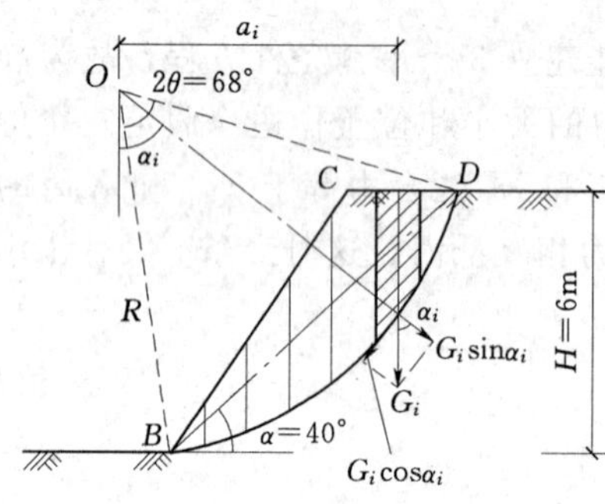

图 4-47　[例 4-7] 条分图

【例 4-7】 某土坡如图 4-47 所示。已知土坡高度 $H=6$m，坡角 $\beta=55°$，土的重度 $\gamma=18.6\text{kN/m}^3$，土的内摩擦角 $\varphi=12°$，黏聚力 $c=16.7$kPa。试用费伦纽斯条分法验算土坡的稳定安全系数。

解：（1）按比例绘出土坡的剖面图（见图4-48）。

按泰勒的经验方法确定最危险滑动面圆心位置。

当 $\varphi=12°$，$\beta=55°$时，知土坡的滑动面是坡脚圆，其最危险滑动面圆心的位置，可从图 4-43 中的曲线得到 $\alpha=40°$，$\theta=34°$，由此作图求得圆心 O。

（2）将滑动土体正 $BCDB$ 划分成竖直土条。

滑动圆弧 BD 的水平投影长度为

$H\cot\alpha=6\times\cot40°=7.15$m，把滑动土体划分成 7 个土条，从坡脚 B 开始编号，把第 1～6 条的宽度 b 均取为 1m，而余下的第 7 条的宽度则为 1.15m。

（3）计算各土条滑动面中点与圆心的连线同竖直线的夹角 α_i 值。可按下式计算：

$$\sin\alpha_i=\frac{a_i}{R}$$

$$R=\frac{d}{2\sin\theta}=\frac{H}{2\sin\alpha\sin\theta}=\frac{6}{2\times\sin40°\sin34°}=8.35\ (\text{m})$$

式中　a_i——土条 i 的滑动面中点与圆心 O 的水平距离；

R——圆弧滑动面 BD 的半径；

d——BD 弦的长度。

将求得的各土条 α_i 值列于表 4-5 中。

（4）从图中量取各上条的中心高度 h_i，计算各土条的重力 $G_i=\gamma b_ih_i$ 及 $G_i\sin\alpha_i$、$G_i\cos\alpha_i$ 值，将结果列于表 4-5 中。

（5）计算滑动面圆弧长度 $\hat{L}$

$$\hat{L}=\frac{\pi}{180}2\theta R=\frac{2\times\pi\times34\times8.35}{180}=9.91\ (\text{m})$$

(6) 按式 (4-48) 计算土坡的稳定安全系数 K_s

$$K_s=\frac{M_R}{M_S}=\frac{\tan\varphi\sum_{i=1}^{n}G_i\cos\alpha_i+c_i\widehat{L}}{\sum_{i=1}^{n}G_i\sin\alpha_i}=\frac{258.63\times\tan12°+16.7\times9.91}{186.60}=1.18$$

表 4-5　**土坡稳定计算结果**

土条编号	土条宽度 b_i (m)	土条中心高 h_i (m)	土条重力 W_i (kN/m)	α_i (°)	$G_i\sin\alpha_i$ (kN/m)	$G_i\cos\alpha_i$ (kN/m)
1	1	0.60	11.16	9.5	1.84	11.0
2	1	1.80	33.48	16.5	9.51	32.1
3	1	2.85	53.01	23.8	21.39	48.5
4	1	3.75	69.75	31.6	36.55	59.41
5	1	4.10	76.26	40.1	49.12	58.33
6	1	3.05	56.73	49.8	43.33	36.62
7	1.15	1.50	27.90	63.0	24.86	12.67
			合　计		186.60	258.63

4. 毕肖普条分法

费伦纽斯条分法分析土坡稳定问题时，未考虑每个土条两侧边的力，一般来说，这样得到的稳定安全系数是偏小的。在工程实践中，为了改进条分法的计算精度，毕肖普1955年提出了考虑土条侧面作用力的土坡稳定分析方法，简称毕肖普条分法。

如图 4-46 所示土坡，前面已经指出任一土条 i 上的受力条件是一个静不定问题，土条 i 上的作用力有 5 个未知，故属二次静不定问题。毕肖普在求解时补充了两个假设条件：①忽略土条间的竖向剪切力 X_i 及 X_{i+1} 作用，即 $X_i-X_{i+1}=0$，土条分界面上条间的合力是水平的；②每个土条底部滑动面上的稳定安全系数均相同，都等于整个滑动面上的稳定安全系数，当 $K_s>1$ 时，土坡处于稳定状态，任一土条内抗剪强度只发挥了一部分，并与此时滑动面上的滑动力相平衡，即 $T_i=T_{fi}/K_s$。

根据土条 i 的竖向平衡条件可得

$$G_i-T_i\sin\alpha_i-N_i\cos\alpha_i=0$$

即

$$N_i\cos\alpha_i=G_i-T_i\sin\alpha_i \tag{4-50}$$

土条 i 滑动面上的滑动力 T_i 为

$$T_i=\frac{T_{fi}}{K_s}=\frac{1}{K_s}(N_i\tan\varphi_i+c_il_i) \tag{4-51}$$

将式 (4-51) 代入式 (4-50) 得

$$N_i=\frac{G_i-\frac{c_il_i}{K_s}\sin\alpha_i}{\cos\alpha_i+\frac{1}{K_s}\tan\varphi_i\sin\alpha_i} \tag{4-52}$$

由式（4－47）知土坡安全稳定系数 K_s 为

$$K_s=\frac{M_R}{M_S}=\frac{\sum_{i=1}^{n}(N_i\tan\varphi_i+c_il_i)}{\sum_{i=1}^{n}G_i\sin\alpha_i} \tag{4-53}$$

将式（4－52）代入式（4－53）得

$$K_s=\frac{\sum_{i=1}^{n}\frac{1}{m_{\alpha i}}(G_i\tan\varphi_i+c_il_i\cos\alpha_i)}{\sum_{i=1}^{n}G_i\sin\alpha_i} \tag{4-54}$$

其中

$$m_{\alpha i}=\cos\alpha_i+\frac{1}{K_s}\tan\varphi_i\sin\alpha_i \tag{4-55}$$

式（4－54）就是简化毕肖普法计算土坡稳定安全系数的公式。由于式中 $m_{\alpha i}$ 也包含 K_s，因此式（4－54）须用迭代法求解，即先假定一个 K_s 值，按式（4－55）求得 $m_{\alpha i}$ 值，代入式（4－54）中求出 K_s 值。若此值与假定值不符，则用此 K_s 值重新计算 $m_{\alpha i}$ 求得新的 K_s 值，如此反复迭代，直至假定的 K_s 值与求得的 K_s 值相近为止。为了方便计算，可将式（4－55）的 $m_{\alpha i}$ 值制成曲线（如图 4－48 所示），可按 α_i 及 $\tan\varphi_i/K_s$ 直接查得 $m_{\alpha i}$ 值。

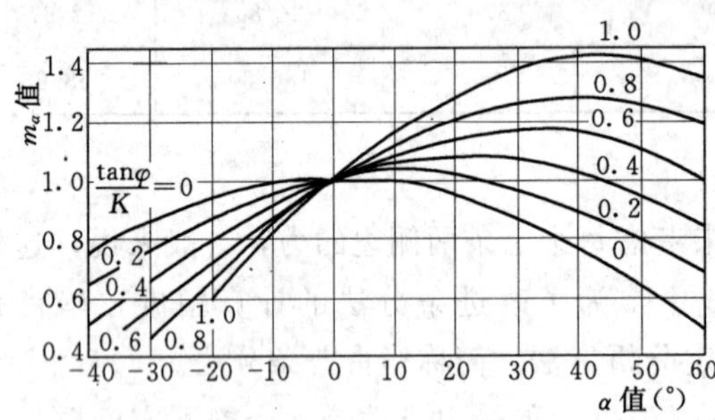

图 4－48　$m_{\alpha i}$ 值曲线

当采用有效应力法分析时，与费伦纽斯条分法相似，土条的抗剪强度参数为 c_i'，φ_i'，在计算土条重力 G_i 时，土条在地下水位线以下部分应取饱和重度计算，考虑到土条底孔隙水压力 u_i 的作用，则 $N_i'=N_i-u_il_i$，式（4－54）改写为

$$K_s=\frac{\sum_{i=1}^{n}\frac{1}{m_{\alpha i}'}[(G_i-u_il_i)\tan\varphi_i'+c_i'l_i\cos\alpha_i]}{\sum_{i=1}^{n}G_i\sin\alpha_i} \tag{4-56}$$

其中

$$m_{\alpha i}'=\cos\alpha_i+\frac{1}{K_s}\tan\varphi_i'\sin\alpha_i$$

最危险滑动面圆心位置的确定方法，仍可按前述经验方法确定。

【例 4－8】 用简化毕肖普条分法计算例题 4－7 土坡的稳定安全系数。

解： 土坡的最危险滑动面圆心 O 的位置以及土条划分情况均与例题 4－7 相同。按式（4－54）和式（4－55）计算各土条的有关各项列于表 4－6 中。

第一次试算假定稳定安全系数 $K_s=1.20$，计算结果列于表 4－6，可按式（4－54）求得稳定安全系数：

$$K_s = \frac{\sum_{i=1}^{n} \frac{1}{m_{\alpha i}}(G_i \tan\varphi_i + c_i l_i \cos\alpha_i)}{\sum_{i=1}^{n} G_i \sin\alpha_i} = \frac{221.55}{186.60} = 1.187$$

第二次试算假定 $K_s=1.19$，计算结果列于表 4-6，可得

$$K_s = \frac{221.83}{186.60} = 1.186$$

计算结果与假定接近，故得土坡的稳定安全系数 $K_s=1.19$。

表 4-6　土坡稳定计算表

土条编号	l_i (m)	G_i (kN/m)	$G_i\sin\alpha_i$ (kN/m)	$G_i\tan\varphi_i$ (kN/m)	$c_i l_i\cos\alpha_i$ (kN/m)	$m_{\alpha i}$		$\frac{1}{m_{\alpha i}}(G_i\tan\varphi_i+c_i l_i\cos\alpha_i)$	
						$K_s=1.20$	$K_s=1.19$	$K_s=1.20$	$K_s=1.19$
1	1.01	11.16	1.84	2.37	16.64	1.016	1.016	18.71	18.71
2	1.05	33.48	9.51	7.12	16.81	1.009	1.010	23.72	23.69
3	1.09	53.01	21.39	11.27	16.66	0.986	0.987	28.33	28.30
4	1.18	69.75	36.55	14.83	16.78	0.945	0.945	33.45	33.45
5	1.31	76.26	49.12	16.21	16.73	0.879	0.880	37.47	37.43
6	1.56	56.73	43.33	12.06	16.82	0.781	0.782	36.98	36.93
7	2.86	29.70	24.86	5.93	20.32	0.612	0.613	42.89	42.82
合　计			186.60					221.55	221.33

5. 非圆弧滑动面的普遍条分法

在实际工程中常常会遇到非圆弧滑动面的土坡稳定分析问题。如土坡下面有软弱夹层存在，或者倾斜岩层面上的土坡，滑动面形状由于受到这些夹层或硬层的影响呈非圆弧的形状，费伦纽斯条分法和毕肖普条分法不适用于非圆弧滑动面的土坡稳定分析。为了解决这一问题，挪威人简布（N. Janbu）1954 年提出了考虑非圆弧滑动面的“普遍条分法”，以后在实践中又逐步加以完善，成为在非圆弧滑动面土坡稳定性分析中应用较为广泛的简布法。

简布法计算黏性土坡稳定时的坡体结构与土条受力分析情况见如图 4-49 所示。图中的推力线是指土条两侧侧向推力作用点位置的连线。

如前分析，任意土条的平衡问题均为超静定问题，为求解此问题，简布作出如下假定：

（1）每个土条与土坡具有相同的安全系数。当 $K_s>1$ 时，土坡处于稳定状态，任一土条内抗剪强度只发挥了一部分，并与此时滑动面上的滑动力相平衡，即 $T_i=T_{fi}/K_s$。

（2）任一土条上所有垂直荷载的合力其作用线和滑动面的交点与 N_i 的作用点为同一点。

（3）土条侧向推力 E_i 作用点的位置假定已知，根据土压力理论，可以简单地假定土条侧面推力成直线分布。经分析表明，侧向力作用点位置对稳定安全系数的影响较小，通常假定其作用于土条底面以上 1/3 高度处。

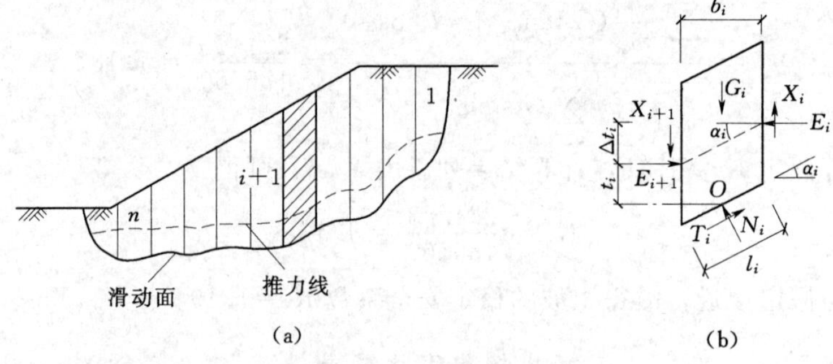

图 4-49　普遍分图受力计算图

取任一土条，其上作用力如图 4-49（b）所示，图中 α_i 为推力线与水平线的夹角，这些均为已知量。

对每一土条取竖向力的平衡，则有

$$G_i + X_{i+1} - X_i - N_i\cos\alpha_i - T_i\sin\alpha_i = 0$$

或

$$N_i = (G_i + X_{i+1} - X_i)\sec\alpha_i - T_i\tan\alpha_i \tag{4-57}$$

再取水平方向力的平衡，有

$$E_{i+1} - E_i = N_i\sin\alpha_i - T_i\cos\alpha_i \tag{4-58}$$

将式（4-57）代入式（4-58），可得

$$\Delta E_i = (G_i + X_{i+1} - X_i)\tan\alpha_i - T_i\sec\alpha_i \tag{4-59}$$

根据简布的第一条假定可知

$$T_i = \frac{1}{K_s}(N_i\tan\varphi_i + c_i l_i) \tag{4-60}$$

联解式（4-57）及式（4-60）求得

$$T_i = \frac{1}{K_s}[(G_i + X_{i+1} - X_i)\tan\varphi_i + c_i b_i]\frac{1}{m_{\alpha i}} \tag{4-61}$$

其中

$$m_{\alpha i} = \cos\alpha_i + \frac{1}{K_s}\tan\varphi_i\sin\alpha_i;\quad b_i = l_i\cos\alpha_i$$

再计算土条侧面的水平力，将式（4-61）代入式（4-59）有

$$\Delta E_i = (G_i + \Delta X_i)\tan\alpha_i - \frac{1}{K_s}[(G_i + \Delta X_i)\tan\varphi_i + c_i b_i]\frac{1}{m_{\alpha i}}\sec\alpha_i$$

令　$A_i = (G_i + \Delta X_i)\tan\alpha_i$；$B_i = [(G_i + \Delta X_i)\tan\varphi_i + c_i b_i]\dfrac{1}{m_{\alpha i}}\sec\alpha_i$

$$\Delta E_i = A_i - \frac{1}{K_s}B_i \tag{4-62}$$

对整个土坡而言，如果滑动土体上无水平外力作用，则所有 E_i 为水平内力，相邻土条的 E_i 大小相对，方向相反，应该有 $\Delta E_i = 0$，由此得

$$\sum_{i=1}^{n}\Delta E_i = \sum_{i=1}^{n}A_i - \frac{1}{K_s}\sum_{i=1}^{n}B_i = 0 \tag{4-63}$$

由此求得土坡稳定安全系数 K_s

$$K_s = \sum_{i=1}^{n} B_i \Big/ \sum_{i=1}^{n} A_i \tag{4-64}$$

土条上各作用力对滑动面中点 O 取矩，按力矩平衡条件有

$$X_i \frac{b_i}{2} + (X_i + \Delta X_i) \frac{b_i}{2} + E_i (t_i + \Delta t_i) - (E_i + \Delta E_i) t_i = 0$$

如果土条宽度 b_i 很小，可略去高阶微量 $\Delta X_i b_i$，则上式可写成

$$X_i = \Delta E_i \frac{t_i}{b_i} - E_i \frac{\Delta t_i}{b_i} = \Delta E_i \frac{t_i}{b_i} - E_i \tan\alpha_i \tag{4-65}$$

E_i 值是土条 i 一侧各土条的 ΔE_i 之和，即 $E_i = E_1 + \sum_{j=1}^{i-1} \Delta E_j$，其中，$E_1$ 是第一个土条边界上的水平法向力。E_1 为第一个土条右边界上的水平推力，若滑体右边无水平推力，则 $E_1 = 0$。

又
$$\Delta X_i = X_{i+1} - X_i \tag{4-66}$$

因此，若已知 ΔE_i 和 E_i，则可求得各 X_i 的值，之后代入上式即可求出所有 ΔX_i 值。

显然，稳定安全系数 K_s 的求得须利用逐步迭代法，其具体步骤归纳如下：

(1) 假设 $\Delta X_i = 0$，相当于毕肖普的方法，计算 A_i、B_i 的值。计算 A_i 值时要先知道 $m_{\alpha i}$ 值，但它是 K_s 的函数，故要先假定一个 K_s 值进行试算。为了节省试算时间，杨布建议开始时可先假定 $\frac{1}{m_{\alpha i}}\sec\alpha_i = 1$，按式（4-64）求得试算的安全系数 K_{s0}，然后参考 K_{s0} 值假定一个新的 K_{s0} 值计算 $m_{\alpha i}$ 值及 A_i、B_i 值，并求得新的安全系数 K_{s1}，并与假定的 K_{s0} 值进行比较，如果相差较大，则用 K_{s1} 值重新计算 $m_{\alpha i}$ 和新的安全系数，反复试算，直至满足精度要求，求出 K_s 的第一次近似值。

(2) 第二次迭代计算时应考虑 ΔX_i 的影响。这时先用第一次近似值 K_{s1} 值代入式(4-62)计算 ΔE_i 及 E_i 值（这时 A_i、B_i 值仍为第一次迭代时的结果），并由式（4-65）、式（4-66）求得 ΔX_i 值。然后假定一个试算安全系数 K_s 计算 $m_{\alpha i}$，考虑 ΔX_i 影响求得 A_i 及 B_i 值，并求得安全系数 K_{s2} 值。并与假定的 K_s 值比较，是否满足精度要求。

依此类推多次迭代，将会求得一系列稳定安全系数 K_{s1}，K_{s2}，K_{s3}，…，当 $|K_{si} - K_{s(i-1)}| \leqslant \delta$（$\delta$ 为精度要求），则 K_{si} 为稳定安全系数。

四、土坡稳定分析的几个问题

1. 土的抗剪强度指标及安全系数的选用

黏性土边坡的稳定计算，不仅要求提出计算方法，更重要的是如何测定土的抗剪强度指标，如何规定安全系数的问题。这对于软黏土尤为重要，因为采用不同的试验仪器及试验方法得到的杭剪强度指标有很大的差异。

在工程实践中应该结合土坡的实际加载情况、填土性质和排水条件等，选用合适的抗剪强度指标。如验算土坡施工结束时的稳定情况，若土坡施工速度较快，填土的渗透性较差，则土中孔隙水压力不易很快消散，这时宜采用不排水剪或固结不排水剪总应力强度指标，用总应力法分析；如验算土坡长期稳定性时，则应采用排水剪或固结不徘水剪有效应力强度指标，用有效应力法分析。

《建筑地基基础设计规范》（GB 50007—2011）规定，土坡稳定的安全系数要求不小于1.2；《公路路基设计规范》（JTGD 30—2004）规定，土坡稳定的安全系数要求不小于1.25。但应该看到安全系数是与选用的抗剪强度指标相关，同一个边坡稳定分析若采用不同试验方法所得到的强度指标，会得到不同的安全系数。

2. 坡顶开裂时的土坡稳定分析

在黏性土路堤的坡顶附近，可能因土的收缩及张力作用而发生裂缝，如图 4-50 所示。地表水渗入裂缝后，将产生静水压力 E_w，它是促使土坡滑动的作用力，故在土坡稳定分析中应该考虑进去。

坡顶裂缝的开展深度 h_0 可近似地按挡土墙后为黏性土填土时，在墙顶产生的拉力区高度公式计算，见式（4-9），即 $h_0=\dfrac{2c}{\gamma\tan\left(45°-\dfrac{\varphi}{2}\right)}$。

裂缝内因积水产生的静水压力 $E_w=\dfrac{1}{2}\gamma_w h_0^2$，它对最危险滑动面的圆心 O 的力臂为 z。在按前述各种方法分析土坡稳定时，应考虑 E_w 引起的滑动力矩，同时土坡滑动面的弧长也将由 BD 减为 BF。

因此，坡顶出现裂缝对土坡的稳定是不利的，在工程中应当避免这种情况出现。例如，对于暴露时间较长、雨水较多的基坑边坡，应在土坡滑动范围外边设置水沟拦截水流，在土坡滑动范围内的坡面上采用水泥砂浆或塑料布铺面防水。如果坡顶出现裂缝，则应立即采用水泥砂浆嵌缝，以防止水流入土被坡内而造成对土坡的损害。

五、有渗流时的土坡稳定性

当基坑土坡采用明排水或堤岸内的水位急剧下降时，土坡内的水将向外渗流。此时土坡内会因此产生动水压力 D，其方向是指向滑动方向（图 4-51），对于渗透系数较大的土坡，会因此而产生流砂现象，对于渗透系数较小的土坡，它对边坡的稳定也是不利的。

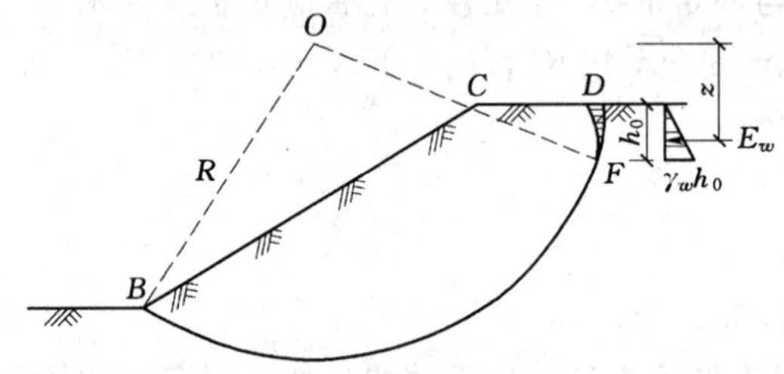

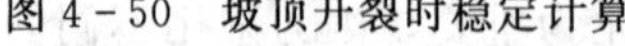

图 4-50 坡顶开裂时稳定计算

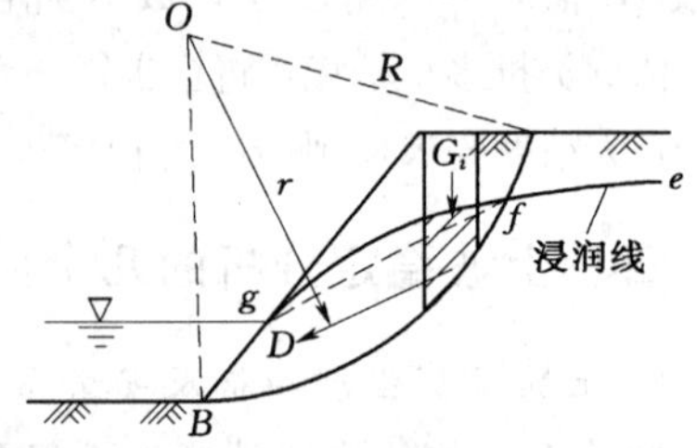

图 4-51 水渗流时土坡稳定计算

如图 4-51 所示土坡，由于水位骤降，土坡内水向外渗流。已知浸润线（渗流水位线）为 efg，滑动土体在浸润线以下部分（$fgBf$）的面积为 A，作用在这一部分土体上的动水力合力为 D。用条分法分析土体稳定时，土条 i 的重力 G_i 计算，在浸润线以下部分应考虑水的浮力作用，采用有效重度。动水力合力 D 的计算公式为

$$D=JA=\gamma_w iA \tag{4-67}$$

式中 J——作用在单位体积土体上的动水力（渗透力），kN/m^3；

i——浸润线以下面积（$fgBf$）范围内的水头梯度平均值，可近似地假设 i 等于浸润线两端 fg 连线的坡度。

动水力合力 D 的作用点在面积（$fgBf$）的形心，其作用方向假定与 fg 连线平行，动水力合力 D 对滑动面圆心 O 的力臂为 r。

这样考虑动水力后，采用费伦纽斯条分法分析土坡稳定安全系数的计算公式（4-47）可写为

$$K_s = \frac{\sum_{i=1}^{n}(G_i \cos\alpha_i \tan\varphi_i + c_i l_i)}{\sum_{i=1}^{n} G_i \sin\alpha_i + \frac{r}{R}D} \tag{4-68}$$

对于基坑边坡，如果采用明排水情况下稳定性不能满足要求，可采用井点降水或防水帷幕止水。

六、挖方、填方边坡的特点

从边坡有效应力分析的稳定安全系数计算式（4-49）、式（4-56）可以看出，孔隙水压力是影响边坡滑动面上土的抗剪强度的重要因素。在总应力保持不变的情况下，孔隙水压力增大，土的抗剪强度就会减小，边坡的稳定安全系数也会相应地下降；反之，孔隙水压力变小，边坡的稳定安全系数则会相应地增大。

图 4-52 所示的是在饱和黏性土地基上修筑路堤或堆载形成的边坡，以 a 点为例，填方边坡稳定分析如图 4-52 所示，从图中可见，超孔隙水压力随着填土荷载的不断增大而加大，如果近似地认为在施工过程中不发生排水，则填土荷载将全部由孔隙水来承担，施工过程中土的有效应力和土的抗剪强度也保持不变。竣工以后，土中的总应力保持不变，而超孔隙水压力则由于黏性土的固结而消散，直至趋于零[图 4-53 (b)]，相应地土的有效应力和土的抗剪强度就会不断地增加[图 4-53 (c)]。因此，当填土结束时，边坡的稳定性应采用总应力法和不排水强度来分析，而长期稳定性则应采用有效应力法和有效应力参数来分析。边坡的安全系数在施工刚结束时最小，并随着时间的增长而增大[图4-53 (d)]。

黏性土中挖方形成的边坡如图 4-54 所示，以 a 点为

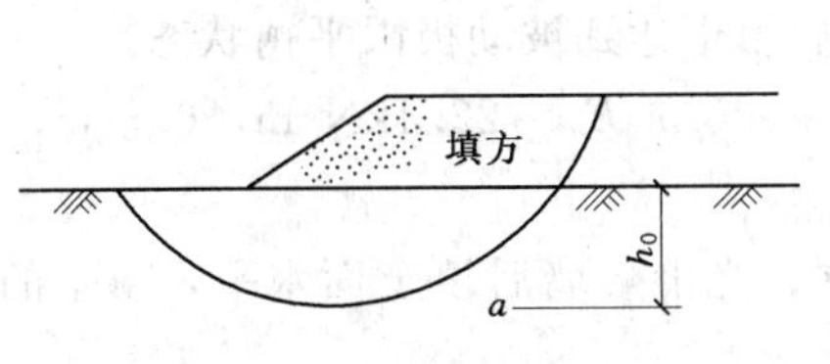

图 4-52　路堤边坡

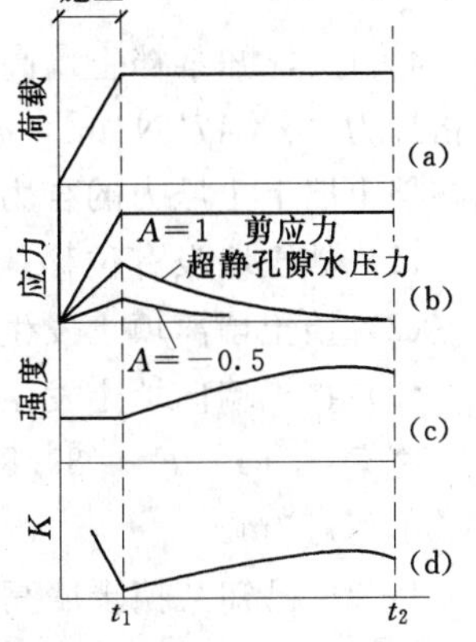

图 4-53　填方边坡稳定性分析

例，挖方边坡稳定分析如图 4－55 所示，从图 4－55 中可知，随着总应力的减小，孔隙水压力不断地下降，直至出现负值。如果同样地在施工期间不实施排水，则土的有效应力和土的抗剪强度保持不变；竣工以后，负超孔隙水压力随着时间逐渐消散［图 4－55 (b)］，伴随而来的有黏性土的膨胀和抗剪强度的下降［图 4－55 (c)］。因此，竣工时的稳定性和长期稳定性应分别采用卸载条件的不排水和排水抗剪强度来分析。与填方边坡不同，挖方边坡的最不利条件是其长期稳定性［图 4－55 (d)］。

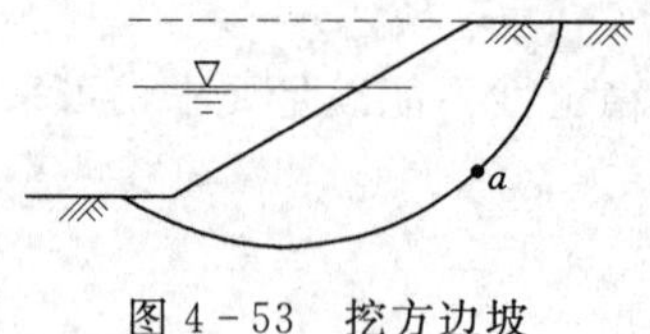

图 4－53　挖方边坡

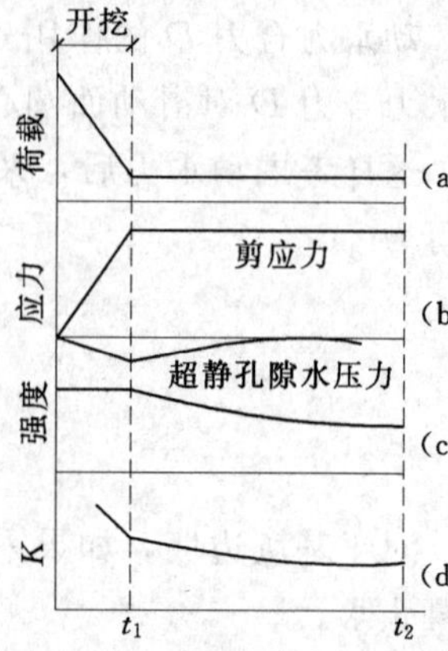

图 4－55　挖方边坡稳定性分析

思　考　题

4－1　土压力有哪几种？影响土压力的各种因素中最主要的因素是什么？

4－2　试阐述主动、静止、被动土压力的定义和产生的条件，并比较三者的数值大小。

4－3　试比较朗肯土压力理论和库仑土压力理论的基本假定及适用条件。

4－4　挡土墙有哪几种类型？如何确定重力式挡土墙断面尺寸及进行各种验算？

4－5　库尔曼图解法的作图步骤有哪些？

4－6　填土中有地下水时，作用在挡土墙上的力有何变化？

4－7　影响土坡稳定的因素有哪些？

4－8　土坡稳定分析的瑞典圆弧法原理是什么？如何确定最危险圆弧滑动面？

习　题

4－1　已知某挡土墙高 4m，墙背直立、光滑，墙后填土面水平，填土的物理力学性质指标为：$\gamma=17\text{kN/m}^3$，$\varphi=20°$，$c=10\text{kPa}$，$K_0=0.66$。试计算在下述三种情况下，作用在挡土墙上土压力的合力及作用点位置。

(1) 挡土墙没有位移；

(2) 挡土墙离填土发生位移，直至墙后填土达到主动极限平衡状态；

(3) 挡土墙向填土发生位移，直至墙后填土达到被动极限平衡状态。

答案：(1) $E_0=89.8\text{kN/m}$，1.33m；(2) $E_a=22.4\text{kN/m}$，0.77m；(3) 391.6 kN/m，1.53m。

4－2　已知某挡土墙高 5m，墙背直立、光滑，墙后填土面水平，填土的物理力学性质指标为：

$\gamma=18\text{kN/m}^3$，$\varphi=30°$，$c=0$。试计算：

(1) 墙后无地下水时的主动土压力；

(2) 当地下水位离墙底 2m 时，作用在挡土墙上的总压力，地下水位以下填土的饱和重度为 19 kN/m^3。

答案：(1) $E_a=74.9kN/m$；(2) $E_a=88.9kN/m$。

4-3　如图 4-56 所示，某挡土墙高度为 6m，墙背直立、光滑，墙后填土面水平，其上作用有均布荷载 $q=20kPa$。墙后填土及物理力学性质指标如图所示。试作出墙背主动土压力分布图，并求作用在墙背上的主动土压力的大小和作用点位置。

答案：(67.3kN/m，1.91m)

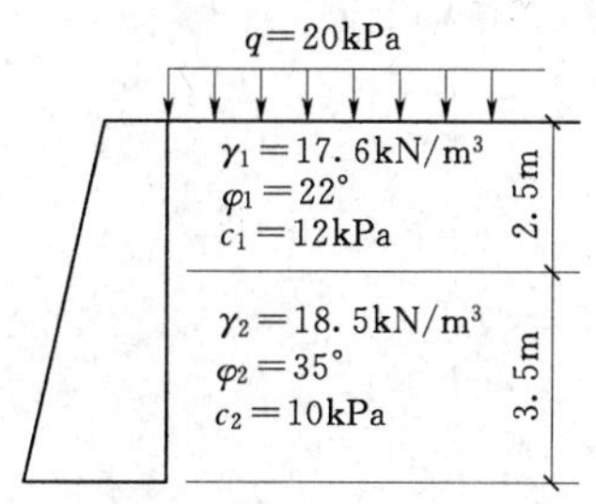

图 4-56　习题 4-3 图

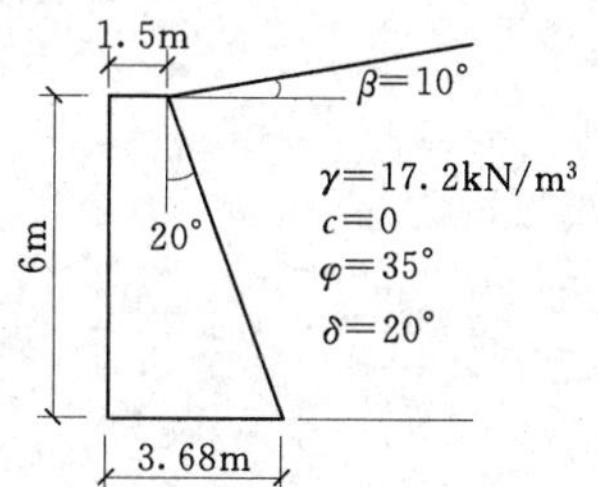

图 4-57　习题 4-6 图

4-4　某挡土墙高度为 6m，墙背直立、光滑，墙后填土面水平，填土的为黏性土，$\gamma=18.3kN/m^3$，$\varphi=26°$，$c=15kPa$，为测量作用在墙背上的主动土压力，试求土压力盒的最小埋置深度，若墙后土面上有一均布荷载 $q=10kPa$，此时压力盒的埋置深度又是多少。

答案：(2.62m，2.07m)

4-5　已知挡土墙高度为 5m，墙背倾角 $\alpha=20°$，墙后的填土倾角 $\beta=10°$，墙背与填土间的摩擦角 $\delta=15°$，填土重度 $\gamma=19.1kN/m^3$，抗剪强度指标：$c=0$，$\varphi=30°$，试计算挡土墙主动土压力大小，作用点位置和方向。

答案：(133.7kN/m，2m，与水平面夹角 35°)

4-6　某重力式挡土墙如图 4-56 所示高为 6m，墙体材料重度为 22 kN/m^3，墙底摩擦系数 $\mu=0.4$，试验算此挡土墙的抗倾覆稳定、抗滑动稳定性是否满足要求。

答案：($K_t=2.92$，$K_s=1.38$)

4-7　已知某土坡坡角 $\beta=60°$，土的内摩擦角 $\varphi=0°$。试按费伦纽斯方法及泰勒法确定其最危险滑动面圆心的位置，并比较两者得到的结果是否相同。

答案：(费伦纽斯方法：$\beta_1=29°$，$\beta_2=40°$；泰勒法 $\alpha=35°$，$\theta=35°$。绘图可见两种方法确定的圆心非常接近。)

4-8　已知某挖方土坡，土的物理力学性质指标为：$\gamma=18.9kN/m^3$，$\varphi=10°$，$c=12kPa$，若取安全系数 $K_s=1.5$，试问：

(1) 将坡角做成 $\beta=60°$时边坡的最大高度；

(2) 若挖方的开挖高度为 4m，坡角最大能做成多大。

答案：(3m，42°)

4－9　某均质黏性土坡，高25m，坡比1∶2，坡内土体的重度$\gamma=20\ kN/m^3$，内摩擦角$\varphi=26.6°$，黏聚力$c=10\ kPa$，坡内无地下水影响，试分别用费伦纽斯条分法和简化毕肖普法求土坡的安全系数，并对结果进行比较。

答案：（费伦纽斯条分法：$K_s=1.36$；简化毕肖普法$K_s=1.51$）

第五章　天然地基上浅基础的设计

第一节　概　　述

地基是承托建筑物基础的有限场地，而基础是建筑物向地基传递荷载的下部结构。在建筑物的设计和施工中，地基和基础占有很重要的地位，它对建筑物的安全使用和工程造价有着很大的影响。

在选择地基基础类型时，主要考虑两个方面的因素：一是建筑物的性质（包括建筑物的用途、重要性、结构型式、荷载性质和荷载大小等）；二是地基的工程地质及水文地质情况［包括岩（土）层的分布、岩（土）体的性质和地下水等］。

当基础直接置于未经人工处理过的天然土层上，这种地基称为天然地基。基础工程设计时，在条件允许的情况下，应优先考虑采用天然地基，既省去地基处理费用，又能加快工程进度。基础在天然地基上的埋置深度有深有浅，通常来说，置于天然地基上、埋置深度小于 5m 的一般基础（柱基或墙基）以及埋置深度虽超过 5m，但小于基础宽度的大尺寸的基础（如箱形、筏形基础），在计算中不必考虑基础的侧面摩擦力，这样的基础统称为天然地基上的浅基础（图 5－1）。

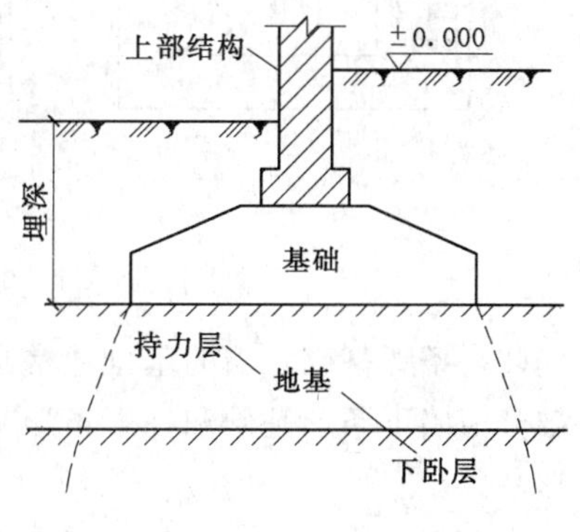

图 5－1　地基及基础示意图

如果地基范围内都属于软弱的土层（通常指承载力低于 100kPa 的土层），或者上部有较厚的软弱土层，不适于做天然地基上的浅基础时，常可采用以下三种解决方案。

（1）加固上部土层，提高土层的承载能力，再把基础做在这种经过人工加固后的土层上。这种地基叫做人工地基。

（2）在地基中打桩，把建筑物支撑在桩台上，建筑物的荷载由桩传到地基深处较为密实的土层。这种基础叫做桩基础。

（3）把基础直接做在地基深处承载力较高的土层上。埋置深度大于 5m 或大于基础宽度，在计算基础时应该考虑基础侧壁摩擦力的影响。这类基础叫做深基础。

由于各种建筑物有不同的结构类型和使用要求，并且建筑物所处的土质条件和建筑物对不均匀沉降的敏感性也不同，因此根据不同的工程条件和要求，应采取不同的基础设计方案。

在上述地基基础类型中，天然地基上的浅基础常常是施工方便、技术简单、造价经济的方案，在一般情况下，应尽可能采用。如果天然地基上的浅基础不能满足工程的要求，或者经过周密比较以后认为不经济，才考虑采用其他类型的地基基础。选用人工地基、桩基础或深基础，要根据建筑物地基的地质和水文地质条件，结合工程的具体要求，通过方案比较选定。

第二节　浅基础的类型

基础的作用就是把建筑物的荷载安全可靠地传递给地基，保证地基不会发生强度破坏或者产生过大变形，同时还要充分发挥地基的承载能力。因此，基础的结构类型必须根据建筑物的特点（结构型式、荷载的性质和大小等）和地基土层的情况来选定。

浅基础根据结构形式可分为独立基础、条形基础、筏形基础、箱形基础和壳体基础。根据所使用材料的性能可分为刚性基础和柔性基础。在《建筑地基基础设计规范》（GB 50007—2011）中，将刚性基础称为无筋扩展基础，柔性基础称为扩展基础。

（1）独立基础（图 5-2）。独立基础主要用于柱下，也用于一般的高耸构筑物，如水塔、烟囱等。其构造形式通常有现浇台阶形基础、现浇锥形基础和预制柱的杯口基础。

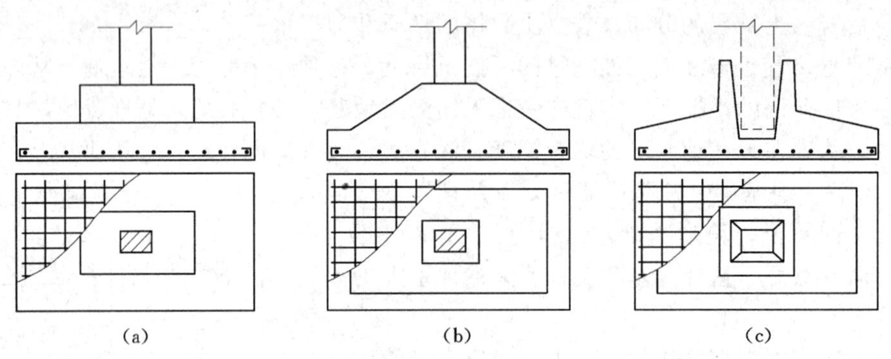

图 5-2　独立基础

(a) 台阶形基础；(b) 锥形基础；(c) 杯口基础

（2）条形基础。墙的基础通常是连续设置成长条形，称为条形基础。钢筋混凝土条形基础分为墙下条形基础和柱下条形基础。柱下条形基础又可分为单向条形基础和十字交叉条形基础。

当上部结构传给柱基的荷载较大，而地基土承载力较低时，则需要增大基础底面积，若因受邻近建筑物或已有的地下构筑设施的限制，独立基础的底面积不能再扩展，此时可采用柱下钢筋混凝土条形基础。又如，当各柱荷载差异过大，或地基土强度不均，若采用柱下独立基础，则可能引起各基础间较大的沉降差。为防止过大的不均匀沉降，减小地基变形，则应加大基础整体刚度，此时也应采用柱下钢筋混凝土条形基础。

柱下钢筋混凝土条形基础呈单向或双向条形，常作为排架或框架结构的基础，条形钢筋混凝土基础也称作基础梁，双向条基即十字交叉基础，如图 5-3 所示。

（3）筏形基础（图 5-4）。当地基承载力较小，且强度不均时，若传给基础的载荷很大，采用柱下条形基础或十字交叉基础也不能满足地基承载力及变形要求时，可将基础底面积进一步扩大，使基础面积等于甚至大于底层面积，形成连续的钢筋混凝土板式基础，或者地下水位常年在地下室的地坪以上，为了防止地下水渗入室内，往往需要把整个房屋底面（或地下室部分）做成一片连续的钢筋混凝土板，作为房屋的基础，称为筏形基础。

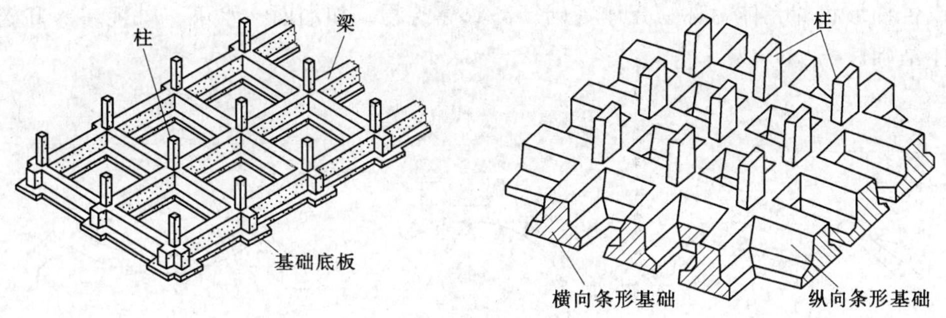

图 5-3 柱下十字交叉条形基础

筏形基础的底面积大，能承受更大的荷载，又因为整体刚度加强，减小了建筑物局部不均匀沉降，如受风荷载或地震荷载较大的多层或高层建筑，要求基础有足够的刚度和稳定性，采用筏形基础则较合适。

按所支承的上部结构类型，可将筏形基础分为墙下筏基和柱下筏基，而根据筏基是否含有肋梁又可分为肋梁式（梁板式）筏基和平板式筏基。

（4）箱形基础（图 5-5）。为了增加基础板的刚度，以减小不均匀沉降，高层建筑物往往地下室的底板、顶板、侧墙及一定数量的内隔墙连在一起构成一个整体刚度很强的钢筋混凝土箱形结构，称为箱形基础。箱形基础是由顶板、底板和内外隔墙组成的一个复杂的箱形空间结构，承受上部结构传来的荷载及地基反力，产生整体弯曲。在箱形基础内墙的适当部位开设门洞，即可将顶、底板间中空部位作为地下室使用。平面尺寸不太大且形状简单的箱形基础，具有很大的抗弯刚度，当地基产生变形时，只会产生大致均匀的沉降或整体倾斜，因此在上部结构中不会引起太大的附加应力，因地基变形使建筑物开裂的可能性也基本消除。由于基础刚度极大，即使地基局部软硬不均，箱形基础也能较好地调整基底压力，甚至可跨越不大的洞穴，使其处于安全稳定的状态。

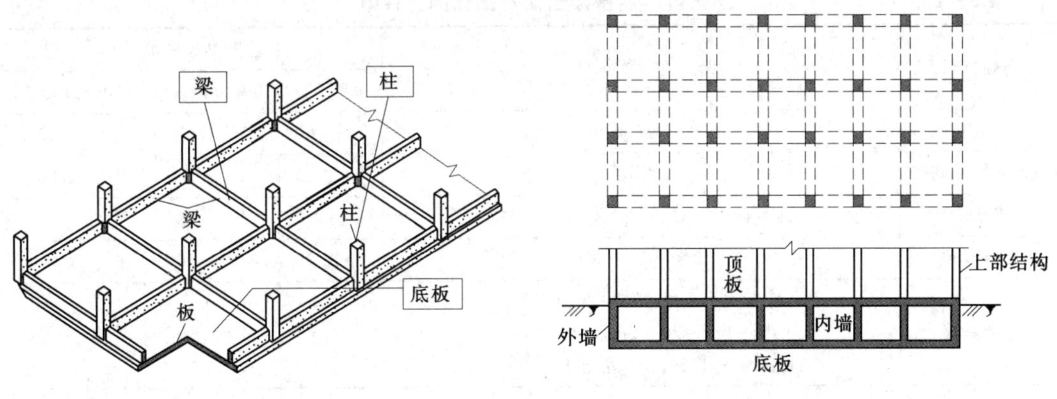

图 5-4 筏形基础

图 5-5 箱形基础

由于箱形基础的地下空间被利用，施工时挖出的土方也不需要回填，使地基附加应力减小很多，因此，箱形基础属于较理想的补偿性基础。因埋深大，使地基承载力相应提高，沉降量更小。

(5) 壳体基础（图5-6）。为改善基础的受力性能，基础的形状可以不做成台阶状，而做成各种形状的壳体，称为壳体基础。高耸建筑物，如烟囱、水塔、电视塔等基础常做成壳体基础。

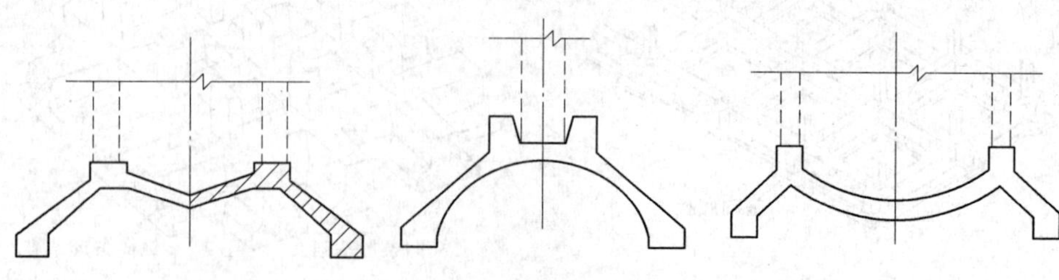

图5-6　壳体基础

一、无筋扩展基础和扩展基础

扩展基础是将上部结构传来的荷载侧向扩展到土中，使之满足地基承载力和变形的要求，而基础内部的应力应同时满足材料本身的强度要求。扩展基础包括无筋扩展基础及钢筋混凝土扩展基础。

(1) 无筋扩展基础。无筋扩展基础是采用混凝土、毛石混凝土、砖、三合土及灰土等材料建筑的不需要配置钢筋的墙下条形基础或柱下独立基础。单独基础或条形基础上面受柱子或墙传来的荷载，下面承受地基的反力，工作条件像个倒置的两边外伸的悬臂梁。这种结构受力后，在靠柱边、墙边或断面高度突然变化的台阶边缘处容易产生弯曲破坏。为了防止弯曲破坏，对于这种采用砖、素混凝土、灰土和三合土等抗拉性能很差的材料做成的基础，要求基础具有一定的高度，使弯曲所产生的拉应力不会超过材料的抗拉强度。通常控制的办法是使基础的外伸长度 b 和基础高度 h 的比值不超过规定的容许比值。各种材料所容许的 b/h 值见表5-1。

表5-1　　无筋扩展基础台阶宽高比的允许值

基础材料	质量要求	台阶宽高比的允许值		
		$p_k \leqslant 100$	$100 < p_k \leqslant 200$	$200 < p_k \leqslant 300$
混凝土基础	C15混凝土	1∶1.00	1∶1.00	1∶1.25
毛石混凝土基础	C15混凝土	1∶1.00	1∶1.25	1∶1.50
砖基础	砖不低于MU10、砂浆不低于M5	1∶1.50	1∶1.50	—
毛石基础	砂浆不低于M5	1∶1.25	1∶1.50	—
灰土基础	体积比为3∶7或2∶8的灰土，其最小干密度：粉土 $1.55t/m^3$ 粉质黏土 $1.50t/m^3$ 黏土 $1.45t/m^3$	1∶1.25	1∶1.50	—
三合土基础	体积比1∶2∶4～1∶3∶6（石灰∶砂∶骨料），每层约虚铺220mm，夯至150mm	1∶1.50	1∶2.00	—

从图5-7中可以看出，b/h 的比值就是角度 α 的正切，即 $\tan\alpha = b/h$。与容许的台阶宽高比 b/h 值相应的角度 α 称为基础的刚性角。因此，基础的高度 h 应符合下式的要求：

$$h=\frac{B-b_0}{2\tan\alpha} \tag{5-1}$$

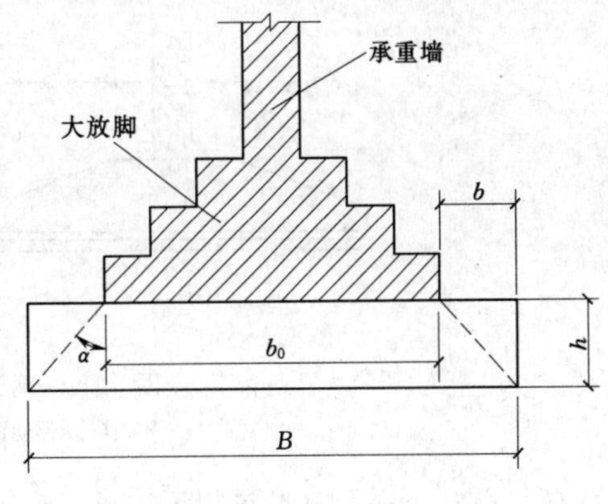

图 5-7　刚性基础

由砖、砌石、素混凝土、灰土和三合土等材料做成满足刚性角要求的基础称为无筋扩展基础或刚性基础。为便于施工，刚性基础一般做成台阶形。满足刚性角要求的基础称为无筋扩展基础或刚性基础。满足刚性角要求的基础，各台阶的内缘应落在与墙边或柱边铅垂线成 α 角的斜线上，如图 5-7 所示。若台阶内缘进入斜线以内，各台阶的内缘应落在与墙边或柱边铅垂线成 α 角的斜线上，表示基础断面不够安全。若台阶内缘在斜线以外，如图，则断面设计不经济。

无筋扩展基础适用于多层民用建筑和轻型厂房。

（2）扩展基础。当基础的高度不能满足刚性角要求时，可以做成钢筋混凝土基础，用钢筋承受基础底部的拉应力，以保证基础不发生断裂，称为扩展基础。柱下扩展基础有现浇和预制两种类型。图 5-8（a）、（b）是常用的柱下现浇台阶形及锥形基础，图 5-8（c）则是柱下预制扩展基础，又称杯口基础。墙下扩展基础一般做成无肋的钢筋混凝土板，如图 5-9（a）所示。当地基不均匀需要考虑基础的纵向弯曲时，可做成图 5-9（b）类型的带肋梁的扩展基础以加强基础的纵向刚度。

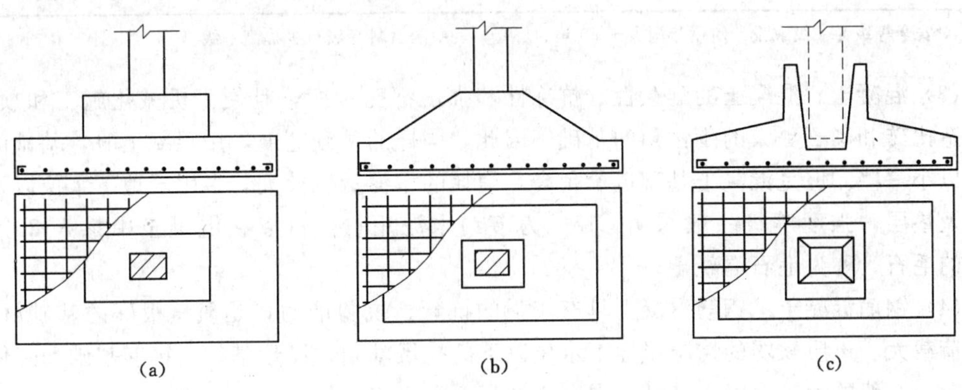

图 5-8　钢筋混凝土扩展基础

（a）台阶形基础；（b）锥形基础；（c）杯口基础

二、基础材料

基础埋于土中，经常受到潮湿、冰冻等因素的侵蚀，而且它是建筑物的隐蔽部分，破坏了不容易发现和修复，所以对所用的材料必须要有一定的要求。

（1）砖。砌体基础所用的砖和砂浆的标号，根据地基土的潮湿程度和地区的寒冷程度而有不同的要求。按照《砌体结构设计规范》（GB 50003—2001）（以下简称《砌体设计规范》）的规定，地面以下或防潮层以下的砖砌体，所用的材料强度等级不得低于表 5-2 所规定的数值。

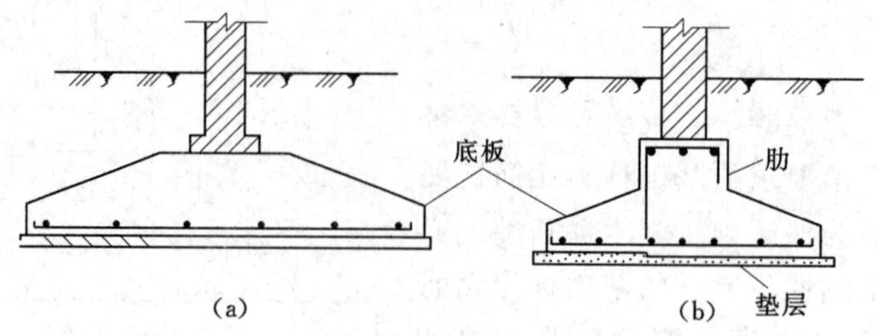

图 5-9　钢筋混凝土扩展基础

(a) 无肋的；(b) 有肋的

(2) 石料。料石（经过加工，形状规则的石块）、毛石和大漂石有相当高的强度和抗冻性，是基础的良好材料。特别在山区，石料可以就地取材，应当充分利用。做基础的石料要选用质地坚硬、不易风化的岩石。石块的厚度不宜小于 150mm。石料和砂浆的强度等级要求见表 5-2。

表 5-2　地面以下或防潮层以下的砌体、潮湿房间墙所用材料的最低强度等级

基土的潮湿程度	烧结普通砖、蒸压灰砂砖		混凝土砌块	石材	水泥砂浆
	严寒地区	一般地区			
稍潮湿的	MU10	MU10	MU7.5	MU30	MU5
很潮湿的	MU15	MU10	MU7.5	MU30	MU7.5
含水饱和的	MU20	MU15	MU10	MU40	MU10

注　对安全等级为一级或设计使用年限大于 50 年的房屋，表中的材料等级至少提高一级。

(3) 混凝土。混凝土的耐久性、抗冻性和强度都比砖好，且便于机械化施工和预制，可建造比砖和砌石更大的刚性角的基础。因此，同样的基础宽度，用混凝土时，基础的高度可以小一些。但是混凝土基础造价稍高，消耗的水泥量也较大，多用于地下水位以下的基础及垫层，强度等级一般采用 C15。为节约水泥用量，可以在混凝土中掺入 20%～30%的毛石，称为毛石混凝土。

(4) 钢筋混凝土。钢筋混凝土具有较强的抗弯、抗剪能力，是质量很好的基础材料。用于荷载大、土质软弱的情况或地下水位以下的扩展基础、筏形基础、箱形基础和壳体基础。对于一般的钢筋混凝土基础，混凝土的强度等级应不低于 C20。

(5) 灰土。我国在 1000 多年以前就采用灰土作为基础垫层，效果很好。基础砌体下部受力不大时，也可以利用灰土代替砖、石或混凝土。作为基础材料用的灰土，一般为三七灰土，即用三分石灰和七分黏性土（体积比）搅拌均匀后分层夯实。灰土所用的石灰必须在使用前加水焖成粉末，并过 5～10mm 筛子。土料宜用粉质黏土，不要太湿或太干。简易的判别方法就是所谓拌和后的灰土要“捏紧成团，落地开花”。灰土的强度与夯实的程度关系很大，要求施工后达到干容重不小于 14.5～15.5kN/m^3。施工时常有每层虚铺 220～250mm，夯实后成 150mm 来控制。灰土作为基础材料一般只用于地下水位以上。

(6) 三合土。采用石灰、砂及骨料拌和而成的材料称为三合土。一般用于低层房屋基础，三种材料的体积比为 1∶2∶4～1∶3∶6，每层虚铺 240mm，夯实后成 150mm。

第三节　基础的埋置深度

基础底面埋在地面（一般指设计地面）以下的深度，称为基础的埋置深度。为了保证基础安全，同时减少基础的尺寸，应尽量把基础置于良好的土层上。但是基础埋置过深不但施工不方便，并且会提高基础造价，因此，应根据实际情况选择合理的基础埋置深度。其原则是，在保证地基稳定和满足变形要求的前提下，尽量选择浅埋。但是除基岩外，基础埋深不宜浅于0.5m，这是因为地表土一般都较松软，易受雨水等外界因素影响，不宜作为基础持力层。另外，基础顶面应低于设计地面100mm以上，避免基础外露，遭受外界的影响。

影响基础埋置深度的因素主要有以下几个方面。

（一）建筑物的用途、结构类型及荷载性质与大小

建筑物的用途影响基础埋深的选择，如有地下室的建筑，埋深由地下室标高决定；工业建筑中的地下设施和设备基础，不能离建筑物基础太近。

基础类型是影响埋深的另一个主要因素。对于由砖石材料砌筑的刚性基础，因其高度相对较大，若埋深较小则有出露的可能。因此，基础的埋深由基础的构造高度决定。

对于只受垂直荷载作用的基础，可根据荷载的大小进行地基承载力计算，选择持力层，确定埋深；如果基础同时还承受水平荷载作用（如挡土墙、厂房柱基、烟囱、水塔等构筑物的基础），则应加大埋深，以增强土层对基础的嵌固作用，保证构筑物的稳定性。

（二）地基的工程地质和水文地质条件

直接支撑基础的土层称为持力层，其下的各土层称为下卧层。根据工程地质条件选择合适的土层作为基础的持力层是确定基础埋深的重要因素。

（1）当地基土由承载力高、土质均匀、压缩性小的土层构成时，可采用该层作为持力层，土质条件对基础埋深的影响不大，基础埋置深度由其他因素（如上部荷载、建筑物的用途、地基土的冻胀性等）确定。

（2）若压缩层范围内上部土层压缩性较大、承载力较小（如软土等），下部土层压缩性较小，承载力较大，则应根据软弱土的厚度及建筑物类型综合考虑基础方案及埋置深度。

1）软弱土层厚度在2m以内时，宜将基础置于下部好土层上。

2）当软弱土层厚度为2～5m时，低层建筑物可采用上部软弱土作为持力层，避免大量开挖土方，但应适当加强上部结构刚度，或对持力层作相应人工处理。对重要的建筑物、高层建筑物及带有地下室的一般混合结构，宜采用下部好土层为持力层。

3）当上部软弱土层厚度大于5m时，除筏形、箱形等大尺寸基础以及带地下室基础外，一般均可按上述第二种情况处理。

（3）当地基土上部土层压缩性较小，而下部土层压缩性较大时，一般应尽可能将基础浅埋，以减少软弱土层受到的压力。

(4) 当地基土由多层软硬土交替组成时，应根据各土层厚度及压缩性，以减小基础沉降为原则来确定基础埋深。

(5) 当同一建筑物各部分基础荷载相差悬殊，或地基土水平方向展布不均，且压缩性变化较大时，则同一建筑物的可采用不同基础埋深，并应尽量减小建筑物的差异沉降及局部倾斜。

当有地下水存在时，基础底面应尽量埋于地下水位以上，以避免地下水对基坑施工的影响，如必须埋在地下水位以下时，则应采取措施（如基坑排水、坑壁围护等），以保证地基土施工时不受扰动。地下水对基础材料的侵蚀作用及防护措施也应充分考虑。

(三) 相邻建筑物基础埋深

为保证相邻原有建筑物在施工期间的安全和正常使用，基础埋深不宜深于相邻原有建筑物基础。

若设计埋深必须大于已有基础埋深时，应按以下原则确定两基础的净距，即

$$\Delta H/L \leqslant 0.5 \sim 1.0 \quad \text{（荷载较小、土质较好时取大值）}$$

式中　ΔH——相邻基础底标高差，m；

L——相邻基础净距，m。

若以上原则不能满足，则应分段施工，并对原有基础采取加固、支撑等保护措施。当附近存在涵管等地下设施时，拟建基础底标高应低于地下设计底标高。

(四) 地基土的冻胀和融陷

在寒冷地区，当地温低于 0℃后，因土中液态水冻结使地基土形成冻土，且土体强度增大，体积膨胀并引起地基土隆起，这种现象称为土的冻胀现象。当春季气温回暖解冻，冻土层不但体积缩小，而且因含水量显著增加，强度大幅度下降，引起地基沉降，即产生融陷现象。冻胀和融陷都是不均匀的，如果基底下面有较厚的冻土层，就将产生难以估计的冻胀和融陷变形，影响建筑物的正常使用，甚至导致破坏。

持续冻结多年的冻土（土层冻结三年以上）称为多年冻土。冻融现象随季节变化，每年冻融交替一次的土层称为季节性冻土。季节性冻土在我国分布很广，且对建筑物的危害较大。

在有冻胀性土的地区进行建设时，除基础埋深必须符合前述规定外，还应根据土的冻胀性和冻深的大小，采取一些相应的防冻害措施。

季节性冻土地基中的基础最小埋置深度：

$$d_{\min} = z_d - h_{\max} \tag{5-2}$$

式中　$h_{\max}$——基础底面以下允许残留冻土层的最大厚度，m，按表 5-3 查取，当有充分依据时，基底下允许残留冻土层厚度也可根据当地经验确定；

z_d——季节性冻土地基的设计冻深，m。

z_d 按下式计算：

$$z_d = z_0 \psi_{zs} \psi_{zw} \psi_{ze} \tag{5-3}$$

式中　z_0——标准冻深，m，系采用在地表平坦、裸露、城市之外的空旷场地中不少于 10

年实测最大冻深的平均值，当无实测资料时，按《建筑地基基础设计规范》(GB 50007—2011) 附录的标准冻深线图采用；

ψ_{zs}——土的类别对冻深的影响系数，按表5-4查取；

ψ_{zw}——土的冻胀性对冻深的影响系数，按表5-5查取；

ψ_{ze}——环境对冻深的影响系数，按表5-6查取。

表5-3　　建筑基底下允许残留冻土层厚度 h_{max} (m)

冻胀性	基础形式	采暖情况	基底平均压力 (kPa)						
			90	110	130	150	170	190	210
弱冻胀土	方形基础	采暖		0.94	0.99	1.04	1.11	1.15	1.20
		不采暖		0.78	0.84	0.91	0.97	1.04	1.10
	条形基础	采暖		>2.50	>2.50	>2.50	>2.50	>2.50	>2.50
		不采暖		2.20	2.50	>2.50	>2.50	>2.50	>2.50
冻胀土	方形基础	采暖		0.64	0.70	0.75	0.81	0.86	
		不采暖		0.55	0.60	0.65	0.69	0.74	
	条形基础	采暖		1.55	1.79	2.03	2.26	2.50	
		不采暖		1.15	1.35	1.55	1.75	1.95	
强冻胀土	方形基础	采暖		0.42	0.47	0.51	0.56		
		不采暖		0.36	0.40	0.43	0.47		
	条形基础	采暖		0.74	0.88	1.00	1.13		
		不采暖		0.56	0.66	0.75	0.84		
特强冻胀土	方形基础	采暖	0.30	0.34	0.38	0.41			
		不采暖	0.24	0.27	0.31	0.34			
	条形基础	采暖	0.43	0.52	0.61	0.70			
		不采暖	0.33	0.40	0.47	0.53			

注　1. 本表只计算法向冻胀力，如果基侧存在切向冻胀力，应采取防切向力，应采取防切向力措施。

2. 本表不适用于宽度小于0.6m的基础，矩形基础可取短边尺寸按方形基础计算。

3. 表中数据不适用于淤泥、淤泥质土和欠固结土。

4. 表中基底平均压力数值为永久荷载标准值乘以0.9，可以内插。

表5-4　　土的类别对冻深的影响系数

土的类别	影响系数 ψ_{zs}	土的类别	影响系数 ψ_{zs}
黏性土	1.00	中、粗、砾砂	1.30
细砂、粉砂、粉土	1.20	碎石土	1.40

表5-5　　土的冻胀性对冻深的影响系数

冻胀性	影响系数 ψ_{zw}	冻胀性	影响系数 ψ_{zw}
不冻胀	1.00	强冻胀	0.85
弱冻胀	0.95	特强冻胀	0.80
冻胀	0.9		

表 5-6　环境对冻深的影响系数

周围环境	影响系数 ψ_{ze}	周围环境	影响系数 ψ_{ze}
村、镇、旷野	1.00	城市市区	0.90
城市近郊	0.95		

注　环境影响系数一项，当城市市区人口为 20 万～50 万时，按城市近郊取值；当城市市区人口大于 50 万小于或等于 100 万时，按城市市区取值，5km 以内的郊区应按城市近郊取值。

第四节　地基承载力

当基础上的荷载确定后，要使地基土不致产生强度破坏且沉降值不超过允许范围，则基底压力（单位面积上的平均压力）应不大于修正后的地基承载力特征值。一般先确定出地基承载力特征值并进行修正，之后再确定出基础底面尺寸。

地基承载力特征值可由载荷试验或其他原位测试、公式计算并结合工程实践经验等方法综合确定。

一、按现场载荷试验或原位测试法求地基承载力

可采用现场载荷试验确定地基承载力。当确定浅部地基土层的承压板下应力主要影响范围内的承载力时，可采用浅层平板载荷试验；当确定深部地基土层及大直径桩的桩端土层在承压板下应力主要影响范围内的承载力时，可采用深层平板试验，且载荷试验承载力应取特征值。

其他原位测试方法，如静力触探、动力触探、标准贯入试验等，不能直接测定地基的承载力，只能测定出一些反映地基土性质的物理指标，经过统计分析后，与已往累积的原位测试指标和地基承载力的关系资料进行对比，从而评估出地基的承载力值。目前，各地区制定的相应技术规范中，给出按当地工程实践经验并根据地基土的物理力学指标、标准贯入击数 N 值及静力触探试验的比贯入阻力 p_s 值等确定地基承载力特征值的标准，可参照使用。

二、按理论公式确定地基承载力

如果作用于基础上的竖向力偏心较小，如果偏心距 e 小于基础宽度 b 的 0.033 倍时，基底压力近似于均匀分布，这种情况可按《建筑地基基础设计规范》（GB 50007—2011）中推荐的承载力公式计算地基承载力：

$$f_a = M_b\gamma b + M_d\gamma_m d + M_c c_k \tag{5-4}$$

式中　f_a——由土的抗剪强度指标确定的地基承载力特征值，kPa；

c_k——基础之下，1 倍基础宽度范围内土的黏聚力标准值，kPa；

M_b、M_d、M_c——承载力系数，见表 5-7；

b——基础宽度，m，当宽度大于 6m 时按 6m 取值，当砂土小于 3m 时按 3m 取值；

d——基础埋置深度，m；一般自室外地面标高算起，在填方平整地区，可

自填土地面标高算起，但填土在上部结构施工后才完成时，应从天然地面标高算起，对于地下室，如采用箱形基础或筏形基础时，自室外地面标高算起，采用独立基础或条形基础时，应从室内地面标高算起；

表 5-7　承载力系数 M_b、M_d、M_c

土的内摩擦角标准值 φ_k（°）	M_b	M_d	M_c	土的内摩擦角标准值 φ_k（°）	M_b	M_d	M_c
0	0	1.00	3.14	22	0.61	3.44	6.04
2	0.03	1.12	3.32	24	0.80	3.87	6.45
4	0.06	1.25	3.51	26	1.10	4.37	6.90
6	0.10	1.39	3.71	28	1.40	4.93	7.40
8	0.14	1.55	3.93	30	1.90	5.59	7.95
10	0.18	1.73	4.17	32	2.60	6.35	8.55
12	0.23	1.94	4.42	34	3.40	7.21	9.22
14	0.29	2.17	4.69	36	4.20	8.25	9.97
16	0.36	2.43	5.00	38	5.00	9.44	10.80
18	0.43	2.72	5.31	40	5.80	10.84	11.73
20	0.51	3.06	5.66				

三、地基承载力特征值的修正

用原位试验确定地基承载力时，并没有考虑基础的宽度和埋置深度对承载力的影响，需要用下式进行承载力的基础宽度和埋置深度修正后，才得到可供实际设计用的地基承载力特征值。

$$f_a = f_{ak} + \eta_b \gamma (b-3) + \eta_d \gamma_m (d-0.5) \tag{5-5}$$

式中　f_a——修正后地基承载力特征值，kPa；

f_{ak}——按现场载荷试验或其他原位试验确定的地基承载力特征值，kPa；

γ——基底以下土的天然重度，地下水位以下用浮重度，kN/m^3；

b——基础宽度，m，当宽度小于 3m 时按 3m 计，大于 6m 按 6m 计；

d——基础埋置深度，m，一般自室外地面标高算起，在填方平整地区，可自填土地面标高算起，但填土在上部结构施工后才完成时，应从天然地面标高算起，对于地下室，如采用箱形基础或筏形基础时，自室外地面标高算起；采用独立基础或条形基础时，应从室内地面标高算起；

η_b、η_d——相应于基础宽度和埋置深度的承载力修正系数，按基底下土类，查表5-8。

表 5-8　　承载力修正系数

<table>
<tr><th colspan="2">土 的 类 别</th><th>η_b</th><th>η_d</th></tr>
<tr><td colspan="2">淤泥和淤泥质土</td><td>0</td><td>1.0</td></tr>
<tr><td colspan="2">人工填土
e 或 I_L 大于等于 0.85 的黏性土</td><td>0</td><td>1.0</td></tr>
<tr><td rowspan="2">红黏土</td><td>含水比 $\alpha_w>0.8$</td><td>0</td><td>1.2</td></tr>
<tr><td>含水比 $\alpha_w\leqslant0.8$</td><td>0.15</td><td>1.4</td></tr>
<tr><td rowspan="2">大面积压实填土</td><td>压实系数大于 0.95、黏粒含量 $\rho_c\geqslant10\%$的粉土、</td><td>0</td><td>1.5</td></tr>
<tr><td>最大干密度大于 2.1t/m^3 的级配砂石</td><td>0</td><td>2.0</td></tr>
<tr><td rowspan="2">粉土</td><td>黏粒含量 $\rho_c\geqslant10\%$的粉土</td><td>0.3</td><td>1.5</td></tr>
<tr><td>黏粒含量 $\rho_c<10\%$的粉土</td><td>0.5</td><td>2.0</td></tr>
<tr><td colspan="2">e 及 I_L 均小于 0.85 的黏性土
粉砂、细砂（不包括很湿与饱和时的稍密状态）
中砂、粗砂、砾砂和碎石土</td><td>0.3
2.0
3.0</td><td>1.6
3.0
4.4</td></tr>
</table>

注　1. 强风化和全风化的岩石，可参照所风化成的相应土类取值，其他状态下的岩石不修正。
2. 含水比 $\alpha_w=w/w_L$，w 为天然含水量，w_L 为液限。

第五节　基础尺寸的设计

当基础上的总荷载、基础埋深及修正后的地基承载力特征值已知，即可计算出基础底面尺寸。首先确定基础上的总荷载，计算基础上的总荷载（包括永久荷载及可变荷载两类）时，应从建筑物顶层由上往下将各层的荷载累积起来。如：先算出屋顶的自重及可变荷载，再算出各层结构（如梁、板）自重及楼面的可变荷载，墙、柱的自重等。以上荷载在墙和柱的承载面积之内的总和，即为基础所受上部结构总荷载。对外墙、外柱，荷载累积高度算至室内设计底面与室外设计地面平均标高处，对内墙、内柱，算至室内设计地面标高处。上部结构总荷载再加上基础自重及基础上填土重，即为基础底面处的总荷载。

一、轴心受压基础

在竖向轴心荷载作用下，可将基础底面的压力看作是均匀分布，如图 5-10 所示。此时，基底压力应不大于该处修正后的地基承载力特征值：

$$p_k=\frac{F_k+G_k}{A} \tag{5-6}$$

$$F_k+G_k\leqslant Af_a \tag{5-7}$$

式中　p_k——相应于荷载效应标准组合时基础底面处平均压力值，kN；

F_k——相应于荷载效应标准组合时上部结构传至基础顶面的竖向力值，kN；

G_k——基础自重和基础上土重，kN；

A——基础底面积，m^2。

在实际计算过程中，G_k 按基础重度及基础上土重度的平均值计算，即

$$G_k = \bar{\gamma} A H \tag{5-8}$$

式中 $\bar{\gamma}$——基础及基础上填土的平均重度，kN/m^3，一般取 $20kN/m^3$；

H——对外墙、外柱基础，为室外设计地面平均标高至基底的距离，m，对内墙、内柱基础，为室内设计地面标高至基底的距离。

对矩形基础，基础底面积应满足以下要求：

$$A \geqslant \frac{F_k}{f_a - \bar{\gamma} H} \tag{5-9}$$

对墙下条形基础，可取 1m 长墙段作计算单元，按式（5-9）计算，即 $b \geqslant \dfrac{F_k}{f_a - \bar{\gamma} H}$。

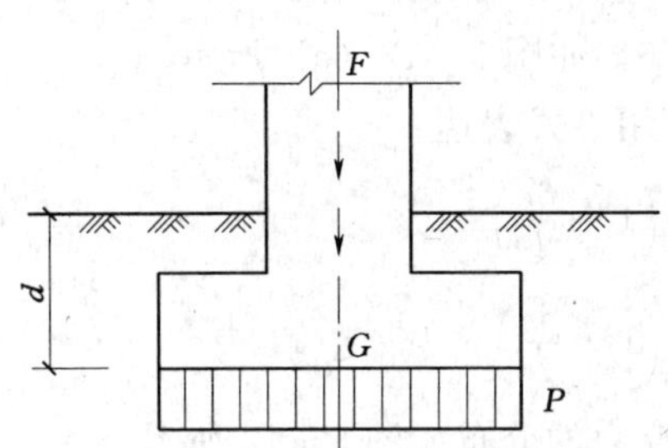

图 5-10 轴心受压时基底反力

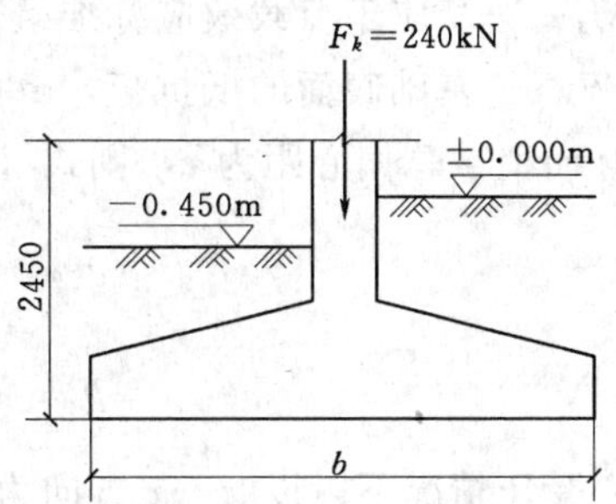

图 5-11 ［例 5-1］图

【例 5-1】 如图 5-11 所示，某办公楼外墙基础埋深 2m，室内外高差为 0.45m，上部结构传至基础顶面的竖向力 $F_k = 240kN/m$，持力层为粉质黏土，$\gamma = 18kN/m^3$，$e = 0.8$，$I_L = 0.8$，地基承载力特征值 $f_{ak} = 200kPa$，试确定所需基础宽度。

解：(1) 求修正后的地基土承载力特征值

设基础宽度 $b < 3m$，因为 $d = 2m > 0.5m$，故地基承载力特征值需进行深度修正，由式（5-5），得

$$f_a = f_{ak} + \eta_d \gamma_m (d - 0.5) = 200 + 1.6 \times 18 \times (2 - 0.5) = 243.2 \text{ (kPa)}$$

其中查表 5-8，$\eta_d = 1.6$。

(2) 求基础宽度

因为室内外高差为 0.45m，故基础自重计算高度取

$$H = 2 + 0.45 \times \frac{1}{2} = 2.23 \text{ (m)}$$

取 1m 长墙段作为计算单元，按式（5-9）的简化计算可得

$$b \geqslant \frac{F_k}{f_a - \bar{\gamma} H} = \frac{240}{243.2 - 20 \times 2.23} = 1.21 \text{ (m)}$$

可取 $b = 1.3m$。

(3) 验算

根据式（5-6）

$$p_k = \frac{F_k + G_K}{A} = \frac{240 \times 1 + 2.23 \times 1.3 \times 20}{1.3 \times 1.0} = 229 \text{(kPa)} < f_a \text{，满足要求。}$$

又因为 $b=1.3\text{m}<3\text{m}$，与假定相符，故 $b=1.3\text{m}$ 即为基础宽度。

二、偏心受压基础

当基础所受荷载除竖向荷载外还有水平力及弯矩作用时，该基础应属偏心荷载作用基础，并应考虑最不利荷载组合，此时基底压力已不是均匀分布，可按材料力学偏心受压公式验算基底最大压力 $p_{k\max}$（kPa）和最小压力 $p_{k\min}$（kPa），即

$$p_{k\max}=\frac{F_k+G_k}{A}+\frac{M_k}{W} \tag{5-10}$$

$$p_{k\min}=\frac{F_k+G_k}{A}-\frac{M_k}{W} \tag{5-11}$$

式中　M_k——相应于荷载效应标准组合时作用于基础底面的力矩值，kN·m；

W——基础底面的抵抗矩，m^3，$W=bl^2/6$，如图 5-12（a）所示。

设竖向荷载总偏心距为 e，则式（5-10）可用下式表达：

$$p_{k\max}=\frac{F_k+G_k}{A}\left(1+\frac{6e}{l}\right) \tag{5-12}$$

$$p_{k\min}=\frac{F_k+G_k}{A}\left(1-\frac{6e}{l}\right) \tag{5-13}$$

偏心受压情况下，以 $x—x$ 方向为例，基底反力的分布如图 5-12 所示：

（1）当 $e_x=0$ 时，基底压力均匀分布［图 5-12（a）］。

（2）当 $0<e_x<l/6$ 时，基底压力呈梯形分布［图 5-12（b）］。

（3）当 $e_x=l/6$ 时，基底压力呈三角形分布［图 5-12（c）］。

（4）当 $e_x>l/6$ 时，基底压力分布范围小于基底底面［图 5-11（d）］，此时基础局部与地基脱开，但基底反力仍应与偏心荷载平衡，即荷载合力 F_k+G_k 应通过反力分布三角形形心，基础边缘最大压力应按下式确定：

$$p_{k\max}=\frac{2(F_k+G_k)}{3ba} \tag{5-14}$$

式中　a——合力作用点至基底最大压力边缘的距离，m；

b——垂直于力矩作用方向的基础底边长，m。

在非抗震设计时，宽高比大于 4 的高层建筑，基础底面不宜出现零应力区；宽高比小于等于 4 的高层建筑，基础底面与地基土之间的零应力区面积不应超过基础底面积的 15%。

确定偏心受压基础底面尺寸时，可按如下步骤进行计算：

（1）先假设基础受轴心荷载作用，不考虑荷载偏心，按中心受压确定底面尺寸，即按式（5-9）试算出底面积 A 或 b。

（2）根据偏心距的大小，将基底面积提高 10%～40%，即 $A_0=(1.1\sim1.4)A$。

（3）将增大后的底面积 A_0 代入式（5-10）或式（5-12），试算出 $p_{k\max}$。

（4）按式（5-15）、式（5-16）验算 p_k、$p_{k\max}$ 是否满足要求，否则应调整底面积直至满足要求。

（5）当持力层下有软弱下卧层时，还应按式（5-17）验算下卧层承载力，必要时应

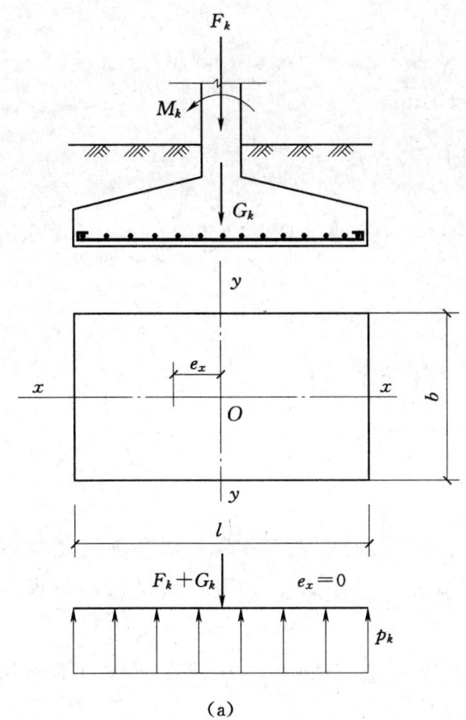

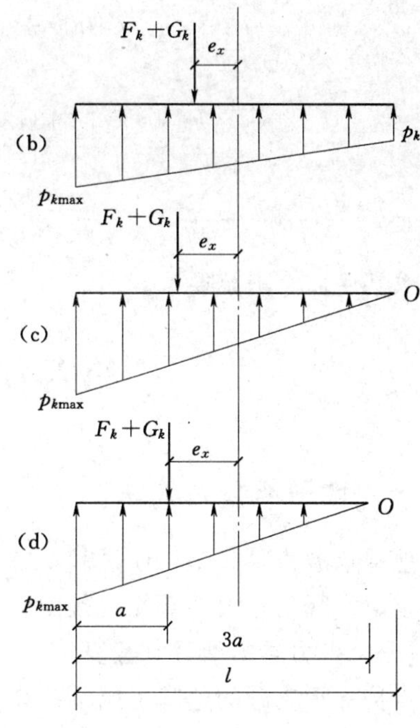

图 5-12　基底压力反力分布示意图

调整底面积尺寸及基础埋深。

【例 5-2】 某建筑采用柱下独立基础，如图 5-13所示。已知基础埋深 $d=1.8\text{m}$，持力层为粉质黏土 $f_{ak}=180\text{kPa}$，$\gamma=18\text{kN/m}^3$，$e=0.7$，$I_L=0.75$，试确定基底面积。

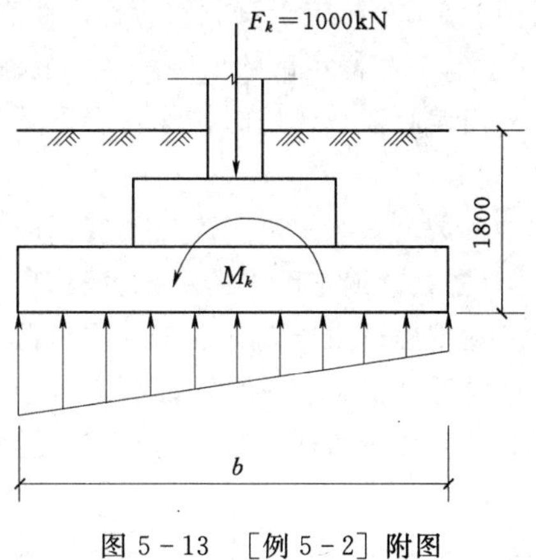

图 5-13　[例 5-2] 附图

解：(1) 按轴心受压确定基底面积

设基础宽度 $b<3\text{m}$，因为 $d=1.8\text{m}>0.5\text{m}$，故地基承载力特征值需进行深度修正，由式 (5-5)，得

$$f_a=f_{ak}+\eta_d\gamma_m(d-0.5)$$
$$=180+1.6\times18\times(1.8-0.5)=217.4\ (\text{kPa})$$

$$A=\frac{F_k}{f_a-\overline{\gamma}H}=\frac{1000}{217.4-20\times1.8}=5.5\ (\text{m}^2)$$

(2) 将基底面积增大 40%，即

$$A_0=1.4A=7.7\text{m}^2$$

设 $l/b=1.5$，则　　$lb=1.5b^2=7.7\text{m}^2$

有　　$b=2.27\text{m}<3\text{m}$，满足假定要求

取 $b=2.5\text{m}$，则

$$l=1.5b=3.75\text{m},\quad 取\ l=3.8\text{m}$$
$$A_0=l\times b=3.8\times2.5=9.5\ (\text{m}^2)$$

(3) 承载力验算

$$F_k + G_k = 1000 + 1.8 \times 2.5 \times 3.8 \times 20 = 1342\ (\text{kN})$$

$$M_k = 160\text{kN} \cdot \text{m}$$

$$p_k = \frac{F_k + G_k}{A_0} = \frac{1342}{9.5} = 141.3(\text{kPa}) < f_a = 217.4\ (\text{kPa})$$

$$p_{k\max} = \frac{F_k + G_k}{A_0} + \frac{M_k}{W} = \frac{1342}{9.5} + \frac{160}{(2.5 \times 3.8^2)/6} = 167.9(\text{kPa}) < 1.2f_a = 260.9\text{kPa}$$

故所求基底尺寸满足要求。

第六节　地基的验算

一、地基承载力验算

地基承载力验算是一项最基本的地基计算，各种等级的建筑物地基都必须满足承载力的要求。实际工程中地基往往是由多层岩土体所组成，各层岩土体均应满足这一要求。

（一）持力层的承载力验算

直接支承基础的地基土层称为持力层，作用在持力层上的平均基础底面压力不能超过该土层的承载能力。

当轴心荷载作用时

$$p_k \leqslant f_a \tag{5-15}$$

式中　p——相应于荷载效应标准组合时，基底底面处的平均压力值，kPa；

f_a——修正后的地基承载力特征值，kPa。

当偏心荷载作用时，除符合上式要求外，尚应符合下式要求：

$$p_{k\max} \leqslant 1.2f_a \tag{5-16}$$

式中　$p_{k\max}$——相应于荷载效应标准组合时基础底面边缘的最大压力值，kPa。

（二）软弱下卧层的承载力验算

在基础持力层以下，若存在承载力明显低于持力层的土层，称为软弱下卧层。如果软弱下卧层埋藏不够深，扩散到下卧层的应力大于下卧层的承载力时，地基有失效的可能，因此需要进行软弱下卧层的承载力验算。下卧层的承载力应满足：

$$p_z + p_{cz} \leqslant f_{az} \tag{5-17}$$

式中　p_z——相应于荷载效应标准组合时软弱下卧层顶面处附加压力值，kPa；

p_{cz}——软弱下卧层顶面处土的自重压力值，kPa；

f_{az}——软弱下卧层顶面处经深度修正后地基承载力特征值，kPa。

按弹性半空间体理论，下卧层顶面的应力，在基础中轴线处最大，向四周扩散呈非线性分布，如果考虑上下层土的性质不同，应力分布规律就更为复杂，难以进行承载力验算。为简化计算，通常假定基底压力以某一角度 θ 向下扩散，如图 5-12 所示。

对条形基础和矩形基础式中的 p_z 值可按下列公式简化计算：

条形基础

$$p_z = \frac{b(p_k - p_c)}{b + 2z\tan\theta} \qquad (5-18)$$

矩形基础

$$p_z = \frac{lb(p_k - p_c)}{(b + 2z\tan\theta)(l + 2z\tan\theta)} \qquad (5-19)$$

式中 b——矩形基础或条形基础底边的宽度，m；

l——矩形基础底边的长度，m；

p_c——基础底面处土的自重压力值，kPa；

z——基础底面至软弱下卧层顶面的距离，m；

θ——地基压力扩散线与垂直线的夹角，可按表 5-9 采用。

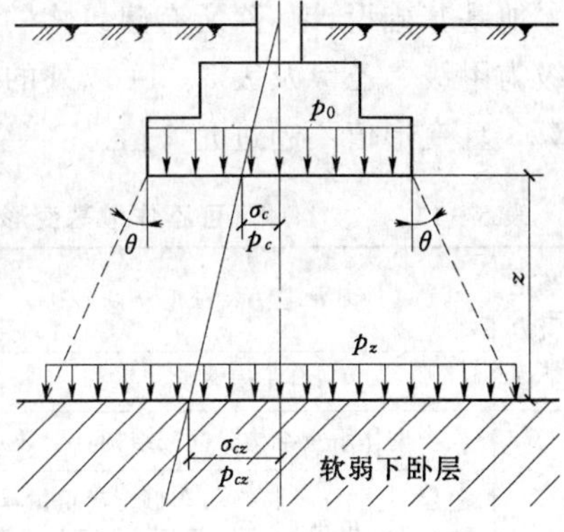

图 5-14 软弱下卧层承载力验算图

表 5-9 **地基压力扩散角**

$\alpha=\frac{E_{s1}}{E_{s2}}$	z/b	
	0.25	0.50
3	6°	23°
5	10°	25°
10	20°	30°

注 1. E_{s1}、E_{s2}分别为上层土压缩模量为下层土压缩模量。

2. $z/b<0.25$ 时取 $\theta=0°$，必要时，宜由试验确定；$z/b>0.25$ 时，θ 值不变。

二、地基变形验算

在地基极限状态设计中，变形验算是重要的验算，一般要求建筑物的地基变形计算值不应大于地基变形允许值，即满足

$$s \leqslant [s] \qquad (5-20)$$

根据建筑物的规模、高度、体形、功能特征和地基的复杂程度，以及由于地基问题对建筑物的安全和正常使用可能造成影响（危及人的生命、造成经济损失和社会影响）的严重程度等，《建筑地基基础设计规范》(GB 50007—2011) 将地基基础设计分为三个设计等级，如表 5-10 所示。

表 5-10 **地基基础设计等级**

设计等级	建筑和地基类型
甲级	重要的工业与民用建筑 30 层以上的高层建筑 体形复杂，层数相差超过 10 层的高低层连成一体的建筑物 大面积的多层地下建筑物（如地下车库、商场、运动场等） 对地基变形有特殊要求的建筑物 场地和地基条件复杂的一般建筑物 位于复杂地质条件及软土地区的两层及两层以上地下室的基坑工程
乙级	除甲级、丙级以外的工业与民用建筑物
丙级	场地和地基条件简单、荷载分布均匀的 7 层及 7 层以下民用建筑及一般工业建筑物；次要的轻型建筑物

地基基础设计，除所有建筑物的地基计算均应满足承载力计算的有关规定外，对设计等级为甲级、乙级及表 5－11 以外的丙级建筑物均应按地基变形设计——对地基进行变形验算，且变形值不超过允许值。

表 5－11　　可不作地基变形计算设计等级为丙级的建筑物范围

地基主要受力层情况	地基承载力特征值 f_{ak}（kPa）			$60\leqslant f_{ak}<80$	$80\leqslant f_{ak}<100$	$100\leqslant f_{ak}<130$	$130\leqslant f_{ak}<160$	$160\leqslant f_{ak}<200$	$200\leqslant f_{ak}<300$
	各土层坡度（%）			≤5	≤5	≤10	≤10	≤10	≤10
建筑类型	砌体承重结构、框架结构（层数）			≤5	≤5	≤5	≤6	≤6	≤7
	单层排架结构（6m 柱距）	单跨	吊车额定起重量（t）	5～10	10～15	15～20	20～30	30～50	50～100
			厂房跨度（m）	≤12	≤18	≤24	≤30	≤30	≤30
		多跨	吊车额定起重量（t）	3～5	5～10	10～15	15～20	20～30	30～75
			厂房跨度（m）	≤12	≤18	≤24	≤30	≤30	≤30
	烟囱		高度（m）	≤30	≤40	≤50	≤75		≤100
	水塔		高度（m）	≤15	≤20	≤30	≤30		≤30
			容积（m^3）	≤50	50～100	100～200	200～300	300～500	500～1000

注　1. 地基主要受力层系指条形基础底面下深度为 $3b$（b 为基础底面宽度），独立基础下为 $1.5b$，且厚度均不小于 5m 的范围（二层以下一般的民用建筑除外）。

2. 地基主要受力层中如有承载力特征值小于 130kPa 的土层时，表中砌体承重结构的设计应采用符合规范要求的结构措施。

3. 表中砌体承重结构和框架结构均指民用建筑，对于工业建筑可按厂房高度、荷载情况折合成与其相当的民用建筑层数。

4. 表中吊车额定起重量、烟囱高度和水塔容积的数值系指最大值。

对表 5－11 所列范围内的建筑物，如有下列情况之一时，仍应作变形验算：

（1）地基承载力特征值小于 130kPa，且体形复杂的建筑。

（2）在基础上及其附近有地面堆载或相邻基础荷载差异较大，可能引起地基产生过大的不均匀沉降时。

（3）软弱地基上的建筑物存在偏心荷载时。

（4）相邻建筑距离过近，可能发生倾斜时。

（5）地基内有厚度较大或厚薄不均的填土，其自重固结未完成时。

地基变形引起的基础沉降可分为沉降量、沉降差、倾斜和局部倾斜四类。其变形特征意义分别为：

（1）沉降量：是指独立基础或刚性特别大的基础中心的沉降量。

（2）沉降差：是指相邻两个单独基础的沉降量之差。

（3）倾斜：是指独立基础在倾斜方向两端点的沉降差与其距离的比值。

（4）局部倾斜：是指砌体承重结构沿纵向 6～10mm 内基础两点的沉降差与其距离的比值。

（一）地基允许变形值

建筑物的结构类型和使用功能不同，对地基变形的敏感程度，或者说对造成的危害情况和使用功能的影响程度不一样。一般建筑物的地基允许变形值可按表 5－12 规定采用。

表 5-12　**建筑物的地基变形允许值**

变 形 特 征	地基土类别	
	中、低压缩性土	高压缩性土
砌体承重结构基础的局部倾斜	0.002	0.003
工业与民用建筑相邻柱基的沉降差		
框架结构	0.002*l*	0.003*l*
砖石墙填充的边排柱	0.0007*l*	0.001*l*
当基础不均匀沉降时不产生附加应力的结构	0.005*l*	0.005*l*
单层排架结构（柱距为 6m）柱基的沉降量（mm）	(120)	200
桥式吊车轨面的倾斜（按不调整轨道考虑）		
纵向	0.004	
横向	0.003	
多层和高层建筑基础的倾斜 $H_g \leqslant 24$	0.004	
$24 < H_g \leqslant 60$	0.003	
$60 < H_g \leqslant 100$	0.0025	
$H_g > 100$	0.0020	
体型简单的高层建筑基础的平均沉降量（mm）	200	
高耸结构基础的倾斜 $H_g \leqslant 20$	0.008	
$20 < H_g \leqslant 50$	0.006	
$50 < H_g \leqslant 100$	0.005	
$100 < H_g \leqslant 150$	0.004	
$150 < H_g \leqslant 200$	0.003	
$200 < H_g \leqslant 250$	0.002	
高耸结构基础的沉降量（mm） $H_g \leqslant 100$	400	
$100 < H_g \leqslant 200$	300	
$200 < H_g \leqslant 250$	200	

注　1. 本数值为建筑物地基实际最终变形允许值。
2. 有括号者仅适用于中压缩性土。
3. l 为相邻柱基的中心距离，mm；H_g 为自室外地面起算的建筑物高度，m。
4. 倾斜指基础倾斜方向两端点的沉降差与其距离的比值。
5. 局部倾斜指砌体承重结构沿纵向 6～10m 内基础两点的沉降差与其距离的比值。

（二）地基变形计算

由建筑物地基变形允许值可看出，各允许值是对各种结构的基础所处地基的变形特质控制值，对建筑物而言，其地基的变形结果会引起基础沉降，故基础的沉降计算由地基变形计算解决。

地基土的变形一般包括主固结沉降、次固结沉降及瞬时沉降三部分。一般情况下，主固结沉降占地基变形的主要部分，而次固结沉降和瞬时沉降可忽略不计。计算主固结沉降的方法有《建筑地基基础设计规范》（GB 50007—2011）推荐的单层压缩分层总和法。其计算公式为

$$s = \psi_s s' = \psi_s \sum_{i=1}^{n} s_i' \tag{5-21}$$

式中　s——地基最终变形量，mm；

s'——地基计算最终变形量，mm；

s_i'——在变形计算深度内，第 i 层土的计算变形量，mm；

ψ_s——沉降计算经验系数，根据地区沉降观测资料及经验确定，也可采用表的数值。

按分层总和法，地基内第 i 层土的计算变形量的表达式为

$$s_i' = \frac{p_0}{E_{si}}(z_i \bar{\alpha}_i - z_{i-1} \bar{\alpha}_{i-1}) \tag{5-22}$$

式中　p_0——对应于荷载效应准永久组合时的基础底面处的附加压力，kPa；

E_{si}——基础底面下第层土的压缩模量，应取土的自重压力至土的自重压力与附加压力之和的压力段计算，kPa；

z_i、z_{i-1}——基础底面至第 i 层土、第 $i-1$ 层土底面的距离，m；

$\bar{\alpha}_i$、$\bar{\alpha}_{i-1}$——基础底面计算点至第层 i 土、第 $i-1$ 层土底面范围内平均附加应力系数，可按《建筑地基基础规范》附录采用。

表 5-13　　沉降计算经验系数 ψ_s

$\bar{E}_s$ (MPa) / 基底附加压力	2.5	4.0	7.0	15.0	20.0
$p_0 \geqslant f_{ak}$	1.4	1.3	1.0	0.4	0.2
$P_0 \leqslant 0.75 f_{ak}$	1.1	1.0	0.7	0.4	0.2

注　1. 为沉降计算深度范围内压缩模量的当量值，应按下式计算：

$$\bar{E}_s = \frac{\sum A_i}{\sum \frac{A_i}{E_{si}}}$$

式中　A_i—第 i 层土附加应力系数沿土层厚度的积分值，即第 i 层土的附加应力系数面积。

2. 该表允许内插。

采用分层总和法计算地基沉降量时，一般取基底以下某一深度处附加应力与自重应力的比值为 0.2 或 0.1（软土）处作为沉降计算深度的界限。当需要考虑相邻荷载影响时，沉降计算深度应符合下式要求，即

$$\Delta s_n' \leqslant 0.025 \sum_{i=1}^{n} \Delta s_i' \tag{5-23}$$

式中　$\Delta s_i'$——在计算深度范围内第 i 层土的计算沉降值；

$\Delta s_n'$——在由计算深度向上取厚度为 Δz 的土层计算沉降值。Δz 按表 5-14 确定。

表 5-14　　Δz 值

b (m)	$b \leqslant 2$	$2 < b \leqslant 4$	$4 < b \leqslant 8$	$b > 8$
Δz	0.3	0.6	0.8	1.0

若在沉降计算深度以下有压缩性较大的土层时，应往下继续计算沉降至压缩性较大土层底面为止。

对无相邻荷载影响的计算，宽度在 $b=1\sim30$m 范围内时，基础中点的地基沉降计算深度也可按以下简化经验公式计算：

$$z_n = b(2.5 - 0.4\ln b) \tag{5-24}$$

在计算深度 z_n 范围内存在基岩时，深度可取至基岩表面；当存在较厚的坚硬黏土层，其孔隙比小于 0.5、压缩模量大于 50MPa，或存在较厚的密实砂卵石层、其压缩模量大于 80MPa 时，z_n 可取至该层顶面。

第七节　钢筋混凝土扩展基础

钢筋混凝土扩展基础也称为柔性基础，包括柱下钢筋混凝土独立基础和墙下钢筋混凝土条形基础。钢筋混凝土扩展基础的埋置深度和基底尺寸的确定方法与无筋扩展基础相同，但基础的宽高比不受基础材料的刚性角限制，基础高度可以较小，需要满足抗弯、抗剪和抗冲切破坏的要求。

一、构造要求

1. 垫层

钢筋混凝土基础底板下铺设的素混凝土垫层厚度一般为 70～100mm，每边伸出 50～100mm。

2. 混凝土强度等级

基础的混凝土强度等级不应低于 C20，垫层采用的混凝土强度等级不低于 C10。

3. 底板

现浇柱下扩展基础一般做成锥形和阶梯形（图 5－15）。现浇墙下扩展基础一般做成锥形、平板形、带肋锥形和带肋平板形（图 5－16）。锥形基础的边缘高度不宜小于 200mm，阶梯形基础的每阶高度，宜为 300～500mm。

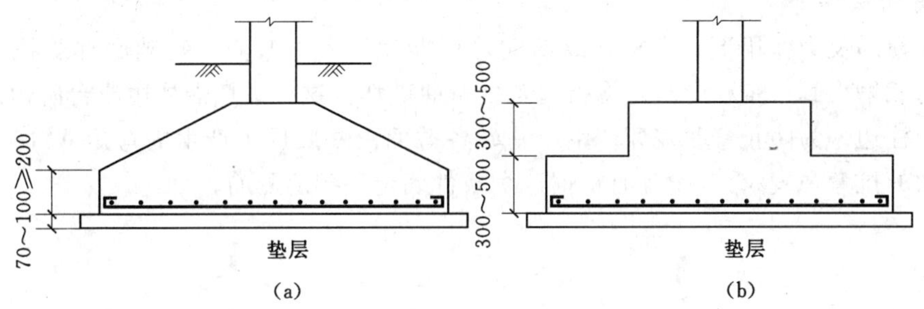

图 5－15　柱下扩展基础

(a) 锥形；(b) 阶梯形

底板受力钢筋面积由计算确定，钢筋沿长边和短边方向均匀布置，长边方向的钢筋设置在下排。受力钢筋的最小直径不宜小于 10mm，其间距宜为 100～200mm。分布钢筋的面积不应小于受力钢筋面积的 1/10。当柱下钢筋混凝土独立基础的边长和墙下钢筋混凝土条形基础的宽度大于或等于 2.5m 时，底板受力钢筋的长度可取边长或宽度的 0.9 倍，并宜交错布置。

4. 钢筋保护层厚度

当有垫层时，钢筋保护层厚度不小于 40mm；无垫层时，不小于 70mm。

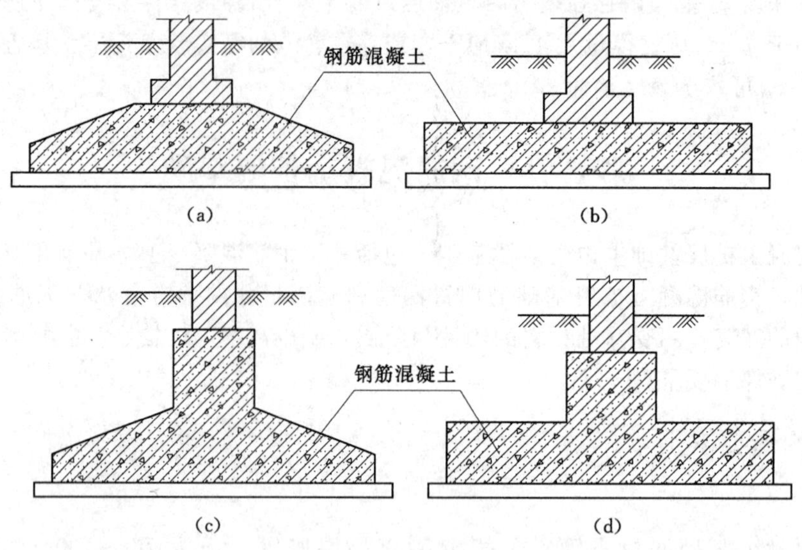

图 5-16　墙下扩展基础

(a) 锥形；(b) 平板形；(c) 带肋锥形；(d) 带肋平板形

二、柱下钢筋混凝土独立基础

(一) 基础破坏形式

柱下钢筋混凝土独立基础受荷载作用时，处于局部受压状态。根据实验结果，柱下独立基础有两种破坏形式，如图 5-17 所示。

1. 弯曲破坏

基底在净反力作用下，底板在纵横向均可能发生向上弯曲，基础底部受拉，顶板受压，当荷载增大到一定程度时，将引起基础弯曲破坏。这种破坏沿柱边或台阶边发生，裂缝平行于柱边。为防止弯曲破坏产生，基础各截面由基底反力产生的弯矩 M 应小于或等于该截面的抗弯强度 M_u。设计时根据这个条件确定基础的配筋。

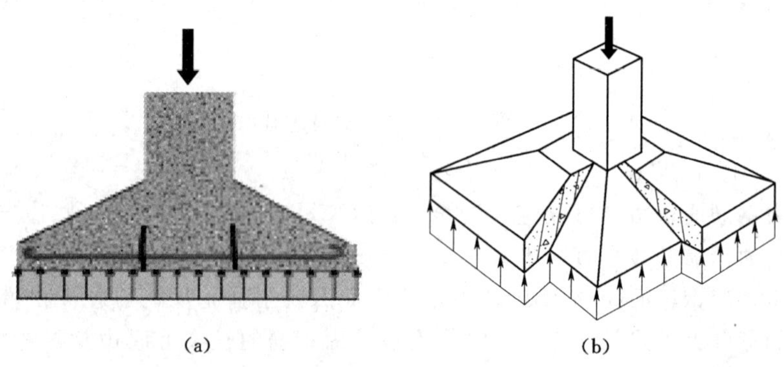

图 5-17　独立基础的破坏形式

(a) 弯曲破坏；(b) 冲切破坏

2. 冲切破坏

在基底净反力作用下，当基础内产生的主拉应力超过混凝土轴心抗拉强度时，可能会沿柱边或台阶变截面处产生近45°方向的斜拉裂缝，形成冲切角锥体，基础发生冲切破坏。一般情况下，冲切破坏控制扩展基础的高度。

(二) 冲切破坏验算

为保证独立基础不发生冲切破坏，应使地基净反力产生的冲切力不大于基础冲切面上的混凝土抗冲切承载力。

基底冲切角锥体范围以外，净反力在破坏锥体上引起的冲切荷载为 F_l：

$$F_l = p_j A_l$$

式中　F_l——相应于荷载效应基本组合时作用在 A_l 上的地基净反力设计值；

p_j——扣除基础自重及其上土重后相应于荷载效应基本组合时的地基土单位面积净反力；

A_l——冲切验算时取用的部分基底面积。

基础底板厚度应相应于荷载效应基本组合时作用在基础底面上的局部净反力设计值不超过基础受冲切承载力的条件确定。其表达式为

$$F_l \leqslant 0.7\beta_{hp} f_t a_m h_0$$

$$a_m = (a_t + a_b)/2$$

式中　β_{hp}——受冲切承载力截面高度影响系数，当 h 不大于800mm时，β_{hp} 取1.0，当 $h \geqslant 2000$mm时，β_{hp} 取0.9，其间按线性内插法取用；

f_t——混凝土轴心抗拉强度设计值，kPa；

h_0——基础冲切破坏锥体的有效高度，m；

a_m——冲切破坏锥体最不利一侧计算长度，m；

a_t——冲切破坏锥体最不利一侧斜截面的上边长，当计算柱与基础交接处的受冲切承载力时，取柱宽，当计算基础变阶处的受冲切承载力时，取上阶宽，m；

a_b——冲切破坏锥体最不利一侧斜截面在基础底面积范围内的下边长，当冲切破坏锥体的底面落在基础底面以内时（图5-18），计算柱与基础交接处的受冲切承载力时，取柱宽加两倍基础有效高度，计算基础变阶处的受冲切承载力时，取上阶宽加两倍该处的基础有效高度，当冲切破坏锥体的底面在l方向落在基础底面以外，即 $a+2h_0 \geqslant l$ 时，$a_b = l$。

(三) 弯曲破坏验算

当台阶的宽高比不大于2.5及偏心距不大于 $b/6$（b 为基础宽度）时，柱下独立基础在纵向和横向两个方向的验算截面Ⅰ—Ⅰ、Ⅱ—Ⅱ的弯矩可按下式计算（图5-19）：

$$M_{\mathrm{I}} = \frac{1}{12}a_{\mathrm{I}}^2\left[(2l + a')\left(p_{\max} + p - \frac{2G}{A}\right) + (P_{\max} - p)l\right] \tag{5-25}$$

$$M_{\mathrm{II}} = \frac{1}{48}(l - a')^2(2b + b')\left(p_{\max} + p_{\min} - \frac{2G}{A}\right) \tag{5-26}$$

求出弯矩后，可按下式计算截面的钢筋面积：

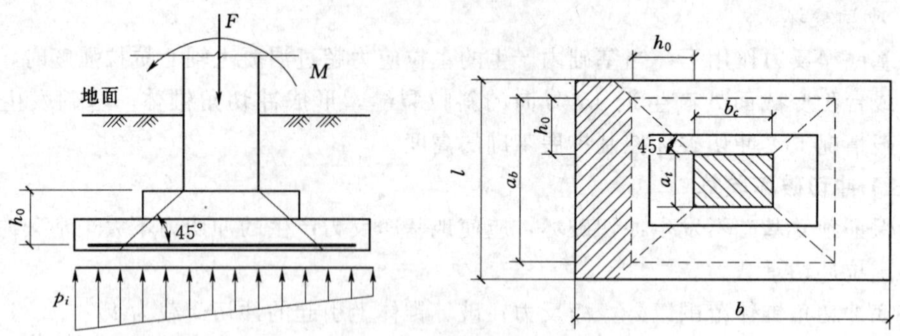

图 5-18　柱下独立基础的抗冲切验算

$$A_s=\frac{M}{0.9h_0 f_y} \tag{5-27}$$

式中　f_y——钢筋的抗拉强度设计值，kPa；

$M_Ⅰ$、$M_Ⅱ$——任意截面Ⅰ—Ⅰ、Ⅱ—Ⅱ处相应于荷载效应基本组合时的弯矩设计值，kN/m；

$a_Ⅰ$——任意截面Ⅰ—Ⅰ至基底边缘最大反力处的距离，m；

p_{max}、p_{min}——相应于荷载效应基本组合时的基础底面边缘最大和最小地基反力设计值，kPa；

p——相应于荷载效应基本组合时在任意截面Ⅰ—Ⅰ处基础底面地基反力设计值，kPa；

G——考虑荷载分项系数的基础自重及其上的土自重，当组合值由永久荷载控制时，$G=1.35G_k$，G_k为基础及其上土的标准自重。

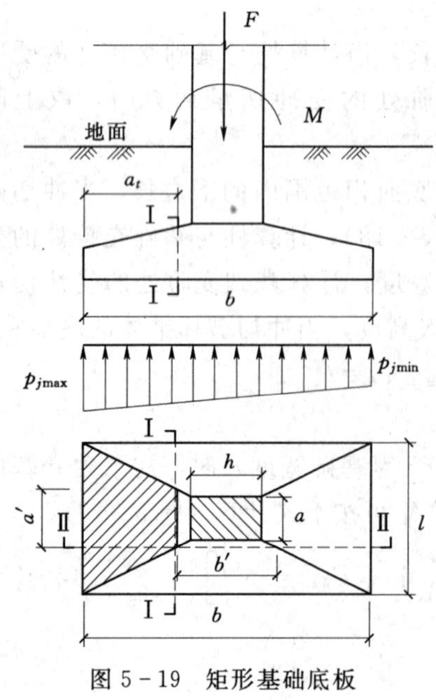

图 5-19　矩形基础底板的计算示意图

【例 5-3】　某建筑采用柱下独立基础，其底面尺寸为 2500mm×3000mm，上部结构传来的荷载基本组合值为 $N=700\text{kN}$，$M=120\text{kN/m}$，柱截面尺寸为 400mm × 400mm，基础采用 C20 混凝土，HRB335 钢筋。试确定基础高度及配筋。

解：(1) 根据构造要求，可在基础下铺设 100mm C10 混凝土垫层。

假设基础高度 $h=500\text{mm}$，则基础的有效高度 $h_0=0.5-0.05=0.45\text{m}$。查混凝土规范，可知 C20 混凝土的 $f_t=1.1\text{MPa}$，HRB335 钢筋的 $f_y=300\text{MPa}$。

(2) 基底净反力计算

设基础宽度 $b<3\text{m}$，因为 $d=1.8\text{m}>0.5\text{m}$，故

$$p_{j\substack{\max\\ \min}}=\frac{N}{A}\pm\frac{M}{W}=\frac{750}{2.5\times3.0}\pm\frac{120}{\frac{1}{6}2.5\times3.0^2}=\frac{132}{68}\ (\text{kPa})$$

(3) 基底高度验算

基础短边长度 $l=2.5\text{m}$，柱截面的宽度和高度均为 0.4m。

$$\beta_{hp}=1.0,\quad a_t=a=0.4\text{m},\quad a_b=a+2h_0=1.3\ (\text{m})$$

$$a_m=(a_t+a_b)/2=(0.4+1.3)/2=0.85\ (\text{m})$$

由于 $l>a+2h_0$，于是

$$A_1=\left(\frac{b}{2}-\frac{b_c}{2}-h_0\right)l-\left(\frac{l}{2}-\frac{a}{2}-h_0\right)^2$$

$$=\left(\frac{3}{2}-\frac{0.4}{2}-0.45\right)\times 2.5-\left(\frac{2.5}{2}-\frac{0.4}{2}-0.45\right)^2$$

$$=1.77\ (\text{m}^2)$$

$$F_1=p_{j\max}A_1=132\times 1.77=233\ (\text{kN})$$

$$0.7\beta_{hp}f_ta_mh_0=0.7\times 1.0\times 1.1\times 10^3\times 0.85\times 0.45=294.5\ (\text{kN})$$

(4) 内力与配筋计算

控制截面在柱边，则此时有

$$a'=0.4\text{m},\quad b'=0.4\text{m},\quad a_1=\frac{3-0.4}{2}=1.3\ (\text{m})$$

长边方向

$$M_{\text{I}}=\frac{1}{12}a_{\text{I}}^2\left[(2l+a')\left(p_{\max}+p-\frac{2G}{A}\right)+(P_{\max}-p)l\right]$$

$$=\frac{1}{12}1.3^2\left[(2\times 2.5+0.4)\left(132+68+64\times\frac{3.0-1.3}{3.0}\right)\right.$$

$$\left.+\left(132-68-64\times\frac{3.0-1.3}{3.0}\right)\times 2.5\right]$$

$$=189.4\ (\text{kN}\cdot\text{m})$$

短边方向

$$M_{\text{II}}=\frac{1}{48}(l-a')^2(2b+b')\left(p_{\max}+p_{\min}-\frac{2G}{A}\right)$$

$$=\frac{1}{48}(2.5-0.4)^2(2\times 3.0+0.4)(132+68)=117.6\ (\text{kN}\cdot\text{m})$$

长边方向配筋

$$A_{s\text{I}}=\frac{M}{0.9h_0f_y}=\frac{189.4}{0.9\times 450\times 300}\times 10^6=1559\ (\text{mm}^2)$$

选用 $\phi14@200$（$A_{si}=1923.8\text{mm}^2$）。

短边方向配筋

$$A_{s\text{II}}=\frac{M}{0.9h_0f_y}=\frac{117.6}{0.9\times 450\times 300}\times 10^6=968\ (\text{mm}^2)$$

选用 $\phi10@200$（$A_{s\text{II}}=1177.5\text{mm}^2$）。

三、墙下钢筋混凝土条形基础

墙下条形扩展基础的宽度可以按刚性基础的方法确定。根据工程经验，基础高度可以初步取为基础宽度的 1/8，再经抗剪验算确定。一般取单位宽度，即 1m，进行抗剪和抗弯曲验算。验算时按基底净反力分布，计算危险断面（如墙脚或变阶处）的剪力及弯矩。按受弯构件斜截面的受剪承载力应满足下式要求，即

$$V \leqslant 0.7\beta_h f_t b h_0 \tag{5-28}$$

核算基础高度，然后根据弯矩和截面有效高度 h_0 配置基础横向受力钢筋。

第八节　地基基础与上部结构共同工作的相互影响

一、地基基础与上部结构共同作用的基本概念

地基通过基础与上部结构连接在一起，三者之间既传递荷载又相互约束相互作用，形成一个完整的受力体系。不仅要满足各自的静力平衡条件，还必须在接触面处满足变形协调边界条件。

（一）基础与上部结构的共同作用

假设上部结构为绝对刚性体，而基础刚度较小，当地基发生变形时，认为绝对刚性的上部结构不会发生变形，上部结构与基础的连接处视为不动铰支座，基础犹如倒置的连续梁，在基底反力作用下产生弯曲变形。

若上部结构为柔性结构，基础的刚性也较小，这时认为上部结构对基础的变形没有或仅有较小的约束作用。基础不仅因基底反力作用产生局部变形，还将随上部结构变形产生整体变形。

一般情况下，上部结构的刚度介于两者之间，在地基、基础和荷载不变的条件下，基础的挠曲和内力将随着基础刚度的减小而增大。若考虑基础也具有一定刚度，则上部结构和基础的变形及内力将会受两者的刚度影响发生变化。

（二）地基与基础的共同作用

基础作用在地基上，假设地基为刚性，即地基土在荷载作用下不发生压缩，则基础将不会产生变形。实际上一般地基土的刚度相对基础来说较小，在基底压力作用下将产生变形，地基土越软弱，基础的相对变形和内力也就越大。因此对压缩性较大的地基或非均质土地基来说，地基与基础的相互作用不能忽视。

（三）地基、基础与上部结构的共同作用

上部结构荷载通过基础传递给地基，可考虑将上部结构和基础视为一个整体，用叠加后的总刚度与地基进行共同作用分析，求出基底反力曲线。将基底反力曲线作为边界荷载与其他外荷载一起作用在该体系上，求出结构的挠曲和内力。求解基底实际反力分布是一个很复杂的问题，基础的挠曲取决于上部荷载及自身刚度，而地基的变形则取决于基底反力和土的性质。地基土是一种非弹性材料，其变形模量随应力水平发生变化，在产生塑性变形之后，其模量将进一步降低，使得问题的求解变得更加复杂。考虑地基、基础与上部结构的共同作用，必须要合理选择地基模型。

二、地基模型

当土体受到外力作用时，土体内部将产生应力和应变，地基模型是描述地基土应力和

应变关系的数学表达式，合理的地基模型应尽可能准确地反映土体在受到外力作用时的主要力学性状。地基模型可分为线性弹性地基模型、非线性弹性模型和弹塑性地基模型三大类。下面介绍常见的线性弹性地基模型。

（一）文克尔地基模型

文克尔地基模型是由文克尔（E. Winkler）于1867年提出来的。该模型假定地基是由许多独立的且互不影响的弹簧组成，即假定地基任一点所受的压力强度 p 只与该点的地基变形 s 成正比，而 p 不影响该点以外的变形，即

$$p = ks \tag{5-29}$$

式中 k——地基基床系数，表示产生单位变形所需的压力强度，kN/m^3；

p——地基上任一点所受的压力强度，kPa；

s——p 作用点位置上的地基变形，m。

该模型计算简便，对于地基土较软弱，土的抗剪强度较低，或地基压缩层较薄，其厚度不超过基础短边的一半，荷载基本上不会向外扩散等情况，可认为比较符合文克尔地基模型。但是，文克尔地基模型忽略了地基中的剪应力，按照这一模型，地基变形只发生在基底范围内，而在基底范围外没有地基变形，这点是与实际工程情况不符的，应用文克尔地基模型将会产生较大的误差。在选择 k 值时，按经验方法进行适当修正，减小误差，可获得较为满意的结果。

（二）弹性半空间地基模型

弹性半空间地基模型是将地基视为一个均质、连续、各向同性的半无限空间弹性体。当集中荷载 Q 作用在一个弹性半空间体表面时，根据布辛内斯克（J. Boussinesq）公式可求得距离荷载作用点为 r 的点 i 的竖向位移为

$$s = \frac{Q(1-\nu^2)}{\pi E_0 r} \tag{5-30}$$

式中 E_0、ν——分布为地基土的变形模量（kPa）及泊松比。

由式（5-30）可知，当 r 趋于零时，会得到竖向位移 s 为无穷大的结果，显然这与实际情况是不相符的。对于在均布荷载作用下矩形面积的中点竖向位移，可通过对式（5-26）进行积分求得：

$$s = 2\int_0^{\frac{a}{2}} 2\int_0^{\frac{b}{2}} \frac{\frac{P}{ab}\mathrm{d}\zeta\mathrm{d}\eta(1-\nu^2)}{\pi E_0\sqrt{\zeta^2+\eta^2}} = \frac{P(1-\nu^2)}{\pi E_0 a}F_{ii} \tag{5-31}$$

式中 P——在矩形面积 ab 上均布荷载 p 的合力，kN。

$$F_{ii} = 2\frac{a}{b}\left\{\ln\frac{b}{a} + \frac{b}{a}\ln\left[\frac{a}{b}+\sqrt{\left(\frac{a}{b}\right)^2+1}\right] + \ln\left[1+\sqrt{\left(\frac{a}{b}\right)^2+1}\right]\right\} \tag{5-32}$$

对于荷载面积以外任一点的变形，同样可利用布辛内斯克公式通过积分求得。

弹性半空间地基模型与文克尔地基模型假定不同，地基表面一点的变形量不仅决定于作用在该点上的荷载，而且与全部地面荷载有关。对于常见情况，如基础宽度比地基土层厚度小，土体并非十分软弱，该地基模型比文克尔地基模型更接近实际情况。但弹性半空间地基模型由于夸大了地基的深度和土压缩性而常导致计算得到的变形量较实测结果

偏大。

(三) 分层地基模型

分层地基模型即是我国《建筑地基基础设计规范》(GB 50007—2011) 中用以计算基础最终沉降量得分层总和法。按照分层总和法，地基最终沉降 s 等于压缩层范围内各计算分层在完全侧限条件下的压缩量之和。分层总和法的计算如下：

$$s = \sum_{i=1}^{n} \frac{\overline{\sigma}_{zi}}{E_{si}} H_i \tag{5-33}$$

式中　H_i——基底下第 i 层土的厚度；

E_{si}——基底下第 i 层土的对应于 $p_{1i} \sim p_{2i}$ 段的压缩模量；

$\overline{\sigma}_{zi}$——基底下第 i 层土的平均附加应力；

n——压缩层范围内的分层数。

分层地基模型能较好地反映地基土扩散应力和变形的能力，能较容易地考虑土层非均质性沿深度的变化和土的分层，通过计算表明，分层地基模型的计算结果比较符合实际情况。但是，这个模型仍是弹性模型，未能考虑土的非线性变形特性。

第九节　钢筋混凝土板式基础的简化计算

一、柱下条形基础

柱下条形基础是软弱地基上框架或排架结构常用的一种基础型式，分为沿柱列一个方向延伸的条形基础梁和沿两个正交方向延伸的交叉基础梁。柱下条形基础在其纵横两个方向均产生弯曲变形，故在这两个方向的截面内均存在剪力和弯矩。柱下条形基础的横向剪力与弯矩通常可考虑由翼板承担，其内力计算与墙下条形基础相同，其纵向的剪力与弯矩一般则由基础梁承担，基础梁的纵向内力通常可采用简化法或弹性地基梁法进行计算。

当地基持力层土质均匀，上部结构刚度较大，各柱距相差不大时（＜20%），柱荷载分布较为均匀，且地基梁的高度大于1/6柱距时，地基反力可认为符合直线分布，基础梁的内力可按简化的直线分布法计算。当不满足上述条件时，宜按弹性地基梁法进行计算。

根据上部结构的刚度与变形情况，可分别采用静定分析法和倒梁法。

1. *静定分析法*

静定分析法是按基底反力的直线分布假设和整体静力平衡条件求出基底净反力，并将其与柱荷载一起作用于基础梁上，然后按一般静定梁的内力分析方法计算各截面的弯矩和剪力。

静定分析法适用于上部为柔性结构，且基础本身刚度较大的条形基础。本方法未考虑基础与上部结构的相互作用，计算所得的不利截面上的弯矩绝对值一般较大。

2. *倒梁法*

倒梁法适用于上部结构刚度和基础刚度都较大，上部结构荷载分布比较均匀，即柱距和柱荷载差别不大，且地基土层分布和土质比较均匀的情况。倒梁法是以柱脚为条形基础的固定铰支座，将基础梁视为倒置的多跨连续梁，以地基净反力及柱脚处的弯矩当作基础梁上的荷载，用弯矩分配法或弯矩系数法来计算其内力，见图 5-20（a）、（b）。由于此时支座反力 R_i 与柱子的作用力 P_i 不相等，因此应通过逐次调整的方法来消除这种不平衡。

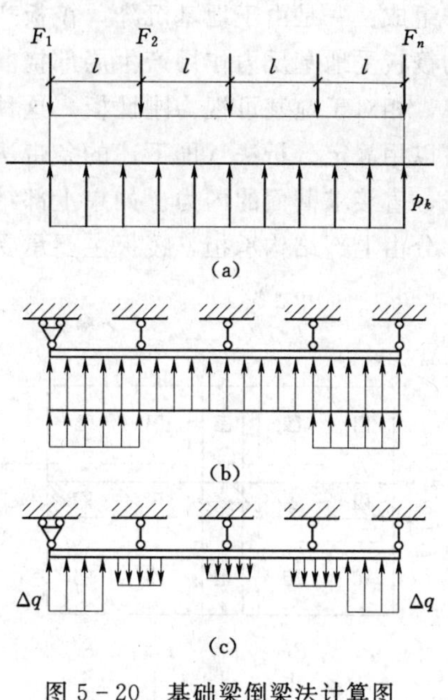

图 5-20　基础梁倒梁法计算图

（a）倒梁法计算简图；（b）调整荷载；（c）荷载调整后计算简图

各柱脚的不平衡力为

$$\Delta P_i = P_i - R_i \tag{5-34}$$

将各支座的不平衡力均匀分布在相邻两跨的各 1/3 跨度范围内，如图 5-20（c）所示。均匀分布的调整荷载 Δq_i 按如下方法计算：

对边跨支座
$$\Delta q_1 = \frac{\Delta P_1}{\left(l_0 + \frac{1}{3}l_1\right)} \tag{5-35}$$

对中间支座
$$\Delta q_i = \frac{\Delta P_i}{\left(\frac{1}{3}l_{i-1} + \frac{1}{3}l_i\right)} \tag{5-36}$$

式中　l_0——边跨长度，m；

l_{i-1}、l_i——支座左、右跨长度，m。

继续用弯矩分配法或弯矩系数法计算调整荷载 Δq_i 引起的内力和支座反力，并重复计算不平衡力，直至其小于计算容许的最小值（此值一般取不超过荷载的 20%）。将逐次计算的结果叠加，即为最终的内力计算结果。

二、筏形基础

筏板基础包括梁板式基础、格筏基础和含梁或不含梁的片筏基础等型式。筏板基础的设计一般包括基础梁设计与板设计两部分，筏板上基础梁的设计计算方法同柱下条形基础，本节主要介绍筏板的设计计算，包括筏板基础地基验算、筏板内力计算、筏板截面强度验算与板厚、配筋计算等。

（一）地基承载力验算

筏板基础地基承载力验算与扩展基础相同。但当地下水位较高时，验算公式中的地基压力一项应减去基础底面处的浮力，即

$$\begin{cases} p - p_w \leqslant f & (5-37) \\ p_{\max} - p_w \leqslant 1.2f & (5-38) \end{cases}$$

式中　p_w——地下水位作用在基础底面上的浮力，即 $p_w = \gamma_w h_w$，kPa；

h_w——地下水位至基底的距离，m；

f——地基承载力设计值，kPa。

（二）筏板的内力计算

当柱距相同，相邻柱荷载差异不超过 20%，地基土质均匀且压缩性大，建筑物具有足够大的相对刚度时，基底反力可按直线分布考虑。筏板在荷载作用下产生的内力由两部

分组成：一是由于地基沉降，筏板产生整体弯曲所引起的内力；二是柱间的筏板或肋梁间的筏板受地基反力作用产生局部挠曲所引起的内力。如果上部结构属于柔性结构而筏板较厚，相对于地基可视为刚性板，这种情况下的内力分析应考虑筏板承担整体弯曲的作用，可以用静定分析法（即下述的条带法），将柱荷载和直线分布的地基反力作为条带上的荷载，直接求截面的内力。如果上部结构刚性较大，筏板刚性较小，整体弯曲产生的内力大部分由上部结构承担，筏板主要承受局部弯曲作用，则用倒楼盖法计算筏板内力。

1. 条带法

条带法也称截条法（图 5-21），认为筏板如刚性板，受荷载后基底始终保持平面，基底反力 $p(x, y)$ 可用下式计算：

$$p(x,y)=\frac{F}{A}\pm\frac{M_x}{I_x}y\pm\frac{M_y}{I_y}x \quad (5-39)$$

式中　F、M——按极限状态下荷载效应基本组合取值。

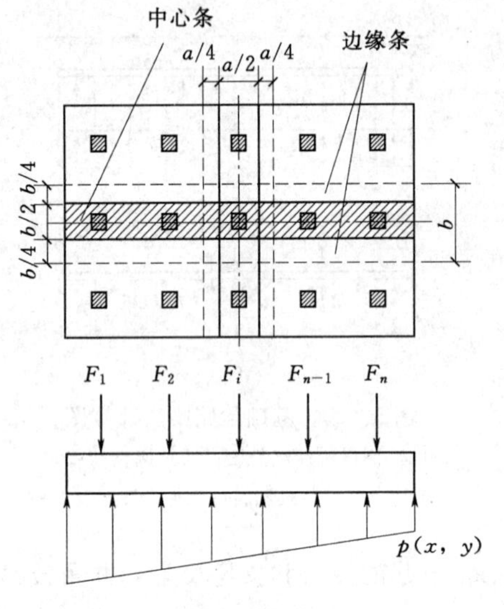

图 5-21　筏板的条带法

为求筏板截面内力，可将筏板分为互相垂直的条带，条带以相邻柱列间的中线为分界线，假定各条带都是独立彼此不相互影响，条带上面作用着柱荷载 F_1，F_2，…，底面作用着由式（5-39）求得的基底反力 $p(x, y)$。采用静定分析法计算截面内力。

在这种计算方法中，纵向条带和横向条带均采用全部柱荷载和地基反力而不考虑纵横向的分担作用，计算结果内力偏大。如果因柱荷载或柱距不均，需要考虑相邻条带间荷载的传递影响或考虑纵横向的分担作用，可参考十字交叉基础梁的荷载分配方法进行纵横向荷载分配。

2. 倒楼盖法

倒楼盖法是将筏板作为楼盖，地基净反力作为荷载，底板按连续单向板或双向板计算。根据计算简图查阅弹性板计算公式或计算手册即可求得各板块的内力。采用倒楼盖法计算基础内力时，在两端第一、二开间内，应按计算增加 10%～20%的配筋，且上下均匀配置。

板块跨中弯矩为

$$M_{ix}=\varphi_{ix}pl_x^2 \quad (5-40)$$

$$M_{iy}=\varphi_{iy}pl_y^2 \quad (5-41)$$

板块支座弯矩为

$$M_{ix}^0=\varphi_{ix}^0pl_x^2 \quad (5-42)$$

$$M_{iy}^0=\varphi_{iy}^0pl_y^2 \quad (5-43)$$

式中　p——基底反力，kPa；

l_x、l_y——双向板计算长度，m；

φ_{ix}、φ_{iy}、φ_{ix}^0、φ_{iy}^0——跨中及支座弯矩计算系数，可由附录查出。

3. 筏板截面强度与配筋验算

选择合适的内力计算方法求出筏板基础内力后，可按《混凝土结构设计规范》（GB

50010）中的抗剪与抗冲切强度验算方法确定筏板厚度，由抗弯强度验算确定筏板的纵向与横向配筋。

三、箱形基础

箱形基础是由顶板、底板和内外隔墙组成的一个复杂的箱形空间结构，承受上部结构传来的荷载及地基反力，产生整体弯曲。箱形基础本身具有较大的刚度，即使是在软土地基上，其挠曲变形也较小。在与地基共同作用分析中，若采用文克尔地基模型，其基底反力接近于直线分布，当竖向荷载的合力通过基底平面的形心时，呈均匀分布。若采用弹性半空间地基模型，则刚性板下的基底反力分布呈倒马鞍状分布，见图 5－22，边缘处反力较大。实际上，当应力超过土体的极限应力之后，土体将产生塑性破坏，引起地基的应力重分布，使得边缘应力降低，中间应力增大。显然，实际的地基反力分布应当介于文克尔地基模型和弹性半空间模型之际。

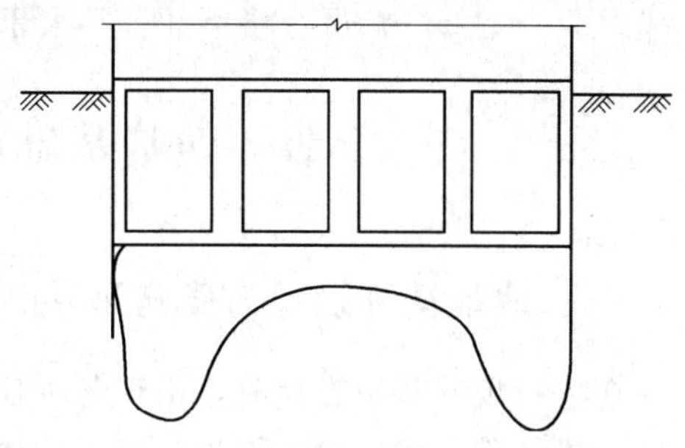

图 5－22　箱形基础基底反力分布图

对于刚性很大的地基和刚度很大的建筑，箱形基础的挠曲变形较小，整体弯曲可忽略不计，这时可仅考虑局部弯曲的作用。计算时，顶板取实际荷载，底板的反力可简化为均匀分布的净反力。

对于一般地基上的 12 层以下的框架结构体系或箱形基础本身的刚度较差时，箱形基础的内力计算应同时考虑整体弯曲和局部弯曲作用。计算整体弯曲时，应考虑箱形基础与上部结构共同作用，箱形基础承受的弯矩按下式计算：

$$M_F = M\frac{E_F I_F}{E_F I_F + E_B I_B} \tag{5-44}$$

$$E_B I_B = \sum_{i=1}^{n}\left[E_b I_{bi}\left(1 + \frac{K_{ui} + K_{1i}}{2K_{bi} + K_{ui} + K_{1i}}m^2\right)\right] + E_W I_W \tag{5-45}$$

式中　M——建筑物整体弯矩产生的弯矩，可把整个箱形基础当成静定梁，承受上部结构荷载和地基反力作用，分析断面内力得出；

M_F——箱形基础承受的整体弯矩；

$E_F I_F$——箱形基础的刚度，其中 E_F 为箱形基础的弹性模量，I_F 为按工字形截面计算的箱形基础截面惯性矩；

$E_B I_B$——上部结构的总折算刚度；

E_b——梁和柱的混凝土弹性模量；

K_{ui}、K_{1i}、K_{bi}——第 i 层上柱、下柱和梁的线刚度，其值分别为 I_{ui}/h_{ui}、I_{1i}/h_{1i}、I_{bi}/l；

I_{ui}、I_{1i}、I_{bi}——第 i 层上柱、下柱和梁的截面惯性矩；

h_{ui}、h_{1i}——第 i 层上柱及下柱的高；

L——上部结构弯曲方向的总长度；

l——上部结构弯曲方向的柱距；

E_W——在弯曲方向与箱形基础相连的连续钢筋混凝土墙的弹性模量；

I_W——在弯曲方向与箱形基础相连的连续钢筋混凝土墙的截面惯性矩，其值为 $th^3/12$；

t——在弯曲方向与箱形基础相连的连续钢筋混凝土墙体厚度的总和；

h——在弯曲方向与箱形基础相连的连续钢筋混凝土墙体的高度；

m——在弯曲方向的节间数；

n——建筑物层数，层数对刚度的影响随高度而减弱，到达一定高度后，其影响可忽略不计；不大于8层时，n 取实际层数；大于8层时，n 取8。

第十节　地基基础设计方案比较与有关措施

一、地基基础设计方案选取原则

在进行地基基础设计时，由于各种建筑物的结构类型和使用要求不同，以及建筑物所处的土质条件和建筑物对不均匀沉降的敏感性各异，使得针对不同工程问题选择的基础型式或基础尺寸不同。在进行建筑物基础设计时，选择基础方案要考虑以下几方面因素：

（1）建筑物基础所用的材料及基础结构类型。

（2）基础的埋置深度。

（3）地基持力层的选择和承载力大小。

（4）基础的形状和布置，与周边环境及相邻建筑物、构筑物、地下管道等的关系和影响。

（5）上部结构的类型、刚度、使用要求及建筑物对不均匀沉降的敏感度。

（6）施工条件、设备及工期要求。

（7）抗震区内，建筑物抗震要求。

二、减轻不均匀沉降危害的措施

当建筑物的不均匀沉降过大时，将导致建筑物开裂损坏，并对社会、经济等方面造成恶劣影响。如何预防或减轻不均匀沉降带来的危害，是建筑设计中的重要课题。通常采用的方法有建筑、结构和施工措施等三类措施。

（一）建筑措施

1. 简化建筑物体型

建筑物的体型设计在满足功能要求的基础上应力求简单，避免出现平面复杂、立面高差悬殊的型式。

复杂的建筑物平面，如L形、“山”字形等，在建筑单元纵横交叉处，基础密集，使得地基的附加应力相互重叠，造成这部分的沉降大于其他部位，若这类建筑物的整体刚度较差，则容易因不均匀沉降引起建筑物的开裂破坏。

建筑物立面高差变化悬殊，则会造成地基各部分所受的荷载不同，将加大地基不均匀沉降。因此，应尽量采用长高比较小的“一”字形建筑，如果因建筑设计需要，建筑平面及体型较为复杂时，应当采取一定的工程措施，避免因不均匀沉降造成建筑物危害。

2. 增强结构的整体刚度

建筑物长度与高度的比值称为长高比，是用来衡量建筑物结构刚度的一个指标。长高比越大，建筑物整体刚度就越差，即其抵抗弯曲变形和调整不均匀沉降的能力也就越差。

此外，合理布置纵横墙，也是提高砖石混合结构整体刚度的重要措施之一。砖石混合结构房屋的纵向刚度较弱，地基的不均匀沉降主要损害纵墙。内外墙的中断和转折都将削弱建筑物的纵向刚度。因此，在软土地区修建砖石混合结构房屋，应当尽量使内外纵墙贯通，缩小横墙间距，提高建筑物的整体刚度，从而减小不均匀沉降产生。

3. 设置沉降缝

沉降缝可将建筑物连同基础分割为两个或多个独立的沉降单元，这些单元体型简单，长高比小，整体刚度大，荷载变化小，地基相对均匀，因此，可以有效地避免不均匀沉降的产生及危害。沉降缝的设置一般位于下列位置：

（1）复杂建筑物平面的转折部位。

（2）建筑物高度或荷载差异处。

（3）长高比过大的建筑物的适当部位。

（4）建筑结构或基础类型不同处。

（5）地基土的压缩性或土层有显著差异处。

（6）分期建筑房屋交界处。

（7）拟设置伸缩缝处（沉降缝可兼做伸缩缝）。

沉降缝应从屋顶到基础将建筑物完全分开，缝内不可填塞（寒冷地区为防寒可填以松软材料），缝宽以不影响相邻单元的沉降为准，特别应注意避免相邻单元相互倾斜时，在建筑物上方造成挤压损坏。工程中建筑物沉降缝宽度一般可参照表 5－15 选用。

为了建筑立面易于处理，沉降缝常常与伸缩缝及抗震缝结合起来设置。

如果地基不是很均匀，或者是建筑物体型较为复杂，因高层（或荷载）悬殊造成的不均匀沉降较大，还可以考虑将建筑物分为相对独立的沉降单元，并相隔一定的距离以减少相互影响，中间用能适应自由沉降的构建将建筑物连接起来。

表 5－15　　房屋沉降缝宽度

房屋层数（层）	沉降缝宽度（mm）	房屋层数（层）	沉降缝宽度（mm）
2～3	50～80	＞5	≥120
4～5	80～120		

4. 合理安排相邻建筑物之间的距离

由于相邻建筑物或地面堆载作用，会使建筑物地基的附加应力增加而产生附加沉降，在软土地区，建筑物间距越小，这种附加沉降就越大，可能造成建筑物开裂或倾斜。

为避免相邻建筑物影响带来的危害，软土地区的相邻建筑物应保持一定的距离，新建造的建筑物间距可按表 5－16 采用。

表 5－16　　相邻建筑物基础间的净距（m）

新建建筑的预估平均沉降量 s（mm）	被影响建筑的长高比	
	$2.0 \leqslant L/H < 3.0$	$3.0 \leqslant L/H < 5.0$
70～150	2～3	3～6
160～250	3～6	6～9
260～400	6～9	9～12
＞400	9～12	≥12

注　1. 表中 L 为房屋或沉降缝分割的单元长度，m，H 为自基础底面标高算起的房屋高度，m。
　　2. 当被影响建筑的长高比为 $1.5 < L/H < 2.0$ 时，其净间距可适当缩小。

5. 控制与调整建筑物各部分标高

根据建筑物各部分可能产生的不均匀沉降，采取一些技术措施，控制与调整各部分标高，减轻不均匀沉降对使用带来的影响：

（1）适当提高室内地坪和地下设施的标高。

（2）对结构或设备之间的联结部分，适当将沉降大者的标高提高。

（3）在结构物与设备之间预留足够的净空。

（4）有管道穿过建筑物时，预留足够尺寸的孔洞或采用柔性管道接头。

（二）结构措施

1. 设置圈梁增强建筑物刚度

对于砖石承重结构，不均匀沉降的损害主要表现为墙体开裂。因此常在墙体内设置圈梁来增强其抵抗弯曲变形的能力。当墙体弯曲时，圈梁主要承受拉应力，弥补了砌体结构抗拉强度不足的弱点，增加墙体刚度，防止出现裂缝及阻止裂缝的开展。

圈梁一般设置在窗顶或楼板下面，通常是在多层房屋在基础和顶层各设置一道，其他各层可隔层设置，必要时也可每层设置。

圈梁均应设置在外墙、内纵墙和主要内横墙上，并应在平面内形成闭合系统。当因开洞过大削弱了墙体刚度时，宜在削弱部分通过计算适当配筋或采用构造柱及圈梁加强。

现浇的钢筋混凝土圈梁，梁宽一般同墙厚，梁高不应小于 120mm，混凝土强度等级不低于 C15，纵向钢筋不宜少于 $4\phi 8$，箍筋间距不宜大于 300mm。

2. 选用合适的结构型式

采用铰接排架、三铰拱等结构，对于地基发生不均匀沉降时不会引起过大的附加应力的结构，可避免结构产生开裂等危害。

3. 减轻建筑物和基础自重

在基底压力中，建筑物自重（包括基础及上覆土重）所占比例较大，一般工业建筑占 1/2 左右，民用建筑占到了 3/5 以上。因此，对于软土地区的建筑物来说，减轻自重能有效减少沉降，同时也可以减少不均匀建筑的重、高部位的地基沉降，减轻建筑物和基础自重的措施主要有：

（1）采用轻型结构。如预应力钢筋混凝土结构、轻型屋面板、轻型钢结构及各种轻型空间结构。

（2）减少墙体重量。如采用空心砌块、轻质砌块、多孔砖以及其他轻质高强度墙体材料，非承重墙可用轻质隔墙代替。

（3）减少基础及上覆土重。可选用自重轻、回填土少的基础型式，如壳体基础、空心基础等。如室内地坪标高较高时可用架空地板代替室内厚填土。

4. 减小或调整基底附加压力

（1）设置地下室。利用挖取的土重补偿一部分甚至全部建筑物重量，使基底附加压力减小，达到减小沉降的目的。有较大埋深的箱形基础或具有地下室的筏板基础便是理想的基础形式。

（2）改变基础底面尺寸。对不均匀沉降要求严格的建筑物，可通过改变基础底面尺寸来获得不同的基底附加压力，对不均匀沉降进行调整。

5. 加强基础刚度

对于建筑体型复杂，荷载差异较大的上部结构，可采用加强基础刚度的方法，如采用箱形基础、厚度较大的筏基、桩箱基础以及桩筏基础等，以减少不均匀沉降。

（三）施工措施

1. 遵循先建重（高）建筑，后建轻（低）建筑的程序

当拟建的相邻建筑物之间轻（低）重（高）相差悬殊时，一般应先建重（高）建筑，后建轻（低）建筑，有时甚至需要在重、高建筑物竣工后间隔一段时间后，再进行轻、低建筑物的施工。

2. 建筑物施工前对地基进行预压处理

活荷载较大的建筑物或对沉降要求比较严格的工程，如油罐、高速公路等，在条件允许时，可在施工前对地基预先进行固结处理，以减少建筑物施工后的沉降及不均匀沉降。

3. 注意沉桩、降水对邻近建筑物的影响

在拟建的密集建筑群内若有采用桩基础的建筑物，应先进行沉桩作业；若必须同时建造，则应采取合理的沉桩路线、控制沉桩速率等方法来减轻沉桩对邻近建筑物的影响。

在进行基坑降水时，可采用坑内降水、坑外回灌或采用止水帷幕等工程措施，防止或减轻因降水对邻近建筑物造成的影响。

4. 基坑开挖坑底土的保护

基坑开挖时，要注意对坑底土的保护，特别是坑底土为淤泥和淤泥质土时，应尽可能不扰动土体结构，通常要在坑底保留 20cm 厚的原状土，待浇捣混凝土垫层时才予以挖除，以减少对坑底土扰动产生的不均匀沉降。当坑底土为粉土或粉砂时，可采用坑内降水或合适的围护结构，以免产生流砂等工程危害。

思 考 题

5-1 《建筑地基基础规范》规定，地基基础设计时，所采用的荷载效应应按哪些规定执行？

5-2 浅基础有哪些类型和特点？

5-3 确定基础埋置深度要考虑哪些因素？

5-4 什么是地基承载力特征值？其内涵是什么？

5-5　确定地基承载力的方法有哪些?

5-6　基础底面尺寸如何确定? 为什么要验算软弱下卧层的强度?

5-7　建筑物地基变形特征的意义、确定因素是什么?

5-8　无筋扩展基础与扩展基础有什么区别? 如何进行无筋扩展基础设计?

5-9　如何进行柱下钢筋混凝土独立基础和墙下条形基础的设计?

5-10 减轻地基不均匀沉降的措施有哪些?

习　题

5-1　某柱下独立基础，基底尺寸为3m×2m，埋深为2m，其他条件如图5-23所示，试求软弱下卧层修正后的地基承载力特征值。

5-2　土质条件、基础埋深同5-1题，若上部结构传来的荷载 $F_k=300\text{kN}$，试确定矩形基础的底面尺寸，并验算下卧层承载力是否满足要求。

5-3　某钢筋混凝土条形基础，其地基土质条件如图5-23所示，已知该基础宽度为1.5m，上部结构荷载 $F_k=250\text{kN}$，试验算地基承载力。

5-4　某钢筋混凝土独立基础，土质条件如图5-24所示，已知 $F_k=1500\text{kN}$，$H_k=150\text{kN}$，$M_k=200\text{kN}$，试确定基础的底面尺寸。

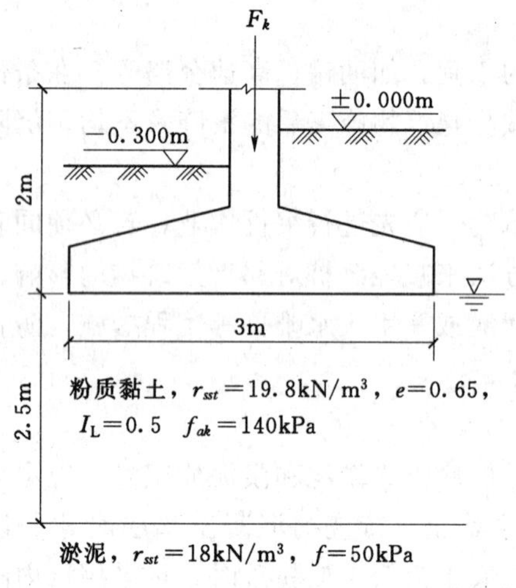

图5-23　习题5-1图

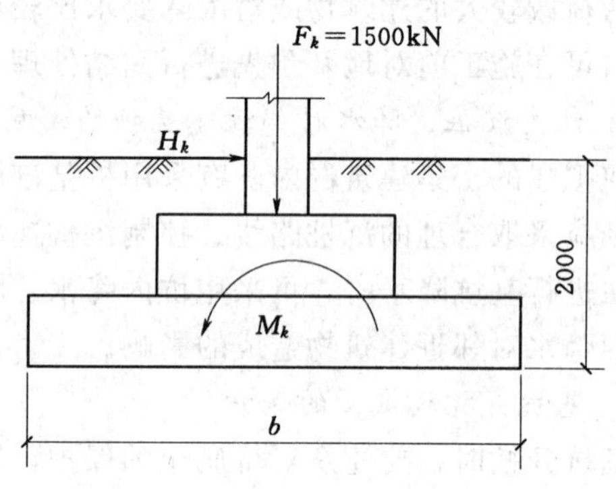

图5-24　习题5-2图

第六章 桩基础与深基础

工程设计过程中，建筑物应充分利用天然地基的承载能力，优先采用天然地基上的浅地基。在场地土软弱时，应对地基进行处理，然后修建基础。但当上部软弱土层较厚、建筑物荷载巨大，对变形与稳定有较高要求以及因为技术、经济、施工期限等原因无法或不宜采用人工地基时，就要采用深基础。

第一节 概 述

一、深基础简介

基础按照埋置深度和施工方法的不同分为浅基础和深基础，但两者并没有明显的界限，习惯上将埋置深度较浅、可以用比较简便的施工方法来修建的基础称为浅基础；而将采用桩基础、沉井基础、沉箱基础、墩基础和地下连续墙等某些特殊的施工方法修建的基础称为深基础。

与浅基础相比较，深基础具有以下特点：

(1) 埋置深度大于 5m 或大于基础宽度。

(2) 入土深度［(如桩长 l) 与基础结构宽度（如桩径 d）之比（即 l/d)］较大，因此在决定深基础承载力时，基础侧面的摩阻力不能忽略。

(3) 因为埋深较大，所以通常采用特定的施工机械或手段，把基础结构置入深部较好的地层中（如沉井和地下连续墙等）。

(4) 浅基础的地基破坏模式有整体剪切破坏、局部剪切破坏和冲剪破坏三种形式，而深基础下的地基往往只发生冲剪破坏。

二、桩基础简介

(一) 桩基础的概念及作用

当建设场地的浅层地基不能满足建筑物对地基承载力和变形的要求，也不宜采用地基处理等措施时，往往可以利用地基深层坚实土层或岩层作为地基持力层，采用深基础方案。深基础主要有桩基础、沉井基础、墩基础和地下连续墙等几种类型，其中以桩基的历史最为悠久，并以其有效、经济等特点得到最广泛的应用。如我国隋朝的郑州超化寺、秦代的渭桥、南京的石头城、五代的杭州湾大海堤、西安灞桥、北京御河桥和上海的龙华塔等，都是我国古代桩基的典范。近年来，随着生产水平的提高和科学技术的发展，桩的种类和形式、施工机具、施工工艺以及桩基础设计理论和设计方法等，都得到了很大的发展。

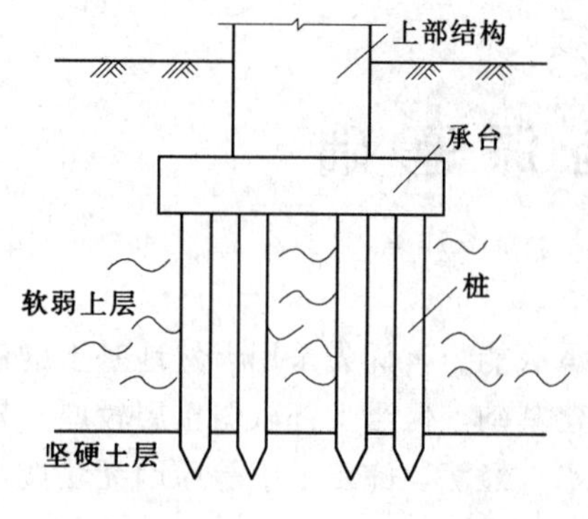

图6-1　低承台桩基础示意图

桩基础是深基础。桩基础通常是由桩和承台组成，在承台上面是上部结构（图6-1）。从图中可见：桩本身像置于土中的柱子一样，而承台则类似钢筋混凝土扩展式浅基础一样。但桩和承台的设计及计算不同于柱及钢筋混凝土扩展式浅基础。

1. 承台的作用

承台主要是承受上部结构荷载，并将荷载传递给各桩。承台箍住桩顶使各个桩共同承受荷载。

2. 桩的作用

桩承受承台传递过来的荷载，通过桩侧对土的摩擦力及桩端对土的压力将荷载传递到土中。

3. 桩基础的作用

桩基础的作用是将上部结构传来的荷载，通过承台传递给桩，再由桩传递到土中。

（二）桩基础的特点

对比浅基础，桩基础承载力高，稳定性好，是减少建筑物深降与不均匀沉降的良好措施，是克服复杂条件下不良地质现象危害的重要措施，且有良好的抗震、抗爆性能，同时又具有很强的灵活性，对结构体系、范围及荷载变化等有较强的适应能力，而设桩也可作为地基处理措施以提高地基的强度及稳定性。但桩基础的造价一般较高，施工比一般浅基础复杂（但比沉井、沉箱等深基础简单），而且桩基础施工时有振动及噪声，影响环境。桩基础工作机理比较复杂，其设计计算方法相对不完善等。

（三）桩基础的适用性

桩基础的适用范围十分广泛，可概括为以下情况：

（1）高层建筑、高耸构筑物及重型厂房等结构的荷载很大，在基础的沉降与不均匀沉降方面有较严格的限制，一般天然地基难以满足要求需采用桩基础。

（2）无论是陆域还是水域，常常受到施工方法、经济条件及工期紧张等因素的限制，不适于进行软土地基处理，也不适于采用沉井、深箱、地下连续墙等深基础，此时采用桩基础通常是比较适宜的方案。

（3）当地基存在震陷性、湿陷性、膨胀性、冻胀性或侵蚀性等不良土层时，或上覆土层为强度低、压缩性高的软弱土层，不能满足建筑物对地基的要求，而软土层下面为较好的或坚硬的土层时，应考虑采用桩基础穿越这些不良土层，将荷载传递到深部相对坚硬和稳定的土层中。

（4）在地震区域建造建筑物，持力层范围内有可液化土层，需将建筑物支持于不液化土层上；当结构物考虑可能的爆炸、强风暴等其他随机性强的动荷载时，浅基础不易满足结构的稳定性要求，可采用桩基础。

（5）当建筑物承受较大的水平荷载，需减少建筑物的水平位移和倾斜时，或建在斜坡上的建筑物以及基坑与边坡的抗侧移与滑动失稳中，采用桩基础是较常用的设计措施。

（6）当途经江河湖海、峡谷、滩涂等交通设施的工程结构跨越范围大、地质条件及荷载情况变化也较大时，可通过灵活调整桩的类型、长短、布置等来适应环境与结构的要求。

（7）当流动水域中，由于水流冲刷较深危及一般基础的稳定时，可考虑采用桩基础；兴建码头、沿岸平台、栈桥及海上采油平台、输油（气）管道支架等上水结构物时，需将桩穿过水体打入深部良好的岩土层中，形成高台桩基。

通常，当软弱土层很厚，桩端达不到良好地层时，桩基设计应考虑沉降等问题。如果桩穿过较好土层而桩端位于下卧软弱层，则不宜采用桩基。因此，在工程实践中，必须认真做好地质勘察、详细分析地质资料、综合考虑经济、技术、安全等因素，精心设计施工，才能使所选基础类型发挥出最佳效益。

（四）桩基设计原则

建筑桩基技术规范规定，建筑桩基采用以概率理论为基础的极限状态设计法，以可靠度指标度量桩基的可靠度，采用以分项系数表达的极限状态设计表达式进行计算，桩基的极限状态分为两类：

（1）承载能力极限状态：对应于桩基达到最大承载能力或整体失稳或发生不适于继续承载的变形。

（2）正常使用极限状态：对应于桩基达到建筑物正常使用所规定的变形限值或达到耐久性要求的某项限值。

根据桩基础损坏造成建筑物的破坏后果的严重性（危及人的生命、造成经济损失、产生社会影响），将建筑桩基础分为三个安全等级，如表 6－1 所示。

表 6－1　　建筑桩基础安全等级

安全等级	破坏后果	建 筑 物 类 型
一级	很严重	重要的工业与民用建筑物；对桩基础变形有特殊要求的工业建筑物
二级	严重	一般的工业与民用建筑物
三级	不严重	次要的建筑物

根据建筑规模、功能特征、对差异变形的适应性、场地地基和建筑物体型的复杂性以及由于桩基问题可能造成建筑破坏或影响正常使用的程度，应将桩基设计分为表 6－2 所列的三个设计等级。桩基设计时，应根据表 6－2 确定设计等级，并要求进行如下计算和验算。

表 6－2　　建筑桩基础设计等级

设计等级	建 筑 物 类 型
甲级	（1）重要的建筑； （2）30 层以上或高度超过 100m 的高层建筑； （3）体型复杂且层数相差超过 10 层的高低层（含纯地下室）连体建筑； （4）20 层以上框架—核心筒结构及其他对差异沉降有特殊要求的建筑； （5）场地和地基条件复杂的 7 层以上的一般建筑及坡地、岸边建筑； （6）对相邻既有工程影响较大的建筑
乙级	除甲级、丙级以外的建筑
丙级	场地和地基条件简单、荷载分布均匀的 7 层及 7 层以下的一般建筑

1）桩基应根据具体条件分别进行下列承载能力计算和稳定性验算：

（a）应根据桩基的使用功能和受力特征分别进行桩基的竖向承载力计算和水平承载力计算。

（b）应对桩身和承台结构承载力进行计算；对于桩侧土不排水抗剪强度小于10kPa、且长径比大于50的桩应进行桩身压屈验算；对于混凝土预制桩应按吊装、运输和锤击作用进行桩身承载力验算；对于钢管桩应进行局部压屈验算。

（c）当桩端平面以下存在软弱下卧层时，应进行软弱下卧层承载力验算。

（d）对位于坡地、岸边的桩基应进行整体稳定性验算。

（e）对于抗浮、抗拔桩基，应进行基桩和群桩的抗拔承载力计算。

（f）对于抗震设防区的桩基应进行抗震承载力验算。

2）下列建筑桩基应进行沉降计算：

（a）设计等级为甲级的非嵌岩桩和非深厚坚硬持力层的建筑桩基。

（b）设计等级为乙级的体型复杂、荷载分布显著不均匀或桩端平面以下存在软弱土层的建筑桩基。

（c）软土地基多层建筑减沉复合疏桩基础。

3）对受水平荷载较大，或对水平位移有严格限制的建筑桩基，应计算其水平位移。

4）应根据桩基所处的环境类别和相应的裂缝控制等级，验算桩和承台正截面的抗裂和裂缝宽度。

5）桩基设计时，所采用的作用效应组合与相应的抗力应符合下列规定：

（a）确定桩数和布桩时，应采用传至承台底面的荷载效应标准组合；相应的抗力应采用基桩或复合基桩承载力特征值。

（b）计算荷载作用下的桩基沉降和水平位移时，应采用荷载效应准永久组合；计算水平地震作用、风载作用下的桩基水平位移时，应采用水平地震作用、风载效应标准组合。

（c）验算坡地、岸边建筑桩基的整体稳定性时，应采用荷载效应标准组合；抗震设防区，应采用地震作用效应和荷载效应的标准组合。

（d）在计算桩基结构承载力、确定尺寸和配筋时，应采用传至承台顶面的荷载效应基本组合。当进行承台和桩身裂缝控制验算时，应分别采用荷载效应标准组合和荷载效应准永久组合。

（e）桩基结构设计安全等级、结构设计使用年限和结构重要性系数 γ_0 应按现行有关建筑结构规范的规定采用，除临时性建筑外，重要性系数 γ_0 不应小于1.0。

（f）当桩基结构进行抗震验算时，其承载力调整系数 γ_{RE} 应按现行国家标准《建筑抗震设计规范》（GB 50011）的规定采用。

对软土、湿陷性黄土、季节性冻土和膨胀土、岩溶地区以及坡地岸边上的桩基和可能出现负摩阻力的桩基，均应根据各自不同的特殊条件，遵循相应的设计原则。

第二节　桩及桩基础分类

桩基中的桩可以是竖直的或倾斜的，土木工程当中大多采用承受竖向荷载的竖直桩。

分类的目的是为了掌握其不同的特点，以供设计时根据现场的具体条件选择适当的桩型。根据桩的承载性状、桩体材料、施工方法和成桩方法等可以把桩分为各种类型。

一、按承载性分类

桩在竖向荷载作用下，桩顶荷载由桩侧摩阻力和桩端阻力共同承担。柱侧阻力、桩端阻力的大小及分担荷载的比例主要由桩侧、桩端地基土的物理力学性质、桩的尺寸和施工工艺决定。根据抗压桩在竖向荷载下桩土相互作用的特点，达到承载力极限状态时桩侧阻力与桩端互作用的特点，达到承载力极限状态时桩侧阻力与桩端阻力的发挥程度和分担荷载比，将桩分为摩擦型桩和端承型桩两大类。

1. 摩擦型桩

摩擦型桩是指在竖向极限荷载作用下，桩顶荷载全部或主要由桩侧阻力承担。摩擦型桩可以分为摩擦桩和端承摩擦桩两类。

摩擦桩：在深厚的软弱土层中，无较硬的土层可作为桩端持力层，或桩端持力层虽然较坚硬，但桩的长径比很大，传递到桩端的轴力很小，以致在极限荷载作用下，桩顶荷载绝大部分由桩侧阻力承受，桩端阻力可忽略不计，这种桩称为纯摩擦桩，如图 6－2（a）所示。

端承摩擦桩：在竖向荷载作用下，桩顶荷载全部或主要由桩端阻力承担，桩侧阻力相对桩端阻力而言较小或可忽略不计的桩称为端承摩擦桩，端承摩擦的桩顶极限荷载由桩侧阻力和桩端阻力共同承受，桩侧阻力分担的荷载大于桩端阻力。如当桩的长径比不是很大，桩端持力层为较坚硬的黏性土、粉土和砂类土时，此类桩所占比例很大，如图 6－2（b）所示。

2. 端承型桩

端承型桩是指在竖向极限荷载作用下，桩顶荷载全部或主要由桩端阻力承受，桩侧阻力相对桩端阻力而言较小，或可忽略不计的桩，端承型桩可以分为端承桩和摩擦端承桩两类。

端承桩：端承桩又称为柱桩，桩顶极限荷载绝大部分由桩端阻力承受，桩侧阻力很小可忽略不计。桩的长径比较小（一般小于 10），桩身穿越软弱土层，桩端设置在密实砂层、碎石类土层或中等、微风化和新鲜岩层中，如图 6－2（c）所示。

摩擦端承桩：当桩顶极限荷载由桩侧阻力和桩端阻力共同承受，桩端阻力分担的荷载大于桩侧阻力，这种桩称为摩擦端承桩。一般桩端进入中密以上砂类土、碎石类土层或中、微风化岩层，如图 6－2（d）所示。

二、按桩体材料分类

桩按桩身材料分为木桩、素混凝土桩、钢桩、钢筋混凝土桩和组合桩。木桩和素混凝土桩的承载能力较低，使用寿命不长，在目前的工程中很少采用，目前的实际工程中桩的主要采用以下三种。

1. 钢桩

钢桩可根据荷载特征制作成各种有利于提高承载力的断面。管形和箱形断面桩的桩

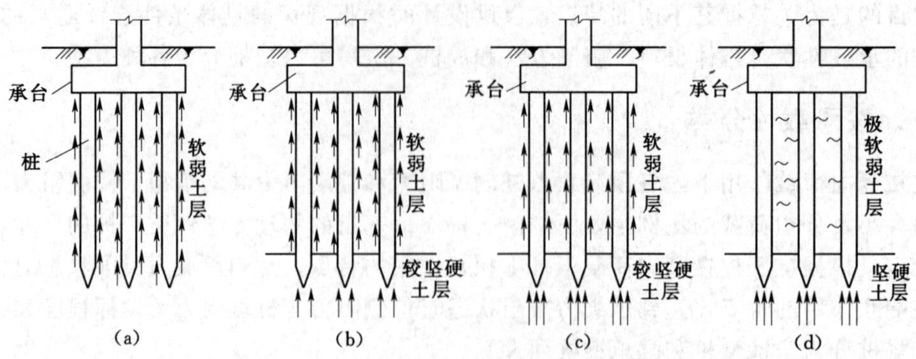

图6-2　基桩的计算示图

端常做成敞口式以减小沉桩过程中的挤土效应。当桩壁轴向抗压强度不足时，可将挤入管、箱中的土塞挖除，灌注混凝土。宽翼工字形钢桩（又称H形桩）沉桩过程的排土量较小，贯入性能好。此外，宽翼工字形钢桩的比表面积大，用于承受竖向荷载时，能提供较大的摩阻力。为增大桩的摩阻力，还可在宽翼工字形钢桩的翼缘或腹板上加焊钢板或型钢。对于承受侧向荷载的钢桩，可根据桩身弯矩的变化情况局部加强断面刚度和强度。

钢桩的最大优点是断面加工容易，除此之外，钢桩还具有抗冲击性能好、结头易于处理、运输方便、施工质量稳定、材料强度均匀可靠等优点。

钢桩的缺点是造价高、易锈蚀、费钢材等。

2. 钢筋混凝土桩

钢筋混凝土桩适用于大中型各类土木工程的承载桩。钢筋混凝土的配筋率较低（一般为1%～3%），而混凝土取材方便，价格便宜，耐久性好。钢筋混凝土桩既可预制，又可现浇，还可采用预制和现浇组合，适用于各种地层，成桩直径和长度可变范围大。因此，桩基工程的绝大部分是钢筋混凝土桩。

钢筋混凝土桩的优点是单桩承载力大，预制桩不受地下水位与土质条件的限制，桩的安全性高等。

钢筋混凝土桩的缺点是预制桩的自重大，需要的施工设备较多，另外钢筋混凝土桩的造价较高也是钢筋混凝土桩的缺点。

3. 组合桩

组合桩是指用多种不同材料组合的桩。如钢桩内填混凝土，或上部为钢桩，下部为混凝土等型式的组合桩。

三、按施工方法分类

基桩的施工方法不同，不仅是采用的机具和工艺过程不同，而且将影响桩与桩周围土接触处的状态，也影响桩土间共同作用的性能。根据桩的施工方法不同，主要可分为预制桩和灌注桩两大类。

1. 预制桩

预制桩是指在工厂或工地现场预先将桩制作成型，然后运送到桩位，以击打、振动、静压或高压射水等方式把桩送入土中就位的桩。预制桩除钢桩、木桩外，目前大量应用的在工程中的是钢筋混凝土预制桩和预应力钢筋混凝土管桩。

钢筋混凝土预制桩：混凝土预制桩的横截面有方、圆、管等多种形状，桩身是由混凝土制成，不配受力筋，必要时配置构造筋。桩身除了有混凝土材料，还配有受力钢筋、箍筋、及其他构造筋。目前，钢筋混凝土预制桩（简称混凝土桩）是在我国应用最广泛的预制桩。这种桩不仅抗压，而且可以抗拔和抗弯，同时能够承受水平荷载，应用较广。普通实心方桩的截面边长一般为300～500mm，桩长在25～30m以内，工厂预制时分节长度小于12m，沉桩时在现场连接到所需桩长。分节预制桩应保证接头质量，以满足桩身承受轴力、弯矩和剪力的要求，国内通常采用钢板、角钢焊接的接桩方法，并涂以沥青以防腐蚀。国外有采用钢板垂直插头加水平销连接的机械式接桩法，其施工快捷，不影响桩的强度和承载力。

钢筋混凝土预制桩具有设备简单，操作方便，节约钢材，较经济的优点，但钢筋混凝土预制桩自重大，需要运输及打桩设备，桩长不够时，要接桩并要保证接桩质量；桩长太长时，要截桩；工期长，对比灌注桩，用钢量大，造价高；锤击沉桩时，噪声大，对周围环境有影响。为了减轻自重、节约钢材、提高桩的承载力和抗裂性，可采用预应力钢筋混凝土桩。

预应力钢筋混凝土管桩：预应力钢筋混凝土管桩采用先张法预应力工艺和离心成型法制作。经高压蒸汽养护生产的为PHC管桩，桩身混凝土强度等级大于C80，未经高压蒸汽养护生产的为PC管桩，强度为C60～C80。建筑工程中常用的PHC，PC管桩的外径为300～600mm，壁厚80mm，节长5～13m。桩的下端设置开口的钢桩尖或封口十字刃钢桩尖，沉桩时桩节处通过焊接端头板接长。

沉桩时桩节处通过焊接端头板接长。预制桩的截面形状、尺寸和桩长可在一定范围内选择，桩尖可达坚硬黏性土或强风化基岩，具有承载能力高、耐久性好、且质量较易保证等优点。但其自重大，需大能量的打桩设备，并且由于桩端持力层起伏不平而导致桩长不一，施工中往往需要接长或截短，工艺比较复杂。

2. 灌注桩

灌注桩是在施工现场在桩位处先成孔，在孔内加放钢筋笼（也有直接插筋或省去钢筋的），灌注混凝土制成的桩。其横截面呈圆形，可以做成大直径和扩底桩。保证灌注桩承载力的关键在于桩身的成型及混凝土质量。与预制桩相比，灌注桩具有造价低、用钢量少、桩长可以灵活掌握及施工噪声小、振动小等优点。根据灌注桩的成孔工艺的不同，通常灌注桩可分为沉管灌注桩、钻（冲）孔灌注桩、挖孔灌注桩等。

（1）沉管灌注桩：沉管灌注桩是指采用锤击或振动的方法把带有钢筋混凝土桩尖或带有活瓣式桩尖的钢套管沉入土中成孔，然后在套管内放置钢筋骨架，并边灌注混凝土边拔出套管成桩，也可将钢套管打入土中成孔后向套管中灌注混凝土并拔出套管成桩，是目前国内采用最广的一种灌注桩。

其施工程序如图6-3所示：（1）打桩机就位，钢管底端带有预制桩尖；（2）沉管；（3）开始浇灌混凝土，浇灌是应尽量减少间隔时间；（4）拔管的同时振动混凝土使得桩径扩大；（5）安放钢筋笼，并继续浇灌混凝土；（6）成型。

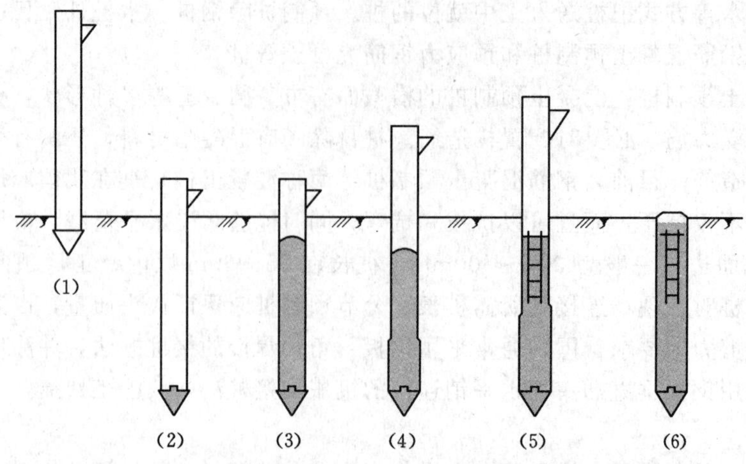

图6-3　沉管灌注桩的施工程序示意图

沉管灌注桩一般适用于黏性土、砂性土、砂土地基。由于采用了套管，可以避免钻孔灌注桩施工中可能产生的流砂、坍孔的危害和由泥浆护壁所带来的排渣等弊病。但由于沉管灌注桩的直径较小，常用的尺寸在0.6m以下，桩长常在20m以内。

沉管灌注桩又分为锤击沉管灌注桩和振动沉管灌注桩两种。

1）锤击沉管灌注桩。锤击沉管灌注桩是利用桩锤的锤击作用，将带有活瓣桩尖或钢筋混凝土预制桩尖的钢管锤击沉入土中。锤击沉管灌注桩的常用桩径为300～500mm，桩长常在20m以内，可打至硬塑黏土层或中、粗砂层。这种桩的施工速度快，成本低，施工设备简单，但很容易产生缩径、断桩、夹土、混凝土离析和强度不足等质量问题。锤击沉管灌注桩适用于黏性土、淤泥、淤泥质土、稍密的砂土及杂填土层。

2）振动沉管灌注桩。振动沉管灌注桩是利用振动锤将钢管沉入土中，然后灌注混凝土，在桩管内灌满混凝土后，先振动，再开始拔管而成桩。这种桩的优点是施工速度快，效率高，操作规程简便，安全，费用也较低，噪声及振动影响较小。但沉管灌注桩在拔管时，钢管内的混凝土容易被吸住，上拉时易产生缩颈等质量事故，要注意防止。它的适用范围除与锤击沉管灌注桩相同之外，更适用于砂土、稍密及中密的碎石类土层。

(2）钻（冲）孔灌注桩：钻（冲）孔灌注桩是指用钻（冲）孔机具在土中钻进、边破碎土体边出土渣而成孔，然后清除孔底的残渣土，在孔内放入钢筋骨架，灌注混凝土而形成的桩。

钻（冲）孔灌注桩的优点是施工设备简单，操作较方便，钻（冲）孔桩几乎适用于任何地基，尤其是可以穿透地基中坚硬的夹层，把桩端置于坚实可靠的持力层上，桩径的选择比较灵活，具有较强的穿透能力，适合于高层、超高层建筑物的嵌岩桩，并可做成较大直径以提高桩的承载力，可避免预制桩打桩时对周围土体的挤压影响和振动及噪声对周围环境的影响。钻（冲）孔灌注桩最容易出现的质量问题是坍孔、沉渣。坍孔是指孔壁发生坍塌；沉渣是指泥渣沉于孔底，影响灌注桩的承载力。

(3）挖孔灌注桩：挖孔灌注桩是指依靠人工或机械在地基中挖出桩孔，逐段边开挖边支护，然后浇筑钢筋混凝土或混凝土所形成的桩。挖孔桩一般内径应大于800mm，开挖直径大于 1000mm，护壁厚大于 100mm，分节支护，每节高 500～1000mm，可用浇筑或喷射混凝土护壁，桩身长度宜限制在 40m 以内。

挖孔灌注桩的优点是不受设备限制，场区内各桩可同时施工，施工简单，挖孔桩桩孔较大，孔底易清除干净，噪音小，经济适用，开挖时能直接检验孔壁和孔底土质以保证桩的质量，同时为增大桩底支承力，可方便的扩大桩底等。但人工挖孔存在塌方、缺氧、有害气体、触电等危险，以及对流砂难以克制的施工不利情况。

与预制桩相比，灌注桩具有桩长、桩径可以灵活调整，适用于各种地层，用钢量少、经济的优点，但成桩质量不易控制和保证，对泥浆护壁灌注桩存在泥浆排放造成污染等问题是灌注桩的弊端。因此在选用桩时应根据实际情况综合考虑适用的桩类型。

四、按挤土效应分类

大量工程实践表明，随着桩的设置方法（打入或钻孔成桩等）不同，桩周土所受的排挤作用也不同。排挤作用将使土的天然结构、应力状态和性质发生很大变化，从而影响桩的承载力和变形性质，成桩挤土效应对桩的承载力、成桩质量控制及环境等有很大影响，根据挤土效应的不同，主要可以分为非挤土桩、部分挤土桩和挤土桩三类。

1. 非挤土桩

非挤土桩是指沉桩过程对桩周围的土无挤压作用的桩。先钻孔后打入预制桩以及钻（冲、挖）孔桩在成孔过程中将孔中土体清除掉，不会产生成桩时的挤土作用。

2. 部分挤土桩

部分挤土桩是指在桩的设置过程中对桩周上体稍有排挤作用，但土的强度和变形性质变化不大的桩。如冲击成孔灌注桩、预钻孔打入式预制桩、H 型钢桩、开口钢管桩和开口预应力混凝土管桩等。一般可用原状土测得的强度指标来估算桩的承载力和沉降量。

3. 挤土桩

挤土桩是指成桩过程中（如锤击、振动贯入过程中），实心的预制桩、下端封闭的管桩、木桩及沉管灌注桩桩孔中的土未取出，桩将桩位桩孔处的土大量的排开全部挤压到桩的四周的桩。这类桩使土的结构严重扰动破坏，对土的强度及变形性质影响较大，因此必须采用原状土扰动后再恢复的强度指标来估算桩的承载力及沉降量。

尽管桩的类型较多，不管什么样的桩基础，都具有如下优点：能将荷载传到深层较好的土层上去，减少基础的沉降量，避免大量的挖土方。因此桩基础是一种比较可靠的、常用的基础形式。但桩基础的造价较高，所以必须了解桩基础的规律和工作原理，掌握正确的设计方法，避免浪费。

第三节 单桩承载力

一、竖向荷载下单桩的工作性能

对单桩工作性能的研究是单桩承载力理论分析的基础。通过桩土相互作用分析，了解桩土间的荷载传递途径和单桩承载力的构成及其发展过程，以及单桩的破坏机理等，对正确评价单桩轴向承载力设计值具有指导意义。

1. 桩的荷载传递

在桩顶轴向荷载作用下，桩身将发生弹性压缩，同时桩顶荷载通过桩身传递到桩底，致使桩底土层也发生压缩变形，这两者之和构成桩顶轴向位移。由于桩与桩周土体紧密接触，当桩相对于土向下位移时，将产生土对桩向上作用的桩侧摩阻力。在桩顶荷载沿桩身向下传递的过程中，必须不断地克服这种摩阻力，故桩身截面轴向力随深度逐渐减小，传至桩底截面的轴向力为桩顶荷载减去全部桩侧摩阻力，它与桩端阻力（即桩底支承反力）大小相等、方向相反。桩通过桩侧摩阻力和桩端阻力将荷载传递给土体。或者说，土对桩的支承力由桩侧摩阻力和桩端阻力两部分组成。

如图 6-4 所示，竖直单桩在桩顶轴向力 $N_0=Q$ 作用下，桩身任一深度 z 处横截面上所引起的轴力 N_z 将使该截面向下位移 δ_z，桩端下沉 δ_l，导致桩身侧面与桩周土之间相对滑移，其大小制约着土对桩侧向上作用的摩阻力 τ_z 的发挥程度。由深度 z 处桩段微元 dz 上力的平衡条件

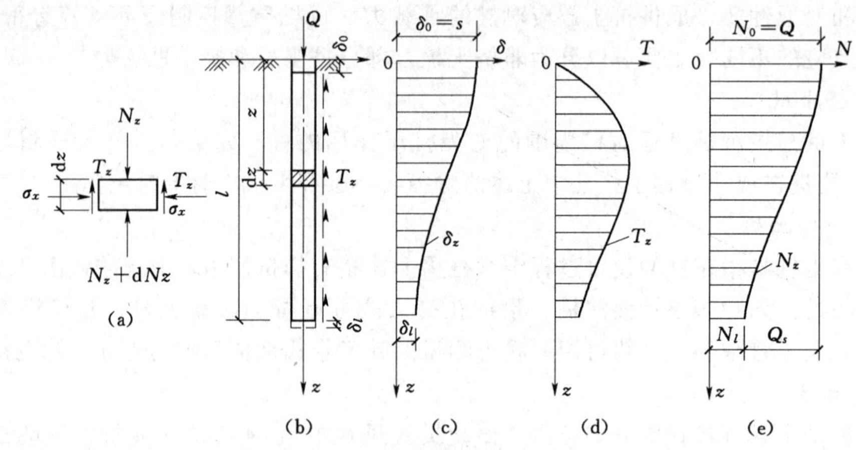

图 6-4 单桩轴向荷载传递

(a) 微桩段的作用力；(b) 轴向受压的单桩；(c) 截面位移曲线；(d) 摩阻力分布曲线；(e) 轴力分布曲线

$$N_z-\tau_z u_p \mathrm{d}-(N_z+\mathrm{d}N_z)=0 \qquad (6-1)$$

可得桩侧摩阻力 τ_z 与桩身轴力 N_z 的关系为：

$$\tau_z=-\frac{1}{u_p}\frac{\mathrm{d}N_Z}{\mathrm{d}z} \qquad (6-2)$$

式中 τ_z——桩侧单位面积上的荷载传递量；

u_p——桩的周长。

桩底的轴力 N_1 即为桩端阻力 $Q_p=N_1$，而桩侧总阻力 $Q_s=Q-Q_p$。

由于桩身截面位移 δ_z 应为桩顶位移 $\delta_0=s$ 与 z 深度范围内的桩身压缩量之差，所以有

$$\sigma_x=s-\frac{1}{A_pE_p}\int_o^z N_x\mathrm{d}z \qquad (6-3)$$

式中 A_p、E_p——桩身横截面面积和弹性模量，若取 $z=1$，则式（6-3）变为桩端位移（即桩的刚体位移）表达式。

单桩静载荷试验时，还可通过沿桩身预先埋设的应力量测元件（传感器），获得桩身轴力 N_z 分布图，则可利用式（6-2）及式（6-3）作出摩阻力 τ_z 和截面位移 δ_z 的分布图，如图 6-4 所示。

2. 桩侧摩阻力和桩端阻力

随着桩顶荷载的逐级增加，桩截面的轴力、位移和桩侧摩阻力不断变化。起初 Q 值较小，桩身截面位移主要发生在桩身上段，Q 主要由上段桩侧阻力承担。当 Q 增大到一定数值时桩端产生位移，桩端阻力开始发挥，直到桩底持力层破坏、无力支承更大的桩顶荷载，即桩处于承载力极限状态。

桩的极限荷载等于桩侧摩阻力极限值与桩端阻力极限值之和，但两者并不在同一时刻发生，因为它们的发挥程度与桩土间的变形性状有关，各自达到极限值时所需的位移量是不相同的。根据试验资料，桩土间有微小的相对位移时，沿桩身就会产生桩侧摩阻力，达到摩阻力极限值时所需的相对位移基本上只与土的类别有关，一般黏性土约为 4～6mm，砂土约为 6～10mm。

桩端阻力的发挥不仅滞后于桩侧阻力，而且其充分发挥所需的桩底位移值比桩侧摩阻力达到极限所需的相对位移值大得多，根据小型桩试验结果，桩底极限位移砂类土约为（0.08～0.1）d，一般黏性土为 0.25d，硬黏土为 0.1d。

桩侧摩阻力的大小和分布决定了桩身轴力随深度的变化。桩侧极限摩阻力可用类似于土的抗剪强度的库仑公式表达，也即它与桩侧表面的法向应力有关，随深度的变化而不同。砂土中的模型桩试验表明，在桩入土深度为（5～10）d 范围，桩侧摩阻力随深度线性增长，超过此临界深度值以后，侧阻不再随深度增加，接近于均匀分布，此现象称为侧阻的深度效应。而黏土中的挤土桩，侧阻的分布近乎抛物线，桩身中段处较大，为了简化，可近似假设挤土桩的桩侧摩阻力在地面处为零，沿桩入土深度呈线性分布。而对非挤土桩，近似假设桩侧摩阻力沿桩身均匀分布。

与桩侧阻的深度效应相似，当桩端入土深度小于某一临界深度时，极限桩端阻力随深度线性增长，但大于此深度后则端阻保持不变。一般对砂类土，临界深度约为（3～10）d，密度大取高值；粉土和黏性土为（2～6）d。有关资料表明，侧阻与端阻的临界深度之比约为 0.3～1.0，对于侧阻和端阻的深度效应问题有待于进一步的研究。

值得注意的是，桩的侧阻和端阻的发挥与桩底土层的性质和桩的长径比有很大关系。如支承在坚硬土或岩层上的柱桩，因桩身强度大、变形小，桩顶位移很小时端阻就能充分发挥，此时侧阻的发挥作用尚小；而对于长桩（$l/d>25$），因桩身压缩变形大，侧阻已充分发挥时，桩端反力尚未发挥，且桩顶位移可能已超出实用要求的范围，此时传递到桩端的荷载极为微小，即很长的桩实际上总是摩擦型桩，用扩大桩端直径来提高承载力是徒劳的。因此，在确定桩的承载力时，应综合考虑各种因素的影响。

3. 单桩的破坏模式

单桩在轴向荷载作用下，其破坏模式主要取决于桩周土的抗剪强度、桩端支承情况、桩的尺寸以及桩的类型等条件。图 6-5 给出了轴向荷载下可能的基桩破坏模式。

屈曲破坏：当桩底支承在坚硬的土层或岩层上，桩周土层极为软弱，桩身无约束或侧向抵抗力。柱在轴向荷载作用下，如同一细长压杆出现纵向挠曲破坏，荷载、沉降关系

$Q—s$ 曲线为“急剧破坏”的陡降型，其沉降量很小，具有明确的破坏荷载［图 6-5 (a)］。桩的承载力取决于桩身的材料强度。如穿越深厚淤泥质土层中的小直径端承桩或嵌岩桩、细长的木桩等多属于此种破坏。

整体剪切破坏：当具有足够强度的桩穿越抗剪强度较低的土层，支承在强度较高的土层，且桩的长度不大时，桩在轴向荷载作用下，由于桩底上部土层不能阻止滑动土楔的形成，桩底土体形成滑动面而出现整体剪切破坏。此时桩的沉降量较小，桩侧摩阻力难以充分发挥，主要荷载由桩端阻力承受，$Q—s$ 曲线也为陡降型，呈现出明确的破坏荷载［图 6-5 (b)］。一般打入式短桩、钻扩短桩等均属于此种破坏。

刺人破坏：当桩的入土深度较大或桩周土层抗剪强度较均匀时，桩在轴向荷载作用下将出现刺入破坏［图 6-5 (c)］。此时桩顶荷载主要由桩侧摩阻力承受，桩端阻力极微，桩的沉降量较大。一般当桩周土质较软弱时，$Q—s$ 曲线为“渐进破坏”的缓变型，无明显拐点，极限荷载难以判断，桩的承载力主要由上部结构所能容许的极限沉降 s_u 确定；当桩周土的抗剪强度较高时，$Q—s$ 曲线可能为陡降型，有明显拐点，桩的承载力主要取决于桩周土的强度，一般情况下的钻孔灌注桩多属于此种情况。

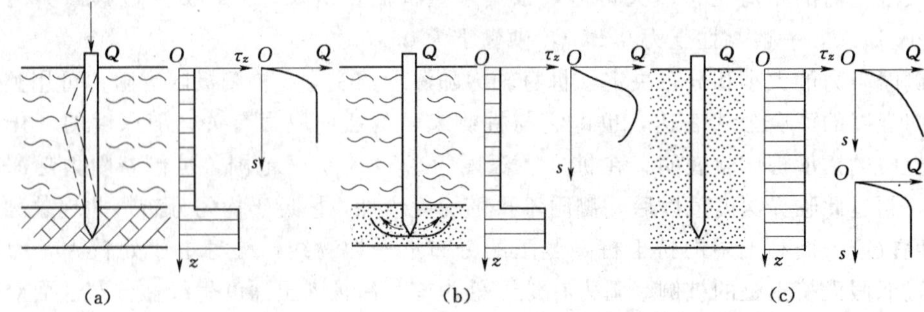

图 6-5 单桩轴向荷载传递示意图

二、单桩竖向承载力的确定

单桩的竖向承载力是指单桩在竖向荷载作用下，桩土共同工作，地基土和桩身的强度和稳定性得到保证，沉降变形在容许范围内时所承担的最大荷载值。

单桩的竖向承载力主要取决于两方面：一是地基土对桩的支承能力；二是桩身的材料强度。一般情况下，桩的承载力由地基土的支承能力所控制，材料强度往往不能充分发挥，只有对端承桩、超长桩以及桩身质量有缺陷的桩，桩身材料强度才起控制作用。此外，当桩的入土深度较大、桩周土质软弱且比较均匀、桩端沉降量较大，尤其是高层建筑或对沉降有特殊要求时，还应按上部结构对沉降的要求来确定单桩竖向承载力。

无论由桩身材料强度或地基土对桩的支承力哪方面决定单桩竖向承载力，均应满足变形的要求。

（一）按桩身材料强度确定单桩竖向承载力设计值

按桩身材料强度确定单桩竖向承载力时，是将处于土中的桩近似看成两端铰支的轴心压杆，对于钢筋混凝土桩，按《混凝土结构设计规范》规范计算，其单桩竖向承载力计

算式

$$R = \varphi(\varphi_c f_c A_P + f'_y A_s) \tag{6-4}$$

式中 R——单桩竖向承载力设计值，kN；

φ——桩的稳定系数，对于低桩承台，考虑土的侧向约束可取，对于穿过很厚的软黏土和可液化土层的端承桩或高承台桩基，其值应小于1.0；

φ_c——基桩施工的工艺系数，混凝土预制桩取 $\varphi_c=1$，干作业非挤土灌注桩 $\varphi_c=0.9$，泥浆护壁和套管护壁非挤土灌注桩、部分挤土灌注桩、挤土灌注桩 $\varphi_c=0.8$；

f_c——混凝土的轴心抗压强度设计值，kPa；

f'_y——纵向钢筋的抗压强度设计值，kPa；

A_p——桩身的横截面面积，m^2；

A_s——纵向钢筋的横截面面积，m^2。

一般情况下，按式（6-4）桩身材料强度计算单桩竖向承载力要远大于按土对桩的支承力确定的单桩竖向承载力，所以在一般情况下，桩的承载力主要受地基土的支承能力所控制，桩身材料强度往往不能充分发挥，只有特殊情况下，桩身材料强度才起到控制作用。如对于端承桩、超长桩及桩身质量有缺陷的桩，由桩身材料强度来确定单桩竖向承载力设计值。

（二）按静载荷试验确定单桩竖向承载力设计值

按土对桩的支承力方面，在评价单桩承载力的诸多方法中静载荷试验法是最为直观和可靠的方法，这种方法不仅考虑了地基土的支承能力，还考虑了桩身材料强度对单桩承载力的影响。规范规定：对于一级建筑物，必须通过静载荷试验。在同一条件下的试桩数量，不宜小于总数的1%，并不应少于3根。工程桩总数在50根以内时，不应少于2根。对于地基条件复杂，桩施工质量可靠性低等情况下的二级建筑物桩基也必须通过静载荷试验。对于预制桩，因为成桩时土中产生孔隙水压力，土体强度因扰动而降低，为使静载荷试验结果接近真实情况，宜在成桩后间隔一段时间试验。具体规定：开始试验时间，预制桩在砂土中入土7天后，如为黏性土应视土的强度恢复而定，一般不少于15天，对于饱和软黏土不得少于25天。对于灌注桩，应在桩身混凝土达到设计强度后，方可进行静载荷试验。另外，由于打桩时土中产生的孔隙水压力有待消散，因扰动而降低的土体强度需随时间逐渐恢复，因此，为了使试验能真实反映桩的承载力，要求在桩身强度满足设计要求的前提下，从成桩到开始试验的间歇时间为：砂类土不少于10天；粉土和黏性土不少于15天；饱和黏性土不少于25天。

单桩的静载荷试验类型有多种，本节介绍其中一种：单桩竖向抗压静载荷试验，该静载荷试验适用于确定单桩竖向极限承载力标准值 Q_{uk}。

1. 静载荷试验装置及方法

试验装置主要由加载系统和量测系统组成，如图6-6所示。

（1）加载装置。加载装置主要用于给试桩加竖向荷载的装置。一般是用液压千斤顶及反力系统装置组成，千斤顶施加的竖向荷载一方面传给试桩，一方面通过反力装置来平衡。一般反力装置有：

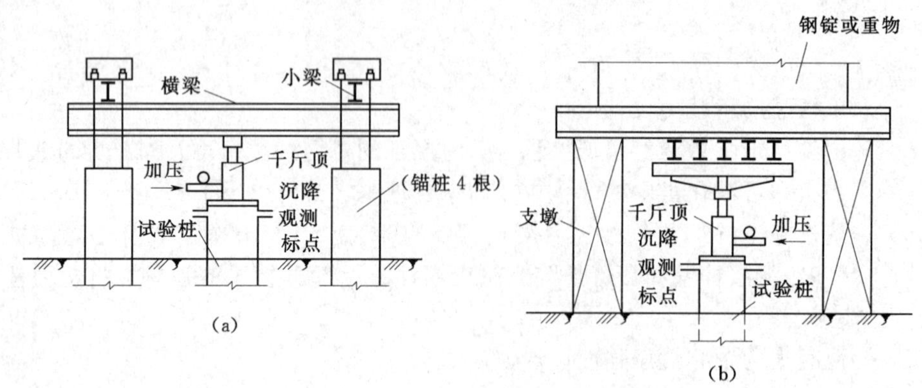

图6-6　单桩的静载荷试验装置图

(a) 锚桩横梁反力式装置；(b) 压重平台反力式装置

锚桩反力装置：由4根锚桩、主梁、液压千斤顶以及测量仪表等组成。该装置将千斤顶的荷载与锚桩抗拔力（反力）相平衡。

堆重平台反力装置：由支墩、钢横梁、堆重、液压千斤顶及测量仪表组成。堆重可用钢锭、混凝土块、袋装砂或水箱等。压重应在试验前一次加上，并均匀稳固地放置于平台上。

锚桩压重联合反力装置：上述两种反力装置的组合。当试桩最大加载量超过锚桩的抗拔能力时，可以在横梁上放置或悬挂一定重物，由锚桩和重物共同承受千斤顶加载反力。

(2) 量测系统。量测系统主要测量桩顶竖向荷载的大小及桩的沉降大小。测量荷载是由千斤顶上的应力环、应变式压力传感器等直接测定，或采用连于千斤顶的压力表测定液压，根据千斤顶的率定曲线换算出相应的荷载。测量试桩沉降是由百分表或电子位移计测定。

(3) 静载荷试验要点。试验加载方法一般采用慢速维持加载法，即逐级加载，每加一级荷载达到相对稳定后测读其沉降量，然后再加下一级荷载，直到试桩破坏。试验时加载应分级进行，每级加载为预估极限荷载的1/10～1/15，第一级可按2倍分级荷载加荷。

1) 沉降观测。每级加载后，按5min、10min、15min各测读一次，以后每隔15min读一次，累计1h后每隔30min测读一次；沉降相对稳定标志：桩的沉降在每小时内小于0.1mm，即可认为已经达到相对稳定，并可以进行下一级加载。

2) 终止加载条件。当出现下列情况之一时，即可终止加载：当某级荷载作用下，桩的沉降量为前一级荷载作用下沉降量的5倍；某级荷载作用下，桩的沉降量大于前一级荷载作用下沉降量的2倍，而且24h尚未达到相对稳定；已达到锚桩最大抗拔力或压重平台的最大重量时。

绘制曲线：需要绘制的曲线主要有：荷载—沉降（Q—S）曲线（图6-7）和各级荷载作用下沉降—时间（S—$\lg t$）曲线（图6-8）。

2. 单桩竖向极限承载力实测值的确定

由上述试验结果曲线，采用下述方法来确定单桩竖向极限承载力实测值Q_u。

(1) 根据沉降随荷载的变化特征确定。由图6-7的Q—S曲线中，在陡降型曲线上，取曲线发生明显陡降的起始点所对应的荷载为单桩竖向极限承载力实测值Q_u。

(2) 根据沉降量确定。对于缓变型 Q—S 曲线中，一般可取 $S=40\sim60$mm 所对应的荷载值；对于大直径桩可取 $S=(0.03\sim0.06)D$（D 为桩端直径，大桩径取低值，小桩径取高值）所对应的荷载值；对于细长桩（$l/D>80$）可取 $S=60\sim80$mm 对应的荷载。

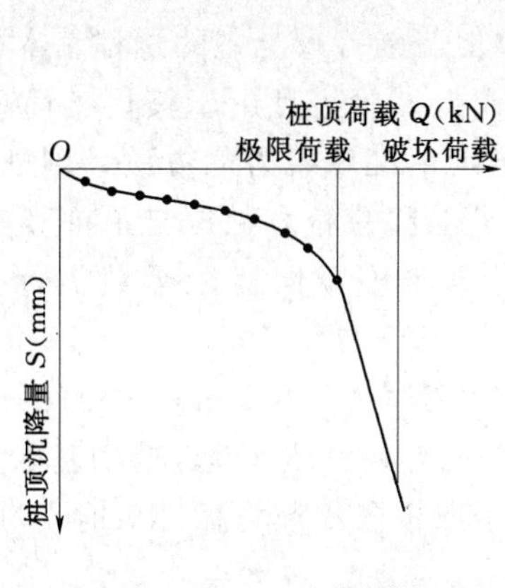

图 6-7 Q—S 曲线图

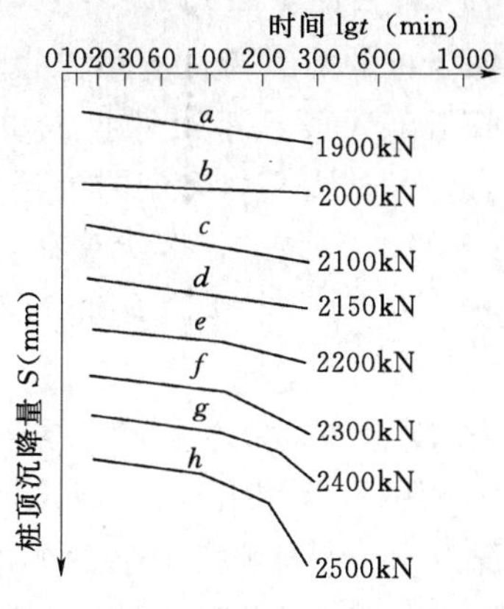

图 6-8 S—lg$t$ 曲线图

(3) 根据沉降随时间的变化特征确定。取 S—lg$t$ 曲线尾部出现明显向下弯曲的前一级荷载值为单桩竖向极限承载力实测值 Q_u，如图 6-8 所示。

3. 单桩竖向极限承载力标准值的确定

测出每根试桩的实测的单桩竖向极限承载力值 Q_u 后，可通过统计计算确定单桩竖向极限承载力的标准值 Q_{uk}。

(1) 按下式计算 n 根试桩的实测极限承载力平均值

$$Q_{um}=\frac{1}{n}\sum_{i=1}^{n}Q_{ui} \tag{6-5}$$

式中 Q_{um}——n 根试桩的实测极限承载力平均值，kN；

Q_{ui}——第 i 根试桩的实测极限承载力值，kN，下标 i 根据 Q_{ui} 值由小到大的顺序确定。

(2) 按下式计算每根试桩的极限承载力实测值与平均值之比 a_i

$$a_i=\frac{Q_{um}}{Q_{ui}} \tag{6-6}$$

(3) 按下式计算 a_i 的标准差 S_n

$$S_n=\sqrt{\frac{\sum_{i=1}^{n}(a_{i-1})^2}{n-1}} \tag{6-7}$$

式中 S_n——a_i 的标准差。

(4) 确定单桩竖向极限承载力标准值 Q_{uk}

当 $S_n\leqslant0.15$ 时　　$Q_{uk}=Q_{um}$

当 $S_n>0.15$ 时　　$Q_{uk}=\lambda Q_{um}$

式中 λ——单桩竖向极限承载力标注值折减系数，可根据变量 a_i 的分布及试桩数 n，查《建筑桩基技术规范》附录C进行确定。

（三）按静力触探法确定单桩竖向承载力设计值

静力触探是将圆锥形的金属探头，以静力方式按一定的速率均匀压人土中。借助探头的传感器，测出探头侧阻 f_s 及端阻 q_c。探头由浅入深测出各种土层的参数后，即可计算出单桩承载力。根据探头构造的不同，探头又可分为单桥探头和双桥探头两种。

静力触探与桩的静载荷试验虽有很大区别，但与桩打入土中的过程基本相似，所以可把静力触探近似看成是小尺寸打入桩的现场模拟试验，且由于其设备简单，自动化程度高等优点，被认为是一种很有发展前途的确定单桩承载力的方法，国外应用极广。我国自 1975 年以来，已进行了大量研究，积累了丰富的静力触探与单桩竖向静载荷试验的对比资料，提出了不少反映地区经验的计算单桩竖向极限承载力标准值 Q_{uk} 的公式。

双桥探头的圆锥底面积 15cm²，锥角 60°，摩擦套筒高 218.5mm，侧面积 300cm²，可同时测出探头侧阻 f_s 及端阻 q_c，《建筑桩基技术规范》在总结各地经验的基础上提出，当按双桥探头静力触探资料确定混凝土预制桩单桩竖向极限承载力标准值时，对于黏性土、粉土和砂土，如无当地经验时可按下式计算：

$$Q_{uk}=\alpha q_c A_p+u_p\sum l_i\beta_i f_{si} \tag{6-8}$$

式中　f_{si}——第 i 层土的探头平均侧阻力；

q_c——桩端平面上、下探头阻力，kPa，取桩端平面以上 $4d$（d 为桩径或边长）范围内按土层厚度的探头阻力加权平均值，然后再和桩端平面以下 d 范围内的探头阻力进行平均；

α——桩端阻力修正系数，对黏性土、粉土取 2/3，饱和砂土取 1/2；

β_i——第 i 层土桩侧阻力综合修正系数。

β_i 按下式计算

黏性土、粉土：
$$\beta_i=10.04f_{si}^{-0.55} \tag{6-9}$$

砂性土：
$$\beta_i=5.05f_{si}^{-0.45} \tag{6-10}$$

（四）按经验公式法确定单桩竖向承载力设计值

一般情况下土对桩的支承作用由两部分组成：一部分是桩尖处土的端阻力；另一部分是桩侧四周土的摩阻力。单桩的竖向荷载是通过桩端阻力及桩侧摩阻力来平衡的。经验公式确定单桩竖向极限承载力标准值 Q_{uk} 是一种沿用多年的传统方法。《建筑桩基技术规范》在《建筑地基基础工程施工质量验收规范》的基础上，积累了更为丰富的资料，使这种方法适用于各种类型的桩，一般用极限设计的形式表示。

1. 一般预制桩与灌注桩的竖向承载力标准值

当根据土的物理指标与承载力参数之间的经验关系确定单桩竖向极限承载力标准值时，宜按下式估算

$$Q_{uk}=Q_{sk}+Q_{pk}=u\sum q_{sik}l_i+q_{pk}A_p \tag{6-11}$$

式中　q_{sik}——桩侧第 i 层土的极限侧阻力标准值，如无当地经验时，可按表 6-3 取值；

q_{pk}——极限端阻力标准值，如无当地经验时，可按表 6-4 取值；

其他符号意义同前。

表 6-3、表 6-4 是《建筑桩基技术规范》给出的混凝土预制桩及几类灌注桩在常见土

层中的摩阻力及端阻力经验值，这是在全国各地收集的大量试桩资料之后，进行统计分析后得到的。这里值得注意的是：由于全国各地的地基性质差别很大，全部套用上述表格来设计桩基础，是具有一定的局限性的。最好采用各地方或各区域自己的承载力参数表更为合理。

表 6－3　桩的极限侧阻力标准值 q_{sik}（kPa）

土的名称	土的状态		混凝土预制桩	泥浆护壁钻（冲）孔桩	干作业钻孔桩
填土			22～30	20～28	20～28
淤泥			14～20	12～28	12～28
淤泥质土			22～30	20～28	20～28
黏性土	流塑	$I_L>1$	24～40	21～38	21～38
	软塑	$0.75<I_L\leqslant1$	40～55	38～53	38～53
	可塑	$0.50<I_L\leqslant0.75$	55～70	53～68	53～66
	硬可塑	$0.25<I_L\leqslant0.50$	70～86	68～84	66～82
	硬塑	$0<I_L\leqslant0.25$	86～98	84～96	82～94
	坚硬	$I_L\leqslant0$	98～105	96～102	94～104
红黏土	$0.7<a_w\leqslant1$		13～32	12～30	12～30
	$0.5<a_w\leqslant0.7$		32～74	30～70	30～70
粉土	稍密	$e>0.9$	26～46	24～42	24～42
	中密	$0.75\leqslant e\leqslant0.9$	46～66	42～62	42～62
	密实	$e<0.75$	66～88	62～82	62～82
粉细砂	稍密	$10<N\leqslant15$	24～48	22～46	22～46
	中密	$15<N\leqslant30$	48～66	46～64	46～64
	密实	$N>30$	66～88	64～86	64～86
中砂	中密	$15<N\leqslant30$	54～74	53～72	53～72
	密实	$N>30$	74～95	72～94	72～94
粗砂	中密	$15<N\leqslant30$	74～95	74～95	76～98
	密实	$N>30$	95～116	95～116	98～120
砾砂	稍密	$5<N_{63.5}\leqslant15$	70～110	50～90	60～100
	中密（密实）	$N_{63.5}>15$	116～138	116～130	112～130
圆砾、角砾	中密、密实	$N_{63.5}>10$	160～200	135～150	135～150
碎石、卵石	中密、密实	$N_{635}>10$	200～300	140～170	150～170
全风化软质岩		$30<N\leqslant50$	100～120	80～100	80～100
全风化硬质岩		$30<N\leqslant50$	140～160	120～140	120～150
强风化软质岩		$N_{63.5}>10$	160～240	140～200	140～220
强风化硬质岩		$N_{63.5}>10$	220～300	160～240	160～260

注　1. 对于尚未完成自重固结的填土和以生活垃圾为主的杂填土，不计算其侧阻力。

2. a_w 为含水比，$a_w=w/w_l$，w 为土的天然含水量，w_l 为土的液限。

3. N 为标准贯入击数，$N_{63.5}$为重型圆锥动力触探击数。

4. 全风化、强风化软质岩和全风化、强风化硬质岩系指其母岩分别为 $f_{rk}\leqslant15$MPa、$f_{rk}>30$MPa 的岩石。

表 6-4　　桩的极限端阻力标准值 q_{pk} (kPa)

土名称	桩型土的状态		混凝土预制桩桩长 l (m)				泥浆护壁钻孔桩桩长 l (m)				干作业钻孔桩桩长 l (m)		
			$l\leqslant 9$	$9<l\leqslant 16$	$16<l\leqslant 30$	$l>30$	$5\leqslant l<10$	$10\leqslant l<15$	$15\leqslant l<30$	$l\geqslant 30$	$5\leqslant l<10$	$10\leqslant l<15$	$l\geqslant 15$
黏性土	软塑	$0.75<I_L\leqslant 1$	210~850	650~1400	1200~1800	1300~1900	150~250	250~300	300~450	300~450	200~400	400~700	700~950
	可塑	$0.50<I_L\leqslant 0.75$	850~1700	1400~2200	1900~2800	2300~3600	350~450	450~600	600~750	750~800	500~700	800~1100	1000~1600
	硬可塑	$0.25<I_L\leqslant 0.50$	1500~2300	2300~3300	2700~3600	3600~4400	800~900	900~1000	1000~1200	1200~1400	850~1100	1500~1700	1700~1900
	硬塑	$0<I_L\leqslant 0.25$	2500~3800	3800~5500	5500~6000	6000~6800	1100~1200	1200~1400	1400~1600	1600~1800	1600~1800	2200~2400	2600~2800
粉土	中密	$0.75\leqslant e\leqslant 0.9$	950~1700	1400~2100	1900~2700	2500~3400	300~500	500~650	650~750	750~850	800~1200	1200~1400	1400~1600
	密实	$e<0.75$	1500~2600	2100~3000	2700~3600	3600~4400	650~900	750~950	900~1100	1100~1200	1200~1700	1400~1900	1600~2100
粉砂	稍密	$10<N\leqslant 15$	1000~1600	1500~2300	1900~2700	2100~3000	350~500	450~600	600~700	650~750	500~950	1300~1600	1500~1700
	中密密实	$N>15$	1400~2200	2100~3000	3000~4500	3800~5500	600~750	750~900	900~1100	1100~1200	900~1000	1700~1900	1700~1900
细砂	中密密实	$N>15$	2500~4000	3600~5000	4400~6000	5300~7000	650~850	900~1200	1200~1500	1500~1800	1200~1600	2000~2400	2400~2700
中砂			4000~6000	5500~7000	6500~8000	7500~9000	850~1050	1100~1500	1500~1900	1900~2100	1800~2400	2800~3800	3600~4400
粗砂			5700~7500	7500~8500	8500~10000	9500~11000	1500~1800	2100~2400	2400~2600	2600~2800	2900~3600	4000~4600	4600~5200
砾砂	中密密实	$N>15$	6000~9500		9000~10500		1400~2000		2000~3200		3500~5000		
角砾、圆砾		$N_{63.5}>10$	7000~10000		9500~11500		1800~2200		2200~3600		4000~5500		
碎石、卵石		$N_{63.5}>10$	8000~11000		10500~13000		2000~3000		3000~4000		4500~6500		
全风化软质岩		$30<N\leqslant 50$	4000~6000				1000~1600				1200~2000		
全风化硬质岩		$30<N\leqslant 50$	5000~8000				1200~2000				1400~2400		
强风化软质岩		$N_{63.5}>10$	6000~9000				1400~2200				1600~2600		
强风化硬质岩		$N_{63.5}>10$	7000~11000				1800~2800				2000~3000		

注　1. 砂土和碎石类土中桩的极限端阻力取值，宜综合考虑土的密实度，桩端进入持力层的深径比 h_b/d，土愈密实，h_b/d 愈大，取值愈高。

2. 预制桩的岩石极限端阻力指桩端支承于中、微风化基岩表面或进入强风化岩、软质岩一定深度条件下极限端阻力。

3. 全风化、强风化软质岩和全风化、强风化硬质岩指其母岩分别为 $f_{rk}\leqslant 15$MPa、$f_{rk}>30$MPa 的岩石。

2. 大直径桩的竖向承载力标准值

根据土的物理指标与承载力参数之间的经验关系，确定大直径桩（$d \geqslant 800mm$）单桩极限承载力标准值时，可按下式计算：

$$Q_{uk}=Q_{sk}+Q_{pk}=u\sum\Psi_{si}l_iq_{sik}+\Psi_pA_pq_{pk} \tag{6-12}$$

式中 q_{sik}——桩侧第 i 层土极限侧阻力标准值，如无当地经验值时，可按表 6-3 取值，对于扩底桩变截面以上 $2d$ 长度范围不计侧阻力；

q_{pk}——桩径为 800mm 的极限端阻力标准值，对于干作业挖孔（清底干净）可采用深层载荷板试验确定；当不能进行深层载荷板试验时，可按表 6-5 取值；

ψ_{si}、ψ_p——大直径桩侧阻、端阻尺寸效应系数，按表 6-6 取值；

u——桩身周长，当人工挖孔桩桩周护壁为振捣密实的混凝土时，桩身周长可按护壁外直径计算。

表 6-5　干作业挖孔桩（清底干净，D=800mm）极限端阻力标准值 q_{pk}（kPa）

土名称		状态		
黏性土		$0.25<I_L\leqslant0.75$	$0<I_L\leqslant0.25$	$I_L\leqslant0$
		800～1800	1800～2400	2400～3000
粉土			$0.75\leqslant e\leqslant0.9$	$e<0.75$
			1000～1500	1500～2000
砂土碎石类土		稍密	中密	密实
	粉砂	500～700	800～1100	1200～2000
	细砂	700～1100	1200～1800	2000～2500
	中砂	1000～2000	2200～3200	3500～5000
	粗砂	1200～2200	2500～3500	4000～5500
	砾砂	1400～2400	2600～4000	5000～7000
	圆砾、角砾	1600～3000	3200～5000	6000～9000
	卵石、碎石	2000～3000	3300～5000	7000～11000

注　1. 当桩进入持力层的深度 h_b 分别为：$h_b\leqslant D$，$D<h_b\leqslant4D$，$h_b>4D$ 时，q_{pk} 可相应取低、中、高值。

2. 砂土密实度可根据标贯击数判定，$N\leqslant10$ 为松散，$10<N\leqslant15$ 为稍密，$15<N\leqslant30$ 为中密，$N>30$ 为密实。

3. 当桩的长径比 $l/d\leqslant8$ 时，q_{pk} 宜取较低值。

4. 当对沉降要求不严时，q_{pk} 可取高值。

表 6-6　大直径灌注桩侧阻尺寸效应系数 ψ_{si}、端阻尺寸效应系数 ψ_p

土类型	黏性土、粉土	砂土、碎石类土
ψ_{si}	$(0.8/d)^{1/5}$	$(0.8/d)^{1/3}$
ψ_p	$(0.8/D)^{1/4}$	$(0.8/D)^{1/3}$

3. 钢管桩的竖向承载力标准值

当根据土的物理指标与承载力参数之间的经验关系确定钢管桩单桩竖向极限承载力标准值时，可按下列公式计算：

$$Q_{uk}=Q_{sk}+Q_{pk}=u\sum q_{sik}l_i+\lambda_pq_{pk}A_p \tag{6-13}$$

式中 q_{sik}、q_{pk}——分别按表 6-3、表 6-4 取与混凝土预制桩相同的值；

λ_p——桩端土塞效应系数，对于闭口钢管桩 $\lambda_p=1$，对于敞口钢管桩，当 $h_b/d<5$ 时，$\lambda_p=0.16h_b/d$；当 $h_b/d\geqslant5$ 时，$\lambda_p=0.8$；

h_b——桩端进入持力层深度；

d——钢管桩外径。

对于带隔板的半敞口钢管桩，应以等效直径 d_e 代替 d 确定 λ_p：$d_e=d/n^{0.5}$；其中 n 为桩端隔板分割数（图 6-9）。

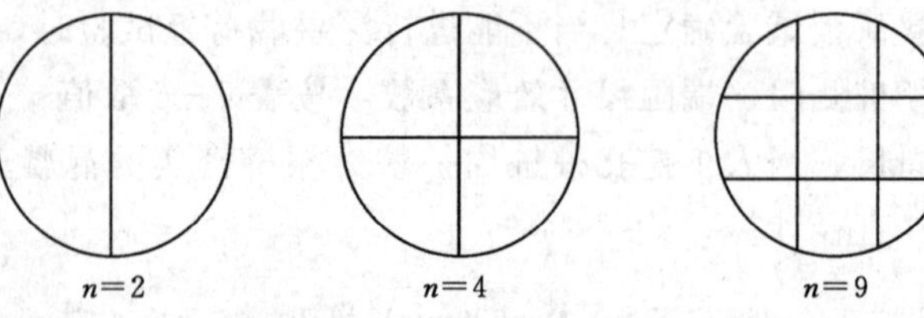

图 6-9 隔板分割

4. 混凝土空心桩的竖向承载力标准值

当根据土的物理指标与承载力参数之间的经验关系确定敞口预应力混凝土空心桩单桩竖向极限承载力标准值时，可按下列公式计算：

$$Q_{uk}=Q_{sk}+Q_{pk}=u\sum q_{sik}l_i+q_{pk}(A_j+\lambda_pA_{p1}) \tag{6-14}$$

其中

$$A_{p1}=\frac{\pi}{4}d_1^2$$

式中 q_{sik}、q_{pk}——分别按表 6-3、表 6-4 取与混凝土预制桩相同的值；

λ_p——桩端土塞效应系数，取值同上；

A_j——空心桩桩端净面积，对于管桩，$A_j=\frac{\pi}{4}(d^2-d_1^2)$，对于空心方桩，$A_j=b^2-\frac{\pi}{4}d_1^2$；

A_{p1}——空心桩敞口面积；

d、b——空心桩外径、边长；

d_1——空心桩内径。

5. 嵌岩桩的竖向承载力标准值

嵌岩桩单桩竖向极限承载力标准值，由桩周土总侧阻、嵌岩段总侧阻和总端阻三部分组成。当根据室内试验结果确定单桩竖向极限承载力标准值时，可按下式计算

$$Q_{uk}=Q_{sk}+Q_{rk}+Q_{pk} \tag{6-15}$$

$$Q_{sk}=u\sum\xi_{si}q_{sik}l_i \tag{6-16}$$

$$Q_{rk}=u\sum_{1}^{n}\xi f_{rc}h_c \tag{6-17}$$

$$Q_{pk}=\xi_pf_{rc}h_c \tag{6-18}$$

式中 Q_{sk}、Q_{rk}、Q_{pk}——土的总极限侧阻力、嵌岩段总极限侧阻力、总极限端阻力标准值；

ξ_{si}——覆盖层第 i 层土的侧阻力发挥系数，当桩的长径比不大（$l/d<30$），桩端置于新鲜或微风化硬质岩中且桩底无沉渣时，对于黏性土、粉土，取 $\xi_{si}=0.8$，对于砂类土及碎石类土，取 $\xi_{si}=0.7$，对于其他情况，取 $\xi_{si}=1$；

q_{sik}——按表 6-3 取与混凝土预制桩相同值；

f_{rc}——岩石饱和单轴抗压强度标准值，对于黏土质岩取天然湿度单轴抗压强度标准值；

h_r——桩身嵌岩（中等风化、微风化、新鲜基岩）深度，超过 $5d$ 时，取 $h_r=5d$；当基岩表面倾斜时，以坡下方的嵌岩深度为准；

ξ_s、ξ_p——嵌岩段侧阻力和端阻力修正系数，与嵌岩深径比 h_r/d 有关，按表 6-7 采用。

表 6-7　嵌岩段侧阻力和端阻力修正系数

嵌岩深径比 h_r/d	0	0.5	1	2	3	4	≥5
侧阻力修正系数 ξ_s	0	0.025	0.055	0.070	0.065	0.062	0.050
端阻力修正系数 ξ_p	0.500	0.500	0.400	0.300	0.200	0.100	0.000

注　当嵌岩段为中等风化岩时，表中数值乘以 0.9 折减。

6. 后注浆灌注桩的竖向承载力标准值

后注浆灌注桩的单桩极限承载力，应通过静载试验确定。后注浆单桩极限承载力标准值可按下式估算：

$$Q_{uk}=Q_{sk}+Q_{gsk}+Q_{gpk}=u\sum q_{sjk}l_j+u\sum\beta_{si}q_{sik}l_{gi}+\beta_p q_{pk}A_p \tag{6-19}$$

式中　Q_{sk}——后注浆非竖向增强段的总极限侧阻力标准值；

Q_{gsk}——后注浆竖向增强段的总极限侧阻力标准值；

Q_{gpk}——后注浆总极限端阻力标准值；

u——桩身周长；

l_j——后注浆非竖向增强段第 j 层土厚度；

l_{gi}——后注浆竖向增强段内第 i 层土厚度，对于泥浆护壁成孔灌注桩，当为单一桩端后注浆时，竖向增强段为桩端以上 12m，当为桩端、桩侧复式注浆时，竖向增强段为桩端以上 12m 及各桩侧注浆断面以上 12m，重叠部分应扣除，对于干作业灌注桩，竖向增强段为桩端以上、桩侧注浆断面上下各 6m；

q_{sik}、q_{sjk}、q_{pk}——后注浆竖向增强段第 i 土层初始极限侧阻力标准值、非竖向增强段第 j 土层初始极限侧阻力标准值、初始极限端阻力标准值；根据表 6-3、表 6-4 确定；

β_{si}、β_p——后注浆侧阻力、端阻力增强系数，无当地经验时，可按表 6-8 取值。

7. 液化效应

对于桩身周围有液化土层的低承台桩基，当承台底面上下分别有厚度不小于 1.5m、1.0m 的非液化土或非软弱土层时，可将液化土层极限侧阻力乘以土层液化折减系数计算单桩极限承载力标准值。土层液化折减系数 ψ_l 可按表 6-9 确定。

表 6-8　　后注浆侧阻力增强系数 β_{si}、端阻力增强系数 β_p

土层名称	淤泥质土	黏性土粉土	粉砂细砂	中砂	粗砂砾砂	砾石卵石	全风化岩强风化岩
β_{si}	1.2～1.3	1.4～1.8	1.6～2.0	1.7～2.1	2.0～2.5	2.4～3.0	1.4～1.8
β_p		2.2～2.5	2.4～2.8	2.6～3.0	3.0～3.5	3.2～4.0	2.0～2.4

注　干作业钻、挖孔桩，β_p 按表列值乘以小于 1.0 的折减系数。当桩端持力层为黏性土或粉土时，折减系数取 0.6；为砂土或碎石土时，取 0.8。

表 6-9　　土层液化折减系数 ψ_l

$\lambda_N = N/N_{cr}$	自地面算起的液化土层深度 d_L（m）	ψ_l
$\lambda_N \leqslant 0.6$	$d_L \leqslant 10$ $10 < d_L \leqslant 20$	0 1/3
$0.6 < \lambda_N \leqslant 0.8$	$d_L \leqslant 10$ $10 < d_L \leqslant 20$	1/3 2/3
$0.8 < \lambda_N \leqslant 1.0$	$d_L \leqslant 10$ $10 < d_L \leqslant 20$	2/3 1.0

注　1. N 为饱和土标贯击数实测值；N_{cr} 为液化判别标贯击数临界值；λ_N 为土层液化指数；

2. 对于挤土桩当桩距小于 $4d$，且桩的排数不少于 5 排、总桩数不少于 25 根时，土层液化系数可取 2/3～1；桩间土标贯击数达到 N_{cr} 时，取 $\psi_l = 1$。

当承台底非液化土层厚度小于 1m 时，土层液化折减系数按表 6-9 中 λ_N 降低一档取值。

三、桩的抗拔承载力

对于高耸结构物桩基础（如高压输电塔、电视塔、微波通信塔等）、承受巨大浮托力作用的基础（如地下室、地下油罐、取水泵房等）以及承受巨大水平荷载的桩结构（如码头、桥台、挡土墙等），桩侧部分或全部承受上拔力，此时尚需验算桩的抗拔承载力。

桩的抗拔承载力主要取决于桩身材料强度及桩与土之间的抗拔侧阻力和桩身自重。上拔时形成的桩端真空吸引力所占比例不大，且可靠性不高，可不予考虑。目前，有关抗拔承载力的机理研究尚不充分。《建筑桩基技术规范》规定，对于一级建筑桩基础，桩基础的抗拔极限承载力标准值应通过现场单桩上拔静载荷试验确定；对于二、三级建筑物，可按下式计算单桩抗拔极限承载力标准值

$$U_k = \sum \lambda q_{sik} u_i l_i \tag{6-20}$$

式中　U_k——基桩抗拔极限承载力标准值；

λ——抗拔系数：砂土 $\lambda = 0.50 \sim 0.70$，黏性土、粉土 $\lambda = 0.70 \sim 0.80$，桩的长径比 $l/d < 20$ 时，λ 取小值；

q_{sik}——按表 6.3 取与混凝土预制桩相同的值；

u_i——破坏表面周长，对于等直径桩取 $u_i = \pi d$，对于扩底桩，自桩底起算的长度 $l \leqslant 5d$ 时，$u_i = \pi D$，其余 $u_i = \pi d$。

四、桩侧负摩阻力

1. 负摩阻力及其产生的条件

桩土之间相对位移的方向决定了桩侧摩阻力的方向，通常情况下，桩受轴向荷载后，相对于桩周土做向下位移，土对桩产生向上作用的摩阻力，称为正摩阻力。但当桩周土层相对于桩侧向下位移时，桩侧摩阻力方向向下，称为负摩阻力，如图 6-8（a）所示。通常，在下列情况下应考虑桩侧负摩阻力作用：

（1）桩穿越较厚松散填土、自重湿陷性黄土、欠固结土层进人相对较硬土层时。

（2）桩周存在软弱土层，邻近地面承受局部较大的长期荷载，或地面大面积堆载（包括填土）时。

（3）由于降低地下水位，使桩周土中有效应力增大，并产生显著压缩沉降时。

2. 负摩阻力的计算

要确定桩侧负摩阻力的大小，首先就得确定产生负摩阻力的深度及其强度大小。桩身负摩阻力并不一定发生于整个软弱压缩土层中，而是在桩周土相对于桩产生下沉的范围内，它与桩周土的压缩、固结、桩身压缩及桩底沉降等直接有关。图 6-10 给出了穿过软弱压缩土层而达到坚硬土层的竖向荷载桩的荷载传递情况。

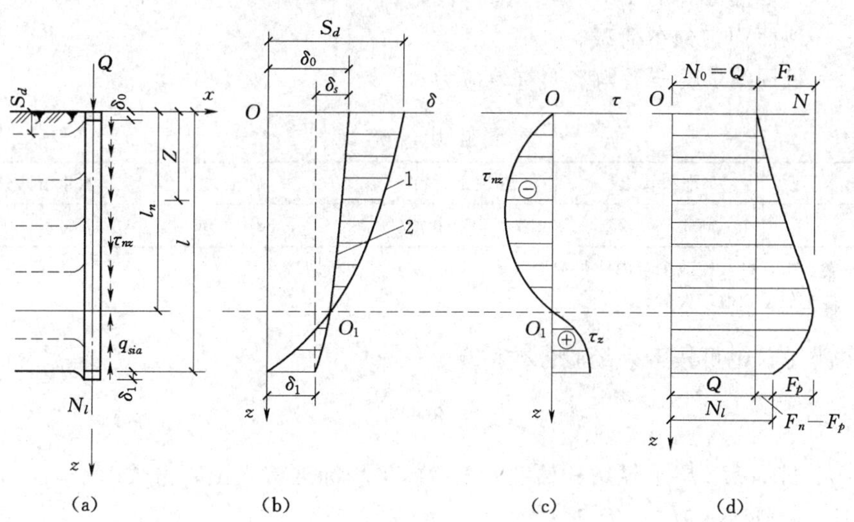

图 6-10 单桩在产生负摩阻力时的荷载传递

（a）单桩；（b）位移曲线；（c）桩侧摩阻力分布曲线；（d）桩身轴力分布曲线

1—土层竖向位移曲线；2—桩的截面位移曲线

由图 6-10 可见，在深度 l_n 内桩周土相对于桩侧向下位移，桩侧摩阻力朝下，为负摩阻力；在 l_n 深度以下，桩截面相对于桩周土向下位移，桩侧摩阻力朝上，为正摩阻力；而在 l_n 深度处桩周土与桩截面沉降相等，两者无相对位移发生，其摩阻力为零，正、负摩阻力变换处为零的点称为中性点。图 6-10（b）、（c）分别为桩侧摩阻力和桩身轴力的分布曲线，其中 Q_n 为负摩阻力引起的桩身最大轴力，或称下拉荷载；Q_s 为总的正摩阻力。因此，在桩顶荷载 Q 的作用下，中性点处桩身轴力达到最大值 $Q+Q_n$，而桩端总阻

力则等于 $Q+(Q_n-Q_s)$。

桩周土层的固结随时间而变化，故土层的竖向位移和桩身截面位移都是时间的函数。因此，在桩顶荷载作用下，中性点位置、摩阻力以及轴力等也都相应发生变化。当桩截面位移在桩顶荷载作用下稳定后，则土层固结的程度和速率是影响 Q_n 大小和分布的主要因素。固结程度高、地面沉降大，则中性点往下移；固结速率大，则 Q_n 增长快，但 Q_n 的增长需经过一定的时间才能达到极限值。在该过程中，桩身在 Q_n 作用下产生压缩，随 Q_n 的产生和增大，桩端处轴力增加，沉降也相应增大，导致桩土相对位移减少，Q_n 降低，而逐渐达到稳定状态。

桩侧负摩阻力及其引起的下拉荷载，无实测资料时，单桩负摩阻力标准值可按下式计算

$$q_{si}^n=\zeta_n\sigma_i^l \tag{6-21}$$

当降低地下水位时

$$\sigma_i^l=\gamma_i^l z_i \tag{6-22}$$

当地面有满布荷载时

$$\sigma_i^l=p+\gamma_i^l z_i \tag{6-23}$$

式中　q_{si}^n——第 i 层桩侧负摩阻力标准值；

ξ_n——桩周土负摩阻力系数，可按表 6-10 取用；

γ_i^l——第 i 层土层底以上桩周土按厚度计算的加权平均有效重度；

z_i——自地面起算的第 i 层土中点深度；

p——地面均匀分布荷载；

σ_i^l——桩周第 i 层土平均竖向有效应力。

表 6-10　　负摩阻力系数 ξ_n

桩周土类	饱和软土	黏性土、粉土	砂土	自重湿陷性黄土
ξ_n	0.15～0.25	0.25～0.40	0.35～0.50	0.20～0.35

注　1. 同一类土中，打入桩或沉管灌注桩取较大值；钻、挖孔灌注桩取较小值。
2. 填土按土的类别取较大值。

对于砂类土，也可按下列经验公式估算

$$q_{si}^n=3+\frac{N_i}{5} \tag{6-24}$$

式中　N_i——桩周第 i 层土经钻杆长度修正后的平均标准贯入试验击数。

单桩下拉荷载标准值 Q_g^n 为

$$Q_g^n=u\sum q_{si}^n l_i \tag{6-25}$$

式中　l_i——中性点以上各土层的厚度，m。

中性点深度 l_n 应按桩周土层沉降与桩的沉降相等的条件确定，也可按表 6-11 的经验值估计。

表 6-11　　中性点深度比 l_n/l_0

持力层土类	黏性土、粉土	中密以上砂	砾石、卵石	基岩
l_n/l_0	0.5～0.6	0.7～0.8	0.9	1.0

注　1. l_0 为桩周沉降变形上层下限深度。
2. 桩穿越自重湿陷性黄土时 l_n 按表中列值增大 10%（持力层为基岩者除外）。

国外有的学者认为，当桩穿过15m以上可压缩土层且地面每年下沉超过20mm，或者为端承桩时，应计算下拉荷载，一般其安全系数可取1.0。

负摩阻力不但不能提供桩的承载力，反而变成施加在桩上的荷载，成为不利的因素，其后果主要反映在桩基础下沉量增加或发生基础不均匀沉降而影响结构物的使用。因此，在桩基设计中，应尽量采取某些措施减小负摩阻力。例如，在预制桩表面涂薄层沥青，或者对钢桩再加一层厚度为3mm的塑料薄膜（兼做防锈蚀用），对现场灌注桩也可在桩与土之间灌注斑脱土浆等方法，来消除或降低负摩阻力的影响。

第四节 群桩竖向承载力

一、群桩的概念

当建筑上部荷载远远大于单桩竖向承载力时，通常由多根桩组成群桩，共同承受上部荷载。由多根单桩组成的群桩，其承载力与桩数、桩距、桩长、桩径、承台、土以及成桩方法等很多因素有关，而实际工程中，大多为群桩基础，因此有必要了解群桩的承载力的确定过程。

二、群桩效应

群桩基础受竖向荷载后，由于承台、桩、土的相互作用，使基桩侧阻力、桩端阻力、沉降等性状发生变化，而与单桩明显不同。例如，对于黏性土地基，群桩承载力小于各单桩承载力之和，但在砂土地基中，打桩时桩周围的土对振密，群桩承载力将大于各单柱承载力之和。这种群桩承载力往往不等于各单桩承载力之和，称其为群桩效应。

群桩理论主要针对摩擦桩而言。图6-11（a）为单桩受力情况，桩顶轴向荷载N，有桩周阻力与桩周摩擦力共同承受。图6-11（b）为群桩受力情况，同样每根桩的桩顶轴向荷载N，由桩端阻力与桩周摩擦力共同承受。但因桩的间距小，桩间摩擦力无法充分发挥作用；同时，在桩端产生应力叠加。因此，群桩的承载力小于单桩承载力与桩数的乘积，即

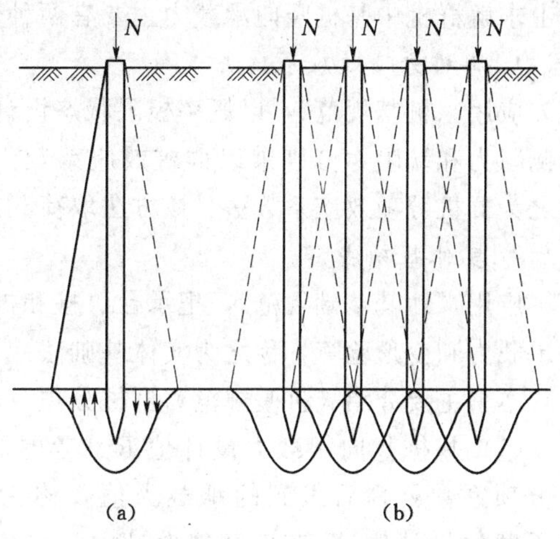

图6-11 单桩在产生负摩阻力时的荷载传递

$$R_n < nR \tag{6-26}$$

式中 R_n——群桩竖向力承载力，kN；

n——群桩中的桩数；

R——单桩竖向力承载力，kN。

R_n与nR之比值称为群桩效应系数，以η表示

$$\eta = \frac{R_n}{nR} \tag{6-27}$$

国内外已进行了大量群桩模型试验和现场载荷试验，试验表明：群桩效应受土性、桩距、桩数、桩的长径比、桩长与承台宽度比、成桩方法等多因素的影响而变化，其中桩距是最为重要的影响因素。

三、桩承台效应

传统的桩基设计中，考虑承台与地基土脱开，承台只起分配上部荷载桩至各桩并将桩联合成整体共同承担上部荷载的联系作用，即承台本身并无承载力。大量工程实践表明，这种考虑是不合理的。承台与地基土脱空的情况是极少数特殊情况。例如，承台底面以下存在可液化土、湿陷性黄土、高灵敏软土、欠固结土、新填土，或可能出现震陷、降水、沉桩过程产生高空隙水压和土体隆起时，绝大数情况为承台为现浇筑钢筋混凝土结构，与地基土直接接触，而且在上部荷载作用下，承台与地基土压得更紧。因此，实际上承台具有一定的承载力，最新建筑地基基础设计规范考虑桩、承台、土的共同作用。

四、群桩的承载力设计值

在桩基础设计中，需要求解群桩中基桩的竖向承载力设计值 R。由于群桩在竖向荷载作用下存在着群桩效应问题，所以基桩竖向承载力一般不等于各单桩承载力之和。目前工程上求解群桩中基桩竖向承载力主要有两种方法：

1. *群桩分项效应系数法*

应用《桩基规范》，以概率极限状态设计为指导，通过实测资料的统计分析，将单桩的侧阻力和端阻力分别乘以群桩效应系数，从而得到基桩竖向承载力设计值 R 的方法，称之为群桩分项效应系数法。该方法取荷载效应的基本组合。

2. *实体基础法*

应用《地基基础规范》，把承台、桩和桩间土视为一假想的实体基础，进行基础下地基承载力和变形验算，称之为实体基础法。该方法取荷载效应的标准组合。

本书主要介绍《桩基规范》群桩分项效应系数法。

(1) 基桩竖向承载力设计值 R。考虑群桩效应后，对单桩竖向极限承载力标准值经分项系数处理后得到的承载力值，称为基桩竖向承载力设计值（笼统称为单桩竖向承载力设计值）。在桩基础设计中，采用基桩竖向承载力设计值来进行群桩基础的设计计算。

桩基础的群桩效应很难通过纯理论方法来求解。《桩基规范》根据大量基桩侧阻、端阻、承台土阻力测试结果，经统计分析，给出了各项群桩效应系数值，这些系数值随桩基础的地基土层类别、桩距、桩径、承台宽、桩长等因素而发生变化。

(2) 各项群桩效应系数值分别定义为

侧阻群桩效应系数
$$\eta_s = \frac{\text{群桩中基桩平均极限侧阻力}}{\text{单桩平均极限侧阻力}} \tag{6-28}$$

端阻群桩效应系数 $$\eta_p = \frac{\text{群桩中基桩平均极限端阻力}}{\text{单桩平均极限端阻力}} \tag{6-29}$$

侧阻端阻综合群桩效应系数 $$\eta_{sp} = \frac{\text{群桩中各基桩平均极限侧阻力}}{\text{单桩极限侧阻力}} \tag{6-30}$$

承台土阻力群桩效应系数 $$\eta_e = \frac{\text{群桩承台底平均极限土阻力}}{\text{承台底地基土极限承载力标准值}} \tag{6-31}$$

从而可求得复合基桩或基桩的竖向承载力设计值 R。

(3) 基桩的竖向承载力设计值 R。当确定了单桩竖向极限承载力的标准值 Q_{uk} 后，即可进行群桩中的基桩竖向承载力的设计值 R 的计算。

对于桩数超过 3 根的非端承型群桩复合桩基，宜考虑群桩、土、承台的相互作用效应。确定群桩中的基桩竖向承载力的设计值 R 的方法一般有经验参数法和静载荷试验法。

1) 经验参数法：由经验参数法确定单桩竖向极限承载力标准值 Q_{uk} 时，复合基桩的竖向承载力设计值 R 为

$$R = \frac{\eta_s Q_{sk}}{\gamma_s} + \frac{\eta_p Q_{pk}}{\gamma_p} + \frac{\eta_c Q_{ck}}{\gamma_c} \tag{6-32}$$

2) 静载荷试验法：静载荷试验法确定复合基桩竖向承载力设计值 R 确定。由于静载荷试验时，确定单桩竖向极限承载力标准值 Q_{uk} 时，桩侧摩阻力和桩端阻力已同时综合考虑，故基桩的竖向承载力设计值 R 为

$$R = \eta_{sp} \frac{Q_{uk}}{\gamma_{sp}} + \eta_c \frac{Q_{ck}}{\gamma_c} \tag{6-33}$$

其中

$$Q_{ck} = q_{ck} \frac{A_c}{n} \tag{6-34}$$

$$\eta_c = \eta_c^i \frac{A_c^i}{A_c} + \eta_c^e \frac{A_c^e}{A_c} \tag{6-35}$$

$$A_c = A_c^i + A_c^e \tag{6-36}$$

式中 γ_s、γ_p、γ_{sp}、γ_c——桩侧阻、桩端阻、桩侧阻端阻综合抗力及承台底土阻力分项系数，可按表 6-12 采用；

η_s、η_p、η_{sp}——桩侧阻、桩端阻、桩侧阻端阻综合群桩效应系数，可按表 6-13 取值；

Q_{ck}——相应于任一复合基桩的承台底地基土的总极限阻力标准值，kN；

q_{ck}——承台底 1/2 承台宽度深度范围（≤5m）内地基土极限阻力标准值，kPa；

A_c——承台底地基土净面积，m^2，见图 6-12；

η_c——承台底土的阻力群桩效应系数；

A_c^i、A_c^e——承台内区（外围桩边包络区）和外区的净面积，m^2；

η_c^i、η_c^e——承台内、外区土阻力群桩效应系数，可按表 6-14 取值，若承台下有高压缩软弱土层时，η_c^i 按 $B_c/l \leqslant 0.2$ 取值，B_c 为承台宽度，m，l 为桩的长度，m。

表 6-12　　桩基竖向承载力抗力分项系数表

桩型与工艺	$\gamma_s=\gamma_p=\gamma_{sp}$		γ_c
	静载荷试验法	经验参数法	
预制桩、钢管桩	1.60	1.65	1.70
大直径灌注桩（清底干净）	1.60	1.65	1.65
泥浆护壁钻（冲）孔灌注桩	1.62	1.67	1.65
干作业钻孔灌注桩（$d<0.8$m）	1.65	1.70	1.65
沉管灌注桩	1.70	1.75	1.70

注　根据静力触探方法确定预制桩、钢管桩承载力时，取 $\gamma_s=\gamma_p=\gamma_{sp}=1.60$。

表 6-13　　桩侧阻、桩端阻、桩侧阻端阻综合群桩效应系数

效应系数	土名称 / s_a/d / B_c/l	黏性土				粉土、砂土			
		3	4	5	6	3	4	5	6
η_s	≤0.20	0.80	0.90	0.96	1.00	1.20	1.10	1.05	1.00
	0.40	0.80	0.90	0.96	1.00	1.20	1.10	1.05	1.00
	0.60	0.79	0.90	0.96	1.00	1.09	1.10	1.05	1.00
	0.80	0.73	0.85	0.94	1.00	0.93	0.97	1.03	1.00
	≥1.00	0.67	0.78	0.86	0.93	0.78	0.82	0.89	0.95
η_p	≤0.20	1.64	1.35	1.18	1.06	1.26	1.18	1.11	1.06
	0.40	1.68	1.40	1.23	1.11	1.32	1.25	1.20	1.15
	0.60	1.72	1.44	1.27	1.16	1.37	1.31	1.26	1.22
	0.80	1.75	1.48	1.31	1.20	1.41	1.36	1.32	1.28
	≥1.00	1.79	1.52	1.35	1.24	1.44	1.40	1.36	1.33
η_{sp}	≤0.20	0.93	0.97	0.99	1.01	1.21	1.11	1.06	1.01
	0.40	0.93	0.97	1.00	1.02	1.22	1.12	1.07	1.02
	0.60	0.93	0.98	1.01	1.02	1.13	1.13	1.08	1.03
	0.80	0.89	0.95	0.99	1.03	1.01	1.03	1.07	1.04
	≥1.00	0.84	0.89	0.94	0.97	0.88	0.91	0.96	1.00

注　1. B_c、l 分别为承台的宽度和桩的入土长度；s_a 桩中心距。

2. 当 $s_a/d>6$ 时，取 $\eta_s=\eta_p=\eta_{sp}=1$；两向桩距不等时，$s_a/d$ 取均值。

3. 当桩侧为成层土时，η_s 可按主要土层或分别按各土层类别取值。

4. 对于孔隙比 $e>0.8$ 的非饱和黏性土和松散粉土、砂类土中的挤土群桩，表列系数可提高 5%，对于密实粉土、砂类土中的群桩，表列系数宜降低 5%。

表 6-14　　承台内、外区土阻力群桩效应系数表

S_a/d / B_c/l	η_c^i				η_c^e			
	3	4	5	6	3	4	5	6
≤0.20	0.11	0.14	0.18	0.21	0.63	0.75	0.88	1.00
0.40	0.15	0.20	0.25	0.30				
0.60	0.19	0.25	0.31	0.37				
0.80	0.21	0.29	0.36	0.43				
≥1.00	0.24	0.32	0.40	0.48				

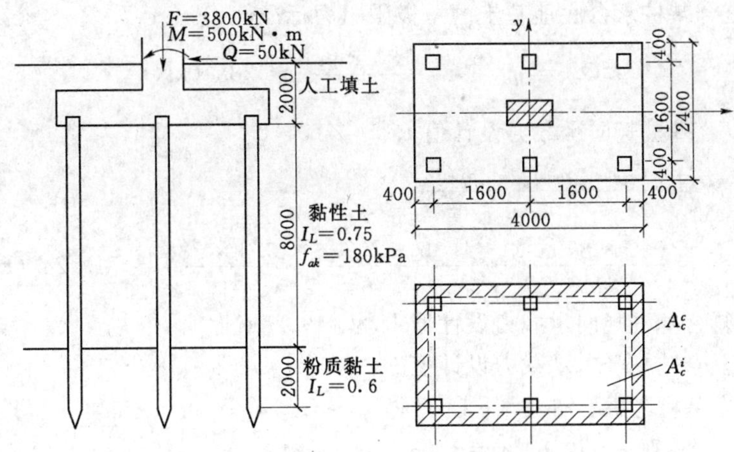

图 6-12　桩基础承台计算简图

【例 6-1】　如图 6-12 所示，已知桩基础承台埋深 2m，桩长 10m（从承台底面算起，不包括桩尖），桩的入土深度采用桩长，采用截面边长 400mm×400mm 的方形钢筋混凝土预制桩，桩的中心距 s_a=1600mm，求：

(1) 若按复合基桩考虑，取 q_{ck}=180kPa，求基桩竖向承载力设计值 R。

(2) 若按非复合基桩考虑，求基桩竖向承载力设计值 R。

(3) 若按静载荷试验得出单桩竖向极限承载力标准值 Q_{uk}=1100kN，求复合基桩的竖向载力设计值 R。

解：(1) 求单桩竖向极限承载力标准值 Q_{uk}

$$Q_{uk}=Q_{sk}+Q_{pk}=\mu\sum q_{sik}l_i+q_{pk}A_p$$
$$=4\times0.4\times(50\times8+59.6\times2)+1860\times0.4\times0.4$$
$$=830.72+297.6=1128.32\ (\text{kN})$$

单桩总极限侧阻力标准值　　$Q_{sk}=830.72$ (kN)

单桩总极限端阻力标准值　　$Q_{pk}=297.6$ (kN)

(2) 求复合基桩竖向承载力设计值 R

1) 查表 6-12 得桩基竖向承载力抗力分项系数：

(按经验参数法) $\gamma_s=\gamma_p=\gamma_{sp}=1.65$，$\gamma_c=1.7$。

2) 求桩侧阻、桩端阻群桩效应系数 η_s、η_p。

$s_a/d=1.6/0.4=4$；承台宽度 $B_c=2.4$m，桩长 $l=10$m，故 $B_c/l=2.4/10=0.24$；

由表 6-13 查得：桩侧阻群桩效应系数 $\eta_s=0.9$；桩端阻群桩效应系数 $\eta_p=1.36$。

3) 求承台效应系数 η_c。

$s_a/d=1.4$，$B_c/l=0.24$，查表 6-14 得，$\eta_c^e=0.75$，用内插法求 $\eta_c^i=0.152$；

承台底面积 $A_c=4\times2.4=9.6$ (m²)；

$A_c^i=3.6\times2=7.2$ (m²)；

$A_c^e=A_c-A_c^i=9.6-7.2=2.4$ (m²)；

$$\eta_c=\eta_c^i\frac{A_c^i}{A_c}+\eta_c^e\frac{A_c^e}{A_c}=0.152\times\frac{7.2}{9.6}+0.75\times\frac{2.4}{9.6}=0.3$$

4）确定复合基桩承台底地基土的总极限阻力标准值 Q_{ck}。

$$Q_{ck}=q_{ck}\frac{A_c}{n}=\frac{180\times 9.6}{6}=288\ (\text{kN})$$

5）确定复合基桩竖向承载力设计值 R。

$$R=\frac{\eta_s Q_{sk}}{\gamma_s}+\frac{\eta_p Q_{pk}}{\gamma_p}+\frac{\eta_c Q_{ck}}{\gamma_c}$$

$$=\frac{0.9\times 830.72}{1.65}+\frac{1.36\times 297.6}{1.65}+\frac{0.3\times 288}{1.7}=749.24\ (\text{kN})$$

由此可得复合基桩竖向承载力设计值 R 为 749.24kN。

（3）求非复合基桩竖向承载力设计值 R。

若按非复合基桩考虑，查表 6-13 可得 $\eta_c=0$；

按 $B_c/l=0.2$，则 $\eta_s=0.9$，$\eta_p=1.35$。

$$R=\frac{\eta_s Q_{sk}}{\gamma_s}+\frac{\eta_p Q_{pk}}{\gamma_p}+\frac{\eta_c Q_{ck}}{\gamma_c}=\frac{\eta_s Q_{sk}}{\gamma_s}+\frac{\eta_p Q_{pk}}{\gamma_p}+0$$

$$=\frac{0.9\times 830.72}{1.65}+\frac{1.36\times 297.6}{1.65}=696.61\ (\text{kN})$$

（4）求静载荷试验条件下，复合基桩竖向承载力设计值 R

静载荷试验得出单桩竖向极限承载力标准值 $Q_{uk}=1100\text{kN}$；

按复合基桩考虑，$B_c/l=0.24$，查表 6-13 得，$\eta_{sp}=0.97$；查表 6-12 得，$\gamma_{sp}=1.60$；则

$$R=\eta_{sp}\frac{Q_{uk}}{\gamma_{sp}}+\eta_c\frac{Q_{ck}}{\gamma_c}=\frac{0.97\times 1100}{1.6}+\frac{0.3\times 288}{1.7}=717.7\ (\text{kN})$$

第五节　桩基础设计

桩基础的设计应保证选型恰当、经济合理、安全适用，对桩和承台有足够的强度、刚度和耐久性，对地基（主要是桩端持力层）有足够的承载力和不产生过量的变形。其设计内容和步骤如下：

（1）对需要进行设计的场地进行调查研究和勘察，收集有关资料。

（2）综合地质勘察报告、荷载情况、使用要求、上部结构条件等确定桩基持力层。

（3）选择桩材，确定桩的类型、外形尺寸和构造。

（4）确定单桩承载力设计值。

（5）根据上部结构荷载情况，初步拟定桩的数量和平面布置。

（6）根据桩的平面布置，初步拟订承台的轮廓尺寸及承台底标高。

（7）验算：作用于单桩上的竖向或横向荷载；承台尺寸及结构强度；桩基的整体承载力和沉降量，当持力层下有软弱下卧层时，验算软弱下卧层的地基承载力。

一、收集资料

设计桩基之前必须充分掌握设计原始资料，包括建筑类型、使用要求、荷载、工程地质勘察资料、材料来源、施工技术设备、现场及周边环境等情况，并尽量了解当地使用桩

基的经验。

对桩基的详细勘察除满足现行勘察规范有关要求外，应注意满足桩型、建筑类别及复杂地质条件对勘探点间距和勘探深度的要求，并对勘察深度地区范围内的每一地层，均应进行室内试验或原位测试，以提供设计所需参数。

二、确定持力层和桩的类型、截面尺寸

桩基础设计时，首先应根据建筑物的结构类型、荷载情况、地层条件、施工能力及环境限制（噪音、振动）等因素，选择预制桩或灌注桩的类别，桩的截面尺寸和长度以及桩端持力层等。通常综合勘察报告、荷载情况、使用要求、上部结构条件等来确定桩基持力层。选择桩端持力层确定桩长时，尽可能使桩支撑在承载力相对较高的坚实土层上。

一般当土层分布很不均匀时，混凝土预制桩的预制长度较难掌握；当土中存在大孤石、废金属残渣以及花岗岩残积层中未风化的石英脉时，预制桩将难以穿越；在场地土层分布比较均匀的条件下，采用质量易于保证的预应力高强混凝土管桩比较合理。总之，确定桩的类型，要根据桩基的规模、所承受的荷载大小、地质条件和当地施工条件综合考虑。比如，如果是低层房屋，可采用摩擦桩；如果是大中型工程，可采用端承摩擦桩，长桩穿透软弱层，桩端进入坚实土层。根据当地材料供应、施工机具与技术水平、造价、工期及场地环境等具体情况，选择桩的材料与施工方法。比如，中小型工程可用素混凝土灌注桩，以节省投资；大工程则可采用钢筋混凝土桩，通常用锤击法施工。

桩的长度主要取决于桩端持力层的选择。桩端最好进入坚硬土层或岩层，采用嵌岩桩或端承桩。当坚硬土层埋藏很深时，宜采用摩擦型桩基础，桩端应尽量达到低压缩性、中等强度的土层上。桩端进入持力层的深度，对于黏性土、粉土不宜小于 $2d$（d 为桩径），砂类土不宜小于 $1.5d$，碎石类土不宜小于 d。当存在软弱下卧层时，桩端以下硬持力层厚度不宜小于 $4d$，嵌岩灌注桩的周边嵌入微风化或中等风化岩体的最小深度不宜小于 0.5m。

桩长及桩型初步确定后，即可根据桩的选型定出桩的截面尺寸，并初步确定承台底面标高。

桩的横截面尺寸主要依据桩顶荷载大小与当地施工机具及建筑经验确定。如为钢筋混凝土预制桩：中小工程常用 250mm×250mm 或 300mm×300mm；大工程常用 350mm×350mm 或 400mm×400mm。

对于承台埋深，一般情况下，主要从结构要求和方便施工的角度来选择。季节性冻土上的承台埋深应根据地基土的冻胀性考虑，并应考虑是否需要采取相应的防冻害措施。膨胀土上的承台，其埋深选择与此类似。

三、确定桩数及平面布置

1. 桩的数量估算

初步估定桩数时，可先不考虑群桩效应，桩数 n 可由荷载及承载力进行估算：

轴心受压时
$$n \geqslant \frac{F_K + G_K}{R_n} \tag{6-37}$$

偏心受压时

$$n \geqslant \mu \frac{F_k + G_k}{R_n} \tag{6-38}$$

式中　n——桩的数量；

F_k——荷载效应标准组合时，上部结构传至桩基础承台顶面的竖向力，kN；

G_k——承台及其上覆土自重标准值，kN；

R_n——单桩竖向承载力特征值，kN；

μ——桩基偏心受压系数，一般取 1.1～1.2。

2. 桩的中心距

桩的中心距不能过小，过小会在桩施工时互相挤土，影响桩的质量，桩的承载能力也不能充分发挥，且给施工造成困难；也不能过大，过大将会增大承台的体积和用量，造价也会提高。桩的最小中心距如表 6－15 所示。当施工中采取减小挤土效应的可靠措施时，可根据当地经验适当减小。

表 6－15　　桩的最小中心距

土类与成桩工艺		排数不少于 3 排且桩数不少于 9 根的摩擦型桩桩基	其他情况
非挤土灌注桩		3.0d	3.0d
部分挤土桩		3.5d	3.0d
挤土桩	非饱和土	4.0d	3.5d
	饱和黏性土	4.5d	4.0d
钻、挖孔扩底桩		2D 或 D+2.0m（当 D>2m）	1.5D 或 D+1.5m（当 D>2m）
沉管夯扩、钻孔挤扩桩	非饱和土	2.2D 且 4.0d	2.0D 且 3.5d
	饱和黏性土	2.5D 且 4.5d	2.2D 且 4.0d

注　1. d 为圆桩直径或方桩边长，D 为扩大端设计直径。
2. 当纵横向桩距不相等时，其最小中心距应满足"其他情况"一栏的规定。
3. 当为端承型桩时，非挤土灌注桩的"其他情况"一栏可减小至 2.5d。

3. 桩的平面布置

进行桩的平面布置时，应注意以下几点：

(1) 尽量不偏心，宜使群桩的承载力合力点与长期荷载重心重合。

(2) 尽量使桩基受水平力和力矩较大方向有较大的截面模量，即承台的长边与所受弯矩较大的平面取向一致。

(3) 同一结构单元，尽量避免采用不同类型的桩。同一基础相邻桩的桩底标高差，对于非嵌岩端承型桩，不宜超过相邻桩的中心距；对于摩擦型桩，在相同土层中不宜超过桩长的 1/10。通常独立桩基可采用梅花形布置或行列布置，如图 6－13 (a)、(b) 所示，常采用三桩承台、四柱承台和六桩承台等；条形基础可采用一字形一排或多排布置，如图 6－13 (c) 所示；烟囱、水塔基础常采用圆环形布置，如图 6－13 (d) 所示。

在纵横墙交接处宜布置桩。桩应避免布置在墙体洞口下；必须布置时，应对洞口处的承台梁采取加强措施。对于桩箱基础，宜将桩布置于墙下。对于带梁（肋）桩筏基础，宜将桩布置于梁（肋）下。对于大直径桩，宜采用一柱一桩。

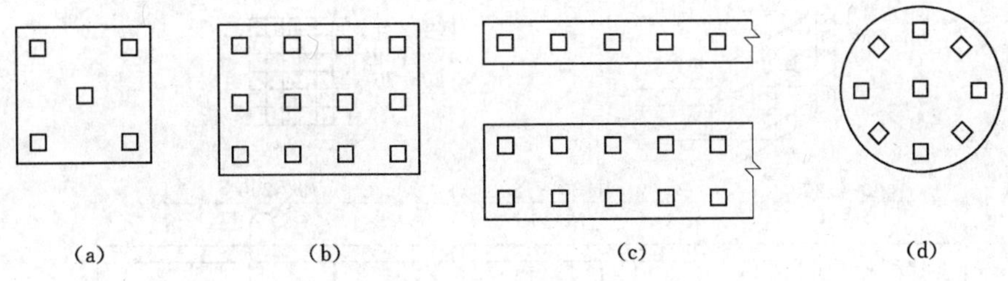

图 6-13 承台底地基土净面积示意图

四、确定桩身截面强度

预制桩的混凝土强度等级宜不小于 C30，采用静压法沉桩时，可适当降低，但不宜小于 C20；预应力混凝土桩的混凝土强度等级宜不小于 C40。预制桩的主筋（纵向）应按计算确定并根据断面的大小及形状选用 4～8 根 ϕ14～25 的钢筋。最小配筋率 ρ_{min}宜不小于 0.8%，一般可为 1%左右，静压法沉桩时宜不小于 0.4%。箍筋可取 ϕ6～8，间距不大于 200mm，在桩顶和桩尖处应适当加密，如图 6-14 所示。用打人法沉桩时，直接受到锤击的桩顶应设置三层币 ϕ6@40～70mm 的钢筋网，层距 50mm。桩尖所有主筋应焊接在一根圆钢上，或在桩尖处用钢板加强。主筋的混凝土保护层应不小于 30mm，桩上需埋设吊环，位置由计算确定。桩的混凝土强度必须达设计强度的 100%才可起吊和搬运。

灌注桩的混凝土强度等级一般应不小于 C15，水下浇灌时应不小于 C20，混凝土预制桩桩尖应不小于 C30。当桩顶轴向压力和水平力满足《建筑基础规范》受力条件时，可按构造要求配置桩顶与承台的连接钢筋笼。对一级建筑桩基础，主筋为 6～10 根 ϕ12～14，$\rho_{min} \geqslant 0.2\%$，锚入承台 $30d_g$（主筋直径），伸入桩身长度不小于 $10d$，且不小于承台下软弱土层层底深度；对二级建筑桩基，可配置 4～8 根拟 ϕ10～12 的主筋，锚人承台 $30d_g$，且伸入桩身长度不小于 $5d$；对于沉管灌注桩，配筋长度不应小于承台软弱土层层底厚度；三级建筑桩基础可不配构造钢筋。

一般 ρ_g 可取 0.20%～0.65%（小桩径取高值，大桩径取低值），对受水平荷载特别大的桩、抗拔桩和嵌岩端承桩应根据计算确定。主筋的长度一般可取 $4.0/\alpha$（α 为桩的水平变形系数），当为抗拔桩、端承桩或承受负摩阻力和位于坡地岸边的基桩应通长配置。承受水平荷载的桩，主筋宜不小于 8ϕ10，抗压和抗拔桩应不小于 6ϕ10，且沿桩身周边均匀布置，其净距不应小于 60mm，并尽量减少钢筋接头。箍筋宜采用 ϕ6～8@200～300mm 的螺旋箍筋，受水平荷载较大和抗震的桩基础，桩顶 3～$5d$ 内箍筋应适当加密；当钢筋笼长度超过 4m 时，每隔 2m 左右应设一道 ϕ12～18 的焊接加劲箍筋。主筋的混凝土保护层厚度应不小于 35mm，水下浇灌混凝土时应不小于 50mm。

轴心荷载作用下的桩身截面强度可按前述方法计算；偏心荷载（包括水平力和弯矩）作用时，可先求出桩身最大弯矩及其相应位置，再根据《混凝土结构设计规范》要求，按偏心受压确定出桩身截面所需的主筋面积，但尚需满足各类桩的最小配筋率。对于受长期或经常出现的水平荷载或上拔力作用的建筑物，还应验算桩身的裂缝宽度，其最大裂缝宽度不得超

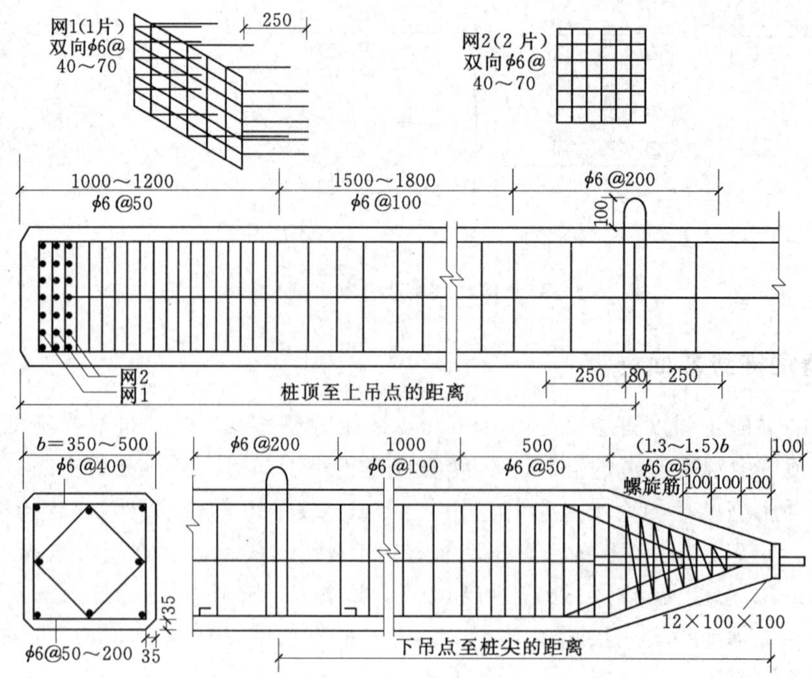

图 6-14　混凝土预制桩

过 0.2mm，对处于腐蚀介质中的桩基础则不得出现裂缝；对于处于含有酸、氯等介质环境中的桩基础，还应根据介质腐蚀性的强弱采取专门的防护措施，以保证桩基的耐久性。

预制桩除了满足上述计算之外，还应考虑施工运输、起吊和锤击过程中的各种强度验算。桩在自重作用下产生的弯曲应力与吊点的数量和位置有关。吊运时单点吊和双点吊的设置，应按吊点（或支点）跨间的正弯矩与吊点处负弯矩相等的原则确定，并应考虑在吊运过程中桩可能受到的冲击和振动影响，计算吊运弯矩和吊运拉力时，宜取桩身重力乘以 1.3 的动力系数。桩在运输或堆放时的支点应放在起吊吊点处。

用锤击法沉桩时，冲击产生的应力以应力波的形式传到桩端，然后又反射回来。在周期性拉、压应力作用下，桩身上端常出现环向裂缝。设计时，一般要求锤击过程中产生的拉、压应力应分别小于桩身材料的抗拉、压强度设计值。

影响锤击拉压应力的因素主要有锤击能量和频率、锤垫及桩垫的刚度、桩长、桩材及土质条件等。当锤击能量小、频率低，采用软而厚的锤垫和桩垫，在不厚的软黏土或无密实砂夹层的黏性土中沉桩，以及桩长较小（<12m）时，锤击拉压应力比较小，一般可不考虑。设计时常根据实测资料确定锤击拉压应力值。当无实测资料时，可按《桩基础规范》建议的经验公式及表格取值。预应力混凝土桩的配筋常取决于锤击拉应力。

五、承台设计

1. 承台的分类

在桩顶设置承台，可以把多根桩连接而成为一个共同承受上部荷载的整体，同时把上部结构荷载传给各根桩。承台按其底面的竖向相对位置，分为高桩承台和低桩承台。

底面位于地面以上相当高度的承台称为高桩承台；底面位于地面以下的承台称为低桩承台。通常建筑物基础承重的桩承台都属于低桩承台。桩基础承台可分为柱下独立承台、柱下或墙下条形承台（梁式承台）、筏形承台、筏板承台和箱形承台等。承台的作用是将桩联结成一个整体，并把建筑物的荷载传到桩上，因而承台应有足够的强度和刚度。

2. 承台的构造要求

桩基承台的构造，应满足抗冲切、抗剪切、抗弯承载力和上部结构要求，尚应符合下列要求：

(1) 独立柱下桩基承台的最小宽度不应小于 500mm，边桩中心至承台边缘的距离不应小于桩的直径或边长，且桩的外边缘至承台边缘的距离不应小于 150mm。对于墙下条形承台梁，桩的外边缘至承台梁边缘的距离不应小于 75mm。承台的最小厚度不应小于 300mm。

(2) 高层建筑平板式和梁板式筏形承台的最小厚度不应小于 400mm，墙下布桩的剪力墙结构筏形承台的最小厚度不应小于 200mm。

(3) 高层建筑箱形承台的构造应符合《高层建筑筏形与箱形基础技术规范》JGJ 6—99 的规定。

承台混凝土材料及其强度等级应符合结构混凝土耐久性的要求和抗渗要求。

承台的钢筋配置应符合下列规定：

(1) 柱下独立桩基承台纵向受力钢筋应通长配置［图 6 - 15 (a)］，对四桩以上（含四桩）承台宜按双向均匀布置，对三桩的三角形承台应按三向板带均匀布置，且最里面的三根钢筋围成的三角形应在柱截面范围内［图 6 - 15 (b)］。纵向钢筋锚固长度自边桩内侧（当为圆桩时，应将其直径乘以 0.8 等效为方桩）算起，不应小于 $35d_g$（d_g 为钢筋直径）；当不满足时应将纵向钢筋向上弯折，此时水平段的长度不应小于 $25d_g$，弯折段长度不应小于 $10d_g$。承台纵向受力钢筋的直径不应小于 12mm，间距不应大于 200mm。柱下独立桩基承台的最小配筋率不应小于 0.15%。

(2) 柱下独立两桩承台，应按现行国家标准《混凝土结构设计规范》(GB 50010) 中的深受弯构件配置纵向受拉钢筋、水平及竖向分布钢筋。承台纵向受力钢筋端部的锚固长度及构造应与柱下多桩承台的规定相同。

(3) 条形承台梁的纵向主筋应符合现行国家标准《混凝土结构设计规范》(GB 50010) 关于最小配筋率的规定［图 6 - 15 (c)］，主筋直径不应小于 12mm，架立筋直径不应小于 10mm，箍筋直径不应小于 6mm。承台梁端部纵向受力钢筋的锚固长度及构造应与柱下多桩承台的规定相同。

(4) 筏形承台板或箱形承台板在计算中当仅考虑局部弯矩作用时，考虑到整体弯曲的影响，在纵横两个方向的下层钢筋配筋率不宜小于 0.15%；上层钢筋应按计算配筋率全部连通。当筏板的厚度大于 2000mm 时，宜在板厚中间部位设置直径不小于 12mm、间距不大于 300mm 的双向钢筋网。

(5) 承台底面钢筋的混凝土保护层厚度，当有混凝土垫层时，不应小于 50mm，无垫层时不应小于 70mm；此外尚不应小于桩头嵌入承台内的长度。

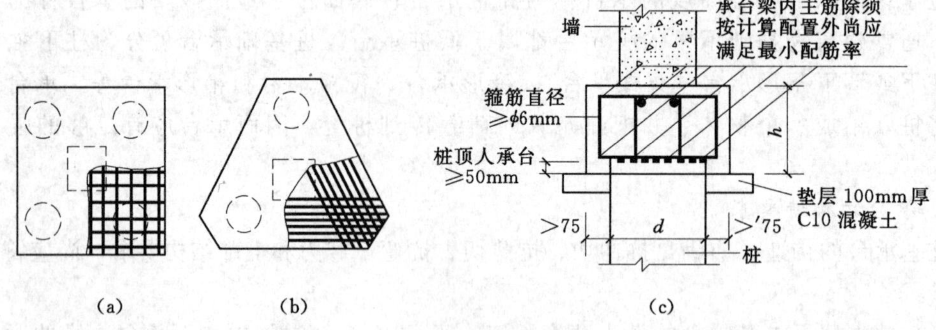

图 6-15 承台配筋示意

两桩桩基的承台，宜在其短向设置连系梁。连系梁顶面宜与承台顶位于同一标高，梁宽应不小于 200mm，梁高可取承台中心距的 1/10～1/15，并配置不小于 4ϕ12 的钢筋。

承台埋深应不小于 600mm，在季节性冻土、膨胀土地区宜埋设在冰冻线、大气影响线以下，但当冰冻线、大气影响线深度不小于 1m、且承台高度较小时，则应视土的冻胀、膨胀性等级分别采取换填无黏性垫层、预留空隙等隔胀措施。

3. 承台的内力计算

承台的内力计算包括承台的受弯计算、承台的受冲切计算、承台的受剪计算、承台的局部受压计算和抗震验算等。

(1) 承台的受弯计算。桩基承台应进行正截面受弯承载力计算。受弯承载力和配筋可按现行国家标准《混凝土结构设计规范》GB 50010 的规定进行。

柱下独立桩基承台的正截面弯矩设计值可按下列规定计算：

1) 两桩条形承台和多桩矩形承台弯矩计算截面取在柱边和承台变阶处［图 6-16 (a)］，可按下列公式计算：

$$M_x = \sum N_i y_i \tag{6-39}$$

$$M_y = \sum N_i x_i \tag{6-40}$$

式中 M_x、M_y——垂直 x、y 轴方向计算截面处弯矩设计值；

x_i、y_i——垂直 y 轴和 x 轴方向自桩轴线到相应计算截面的距离；

N_i——扣除承台和承台上土自重设计值后，第 i 桩竖向净反力设计值。

当不考虑承台效应时，则为第 i 桩竖向总反力设计值。

2) 三桩承台的正截面弯距值应符合下列要求：

等边三桩承台［图 6-16 (b)］

$$M = \frac{N_{\max}}{3}\left(s - \frac{\sqrt{3}}{4}c\right) \tag{6-41}$$

式中 M——由承台形心至台边缘距离范围内板带的弯矩设计值；

$N_{\max}$——扣除承台和其上填土自重后的三桩中相应于荷载效应其本组合时的最大单桩竖向力设计值；

s——桩距；

c——方桩边长，圆柱时 $c=0.8d$（d 为圆柱直径）。

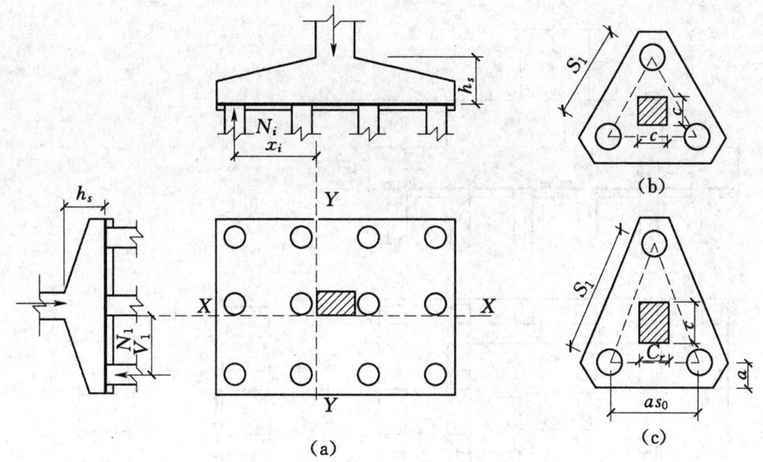

图 6-16 承台弯矩计算示意图

(a) 矩形多桩承台；(b) 等边三桩承台；(c) 等腰三桩承台

等腰三桩承台［图 6-16 (c)］

$$M_1 = \frac{N_{\max}}{3}\left(s - \frac{0.75}{\sqrt{4-a^2}}c_1\right) \tag{6-42}$$

$$M_2 = \frac{N_{\max}}{3}\left(\alpha s - \frac{0.75}{\sqrt{4-a^2}}c_2\right) \tag{6-43}$$

式中 M_1、M_2——通过承台形心至两腰边缘和底边边缘正交截面范围内板带的弯矩设计值；

s——长向桩中心距；

α——短向桩中心距与长向桩中心距之比，当 α 小于 0.5 时，应按变截面的二桩承台设计；

c_1、c_2——垂直于、平行于承台底边的柱截面边长。

箱形承台、筏形承台柱下条形承台梁和砌体墙下条形承台梁的弯矩按《建筑桩基技术规范》中的要求来计算。

(2) 承台的受冲切计算。若承台有效高度不足，将产生冲切破坏。其破坏方式可分为沿柱（墙）边、承台变阶处和角桩对承台的冲切三种情况。冲切破坏锥体应采用自柱（墙）边或承台变阶处至相应桩顶边缘连线所构成的锥体，锥体斜面与承台底面之夹角不应小于 45°，如图 6-17 所示。

1) 受柱（墙）冲切承载力可按下列公式计算

$$F_1 \leqslant \beta_{hp}\beta_0 u_m f_t h_0 \tag{6-44}$$

$$F_1 = F - \sum Q_i \tag{6-45}$$

$$\beta_0 = 0.84/(\lambda + 0.2) \tag{6-46}$$

式中 F_1——不计承台及其上土重，在荷载效应基本组合下作用于冲切破坏锥体上的冲切力设计值；

f_t——承台混凝土抗拉强度设计值；

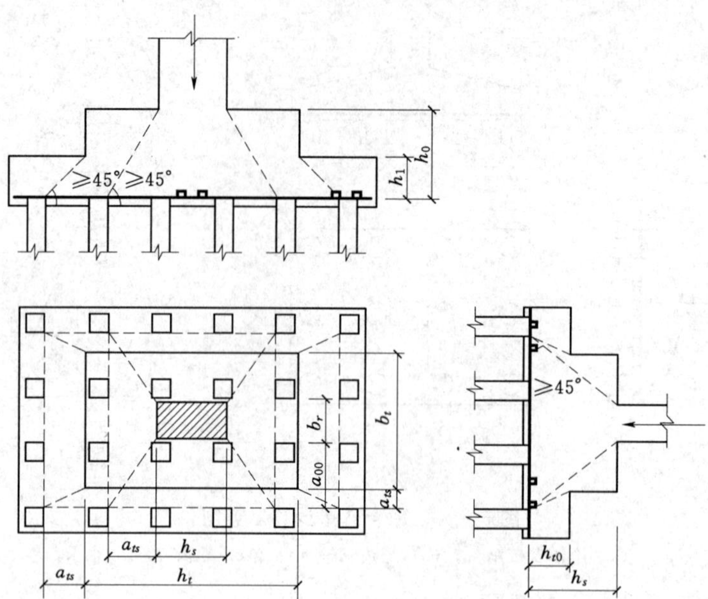

图 6-17　柱对承台的冲切计算示意图

β_{hp}——承台受冲切承载力截面高度影响系数，当 $h \leqslant 800$mm 时，β_{hp} 取 1.0，当 $h \geqslant$ 2000mm 时，β_{hp} 取 0.9，其间按线性内插法取值；

u_m——承台冲切破坏锥体一半有效高度处的周长；

h_0——承台冲切破坏锥体的有效高度；

β_0——柱（墙）冲切系数；

λ——冲跨比，$\lambda = a_0/h_0$，a_0 为柱（墙）边或承台变阶处到桩边水平距离，当 $\lambda <$ 0.25 时，取 $\lambda = 0.25$，当 $\lambda > 1.0$ 时，取 $\lambda = 1.0$；

F——不计承台及其上土重，在荷载效应基本组合作用下柱（墙）底的竖向荷载设计值；

$\sum Q_i$——不计承台及其上土重，在荷载效应基本组合下冲切破坏锥体内各基桩或复合基桩的反力设计值之和。

2）对于柱下矩形独立承台受柱冲切的承载力可按下列公式计算，如图 6-18 所示。

$$F_1 \leqslant 2[\beta_{ux}(b_1 + a_{uy}) + \beta_{uy}(h_1 + a_{ux})]\beta_{hp} f_t h_u \tag{6-47}$$

$$\beta_{1x} = 0.84/(\lambda_{1x} + 0.2) \tag{6-48}$$

$$\beta_{1y} = 0.84/(\lambda_{1x} + 0.2) \tag{6-49}$$

式中　β_{1x}、β_{1y}——柱（墙）冲切系数；

λ_{1x}、λ_{1y}——角桩冲跨比，$\lambda_{1x} = a_{1x}/h_{10}$，$\lambda_{1y} = a_{1y}/h_{1y}$；$\lambda_{1x}$、$\lambda_{1y}$ 均应满足 0.25～1.0 的要求；

h_1、b_1——x、y 方向承台上阶的边长；

a_{1x}、a_{1y}——x、y 方向承台上阶边离最近桩边的水平距离。

对于圆柱及圆桩，计算时应将其截面换算成方柱及方桩，即取换算柱截面边长 $b_c =$ 0.8d_c（d_c 为圆柱直径），换算桩截面边长 $b_p = 0.8d$（d 为圆桩直径）。

对于柱下两桩承台，宜按深受弯构件（$l_0/h<5.0$，$l_0=1.15l_n$，l_n 为两桩净距）计算受弯、受剪承载力，不需要进行受冲切承载力计算。

3）四桩以上（含四桩）承台受角桩冲切的承载力可按下列公式计算，如图 6－19 所示。

$$N_1 \leqslant \left[\beta_{1x}\left(c_2+\frac{a_{1y}}{2}\right)+\beta_{1y}\left(c_1+\frac{a_{1x}}{2}\right)\right]\beta_{hp}f_1h_0 \tag{6-50}$$

$$\beta_{1x}=0.56/(\lambda_{1x}+0.2) \tag{6-51}$$

$$\beta_{1y}=0.56/(\lambda_{1x}+0.2) \tag{6-52}$$

式中　N_1——角桩竖向净反力设计值；

c_1、c_2——从角桩内边缘至承台外边缘的距离；

a_{1x}、a_{1y}——从承台底角桩内边缘引 45°冲切线与承台顶面相交点至角桩内边缘的水平距离；当柱或承台变阶处位于该 45°线内时，则取柱边或变阶处与桩内边缘连线为冲切锥体的锥线，如图 6－18 所示。

4）对于三桩三角形承台可按下列公式计算受角桩冲切的承载力，如图 6－19 所示。

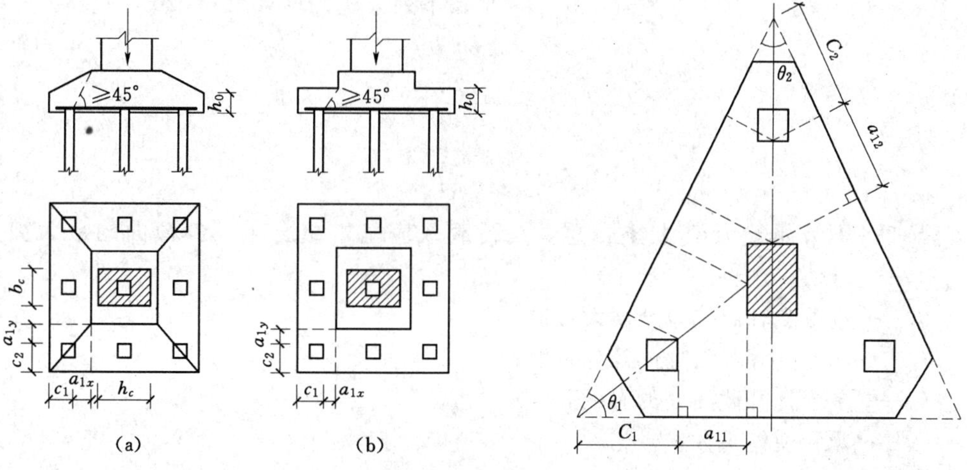

图 6－18　四桩及以上承台角桩冲切计算示意图
（a）锥形承台；（b）阶形承台

图 6－19　三桩三角形承台角桩冲切计算示意图

底部角桩：

$$N_1 \leqslant \beta_{11}(2c_1+a_{11})\beta_{hp}\tan\frac{\theta}{2}f_th_0 \tag{6-53}$$

$$\beta_{11}=\frac{0.56}{\lambda_{11}+0.2} \tag{6-54}$$

顶部角桩：

$$N_1 \leqslant \beta_{12}(2c_2+a_{12})\beta_{hp}\tan\frac{\theta_2}{2}f_th_0 \tag{6-55}$$

$$\beta_{12}=\frac{0.56}{\lambda_{12}+0.2} \tag{6-56}$$

式中　λ_{11}、λ_{12}——角桩冲跨比，$\lambda_{11}=a_{11}/h_0$，$\lambda_{12}=a_{12}/h_0$，λ_{11}、λ_{12} 均应满足 0.25～1.0 的要求；

a_{11}、a_{12}——从承台底角桩顶内边缘引45°冲切线与承台顶面相交点至角桩内边缘的水平距离；当柱（墙）边或承台变阶处位于该45°线以内时，则取由柱（墙）边或承台变阶处与桩内边缘连线为冲切锥体的锥线。

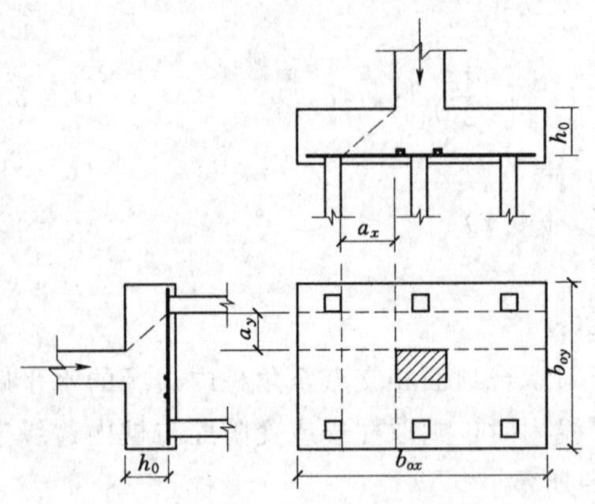

图6-20　承台斜截面受剪计算示意图

对圆柱及圆桩，计算时可将圆形截面换算成正方形截面。

对于箱形、筏形承台，可按《建筑桩基技术规范》中的要求来计算。

（3）承台的受剪计算。柱（墙）下桩基承台，应分别对柱（墙）边、变阶处和桩边联线形成的贯通承台的斜截面的受剪承载力进行验算。当承台悬挑边有多排基桩形成多个斜截面时，应对每个斜截面的受剪承载力进行验算。

1）柱下独立桩基承台斜截面受剪承载力可按下列公式计算（图6-20）

$$V \leqslant \beta_{hs} \alpha f_t b_o h_o \tag{6-57}$$

$$\beta = \frac{1.75}{\lambda + 10} \tag{6-58}$$

$$\beta_{hs} = \left(\frac{800}{h_0}\right)^{0.25} \tag{6-59}$$

式中　V——不计承台及其上土自重，在荷载效应基本组合下，斜截面的最大剪力设计值；

f_t——混凝土轴心抗拉强度设计值；

b_0——承台计算截面处的计算宽度；

h_0——承台计算截面处的有效高度；

α——承台剪切系数；

λ——计算截面的剪跨比，$\lambda_x = a_x/h_0$，$\lambda_y = a_y/h_0$，其中的 a_x、a_y 为柱边（墙边）或承台变阶处至 y、x 方向计算一排桩的桩边的水平距离，当 $\lambda < 0.25$ 时，取 $\lambda = 0.25$，当 $\lambda > 3$ 时，取 $\lambda = 3$；

β_{hs}——受剪切承载力截面高度影响系数，当 $h < 800$mm 时，取 $h_0 = 800$mm；当 $h_0 > 2000$m 时，取 $h_0 = 2000$mm，其间按线性内插法取值。

对于阶梯形承台应分别在变阶处（A_1—A_1，B_1—B_1）及柱边处（A_2—A_2，B_2—B_2）进行斜截面受剪承载力计算，如图6-21所示。

计算变阶处截面（A_1—A_1，B_1—B_1）的斜截面受剪承载力时，其截面有效高度均为 h_{10}，截面计算宽度分别为 b_{y1} 和 b_{x1}。

计算柱边截面（A_2—A_2，B_2—B_2）的斜截面受剪承载力时，其截面有效高度均为 $h_{10} + h_{20}$，截面计算宽度分别为

对 A_2—A_2：

$$b_{y0} = \frac{b_{y1} h_{10} + b_{y2} h_{20}}{h_{10} + h_{20}} \tag{6-60}$$

对 B_2—B_2：
$$b_{x0}=\frac{b_{x1}h_{10}+b_{x2}h_{20}}{h_{10}+h_{20}} \tag{6-61}$$

对于锥形承台应对变阶处及柱边处（A—A 及 B—B）两个截面进行受剪承载力计算，如图 6-22 所示，截面有效高度均为 h_0，截面的计算宽度分别为

对 A—A：
$$b_{y0}=\left[1-0.5\frac{h_{20}}{h_0}\left(1-\frac{b_{y2}}{b_{y1}}\right)\right]b_{y1} \tag{6-62}$$

对 B—B：
$$b_{x0}=\left[1-0.5\frac{h_{20}}{h_0}\left(1-\frac{b_{x2}}{b_{x1}}\right)\right]b_{x1} \tag{6-63}$$

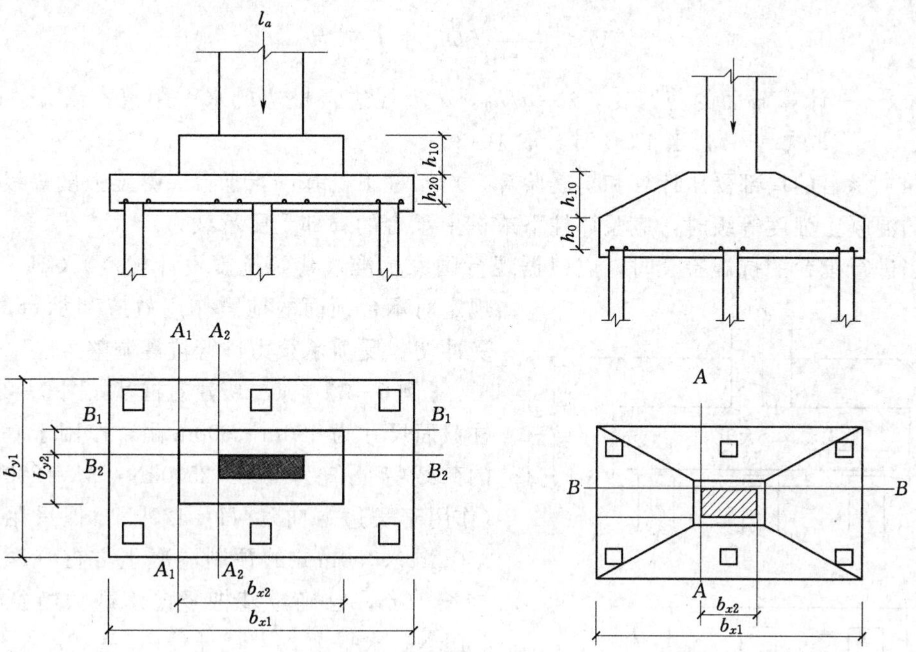

图 6-21　阶梯形斜截面受剪计算示意图　　图6-22　阶梯形斜截面受剪计算示意图

2）梁板式筏形承台的梁的受剪承载力可按现行国家标准《混凝土结构设计规范》GB 50010 计算。

3）砌体墙下条形承台梁配有箍筋，但未配弯起钢筋时，斜截面的受剪承载力可按下式计算：

$$V\leqslant 0.7f_tbh_0+1.25f_{yv}\frac{A_{sv}}{s}h_0 \tag{6-64}$$

式中　V——不计承台及其上土自重，在荷载效应基本组合下，计算截面处的剪力设计值；

A_{sv}——配置在同一截面内箍筋各肢的全部截面面积；

s——沿计算斜截面方向箍筋的间距；

f_{yv}——箍筋抗拉强度设计值；

b——承台梁计算截面处的计算宽度；

h_0——承台梁计算截面处的有效高度。

4）砌体墙下承台梁配有箍筋和弯起钢筋时，斜截面的受剪承载力可按下式计算：

$$V \leqslant 0.7 f_t b h_0 + 1.25 f_y \frac{A_{sv}}{s} h_0 + 0.8 f_y A_{sb} \sin\alpha_s \tag{6-65}$$

式中　A_{sb}——同一截面弯起钢筋的截面面积；

f_y——弯起钢筋的抗拉强度设计值；

α_s——斜截面上弯起钢筋与承台底面的夹角。

5）柱下条形承台梁，当配有箍筋但未配弯起钢筋时，其斜截面的受剪承载力可按下式计算：

$$V \leqslant \frac{1.75}{\lambda+1} f_t b h_0 + f_y \frac{A_{sv}}{s} h_0 \tag{6-66}$$

式中　λ——计算截面的剪跨比，$\lambda = a/h_0$，a 为柱边至桩边的水平距离，当 $\lambda < 1.5$ 时，取 $\lambda = 1.5$，当 $\lambda > 3$ 时，取 $\lambda = 3$。

（4）承台的局部受压计算和抗震验算。对于柱下桩基，当承台混凝土强度等级低于柱或桩的混凝土强度等级时，应验算柱下或桩上承台的局部受压承载力。

当进行承台的抗震验算时，应根据现行国家标准《建筑抗震设计规范》GB 50011 的规定对承台顶面的地震作用效应和承台的受弯、受冲切、受剪承载力进行抗震调整。

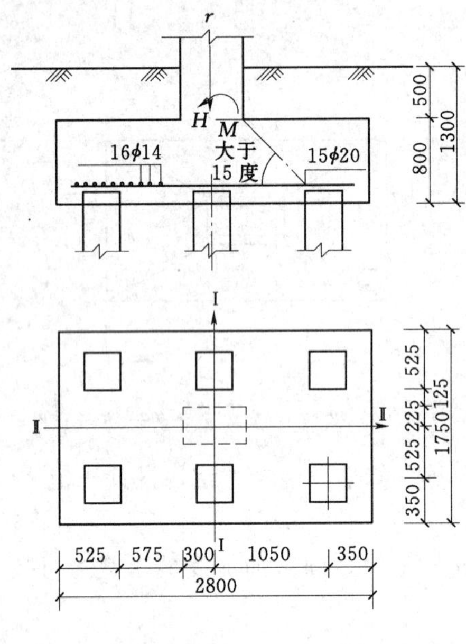

图 6-23　例 6-2 示意图

【例 6-2】　某二级建筑桩基如图 6-23 所示，柱截面尺寸为 450m×600m 耐，作用于基础顶面的荷载特征值为：$F = 2500\text{kN}$，$M = 200\text{kN}\cdot\text{m}$（作用于长边方向），$H = 120\text{kN}$，拟采用截面为 350mm×350mm 的预制混凝土方桩（摩擦桩），桩长 10m，已确定基桩竖向承载力特征值 $R = 450\text{kN}$，水平承载力特征值 $R_h = 40\text{kN}$，承台混凝土强度等级为 C20，配置 HRB335 级钢筋，试设计该桩基础（不考虑承台效应）。

解： C20 混凝土：

$f_t = 1.10\text{N/mm}^2$，$f_c = 9.6\text{N/mm}^2$

HRB335 级钢筋：

$f_y = 300\text{N/mm}^2$

（1）基桩持力层、桩材、桩型、外形尺寸及单桩承载力特征值均已选定，桩身结构设计从略。

（2）确定桩数及布桩。

初选桩数

$$n \geqslant \frac{F}{R} = \frac{2500}{450} = 5.6$$

取 6 根，并取桩距 $s = 3d = 2 \times 0.35 = 1.05\text{m}$，按矩形布桩，如图 6-24 所示。

（3）初选承台尺寸。

取承台长边和短边为

$$A=2\times(0.35+1.05)=2.8\ (\mathrm{m})$$

$$b=2\times0.35+1.05=1.75\ (\mathrm{m})$$

承台埋深1.3m，承台高0.8m，桩顶伸入承台50mm，钢筋保护层厚取35mm，则承台有效高度为

$$h_0=0.8-0.05-0.035=0.715\ (\mathrm{m})\ =715\mathrm{mm}$$

(4) 验算单桩承载力。

取承台及其以上土的平均重度为$\gamma_G=20\mathrm{kN/m^3}$，则桩顶平均竖向力为

$$N_k=\frac{F_k+G_k}{n}=\frac{2500+1.2\times20\times2.8\times1.75\times1.3}{6}$$

$$=442.15(\mathrm{kN})<R_n=450\mathrm{kN}$$

$$N_{x\min}^{\max}=N\pm\frac{(M_k+H_kh)\ x_{\max}}{\sum x_1^2}=442.15\pm\frac{(200+120\times0.8)\ \times1.05}{4\times1.05^2}=442.15\pm70.48$$

$$=\begin{cases}512.63\ (\mathrm{kN})\ <1.2R_k=540\mathrm{kN}\\371.67\ (\mathrm{kN})\ >0\end{cases}$$

符合要求。

桩基的水平力设计值

$$H_1=H_k/n=120/6=20(\mathrm{kN})<R_h=40\mathrm{kN}$$

符合要求。

其值远小于单桩水平承载力设计值，因此无须验算考虑群桩效应的基桩水平承载力设计值。

(5) 承台受弯承载力验算。

$$M_x=\sum N_iy_i=3\times442.15\times0.325=431.10\ (\mathrm{kN\cdot m})$$

$$A_s=\frac{M_x}{0.9f_yh_0}=\frac{431.10\times10^6}{0.9\times310\times715}=2161(\mathrm{mm^2})$$

选用$20\phi12$，$A_s=2262\mathrm{mm^2}$，沿平行y轴方向均匀布置。

$$M_y=\sum N_ix_i=2\times512.63\times0.757=776.12\ (\mathrm{kN\cdot m})$$

$$A_s'=\frac{M_y}{0.9f_yh_0}=\frac{776.12\times10^6}{0.9\times310\times715}=3891\ (\mathrm{mm^2})$$

选用$16\phi18$，$A_s=4072\mathrm{mm^2}$，沿平行x轴方向均匀布置。

(6) 承台受冲切承载力验算。

1) 柱边冲切。

冲跨比λ与冲切系数β为

$$\lambda_{oz}=\frac{a_{0x}}{h_0}=\frac{0.575}{0.715}=0.804\begin{matrix}<1.0\\>0.2\end{matrix}$$

$$\beta_{0x}=\frac{0.84}{\lambda_{oy+0.2}}=\frac{0.84}{0.804+0.2}=0.837$$

$$\lambda_{oy}=\frac{a_{0y}}{h_0}=\frac{0.125}{0.715}=0.175<0.2$$

取$\lambda_{0y}=0.2$

$$\beta_{oy}=\frac{0.84}{\lambda_{0y}+0.2}=\frac{0.84}{0.2+0.2}=2.10$$

因为 $h=800\text{mm}$，所以取 $\beta_{hp}=1.0$

$$2[\beta_{ox}(b_x+a_{oy})+\beta_{oy}(h_c+a_{ox})]\beta_{hp}f_t h_0$$

$$=2\times[0.837\times(0.45+0.125)+2.10\times(0.6+0.575)]\times1.0\times1100\times0.7$$

$$=4528.78(\text{kN})>\gamma_0F_1=1.0\times2500=2500(\text{kN})$$

满足要求。

2）角桩向上冲切。

$$c_1=c_2=0.525\text{m}$$

$$a_{1x}=a_{0x}=0.575\text{m}$$

$$\lambda_{1x}=\lambda_{0x}=0.837$$

$$a_{1y}=a_{oy}=0.125\text{m}$$

$$\lambda_{1y}=\lambda_{0y}=0.2$$

$$\beta_{1x}=\frac{0.56}{\lambda_{1x}+0.2}=\frac{0.56}{0.837+0.2}=0.569$$

$$\beta_{1y}=\frac{0.56}{\lambda_{1y}+0.2}=\frac{0.56}{0.2+0.2}=1.4$$

$$N_l=N_{\max}=512.63\text{kN}$$

$$\left[\beta_{1x}\left(c_2+\frac{\alpha_{1y}}{2}\right)+\beta_{1y}\left(c_1+\frac{\alpha_{1x}}{2}\right)\right]\beta_{hp}f_t h_0$$

$$=\left[0.569\times\left(0.525+\frac{0.125}{2}\right)+1.4\times\left(0.525+\frac{0.575}{2}\right)\right]\times1.0\times1100\times0.715$$

$$=1157.57(\text{kN})>N_l=512.63\text{kN}$$

满足要求。

(7) 承台受剪切承载力验算。

剪跨比与以上冲跨比相同，故对 I—I 截面：

$$\lambda_x=\lambda_{0x}=0.837(\text{介于 }0.3\sim1.4\text{ 之间})$$

$$\alpha=\frac{1.75}{\lambda+1}=\frac{1.75}{0.837+1}=0.953$$

$$\beta_{hs}=1.0$$

$$\beta_{hs}\alpha f_c b_0 h_0=1\times0.953\times1100\times1.75\times0.715$$

$$=1311.69(\text{kN})>2\gamma_0N_{\max}=2\times1.0\times512.63=1025.26(\text{kN})$$

满足要求。

对Ⅱ—Ⅱ截面：

$$\lambda_y=\lambda_{0y}=0.2$$

$$\alpha=\frac{1.75}{\lambda+1}=\frac{1.75}{0.2+1}=1.458$$

$$\beta_{hs}\alpha f_c b_0 h_0=1\times1.458\times1100\times2.8\times0.715$$

$$=3211.54(kN)>3\gamma_0N_{\max}=3\times1.0\times512.63=1537.89(\text{kN})$$

满足要求。

（8）承台局部受压承载力验算和抗震验算，略。

第六节　其他深基础

深基础的种类很多，除了桩基础外，墩基础、沉井、沉箱和地下连续墙等都属于深基础。深基础的主要特点是需采用特殊的施工方法，解决基坑开挖、排水等问题，减小对邻近建筑物的影响。本书主要介绍深基础中的沉井、沉箱和地下连续墙基础。

一、沉井基础

（一）沉井的工作原理

沉井是一个用钢筋混凝土或砖石、混凝土等材料制成的竖向井筒状的结构物。施工过程中沉井为围护结构，竣工后沉井结构可成为基础的组成部分或基础，即为沉井基础。沉井基础一般是在场地条件和技术条件受限制的情况下，为保证深开挖边坡的稳定性及控制对周边邻近建（构）筑物的影响而在深基础工程施工中应用的一种结构。

沉井的施工过程：施工时，先在场地上整平地面铺设砂垫层，设支承枕木，制作第一节沉井，然后在井筒内挖土（或水力吸泥），使沉井失去支承下沉，边挖边排边下沉，再逐节接长井筒。当井筒下沉达设计标高后，用素混凝土封底，最后浇注钢筋混凝土底板，构成地下结构物，或在井筒内用素混凝土或砂砾石填充，竣工后即为永久性的深基础。

（二）沉井的类型

沉井的类型较多，分类的依据也不同，一般可按以下几个方面来进行分类。

1. 按制造沉井的材料不同分类

按制造沉井的材料不同，可分为混凝土沉井、钢筋混凝土沉井、竹筋混凝土沉井和钢沉井。

混凝土沉井因抗压强度高，抗拉强度低，多做成圆形，且仅适用于下沉深度不大（4～7m）的松软土层。

钢筋混凝土沉井抗拉强度高，下沉深度大（可达数十米以上），可做成重型或薄壁就地制作下沉的沉井，也可做成薄壁浮运沉进及钢丝网水泥沉井等，在工程中应用最广。

沉井承受拉力主要在下沉阶段，我国南方盛产竹材，因此可就地取材，采用耐久性差但抗拉力好的竹筋代替部分钢筋，做成竹筋混凝土沉井，如白沙沱长江大桥、南昌赣江大桥等。

钢沉井由钢材制作，其强度高、重量大、易于拼装，适于制作空心浮运沉井，但用钢量大，国内较少采用。

2. 按施工的方法不同分类

按施工的方法不同，沉井可分为一般沉井和浮运沉井。

一般沉井是指直接在基础设计的位置上制造，然后挖土，依靠沉井自重下沉。若基础位于水中，则人工筑岛，再在岛上筑井下沉。

浮运沉井是指先在岸边制作，再浮运就位下沉的沉井。通常在深水地区（如水深大于10m），或水流流速大、有通航要求、人工筑岛困难或不经济时，可采用浮运沉井。

3. 按沉井的平面形状不同分类

按沉井的平面形状不同，可分为圆形、矩形、椭圆形、端圆形、多边形及多孔井字形等；按井孔的布置方式，可分为单孔、双孔及多孔沉井。

圆形沉井在下沉过程中易于控制方向，当采用抓泥斗挖土时，比其他沉井更能保证其刃脚均匀地支承在土层上。在侧压力作用下，井壁仅受轴向应力作用，即使侧压力分布不均匀，弯曲应力也不大，能充分利用混凝土抗压强度大的特点，多用于斜交桥或水流方向不定的桥墩基础。

矩形沉井制造方便，受力有利，能充分利用地基承载力，与矩形墩台相配合。沉井四角一般做成圆角，以减小井壁摩阻力和除土清孔的困难。矩形沉井在侧压力作用下，井壁受较大的挠曲力矩；在流水中阻力系数较大，冲刷较严重。

端圆形沉井在控制下沉、受力条件、阻水冲刷等方面均较矩形者有利，但施工较为复杂。对平面尺寸较大的沉井，可在沉井中设隔墙，构成双孔或多孔沉井，以改善井壁受力条件及均匀取土下沉。

方形、矩形沉井制造方便，受力有利，能充分利用地基承载力，与矩形墩台相融合。椭圆、端圆形沉井在控制下沉、受力条件、阻力冲刷等方面均较矩形、方形沉井有利，但施工较为复杂。对平面尺寸较大的沉井，可在沉井中设隔墙，构成双孔或多孔沉井，提高沉井的刚度，便于沉井均匀下沉，即使发生沉井偏斜，也可通过在适当的孔内挖土校正。多孔沉井承载力很高，适用于工作平面尺寸大的重型建筑物的基础。

4. 按沉井的竖向剖面形状不同分类

按沉井的立面形状的不同，可以分为圆柱形、阶梯形和锥形沉井，如图6-24所示。

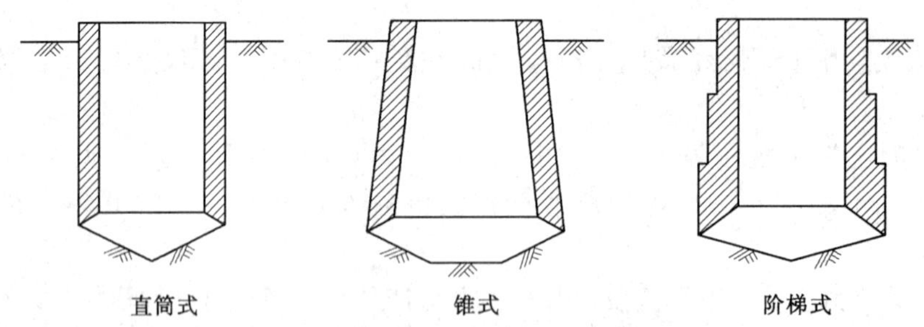

图6-24　沉井基础立面形状图

圆形沉井受周围土体的约束较均衡，下沉过程中不易发生倾斜，井壁接长较简单，模板可重复利用，但井壁侧阻力较大，当土体密实，下沉深度较大时，易出现下部悬空，造成井壁拉裂。故一般适用于入土不深或土质较松软的情况。

阶梯形沉井井壁平面尺寸随深度呈台阶形加大，阶梯可设在井壁内侧，也可设在井壁外侧。该结构使井壁抗侧力性能较为合理，若阶梯设在井壁外侧还可以减少土与井壁的摩阻力，使沉井下沉顺利，但施工较复杂，沉井下沉过程中易发生倾斜。考虑到井壁受力要求并避免沉井下沉使四周土体破坏的范围过大而影响近邻的建筑物，可将阶梯设在沉井内侧，而外侧保持直立。

锥形沉井的外壁带有斜坡，坡比一般为1/20～1/50。锥形沉井可减少沉井下沉时土的侧摩阻力，但这种沉井有下沉不稳且制作较难的缺点，故较少使用。

（三）沉井的结构

沉井结构一般包括刃脚、井壁、隔墙、井孔、封底、凹槽、顶盖和射水管等构造，如图6-25所示。

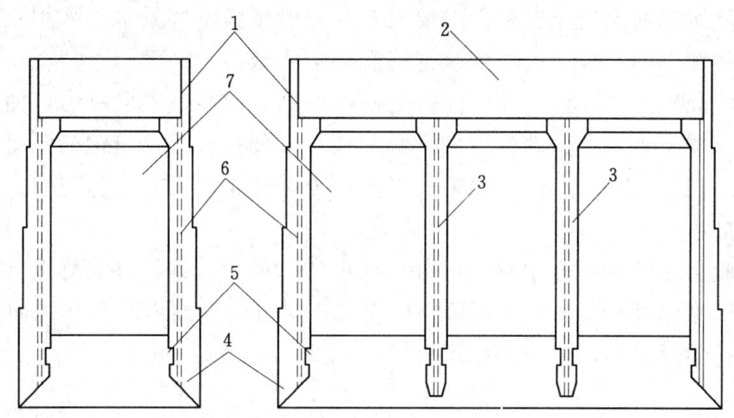

图6-25 沉井构造示意图

1—井壁；2—顶盖；3—内隔墙；4—刃脚；5—凹槽；6—射水管；7—井孔

1. 刃脚和井壁

刃脚位于沉井的最下部，形如刀刃，在沉井下沉的过程中起切土下沉的作用。

井壁为沉井的外壁，是沉井的主要部分，在沉井下沉过程中，它必须作为围堰结构而承受水、土压力所引起的弯曲应力，以及要有足够的自重，以克服井壁摩阻力而顺利下沉达到设计高程。沉井施工完毕，就成为建筑物的基础或基础的一部分而将上部结构的荷载传到地基上去。故井壁必须具有足够的强度和一定的厚度。因此，井壁厚度主要取决于沉井大小、下沉深度、土层的物理力学性质以及沉井能在足够的自重下顺利下沉的条件。井壁厚度一般在0.4～1.2m左右。

2. 隔墙

隔墙又称内壁，根据使用和结构上的需要，在沉井井筒内设置隔墙。隔墙的主要作用是加强沉井的整体刚度，减小井壁跨径以改善井壁受力条件，同时将沉井分隔为多个取土井，有利于挖土和下沉均衡，以便于纠偏。隔墙因不承受水土压力，所以，其厚度较井壁要薄。

隔墙的底面一般应比井壁刃脚踏面高出0.5～1.0m，以免土体顶住内墙妨碍沉井下沉，但当穿越软土层时，为了防止沉井“突沉”，也可与井壁刃脚踏面齐平。隔墙的厚度一般为0.5m左右。沉井在硬土层及砂类土层中下沉时，为了防止隔墙底面受土体的阻碍，阻止沉井纠偏或出现局部土反力过大，造成沉井断裂，故隔墙底面高出刃脚踏面的高度，可增加到1.0～1.5m。隔墙下部应设过人孔，供施工人员在各取土井间往来之用。过人孔的尺寸一般为0.8m×1.2m～1.1m×1.2m左右。

3. 井孔

井孔是指沉井内设置的纵横隔墙或纵横框架形成的格子，井孔尺寸应满足工艺要求。井孔是挖土的工作场所和通道。

4. 封底、凹槽和顶盖

当沉井下沉到设计标高，经过技术检验并对井底清理整平后，即可封底，以防止地下水渗入井内。封底可分为湿封底（水下灌注混凝土）和干封底两种。采用干封底时，可先铺垫层，然后浇筑钢筋混凝土底板，必要时在井底设置集水井排水；采用湿封底时，待水下混凝土达到强度，抽干积水后再浇筑钢筋混凝土底板。

为了使封底混凝土和底板与井壁间有更好的联结，以传递基底反力，使沉井成为空间结构受力体系，常于刃脚上方井壁内侧预留凹槽，以便在该处浇筑钢筋混凝土底板。凹槽高约1m，深度一般为15～30cm。凹槽的高度应根据底板厚度决定，主要为传递底板反力而采取的构造措施。

当封底混凝土达到设计强度时，可将井孔中的水抽干，并填以混凝土（其强度等级不低于C10）或其他材料。当井孔中不填料或仅填以砂砾时，则应在沉井顶面浇筑钢筋混凝土顶盖，以承托上部结构，顶盖的厚度一般为1.5～2.0m。

5. 射水管

当沉井在土质较好的土层中下沉深度较大，预计沉井自重力不足以克服井壁摩阻力时，可考虑在井壁中预埋设水管组。其作用是利用射水管压入高压水（一般水压不小于600kPa），把井壁四周的土冲松，减小摩阻力和端部阻力，使沉井平稳、较快地下沉到设计高程。布置射水管时应注意均匀，以利于控制水压和水量来调整下沉方向。

（四）沉井的特点及施工中的问题

沉井的优点是占地面积小，埋置深度可以很大，整体性强，稳定性好，承载力很高；井筒在施工过程中可做支承围护，不需另外的挡土结构，技术上操作简便，不需放坡，挖土量少，节约投资，施工稳妥可靠。通常适用于地基深层土的承载力大，而上部土层比较松软、易于开挖的地层，或由于建筑物的使用要求，基础埋深很大，或因施工原因，例如在已有浅基础邻近修建深埋较大的设备基础时，为了避免基坑开挖对已有基础的影响，也可采用沉井法施工。沉井有着广泛的工程应用，如桥梁、水闸、港口等工程中用于基础工程，市政工程中给、排水泵房，地下电厂，矿用竖井等，近年来也成为工业建筑物尤其是软土地下建筑物的主要基础类型。

沉井基础也有它的缺点：施工期较长；对细砂及粉砂类土地基，在井内抽水易发生流砂现象，造成沉井倾斜；在下沉过程中，若遇到大的障碍物或基岩表面高差过大，均会给施工带来一定困难等。

沉井在下沉过程中常会发生各种问题：如遇到大块石、残留基础或大树根等障碍物阻碍下沉，穿过地下水位以下的细、粉砂层时，大量砂土涌入井内，使沉井倾斜，这些都会对施工造成很大困难，甚至无法进行工作。因此，对于准备用沉井法施工的场地，必须事先做好地基勘探工作，并对可能发生的问题事先加以预防，当问题发生时，要及时采取措施进行处理。

二、沉箱基础

修筑深基础的另一种施工方法是沉箱法。凡在地下水面以下，且透水性很大的土层中含有难于处理的障碍物，或者基底需要经过特殊处理（如岩层表面需要凿去风化层或刻成深槽等）的情况下，沉井法不适用时，可采用沉箱法。

1. 沉箱基础的特点

沉箱犹如一个有盖无底的箱子，其平面尺寸与基础尺寸相同，顶盖上面装有特制的井管和气闸，工人在工作室内（即箱内）挖土，使沉箱在自重作用下沉入土中。当工作室进入水下时，可通过气闸和气管打入压缩空气，把工作室内的水排出，工人仍能在里面工作，故又叫压气沉箱。在室内不断挖土的同时在箱顶上不停地砌筑污工，一直沉到设计标高。然后用混凝土填死工作室，并撤去气闸和井管，建成基础，如图 6-26 所示。所以沉箱和沉井一样，其结构本身也是基础的一个组成部分。这种基础就叫做沉箱基础。

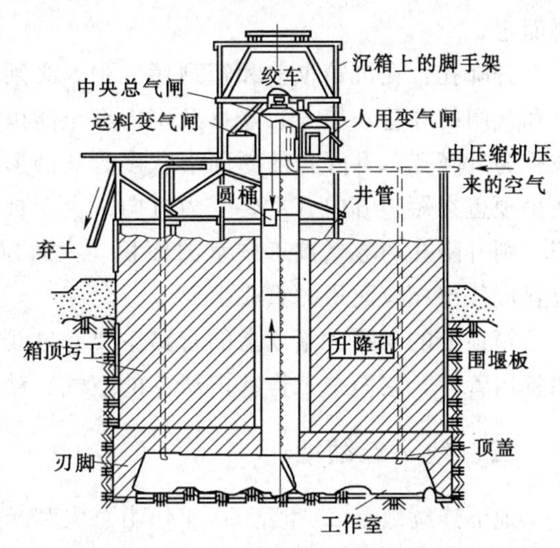

图 6-26 沉井基础构成及施工示意图

沉箱法的主要优点是：在下沉过程中能处理任何障碍物；可以直接鉴定和处理基底，不用水下混凝土封底，基础质量较为可靠。

其缺点是：工人要在高压空气中工作，不但工作效率较低，而且如不遵守有关操作规则，易引起沉箱病（一种严重的职业病）：又人体至多只能承受四个大气压，为安全计，沉箱的最大下沉深度是在水下 35m，使用范围受到限制，再者，沉箱作业需要许多复杂的施工设备，如气闸、压缩空气机站等，其施工组织比较复杂，进度较慢，故造价较高。由于这些缺点，新中国成立后，在铁路桥梁基础工程中已很少采用。

2. 沉箱的构造

沉箱最先是用钢材制成，因用钢过多，很不经济。后来多改用钢筋混凝土制作。也有用木筋混凝土、木料、石料制作，但都只局限于某些个别情况下才使用。

钢筋混凝土沉箱可以是实心，也可是空心。当沉箱自地面或人工岛面下沉，并且面积较小时，可采用实心钢筋混凝土沉箱。当沉箱面积较大时，则应采用空心沉箱，其目的是减轻沉箱本身的自重，以免在制造和撤垫木时产生过大沉降，和在开始下沉阶段，因下沉过速而难于控制方向。为了便于浮运，沉箱顶盖及刃脚均为空体的钢筋混凝土结构。

沉箱的主要构成部分为：工作室、顶盖、刃脚、箱顶污工、升降孔和箱顶的各种管路等，如图 6-28 所示。

工作室：工作室是指由其顶盖和刃脚所围成的工作空间，其四周和顶面均应密封不漏气。室内最小高度为 2.2m，如要装设水力机械，其顶面应提高 0.3m，即最小高度为 2.5m。

顶盖：顶盖即工作室的顶板，下沉期要承受高压空气向上的压力，后期则承受沉箱顶上污工的荷重，因此它应具有一定的厚度。

刃脚：沉箱刃脚的作用是为了切入土层，同时也作为工作室的外墙，它不仅要防止土和水进入室内，也要防止室内高压空气的外逸。由于刃脚受力很大，应作得非常坚固。

箱顶污工：箱顶污工即沉箱顶上的污工，也是基础的主要组成部分。在下沉过程中，不断砌筑箱顶污工，起到压重作用。污工可以砌成实体，也可沿周边砌成环状，视设计需要而定。

升降孔：在沉箱顶盖和箱顶污工中，必须要留出垂直孔道，以便在其中安装连通工作室和气闸的井管，使人、器材及室内弃土能由此上下通过，并经过气闸出入大气中，该孔被称为升降孔。升降孔的断面形状多为长圆形或矩形，其长轴应和沉箱短边平行，以尽量减少顶盖在短边方向（主要受力方向）由于被切断而造成的强度损失。如为人工挖土的沉箱，则升降孔的数量按工作室的面积，大致以每 90～100m^2 有一个升降孔为宜，而孔的位置应位于相应面积的重心上。

箱顶上的管路：箱顶上的管路主要有电线管、水管、进气管、排气管、风管、悬锤管和备用管等，它们是工作室内所需的空气、动力、通信和照明等一切来源的必经管道。

三、地下连续墙

地下连续墙是 20 世纪 50 年代由意大利米兰 ICOS 公司首先开发成功的一种新的支护型式。它是在泥浆护壁条件下，使用专门的成槽机械，在地面开挖一条狭长的深槽，然后在槽内设置钢筋笼，浇注混凝土，逐步形成一道连续的地下钢筋混凝土连续墙，用以作为基坑开挖时防渗、挡土和对邻近建筑物基础的支护以及直接成为承受上部结构荷载的基础的一部分。

1. 地下连续墙的特点

地下连续墙的优点是土方量小、施工期短、成本低，可在沉井作业、板桩支护等方法难以实施的环境中进行无噪音、无振动施工，并穿过各种土层进入基岩，无须采取降低地下水的措施，因此可在密集建筑群中施工，尤其是用于两层以上地下室的建筑物，可配合“逆筑法”施工（从地面逐层而下修筑建筑物地下部分的一种施工技术），而更显出其独特的作用。目前，地下连续墙已发展有后张预应力、预制装配和现浇预制等多种形式，其使用日益广泛，目前在泵房、桥台、地下室、箱基、地下车库、地铁车站、码头、高架道路基础、水处理设施，甚至深埋的下水道等，都有成功应用的实例。

地下连续墙的成墙深度由使用要求决定，大都在 50m 以内，墙宽与墙体的深度以及受力情况有关，目前常用 600mm 及 800mm 两种，特殊情况下也有 400mm 及 1200mm 的薄型及厚型地下连续墙。

2. 地下连续墙的施工

作为基坑支护结构的地下连续墙常用的施工工序如下：

修筑导墙：沿设计轴线两侧开挖导沟，修筑钢筋混凝土（或钢、木）导墙，以供成槽机械钻进导向、维护表土和保持泥浆稳定液面。导墙内壁面之间的净空应比地下连续墙设计厚度加宽40～60mm，埋深一般为1～2m，墙厚0.1～0.2m。

制备泥浆：泥浆以膨润土或细粒土在现场加水搅拌制成，用以平衡侧向地下水压力和土压力，保护槽壁不致坍塌，并起到携渣、防渗等作用。泥浆液面应保持高出地下水位0.5～1.0m，比重（1.05～1.10）应大于地下水的比重。其浓度、黏度、pH值、含水量、泥皮厚度以及胶体率等多项指标应严格控制并随时测定、调整，以保证其稳定性。

成槽：成槽是地下连续墙施工中最主要的工序，对于不同土质条件和槽壁深度应采用不同的成槽机具开挖槽段。例如大卵石或孤石等复杂地层可用冲击钻；切削一般土层，特别是软弱土，常用导板抓斗、铲斗或回转钻头抓铲。采用多头钻机开槽，每段槽孔长度可取6～8m，采用抓斗或冲击钻机成槽，每段长度可更大。墙体深度可达几十米。

槽段的连接：地下连续墙各单元槽段之间靠接头连接。接头通常要满足受力和防渗要求，并施工简单。国内目前使用最多的接头型式是用接头管连接的非刚性接头。在单元槽段内土体被挖除后，在槽段的一端先吊放接头管，再吊入钢筋笼，浇筑混凝土，然后逐渐将接头管拔出，形成半圆形接头。

地下连续墙既是地下工程施工时的围护结构，又是永久性建筑物的地下部分。因此，设计时应针对墙体施工和使用阶段的不同受力和支承条件下的内力进行简化计算，或采用能考虑土的非线性力学性状以及墙与土的相互作用的计算模型以有限单元法进行分析。

思　考　题

6-1　试简述桩基础的适用场合及设计原则。

6-2　试分别根据桩的承载性状和桩的施工方法对桩进行分类。

6-3　简述单桩在竖向荷载下的工作性状及其破坏性状。

6-4　什么叫负摩阻力、中性点？如何确定中性点的位置及负摩阻力的大小？

6-5　何谓单桩竖向承载力特征值？其与标准值设计值有何异同？

6-6　何谓群桩效应？如何验算桩基竖向承载力？

6-7　在工程实践中如何选择桩的直径、桩长以及桩的类型？

6-8　如何确定承台的平面尺寸及厚度？设计时应做哪些验算？

6-9　何为深基础？深基础有哪些类型？适用于什么条件？深基础与浅基础有何差别？

6-10　何为桩基础？桩基由哪几部分组成？适用范围如何？

6-11　桩有哪些类别，常用桩的特点和适用性如何？

6-12　试简述桩基础的适用场合及设计原则。

6-13　单桩竖向承载力标准值与设计值有何关系？工程中如何确定？

6-14　试分别根据桩的承载性状和桩的施工方法对桩进行分类。

6-15　试述桩土荷载传递的发展过程，结合单桩内力、桩侧摩阻与位移的分布，说明桩的破坏模式和极限承力的取值准则。

6-16　单桩承载力由哪两部分组成？如何确定单桩竖向承载力特征值？

6-17　试述深度效应和负摩阻力的概念。

6-18　试述群桩效应的概念和群桩效应系数的意义。

6-19　什么情况下需要验算桩基沉降？验算的要求和方法如何？地基沉降计算深度的定义是什么？

6-20　承台的破坏形式主要有哪些？承台的构造要求主要有哪些方面的内容？

6-21　桩基础的设计原则主要有哪些？设计的一般步骤是什么？

6-22　选择桩的类型、几何尺寸及其布置方式，需具体确定哪些项目（或参数）？

6-23　何谓群桩？群桩效应与承台效应如何计算？群桩承载力与单桩承载力之间有何内在联系？

6-24　桩基设计包括哪些内容？偏心受压情况下，桩的数量如何确定？桩基础初步设计后，还需要进行哪验算？如果验算不满足要求，应如何解决？

6-25　沉井基础有何特点？如何选择沉井基础类型？

6-26　沉井的基本组成及各部分的作用如何？沉井制作时分节高度应考虑哪些因素？

6-27　试述沉井下沉的挖土方法及适用条件。

6-28　沉井封底方法有哪几种？沉井下沉会遇到哪些问题？如何解决？

6-29　试简述墩基础、沉井基础、地下连续墙的基本概念及施工工序。

习　题

6-1　如图6-27所示，已知桩基础承台埋深2m，桩长10m（从承台底面算起，不包括桩尖），桩的入土深度采用桩长，采用截面边长400mm×400mm的方形钢筋混凝土预制桩，桩的中心距$s_a=1600$mm，求：

（1）若按复合基桩考虑，取$q_{ck}=200$kPa，求基桩竖向承载力设计值R。

（2）若按非复合基桩考虑，求基桩竖向承载力设计值R。

（3）若按静载荷试验得出单桩竖向极限承载力标准值$Q_{uk}=1500$kN，求复合基桩的竖向载力设计值R。

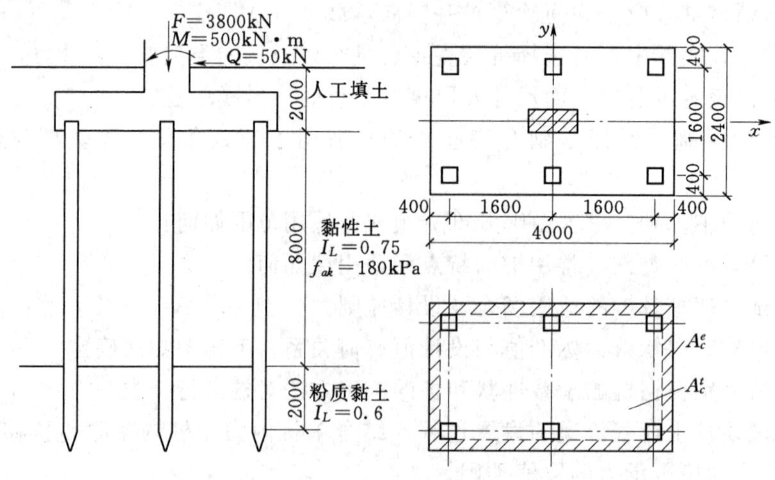

图6-27　习题6-1图

6-2　某二级建筑桩基如图 6-28 所示，柱截面尺寸为 450mm×600m，作用于基础顶面的荷载特征值为：F=2000kN，M=300kN·m（作用于长边方向），H=100kN，拟采用截面为 350mm×350mm 的预制混凝土方桩（摩擦桩），桩长 10m，已确定基桩竖向承载力特征值 R=500kN，水平承载力特征值 R_h=50kN，承台混凝土强度等级为 C25，配置 HRB335 级钢筋，试设计该桩基础（不考虑承台效应）。

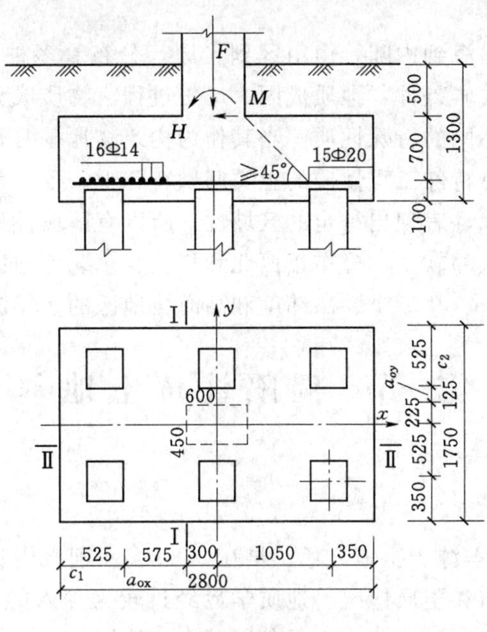

图 6-28　习题 6-2 图

第七章　特殊地基与人工地基

我国地域辽阔，从沿海到内陆，由山区到平原，分布着多种多样的土类。某些土类，由于不同的地理环境、气候条件、地质成因、历史过程、物质成分和次生变化等原因，而各具有与一般土类显然不同的特殊性质。当其作为构筑物地基时，如不注意这些特性，可能引起事故。人们把具有特殊工程性质的土类叫做特殊土。各种天然形成的特殊土的地理分布，存在着一定的规律，表现出一定的区域性，所以有区域性特殊土之称。我国的特殊土主要有沿海和内陆地区的软土，分布于西北和华北、东北等地区的湿陷性黄土以及分散于各地的膨胀土、红黏土、盐渍土、高纬度和高海拔地区的多年冻土。

第一节　湿陷性黄土地基

一、黄土及其分布

黄土古称“黄壤”，本源于土地之色。早在2300多年前我国古典文献《禹贡》中就已经记载了我国黄土的分布和土质情况。地质学界经过较为深入的研究，于19世纪中叶对黄土进行了科学定名，一般认为黄土应具备以下全部特征：

（1）为风力搬运沉积，无层理。

（2）颜色以黄色、褐黄色为主，有时呈灰黄色。

（3）颗粒组成以粉粒为主，含量一般在60%以上，几乎没有粒径大于0.25mm的颗粒。

（4）富含碳酸钙盐类。

（5）垂直节理发育。

（6）一般有肉眼可见的大孔隙。

当缺少其中的一项或几项特征时，称为黄土状土或次生黄土，满足前述所有特征的称为原生黄土或典型黄土。

黄土在世界范围内的分布面积大约有1300万km^2，在我国也有63万余km^2，其中原生黄土的分布面积约有38.1万km^2，主要分布在我国的黄河流域的甘、陕、晋大部分地区以及豫、冀、鲁、宁夏、内蒙古等省、自治区。除黄河流域外，在新疆天山南北的塔里木盆地和准格尔盆地以及东北的松辽平原也有黄土分布，其他地方为零星分布。以甘肃的陇西、陇东地区，陕西的陕北地区、关中地区的黄土性质最为典型。黄土（原生和次生黄土，以下简称黄土）一般在天然含水状态下具有较高的强度和较小的压缩性，但遇水浸湿后，有的即使在自身重力作用下也会发生剧烈而大量的变形，强度也随之迅速降低。黄土在一定压力下受水浸湿后结构迅速破坏而发生附加下沉的现象称为湿陷。浸水后发生湿陷的黄土称为湿陷性黄土。湿陷性黄土按其湿陷起始压力的大小又可分为自重湿陷性黄土和非自重湿陷性黄土。

我国黄土的形成经历了地质时代中的整个第四纪时期，按形成的年代可分为老黄土和新黄土，各层黄土形成年代和成因如表 7-1 所示。

表 7-1　　黄土地层划分和特性

年代		黄土名称			成因		备注
全新世 Q_4	近期	—	新黄土	新近堆积黄土	次生黄土	以水成为主	一般具有湿陷性，常具有高压缩性
	早期	—		一般湿陷性黄土			
晚更新世 Q_3		马兰黄土	老黄土		原生黄土	以风生成为主	一般具有湿陷性
中更新世 Q_2		离石黄土		非湿陷性黄土			
早更新世 Q_1		午城黄土					无湿陷性

表 7-1 中的午城黄土其标准剖面首先在山西隰县午城镇找到，故定名为午城黄土；离石黄土的标准剖面首先在山西离石县找到，故由此而定名；马兰黄土的标准剖面首先在北京西北的马兰山谷阶地上找到，并因此而得名。

属于老黄土的地层有午城黄土（早更新世，Q_1），和离石黄土（中更新世，Q_2）。前者色微红至棕红，而后者为深黄及棕黄。老黄土的土质密实，颗粒均匀，无大孔或略具大孔结构，除离石黄土层上部有轻微湿陷性外，一般不具湿陷性，常出露于山西高原、豫西山前高地，渭北高原、陕甘和陇西高原地区。

新黄土是指覆盖于离石黄土层之上的马兰黄土（晚更新世，Q_3），以及全新世（Q_4）中各成因的次生黄土，沉积历史约在 15 万年以内。色褐黄至黄褐。马兰黄土及全新世早期黄土土质均匀或较为均匀，结构疏松，大孔发育，一般具有湿陷性，主要分布在黄土地区的河岸阶地上。全新世近期新近堆积的黄土其形成历史较短，有的甚至只有几十到几百年的历史。其土质不均，结构松散，大孔排列杂乱，多虫孔，孔壁有白色碳酸盐粉末状结晶。它在外貌和物理性质量与马兰黄土可能差别不大，但其力学性质则远逊于马兰黄土，一般有湿陷性，变形很敏感，呈现高压缩性，固结程度差，其承载力特征值一般为 75～130kPa。新近堆积黄土多分布于河漫滩、低级阶地、山间洼地的表层，黄土塬、梁、峁的坡脚，洪积扇或山前坡积地带及河流冲积地段。

《湿陷性黄土地区建筑规范》（GBJ 50025—2004）（以下简称《黄土规范》）在调查和搜集各地区湿陷性黄土的物理力学性质指标，水文地质条件，湿陷性资料基础上，综合考虑各区域的气候、地貌、地层等因素，将我国湿陷性黄土进行了工程地质分区，共划分为陇西（Ⅰ）、陇东—陕北—晋西（Ⅱ）、关中（Ⅲ）、山西—晋北（Ⅳ1、Ⅳ2）、河南（Ⅴ）、冀鲁（Ⅵ1、Ⅵ2、Ⅵ3）、边缘地区（Ⅶ1、Ⅶ2、Ⅶ3、Ⅶ4）等七个区，以供工程技术人员参考。

二、湿陷性黄土的基本性质

1. 颗粒组成

如前所述，湿陷性黄土的颗粒组成以粉土颗粒为主，一般占总质量的 60%以上。而粉土中又以0.05～0.01mm的粗粉土颗粒为多，小于0.005mm的黏土颗粒含量少，大于0.1mm的细砂颗粒含量在5%以内，大于0.25mm的中砂以上的颗粒则很少见到。此外，黄土中还含有大量的碳酸盐、硫酸盐和氯化物等可溶盐类。从区域特点上看，黄土颗粒有从西北向东南逐渐变细的趋势。

2. *矿物成分*

湿陷性黄土的粗颗粒的主要矿物成分是石英和长石，黏土颗粒的主要成分是中等亲水性的伊利石，以及一些水溶性盐类物质，这些盐类物质呈固态或半固态分布在各种颗粒的表面。

3. *黄土的结构*

黄土的结构是在黄土发育的整个历史过程中形成的。干旱半干旱的气候条件是下黄土形成的必要条件。季节性的少量雨水把松散的粉粒黏聚起来，而长期的干旱使水分不断蒸发，于是少量的水分以及溶于水中的盐类都集中到较粗颗粒的表面和接触点处，可溶盐逐渐浓缩沉淀而成为胶结物，形成以粗粉粒为主体骨架的蜂窝状大孔隙结构（图7-1）。

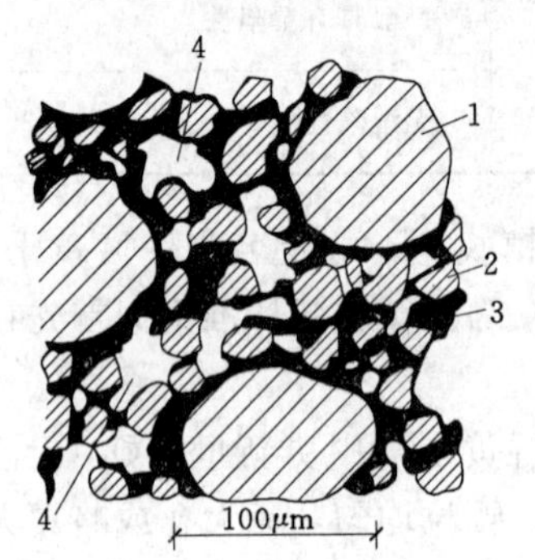

图7-1 黄土结构示意图
1—砂粒；2—粗粉粒组；3—胶结物；4—大孔隙

4. *黄土的构造*

由于黄土是在干旱半干旱的气候条件下形成的，随着干旱季节的来临，黄土因失去大量水分而体积收缩，在土体中形成许多竖向裂隙，使黄土具有了柱状构造。干旱地区的雨季集中而短促，每年雨季来临，大气降水将黄土中的水溶性盐类物质溶解并沿着土中的孔隙下渗。干旱季节来临时土中的水分蒸发逃逸，溶解的盐类物质在水分蒸发的同时在下渗线附近重新结晶并残存下来。来年这样的过程重新出现。如此年复一年的淋滤使地表的土体因失去大量碳酸钙类可溶盐物质而逐渐变红（不溶性的铁、铝等元素含量相对增加的结果），并使以碳酸钙为主的可溶性盐类物质在下渗线不断富集并形成钙质结核。淋滤时间更长时就会在黄土中形成钙质结核层。结核构造是黄土的一个重要构造特征，结核层也常是黄土地层划分的重要判别标志。

黄土状土区别于原状黄土的最明显标志是其明显的层理构造。

5. *湿陷性黄土的物理性质*

我国湿陷性黄土的几个主要物理性质指标自然值的范围如下：

土粒相对密度：2.69～2.74，多数为2.70～2.72。

密度：1.33～1.81g/m^3，多数为1.40～1.69 g/m^3。

干密度：1.14～1.69 g/m^3，多数为1.25～1.33 g/m^3。

天然含水量：3.3%～25.3%，塬、梁、峁上的黄土，多数为6.0%～10%，低级阶地上的黄土，多数为11.0%～21%。

孔隙比0.78～1.50，多数为0.85～1.24。

液限：20%～35%，多数为25%～31%。

塑性指数：6.7～17.5，多数为9～12。

从区域特点上看，我国湿陷性黄土物理性指标的变化规律是：一般指标大体上由西北向南逐渐增大，孔隙比则由大变小。但需要指出的是，上述指标中，含水量不仅随所处的位置、埋深不同而变化，而且会随季节不同而变化。

6. 湿陷性黄土的力学性质

湿陷性是湿陷性黄土最为主要的力学性态。除湿陷性以外，湿陷性黄土的其他力学性质主要包括压缩变形性质和强度性质。

压缩变形是指黄土在天然含水状态下受外力作用所产生的变形，它不包括受力状态下黄土受水浸湿后的湿陷变形。同其他土体一样，黄土的压缩变形或压缩性质指标主要包括压缩系数、压缩模量和变形模量，分别用符号 α_{1-2}、E_s、E_0 来表示。

土的压缩性高低判别方法也和普通土一样。我国黄土压缩系数一般在 0.1～1.0MPa^{-1}之间，但也常有大于 1.0MPa^{-1}和小于 0.1MPa^{-1}的情况出现。除受到土的含水量影响以外，和成土历史也有一定的关系。中更新世末期和晚更新世早期形成的黄土其压缩性一般为中等偏低，晚更新世末期和全新世时期的黄土则多为中偏高压缩性或高压缩性土，新近堆积的黄土其压缩性可高达 1.5～2MPa^{-1}。土的压缩模量一般在室内土工试验通过换算求得，其单位为 MPa；现场则由载荷试验确定，由变形模量换算成压缩模量。室内与现场载荷试验所得的值一般不相等，由载荷试验所换算的要大很多。

在绝大多数工程条件下，土体的破坏呈现为剪切破坏。因此通常意义上的土的强度指标就是指其抗剪强度指标。黄土的抗剪强度指标大小除与土的颗粒组成、矿物成分、黏粒和可溶盐含量以及形成的地质年代等有关外，主要取决于土的含水量和密实程度。含水量越低，密实度越高，则其抗剪强度就越大。要预估土中含水量增大可能引起的强度变化，就必须了解不同含水量时土的抗剪强度大小，例如，由于地下水位上升而形成的毛细水上升高度范围内或由于管道等人为构筑物缓慢渗漏使周围土中含水量的逐渐增大而引起的强度变化。

当黄土的天然含水量低于塑限时，水分变化对强度影响最大，表 7-2 是在直剪仪中用慢剪法得出的试验结果，可见当含水量由 7.8%增加到 18.2%时，内摩擦角和黏聚力都降低 1/4 左右。

表 7-2　　含水量低于塑限时黄土抗剪强度的变化

w(%)	w_p(%)	φ(°)	c(kPa)	w(%)	w_p(%)	φ(°)	c(kPa)
7.8	19.3	23	42	16.3	20.7	18	29
9.3	18.2	23	45	18.2	19.3	17	32
13.1	19.3	18	36				

当天然含水量超过塑限时，随含水量的增加，土抗剪强度降低的幅度较小，超过饱和含水量时，抗剪强度变化不大。

表 7-3 为黄土地区几个重要城市土的抗剪强度指标。

表 7-3　　黄土地区几个重要城市土的抗剪强度指标

城市	φ(°)	c(kPa)	城市	φ(°)	c(kPa)
兰州	20.0	25	洛阳	18.0	27
西安	21.5	27	西宁	23.5	25

7. 湿陷性黄土的渗透性

在许多工程条件下，都需要了解或掌握黄土的渗透性。例如深基坑工程进行降水时，需要掌握土的渗透性以确定单位时间抽水量的大小和降水影响的周围环境范围大小；渠道工程需要掌握土的渗透性以计算水流在渠道中的渗失量；用预浸水法进行地基处理时需要通过渗透性来估算处理范围和处理深度；如此等。但直至目前有关黄土渗透性的研究进行得还很不够。目前得到的研究资料显示黄土竖向的渗透系数 $k_v=1.6\times10^{-6}\sim3.0\times10^{-6}$ mm/s，水平向的渗透系数 $k_h=8.0\times10^{-7}\sim1.0\times10^{-6}$mm/s。

前苏联曾对 7 种不同类型的黄土做过 47 次试验，发现黄土中不存在起始渗流梯度问题。也就是说，一旦水力梯度大于零，黄土就开始发生渗流，因此很多人建议黄土中的渗流计算可直接引用砂类土的达西定律。

三、黄土的失陷原因和影响因素

黄土湿陷的内部原因首先在于黄土的内部结构——蜂窝状大孔隙结构及其物质成分。黄土发生湿陷的外部原因或是由于地基土浸水受湿（自重湿陷性黄土），或是由于浸水受湿和压力的共同作用（非自重湿陷性黄土）。

在天然情况下，由于胶结物的凝聚和结晶作用、共用结合水的联结作用以及毛细作用、负孔隙压力作用等，黄土的颗粒被牢固地黏结着或固定在原有位置上，黄土地基就表现出较高的强度和抵抗压缩变形的能力。但当黄土受水浸湿或在一定外部压力作用下受水浸湿时，结合水膜增厚并楔入颗粒之间，于是结合水联系减弱，盐类溶于水中，各种胶结物软化，结构强度降低或失效，使黄土的骨架强度降低，土体在上覆土层的自重压力或在自重压力与附加压力共同作用下，其结构迅速破坏，大孔隙塌陷，导致黄土地基产生附加的湿陷变形。这就是黄土产生湿陷现象的内在过程。

黄土中胶结物的多寡和成分，以及颗粒的组成和分布，对于黄土的结构性大小和湿陷性强弱有着重要的影响。胶结物含量大，可把骨架颗粒包围起来，则结构致密。黏粒含量多，并且均匀分布在骨架之间，在填充着土体孔隙的同时还起了一定的胶结物的作用。这些情况都会使湿陷性降低并使力学性质得到改善。反之，粒径大于 0.05mm 的颗粒增多，胶结物多呈薄膜状分布，骨架颗粒多数彼此直接接触，则结构疏松，强度降低而湿陷性增强。此外，黄土中的盐类，如以较难溶解的碳酸钙为主而具有胶结作用时，湿陷性减弱，但石膏及易溶盐的含量增大时，湿陷性增强。

黄土的湿陷性还与孔隙比、含水量以及所受压力的大小有关。天然孔隙比愈大，则湿陷性愈强。在天然孔隙比和含水量不变的情况下，随着压力的增大，黄土的湿陷量增加，但当压力超过某一数值后，再增加压力，湿陷量反而会减少。实验研究还发现，黄土的湿陷性随着天然含水量增加而减弱，当含水量相同时，黄土的湿陷变形量随浸湿程度的增加而加大。

综上所述，影响黄土湿陷性的主要因素包括黄土的微观结构、黄土的物质组成情况、黄土的物理性质（主要是含水量和孔隙比或干密度）和作用压力。从本质上讲，黄土发生湿陷变形的过程就是欠固结土在饱和或半饱和状态下的固结过程。

四、湿陷性黄土地基的评价

（一）湿陷系数和自重湿陷系数

黄土是否具有湿陷性，以及湿陷性的强弱程度如何，应该用一个数值指标来加以判定。如上所述，黄土的湿陷量与所受的压力大小有关。所以评价黄土是否具有湿陷性及其湿陷性强弱时，就需要给定某一固定的压力，讨论黄土在该压力作用下浸水后的湿陷性及其大小。衡量黄土是否具有湿陷性及湿陷性大小的指标是湿陷系数 δ_s。湿陷系数是单位厚度的黄土土样在给定的工程压力作用下，受水浸湿后所产生的湿陷量，其值由室内压缩试验测定。在压缩仪中将原状试样逐级加压到规定的压力 p，等土样变形不再发展时（压缩稳定后）测得试样高度 h_p，然后加水浸湿土样，测得下沉稳定后的高度 h'_p，设土样的原始高度为 h_0，则按下式计算土的湿陷系数 δ_s

$$\delta_s = \frac{h_p - h'_p}{h_0} \tag{7-1}$$

室内试验中用以测定湿陷系数的压力 p，应采用地基中黄土实际受到的压力较为合理的，但在初勘阶段，建筑物的平面位置、基础尺寸和基础埋深等尚未决定，以实际压力测定湿陷系数、评定黄土的湿陷性存在不少具体问题和困难。因而《黄土规范》规定，自基础底面算起（初步勘察时，自地面下 1.5m 算起）的 10m 内的土层用 200kPa 作为工程压力测定黄土的湿陷系数；对于 10m 以下至非湿陷性土层顶面范围内的土层，应用其上覆土的饱和自重压力（当上覆土的饱和自重压力大于 300kPa 时，仍应用 300kPa）；如基底压力大于 300kPa 时，宜用实际压力判别黄土的湿陷性（测定其湿陷系数）。对于基底下 5m 以内的压缩性较高的新近堆积黄土，宜用 100～150kPa 压力。相关规定可参见《黄土规范》。

当土的湿陷系数 $\delta_s<0.015$ 时，应定其为非湿陷性黄土；$\delta_s \geqslant 0.015$ 时，宜用实际压力判别黄土的湿陷性。

工程实践和室内试验研究表明，有的黄土即使仅在自重为作用下浸水就已经显示了湿陷特性。而在非湿陷性黄土地区仅在自重应力（上覆土的饱和自重压力）作用下就发生湿陷的黄土被称为自重湿陷性黄土，作用压力超过自重压力才发生湿陷性黄土称为非自重湿陷性黄土。为了区分、测定黄土是否具有自重湿陷性，需要用一个楷标来进行判别和鉴定，该指标就是自重湿陷系数。即单位厚度的黄土土样在上覆土的饱和自重压力作用下（考虑多数情况下黄土浸水是自上而下发生的），受水浸湿后所产生的湿陷量。

在压缩仪中将原状试样加压到上覆土的饱和自重压力 σ_{cz}，等土样变形不再发展时（压缩稳定后）测得试样高度 h_z，然后加水浸湿土样，测得下沉稳定后的高度 h'_z、设土样的原始高度为 h_0，则按下式计算黄土的自重湿陷系数 δ_{zs}

$$\delta_{zs} = \frac{h_z - h'_z}{h_0} \tag{7-2}$$

《黄土规范》规定，当土的自重湿陷系数 $\delta_{zs}<0.015$ 时，定其为非自重湿陷性黄土；$\delta_{zs}>0.015$ 时，定其为自重湿陷性黄土。

（二）湿陷起始压力

如上所述，黄土的湿陷量是压力的函数。因此，即使对于具有湿陷性的黄土，也存在着一个压力界限值，压力低于这个数值，黄土即使浸水也不会发生湿陷变形。这个界限压力值被称为湿陷起始压力 p_{sh}（kPa），是一个有一定实用价值的指标。如在非自重湿陷性黄土地基上进行荷载不大的基础和土垫层设计时，在经济、可能的情况下，可以适当加宽基础底面尺寸或加厚土垫层厚度，使基底压力或垫层底面总压力（自重应力与附加应力之和）不超过受力层黄土的湿陷起始压力，这样即使地基浸水也可避免湿陷的可能性。

湿陷起始压力可用室内压缩试验或野外载荷试验确定。不论室内或野外试验，都有双线法和单线法两种。

采用双线法试验，应在同一取土点的同一深度处，以环刀切取 2 个试样。一个试样在天然湿度下分级加荷，另一个在天然湿度下加第一级荷重，下沉稳定后浸水，待湿陷稳定后再分级加荷。分别测定第一个试样在各级压力作用下的稳定高度 h_p 和第二个试样（浸水试样）在各级压力作用下的稳定高度 h'_p，即可绘出不浸水试样的 $p-h_p$ 曲线和浸水试样的 $p-h'_p$ 曲线，如图 7-2 所示。按定义式（7-1）计算各级荷载下的湿陷系数 δ_s，从而绘制 $p-\delta_s$ 曲线。在曲线上与 δ_s 为 0.015 所对应的压力即为湿陷起始压力 p_{sh}。以上测定 p_{sh} 的方法，因需要绘制两条压缩曲线，所以被称为双线法。

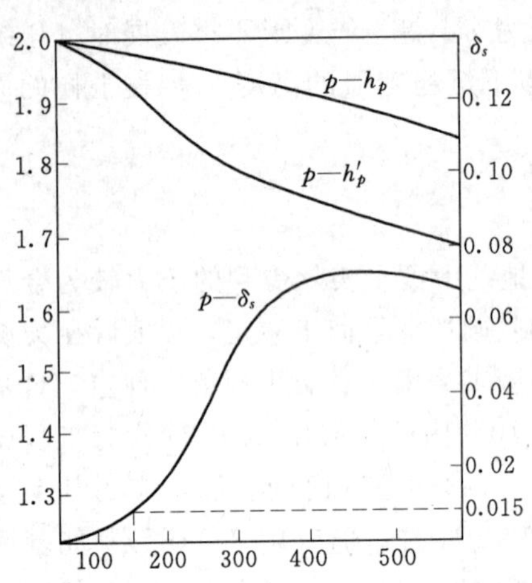

图 7-2　双线法测定湿陷起始压力

采用单线法测定湿陷起始压力时，应在同一取土点的同一深度处，至少以环刀取 5 个试样。各试样均分别在天然湿度下分级加荷至不同的规定压力。待下沉稳定测定土样高度 h_p 后浸水，并测定湿陷变形稳定后的土样高度 h_p。绘制 $p—\delta_s$ 曲线以确定 p_{sh} 值。

试验结果表明：黄土的湿陷起始压力随着土的密度、湿度、胶结物含量以及土的埋藏深度等的增加而增加。

（三）建筑场地的湿陷类型和地基的湿陷等级

1. 建筑场地的湿陷类型划分

自重湿陷性黄土在没有外荷载的作用下，浸水后也会迅速发生剧烈的湿陷。这使得即使一些很轻的建筑物也难免遭受破坏。而非自重湿陷性黄土地区这种情况却相对少见。因此，对于湿陷类型的不同的黄土地基，所采取的设计和施工措施也应有所区别。在黄土地区地基勘察中，应按实测自重湿陷量或计算自重湿陷量来判定建筑场地的湿陷类型。实测自重湿陷量应根据现场试坑浸水试验确定。

计算自重湿陷量则按下式计算

$$\Delta_{zs} = \beta_0 \sum_{i=1}^{n} \delta_{zsi} h_i \tag{7-3}$$

2. 湿陷性黄土地基的湿陷等级

湿陷性黄土地基的湿陷等级应根据基底下各土层累计的总湿陷量（计算所得）和计算自重湿陷量的大小综合判定。总湿陷量按下式计算

$$\Delta_s = \beta \sum_{i=1}^{n} \delta_{si} h_i \tag{7-4}$$

式中　δ_{si}、h_i——第 i 层土的湿陷系数和厚度，cm；

β——考虑黄土地基侧向挤出和浸水几率等因素的修正系数，基础底面下5.0m（或压缩层）深度范围内可取1.5，其下的范围对非自重湿陷性场地可取0.0，对自重湿陷性场地取值为 β_0（按区域取不同值）。

计算 Δ_s 时，土层厚度自基础底面（初勘时自地面下1.5m算起：对非自重湿陷性黄土场地，累计至基础底面下5.0m（或压缩层）深度（含非湿陷性土层在内）为止；对自重湿陷性黄土场地，应根据建筑物类别和地区建筑经验决定。其中非湿性土层不参与累计。湿陷性黄土地基湿陷性等级见表7-4。

表7-4　湿陷性黄土地基的湿陷等级

总湿陷量 Δ_s（cm）	湿陷类型		
	非自重湿陷性场地	自重湿陷性场地	
	计算自重湿陷量（cm）		
	$\Delta_{zs} \leqslant 7$	$7 < \Delta_{zs} \leqslant 35$	$\Delta_{zs} > 35$
$\Delta_s \leqslant 30$	Ⅰ（轻微）	Ⅱ（中等）	—
$30 < \Delta_s \leqslant 60$	Ⅱ（中等）	Ⅱ或Ⅲ	Ⅲ（严重）
$\Delta_s \geqslant 30$	—	Ⅲ（严重）	Ⅳ（很严重）

注　1. 当总湿陷量 $30\text{cm} < \Delta_s < 50\text{cm}$，计算自重湿陷量 $7\text{cm} < \Delta_{zs} < 30\text{cm}$ 时，可判Ⅱ级。
2. 当总湿陷量 $\Delta_s \geqslant 50\text{cm}$，计算自重湿陷量 $\Delta_{zs} \geqslant 30\text{cm}$，可判Ⅲ级。

Δ_s 是湿陷性黄土地基在规定压力下浸水后可能发生的湿陷变形量，设计时应按黄土地基湿陷等级考虑相应的设计措施。在同样情况下，地基湿陷等级愈高，设计措施要求也愈高。

【例7-1】　关中地区某建筑的场地初勘时，3号探井的土工试验资料如表7-5所示，试确定该场地的湿陷类型和地基的湿陷等级。

表7-5　［例7-1］表

土样编号	取土深度（m）	比重 d_s	孔隙比 e	重度 γ（kN/m³）	δ_s	δ_{zs}	备注
3-1	1.5	2.70	0.975	17.8	0.085	0.002*	10.5m以下全是非湿陷性黄土
3-2	2.5	2.70	1.100	17.4	0.059	0.013*	
3-3	3.5	2.70	1.215	16.8	0.076	0.022	
3-4	4.5	2.70	1.117	17.2	0.028	0.012*	
3-5	5.5	2.70	1.126	17.2	0.094	0.031	
3-6	6.5	2.70	1.300	16.5	0.091	0.075	
3-7	7.5	2.70	1.179	17.0	0.071	0.060	
3-8	8.5	2.70	1.072	17.4	0.039	0.012*	

续表

土样编号	取土深度（m）	比重 d_s	孔隙比 e	重度 γ（kN/m^3）	δ_s	δ_{zs}	备注
3-9	9.5	2.70	0.787	18.9	0.002*	0.001*	10.5m 以下全是非湿陷性黄土
3-10	10.5	2.70	0.778	18.9	0.001*	0.008*	

注　γ 按 $S_r=0.86$ 计，单位 kN/m^3；

＊表示 $\delta_s<0.015$，计算时不予累计。

解：（1）计算自重湿陷量。

因场地挖方的厚度和面积都较大，自重湿陷量应自设计地面起累计至其下全部湿陷性黄土层的底面为止。对关中地区

$$\beta_0=0.9$$

$$\begin{aligned}\Delta_{zs}&=\beta_0\sum_{i=1}^{n}\delta_{zsi}h_i=0.9\times(0.022\times100+0.031\times100\\&\quad+0.075\times100+0.06\times100)\\&=0.9\times188=169.2(\text{cm})>7\text{cm}\end{aligned}$$

故该建筑场地应判定为自重湿陷性黄土场地。

（2）地基的总湿陷量计算：对自重湿陷性黄土地基，根据建筑物的建筑类别，按地区建筑经验，在关中地区应自基础底面算起至全部湿陷性土层底面处为止，其中非湿陷性土层的湿陷量不予累计。其中基底下 0～5m 深度范围内，取 $\beta=1.5$；基底下 5～10m 深度范围内 $\beta=1.0$。

$$\begin{aligned}\Delta_s&=\beta\sum_{i=1}^{n}\delta_{si}h_i=1.5\times(0.085\times50+0.059\times100+0.076\times100+0.028\\&\quad\times100+0.094\times100+0.091\times50)\\&\quad+1.0\times(0.091\times50+0.071\times100+0.039\times100)\\&=1.5\times34.5+1.0\times15.55=67.3(\text{cm})\end{aligned}$$

以上算式中的两个括号内的计算内容分别为 1.5m 以下 5m 范围内和其下深度达 10m 范围内湿陷量，根据《黄土规范》的表 4.4.7，该湿陷性黄土地基的湿陷等级可判为Ⅲ级（严重）。

五、湿陷性黄土地基的工程措施

进行建筑设计和施工时，除了应当遵循一般地基土的设计施工原则外，还应当考虑黄土地基湿陷性的特点与工程要求，因地制宜地采用以地基处理为主的综合措施，这些措施有地基处理、防水措施和结构措施。

（一）地基处理

其目的在于破坏湿陷性黄土的大孔隙结构，以便部分或全部消除建筑物地基的湿陷性，并达到减小地基沉降和提高地基承载力的目的，从根本上避免或削弱湿陷现象的发生。工程实践中，对甲类建筑，应消除地基的全部湿陷量或用桩体穿透全部湿陷性土层；对乙、丙类建筑应消除地基的部分湿陷性。具体规定可参见《黄土规范》。

选择的地基处理方法应根据建筑物的类别、湿陷性黄土的特性、施工技术条件、当地材料、施工工期、气候条件，并经综合技术比较确定。常用的地基处理方法有强夯、预浸水、化学加固、土或灰土挤密桩、深层重锤夯实（也有称深层强夯）、强力深层强夯、重锤表面夯实以及压实垫层和换土垫层等方法。近些年，振动挤密、锤击挤密的砂石桩、水泥土桩、水泥粉、煤灰桩、素混凝土桩和非挤密的旋喷桩、深层搅拌桩等也有了大量的应用并各有许多成功的例子。此外采用桩基础，利用桩将建筑物荷重传到非湿陷性土层上，也是一种有效防止黄土地基产生湿陷变形的方法，但使用桩基时应注意桩在通过自重湿陷性黄土层时，由于黄土可产生的自重湿陷变形造成桩周的负摩擦力的问题。

必须指出，经处理后的地基尚应进行软弱下卧层的承载力验算。

（二）防水措施

湿陷性黄土产生湿陷必须具备的外部条件是地基土浸水，因此做好建筑物建设期间的防排水工作并考虑其在试用期间的防水措施无疑也可减少或避免地基的浸水湿陷事故。在考虑排水和防水措施时，可根据整个建筑场地、单幢建筑物以及施工阶段不同，采取相应措施。从整个建筑场地考虑出发，主要应研究分析场地排水地形条件，避免人为因素或工程原因造成的地基浸水事故发生，确保贮水构筑物及输水、排水管道工程的质量，避免漏水事故的发生。对于单幢建筑物则应考虑如加宽散水，避免屋面雨水渗入地基土中，室内给水、排水管应尽可能做成明管，防止由于管道埋在土中因漏水造成地基湿陷等。在建筑物长期使用过程中要防止地基被浸湿，同时也要做好施工阶段场地临时排水措施，避免施工用水和雨水流入基槽。

（三）结构措施

如果没有采用地基处理从根本上解决地基的浸水湿陷问题时，为了防止或减轻万一黄土地基浸水湿陷所导致的工程事故，在设计中应当从地基、基础和上部结构相互作用的概念出发，采取相应的结构措施，以利于抑制地基不均匀沉降，减轻或避免上部结构的损坏。常见的结构措施有：选择适宜的结构体系；采用有利于抗衡不均匀沉降的基础形式（如片筏基础、交叉梁基础等）；设置圈梁等以增强建筑物的整体刚度；预留适应沉降的净空等。

总之，在湿陷性黄土地基上进行工程建设，地基处理是主要的工程措施。至于采用何种措施，应当结合建筑场地具体条件、地基湿陷等级、建筑物对不均匀沉降敏感性及建筑物重要程度，并结合经济分析，综合考虑各种因素影响，选择最合适的工程的措施，以保证建筑物安全和正常使用。

第二节　膨胀土、盐渍土和冻土地基

一、膨胀土地基

（一）膨胀土

膨胀土一般指黏粒成分主要由亲水性矿物蒙脱石和伊利石组成、同时具有显著的吸水膨胀和失水收缩特性的黏性土称为膨胀土，其自由膨胀率通常大于40%。它一般强度较高，压缩性低，易被误认为是建筑性能较好的地基土。但由于具有膨胀与收缩的特性，黏土矿物中的蒙脱石和伊利石类矿物，有很强的亲水性，当含水量变化时，能发生显著的体积变化。许多黏性土及泥质岩中都含有大量的蒙脱石和伊利石类矿物颗粒，由于这些矿物颗粒的体积变化，引起岩土的体积变化，发生膨胀或收缩，变化达到一定程度时能引起与其相连接的建筑物的破坏。膨胀土呈灰白、灰绿、灰黄、棕红、褐黄等色，在天然条件下多呈硬塑与坚硬状态。膨胀土在我国分布广泛，主要分布在黄河以南地区，北方分布的较少。这种岩土常常是呈岛状分布，甚至一个不大的场地，有的地方是膨胀土，有的地方则不属于膨胀土。我国的膨胀土的黏土矿物成分，主要是伊利石，蒙脱石居其次。也有些地区蒙脱石含量较多。

膨胀土的成因类型很多，有河流相、残积、坡积、洪积相，还有湖相及滨海相。除少数形成于全新世（Q_4）外，主要生成于第四纪晚更新世（Q_3），在第四纪中更新世（Q_2）也有生成。

膨胀土地区的气候条件主要为温和润湿，雨量分配较均匀，年降雨量 700～1700m，昼夜温差小，年平均气温 14～17℃，具备化学风化的良好条件。在这种环境下，硅酸盐为主的矿物不断分解，钙被大量淋失，钾离子被次生矿物吸收形成伊利石和伊利石—蒙脱石混层矿物为主的黏土矿物。游离硅、铁、铝的氧化物增多，介质溶液接近中性，在中性条件下胶体氧化铁不会影响黏土的活性，在上部压力下，土中片状矿物定向叠聚，形成面—面叠聚体。土中石英、长石碎屑不发生直接接触而是埋于黏土基质之中。因此，土的结构强度和体积变形主要决定于黏土基质的成分、含量和排列。

（二）膨胀土的特征与影响因素

1. 膨胀土地区的地形地貌特征

膨胀土多出露于二级及二级以上的河谷阶地、山前地带、盆地边缘及丘陵地带。在盆地中部或低级阶地的下部有时也有膨胀岩土分布，由于其所处深度大，一般对地面建筑无影响。膨胀土大多为高塑性的黏性土、裂隙发育，常常易于滑塌不能维持陡坎，故一般呈萍圆岗丘地形，地面坡度平缓，无明显的陡坎。

2. 膨胀土地区的地面变形特征

膨胀土地区的山前或高阶阶地前的坡度较陡地带，常形成浅层滑坡。这些滑坡多为古滑坡，有的已趋于稳定，有的尚在间歇性的向下缓慢滑移。在浅层滑坡形成的初期阶段岩土发生蠕变，斜坡上部的膨胀土向斜坡下方移动，移动的距离随深度渐减，而使土中的垂直节理呈向斜坡下方的弯曲状。

膨胀土地区空旷地面总是处于无休止的上下运动中，运动形式可以归纳为膨胀型（上升型）、收缩型（下降型）及波动型三类。膨胀型的岩土中原有含水量较低，随着含水量不断增加土层不断膨胀，表现为地面不断升高，收缩型则正好相反。不论是膨胀型还是收缩型，由于含水量随季节变化，它们的膨胀或收缩也会随季节有微小的变化，因此，这两种类型都在波动中向前发展。膨胀型或收缩型不断发展的结果，达到一定的限度后都成为波动型。此时，土中的湿度与大气中的湿度基本达到平衡状态，地面基本保持稳定，只是由于季节性的气候变化，膨胀和收缩仍有微小的波动。

膨胀土地区易产生地裂、边坡开裂、崩塌和滑动；土方开挖工程中遇雨易发生坑底隆起和坑壁侧胀开裂；地下洞室周围易产生高地压和洞室周边土体大变形现象；膨胀土地区地裂缝发育，地裂缝在干旱时出现，雨季则裂缝闭合，对道路、渠道等易造成危害。

3. 膨胀土地区的建筑物变形

膨胀土地区浅埋基础的建筑物，其变形特征直接反映了地基的变形。在斜坡上的建筑物，常因斜坡的滑动或蠕动而产生破坏，这种破坏随着斜坡运动而发展，建筑物的破坏日趋严重。斜坡上建筑物破坏机制的复杂性，还在于斜坡运动的同时，地基土也在发生膨胀或收缩，且两者常相伴发生，在调查其破坏原因时，常使问题复杂化而混淆不清。膨胀土反复的吸水膨胀和失水收缩会造成围墙、室内地面以及轻型建（构）筑物的破坏。建筑物的开裂破坏具有地区性成群出现的特点，在膨胀土地区易于破坏的大多为低层建筑物，一般在三层以下。四层以上的房屋及构筑物发生破坏的极为罕见。这是由于低层建筑物一般基础埋置较浅、基底压力较小以及建筑物刚度较差的缘故。

膨胀土地区建筑物的裂缝具有其特殊性。建筑物的角端常产生斜向裂缝，表现为山墙上的对称或不对称的倒八字形裂缝，上宽下窄，伴随有一定的水平位移或转动；建筑物纵墙上常出现水平裂缝，一般在窗台下或地坪以上两、三皮砖处出现的较多，同时伴有墙体外倾、外鼓、基础外转和内墙脱开，以及内横墙倒八字裂缝；在靠近建筑物端部处常发育有上宽下窄的竖向或斜向裂缝，越往角端越严重；常造成独立柱的水平断裂，并伴随有水平位移和转动；底层室内地坪隆起开裂，越近室内中心点隆起越多，沿四周隔墙一定距离出现裂缝，长而窄的地坪则出现纵长裂缝，有时出现网格状裂缝；地裂通过房屋处，墙上出现竖向或斜向裂缝。

4. 影响膨胀土膨胀性的主要因素

膨胀土的胀缩变形特性由土的内在因素所决定，同时受到外部因素的制约。影响土胀缩变形主要内在因素有：

（1）膨胀土的矿物成分：众所周知，结晶类黏土矿物中亲水性最强的是蒙脱石，其次为伊利石。弱亲水性的高岭石晶胞由一个硅氧晶片和一个铝氢氧晶片构成，矿物晶片间具有牢固的联结，膨胀性较差。蒙脱石和伊利石的晶胞有一个铝氢氧晶片和两个硅氧晶片构成，硅氧晶片之间靠水分子或氧化钾联结，矿物晶片间的联结不牢固，都属于亲水性矿物。

（2）离子交换量：黏土矿物中，水分不仅与晶胞离子相结合，而且还与颗粒表面上的交换阳离子相结合。这些离子随与其结合的水分子进入土中，使土发生膨胀。因此，岩土的离子交换容量大，土的膨胀性就高。此外，含不同交换离子的土具有不同的膨胀性，例如含钠离子的黏性土的膨胀性、收缩性都比含钙离予的黏性土大。

（3）黏粒含量：黏粒含量越高，相对而言土的比表面积也越大，吸水能力越强，膨胀变形就越大。

（4）干密度：土的密度大，孔隙比就小，反之孔隙比大。前者浸水膨胀强烈，失水收缩小，后者浸水膨胀小，失水收缩大。

（5）初始含水量：初始含水量愈接近胀后含水量，土吸水的膨胀就越小，失水收缩的可能性和收缩值就越大；初始含水量与胀后含水量的差值越大，土失水的收缩就越小，吸水膨胀可能性及膨胀值就越大。

（6）微观结构：膨胀土的微观结构与其膨胀性有很大的关系。一般膨胀土的微观结构属于面一面叠聚体，而土中所积聚的铁、铝多半以胶体氧化物形态留在中性孔隙溶液中，没有产生足够阻止粒间斥力作用，这些叠聚体仍处于可活动状态，具有产生胀缩的潜力。

影响土胀缩变形主要外在因素有：

(1) 气候条件是首要的因素。膨胀土分布地区年降雨量的大部分一般集中在雨季，继之是延续较长的旱季。雨季与旱季的反复交替，建筑物受到反复的不均匀变形的影响，这样，经过一段时间以后，就会导致建筑物的开裂。据野外实测资料表明，季节性气候变化对地基土中水分的影响随深度的增加而递减。因此，大气影响深度对防治膨胀土的危害具有实际意义。

(2) 地形地貌的影响也是一个重要的因素。其实质还是土中水分变化问题。由于地形的高低的不同，土中水量的蒸发变化量不同，地基土的变形也不同；含水量变化幅度大，则地基土的胀缩变形也较剧烈。

此外，在炎热和干旱地区，建筑物周围的植被种类与条件、日照时间和强度也是不可忽略的因素。

(三) 膨胀土地基的评价

1. 膨胀土的胀缩性指标

评价膨胀土胀缩性的常用指标及测定方法如下：

(1) 自由膨胀率：在所有指标判定法中，最为简单而有效的方法是由霍尔兹首先提出的自由膨胀率的方法。

自由膨胀率是反映土的膨胀性的指标之一，它与土的黏土矿物成分、胶粒含量、化学成分和水溶液性质等有着密切的关系。自由膨胀率是指用人工制备的烘干土，在纯水中膨胀后增加的体积与原体积之比值，用百分比表示，即

$$\delta_{ef} = \frac{V_w - V_0}{V_0} \times 100\% \tag{7-5}$$

式中 δ_{ef}——自由膨胀率，精确至1.0%；

V_w——试样在水中膨胀后的体积，mL；

V_0——试样原体积，试验时一般取10mL。

自由膨胀率时 $\delta_{ef} \geqslant 40\%$，可判定为膨胀土；$40\% \leqslant \delta_{ef} < 65\%$ 为弱膨胀土；$65\% \leqslant \delta_{ef} < 90\%$ 为中等膨胀土；$\delta_{ef} \geqslant 90\%$ 的为强膨胀土。

(2) 膨胀率：膨胀率试验有荷载膨胀率试验和无荷载膨胀率试验之分。有荷载膨胀率是指试样在特定荷载及侧限条件下浸水膨胀稳定后增加的高度与试样原始高度之百分比

$$\delta_{ep} = \frac{h_w - h_p}{h_0} \times 100\% \tag{7-6}$$

式中 δ_{ep}——某荷载下的膨胀率；

h_w——试样在该荷载作用下浸水膨胀稳定后的高度；

h_p——试样在该荷载作用下压缩变形后的高度；

h_0——试样原始高度。

无荷载膨胀率是指试样在试样在侧限条件下浸水膨胀稳定后增加的高度（稳定后高度与原始高度之差）与试样原始高度之百分比

$$\delta_e = \frac{h_w - h_0}{h_0} \times 100\% \tag{7-7a}$$

式中　δ_e——无荷载膨胀率；

（3）收缩系数：随着土中含水量的减少，土的收缩大体分为三个阶段：第一阶段为直线收缩阶段，（较高含水状态下）；第二阶段为曲线过渡阶段（含水量接近缩限时）；第三阶段为近水平直线阶段（土的体积不再收缩）。线缩率是指在失水过程中土样的高度变化率，可表示为

$$\delta_s = \frac{h_0 - h}{h_0} \times 100\% \tag{7-7b}$$

式中　h——试样在失水过程中某次测得的土样高度。

原状土样在直线收缩阶段，含水量减少1%时的竖向线缩率称为收缩系数

$$\lambda_s = \frac{\Delta \delta_{si}}{\Delta w} \tag{7-7c}$$

（4）膨胀力：膨胀力 p_e 是原状土样在体积不变的条件下浸水时所产生的最大内应力，在伴随此力的解除过程中土体发生膨胀。据有关资料介绍，当不允许土体发生体积变形时，有的黏性土的膨胀力可高达1600kPa。所以膨胀力的测定对工程无疑具有重要的意义。膨胀力的测定采用内外力的平衡法。在选择基础形式和基础压力时，p_e 是很重要的指标，此时一般要求基础压力宜超过地基土的膨胀力，但不得超过地基承载力。

（5）原状土的缩限 w_s：在《土工试验规程》中已介绍了缩限的定义和测定非原状黏性土缩限含水量的收缩皿法。至于原状土缩限则可由收缩曲线上得到：分别延长微缩阶段和收缩阶段的直线段相交，其交点的横坐标即为原状土的缩限 w_s。

2. 膨胀土地基的胀缩等级

膨胀土地基的评价应根据地基的膨胀、收缩变形对低层砖混结构的影响程度进行。对膨胀土地基评价时，其胀缩等级按分级按胀缩变形量计算 s_c 大小进行划分：

$$s_c = \sum_{i=1}^{n} (\delta_{epi} + \lambda_{si} \Delta w_i) h_i \tag{7-8}$$

式中　δ_{epi}——基础底面下第 i 层土在该层土的平均自重压力与平均附加压力之和作用下的膨胀率，由室内试验计算确定；

λ_{si}——基础底面下第 i 层土的收缩系数，室内试验计算确定；

Δw_i——第 i 层土在收缩过程中可能发生的含水量变化的平均值（以小数表示），按《膨胀土规范》相应公式计算；

h_i——第 i 层土的计算厚度，mm；

n——自基础底面至计算深度内所划分的土层数，计算深度应根据大气影响深度确定浸水可能时，可按浸水影响深度确定。

表7-6　　膨胀土地基的胀缩等级

地基分级变形量 S_c（mm）	地基膨胀等级	地基分级变形量 S_c（mm）	地基膨胀等级
$15 \leqslant S_c < 35$	Ⅰ	$S_c \geqslant 70$	Ⅲ
$35 \leqslant S_c < 70$	Ⅱ		

(四）膨胀土地区的工程措施

通过对膨胀土工程场地进行岩土工程勘察，应详细查明各建筑物的地基土层及其物理力学性质，确定其胀缩等级，为地基基础设计、地基处理、边坡保护和不良地质地段的治理，提供的详细的工程地质资料。

1. 膨胀土地区的设计措施

膨胀土地区的场址选择应符合下列要求：

(1）尽量选择具有排水畅通或易于进行排水处理的地形条件。

(2）避开地裂、冲沟发育和可能发生浅层滑坡等地段。

(3）可选择坡度小于14°。并有可能采用分级低挡土墙治理的地段。

(4）宜选择地形条件比较简单，土质比较均匀、胀缩性较弱的地段。

(5）尽量避开地下溶沟、溶槽发育、地下水变化剧烈的地段。

膨胀土地区的总平面设计应符合下列要求：

(1）同一建筑物地基土的分级变形量之差，不宜大于35mm。

(2）竖向设计宜保持自然地形，避免大挖大填。

(3）挖方和填方地基上的砖混结构房屋，应考虑挖填部分土中水分变化所造成的危害。

(4）应考虑场地内排水系统的管道渗水或排水不畅对建筑物升降变形的影响。

(5）对变形有严格要求的建筑物，应布置在膨胀土埋藏较深、胀缩等级较低或地形较平坦的地段。

膨胀土地区的总平面设计应采取下列措施：

(1）场地内的排洪沟，截水沟和雨水明沟，其沟底均应采取防水处理，以防渗漏。

(2）排洪沟、截水沟的沟边土坡，应设支挡，防止坍滑。

(3）地下排水管道接口部位应采取措施防止渗漏，管道距建筑物外墙基础外缘的净距不得小于3m。

(4）建筑场地平整后的坡度，在建筑物周围2.5m的范围内，不宜小于2%。

(5）场地内的绿化，应根据气候条件、膨胀土等级，结合当地经验进行，并应采取下列相应的措施化：①在建筑物周围散水以外的空地，宜多种植草皮和绿篱；②在距离建筑物4m以内可选用低矮、耐修剪和蒸腾量小的果树、花树或松柏等针叶树；③在湿度系数小于0.75或孔隙比大于0.9的膨胀土地区，种植桉树、木麻黄、滇杨等速生树种，应设置灰土隔离沟，沟与建筑物距离不应小于5m。

膨胀土地基的设计，可按建筑场地的地形地貌条件分为下列两种情况：

(1）位于平坦场地上的建筑物地基按变形控制设计。

(2）位于坡地场地上的建筑物地基，除按变形控制设计外，尚应验算地基的稳定性。

平坦场地上的建筑物地基设计，应根据建筑结构对地基不均匀变形的适应能力，采取相应的措施，木结构，钢和钢筋混凝土排架结构，以及建造在常年地下水位较高的低洼场地上的建筑物，可按一般地基设计；对烟囱、窑、炉等高温构筑物应主要考虑干缩影响，并根据可能产生的变形危害程度，采取适当的隔热措施。对冷库等低温建筑物应采取措施，防止水分向基底土转移引起膨胀。

凡符合下列情况，应选择部分有代表性的建筑物，从施工开始就进行升降观测，竣工后移交使用单位后应继续观测：

（1）Ⅲ级膨胀土地基上的建筑物。

（2）用水量较大的湿润车间。

（3）坡地场地上的重要建筑物。

（4）高压，易燃或易爆管道支架或有特殊要求的路面、轨道等；对高层建筑物的地下室侧墙及高度大于3m的挡土墙，宜进行土压力观测。

坡地建筑设计应遵守下列规定：

（1）根据工程地质、水文地质条件和坡地上的荷载要求验算坡体的稳定性。

（2）考虑坡体的水平移动和坡体内土的含水量变化对建筑物的影响。

（3）对不稳定斜坡或根据坡体结构可能产生滑动的斜坡，必须采取可靠的防治滑坡措施。

膨胀土地区的基础埋置深度选择宜考虑场地类型、地基土的胀缩等级、大气影响急剧层厚度、建筑物的结构类型、建筑物本身的条件、作用荷载大小和性质、相邻基础埋深等多种因素影响。散水宽度在Ⅰ级膨胀土地基上为2.0m、在Ⅱ级膨胀土地基上为3.0m时，基础最小埋置深度不应小于1.0m。坡地和阶地上的基础埋深还应考虑临坡面的影响。

结构处理时，在Ⅰ、Ⅱ、Ⅲ类膨胀土地基上，一般应避免采用砖拱结构和无砂大孔隙混凝土、无筋中型砌块建造的房屋。为了加强建筑物的整体刚度，可适当设置钢筋混凝土圈梁或钢筋砖腰箍。单独排架结构的工业厂房包括山墙、外墙及内隔墙均宜采用单独柱基，角端部分适当加深，围护墙宜砌在基础梁上，基础梁底与地面脱空100～150mm。建筑物的角端和内外墙边接处，必要时可增加水平钢筋。

2. 膨胀土地区的地基处理

膨胀土地基处理可采用换土、砂石垫层、土性改良等方法，确定地基处理方法时应根据地基的膨胀等级、地方材料、施工技术工艺、施工季节及气候影响等，进行综合技术分析和经济比较。

换土可采用非膨胀性材料或灰土、水泥土等，换土厚度可通过变形计算确定。平坦场地上Ⅰ、Ⅱ级膨胀土的地基处理，宜采用砂石垫层，垫层厚度不应小于300m，垫层宽度应大于基底宽度。两侧宜采用与垫层相同的材料回填，并做好防水处理。

改良土质是在膨胀土中添加非膨胀材料或使膨胀土失去膨胀性的材料。在膨胀土中拌和一定量的石灰（石灰：膨胀土常为1∶9或2∶8）可消除填料的膨胀性。在膨胀土地基中设置石灰砂桩或石灰粉煤灰桩，也可达到消除地基土膨胀性的目的。有时，采用压力灌浆（石灰浆）也能减少地基的膨胀变形。

对膨胀性强烈、厚度不大的膨胀土地基，可采取挖除或部分挖除的方法进行换填。膨胀岩土作为道路路基时，一般宜采取石灰填层、石灰水处理等措施，消除地基土膨胀性对路面的影响。

膨胀土场地上的桩基设计应考虑地基土的膨胀变形、收缩变形和胀缩变形对桩的承载力影响，桩基宜穿过膨胀土层。当桩身受胀切力作用时，应验算桩身抗拉强度并采用通长配筋，最小配筋率按受拉构件配置。桩的承台梁（板）下应留有空隙，其值应大于土层浸水后的最大膨胀量，且不应小于100mm。承台梁两侧座采取措施，防止所留空隙堵塞。

二、盐渍土

土中易溶盐含量大于0.3%，且具有溶陷、盐胀、腐蚀等工程特性时，应判定为盐渍土。盐渍土中常见的易溶盐有氯盐（NaCl、KCl、$CaCl_2$、$MgCl_2$）、硫酸盐（Na_2SO_4、$MgSO_4$）和碳酸盐（Na_2CO_3、Na_2HCO_3、Ca_2CO_3）。

形成盐渍土的区域地质条件有充分的盐类来源，能形成矿化度高的地下水，或者区域内地下水位距离地面较近，土体中的上升毛细水发育并不断被蒸发，又或者区域气候条件干燥，蒸发量大于降雨量。具备上述条件的地区就容易形成盐渍土。我国的盐渍土按其地理分布可划分为滨海型盐渍土、内陆型盐渍土和冲积平原型盐渍土三种类型。其中滨海型盐渍土为滨海的洼地或衰亡的泻湖、溺谷等由于水分的蒸发使盐分浓集而形成，由于滨海地区湿润多雨，所以湿度和降雨对盐渍土的性质影响很大。冲积平原型盐渍土多分布于低阶阶地、河漫滩及旧河道地带，由毛细水上升和水分蒸发形成，含盐量一般较低。内陆型盐渍土多为洪积扇和盆地型。从洪积扇到盆地可分为松胀盐土带、结皮盐土带和结壳盐土带，含盐量依次增高。松胀盐土带土质松软，沉落性很大，结皮盐土带地层多为粉砂、砂黏土或黏土等细粒含盐软土，力学性质差、强度低；结壳盐土带为潜水溢出带或衰亡干涸的古湖盆，土层表面常结成很厚的灰白色硬壳，硬壳下常有一层褐黄色或灰白色的盐类结晶，遇水后工程性质会有极大改变。按盐渍土中易溶盐的化学成分可将盐渍土划分为氯盐型、硫酸盐型和碳酸盐型盐渍土，其中氯盐型吸水性极强，含水量高时松软易翻浆；硫酸盐型易吸水膨胀，失水收缩，性质类似膨胀土；碳酸盐型碱性大，土颗粒结合力小、强度低。盐渍土的液限、塑限随土中含盐量的增大而降低，当土的含水量等于其液限时，土的抗剪强度近乎等于零，因此高含盐量的盐渍土在含水量增大时极易丧失其强度，应引起工程的高度重视。总之，盐渍土的类型、含盐成分等均较复杂，它与盐渍土的成因有关。盐渍土地基一般具有溶陷性、盐胀性、腐蚀性，在工程设计与地基处理时应采取相应的措施。

三、冻土地基

作为建筑物地基的冻土，根据其冻结状态的持续时间可分为多年冻土与季节性冻土；根据其所含盐类与有机物的不同可分为盐渍化冻土和冻结泥炭化土；根据其变形特性可分为坚硬冻土、塑性冻土与松散冻土。根据冻土的融沉性与土的冻胀性又可分成若干亚类。

（一）多年冻土与季节性冻土

含有固态水，且冻结状态持续二年或二年以上的土应判定多年冻土。季节冻土冬季冻结，夏季全部融化，处于年复一年的冬冻春融周期性变化状态。当冻土的冻结时间小于一个月时（一般为数天甚或夜间冻结、白昼消融的数小时）又被称为瞬时冻土，冻结深度多为数毫米至数厘米。我国多年冻土分布面积为$215\times10^4km^2$，主要分布在我国西北、东北以及青藏高原等广大地区，冬季的气温都会下降到0℃以下，有些地区甚至下降到零下$-30\sim-40$℃。在负温作用下，这些地区地表下的一定深度范围以内，土层处于冻结状态。在负温作用下，地壳表层处于冻结状态的土层或岩层称为冻土。多年冻土在垂直方向自上而下可被划分为季节性冻土层，过渡层和多年冻土层。

多年冻土在剖面上的分布特征如图7-3所示。最接近于地表，受季节性融化与冻结作用影响的土层称季节融化层。冻结状态持续两年及两年以上的土层称为多年冻土。其中在多年冻土上限和下限之间没有局部融区的称为连续多年冻土；在多年冻土上限和下限之间有局部融区的称为不连续多年冻土；季节融化层底部与多年冻土上限相衔接的称为衔接多年冻土；季节融化层底部不与多年冻土上限相衔接的称为不衔接多年冻土。

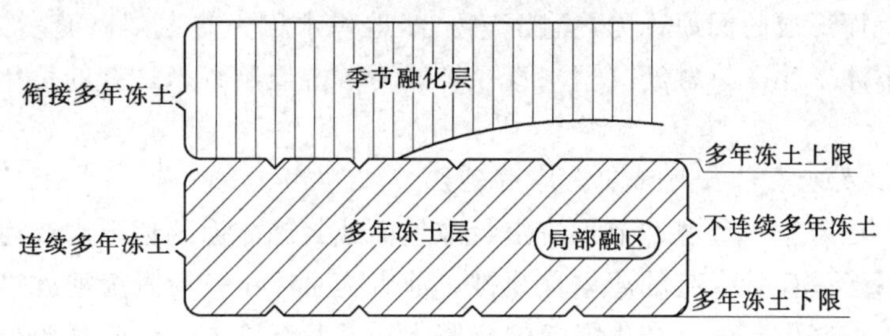

图7-3　多年冻土剖面分布示意图

（二）多年冻土在平面上的分布特征

多年冻土根据融区的存在与否可分为整体多年冻土和非整体多年冻土。水平方向上的分布是大片的、连续的、无融区存在的称整体多年冻土；在水平方向的分布是分离的，中间被融区所间隔的称非整体多年冻土。非整体的多年冻土又根据融区大小分为：①岛状融区的多年冻土：在多年冻土区内，存在着孤立的岛状非多年冻土层。②岛状的多年冻土：在融区内，存在着孤立的岛状多年冻土。

（三）多年冻土地区的不良地质现象

1. 多年冻土的融沉性

多年冻土对工程的主要危害是其融沉性（或称融陷性），其融沉性的强弱程度可用融化下沉系数 δ_0 来判定，根据其大小，多年冻土可分为不融沉、弱融沉、融沉、强融沉和融陷五类。冻土层的平均融化下沉系数 δ_0 可按下式计算：

$$\delta_0=\frac{h_1-h_2}{h_1}\times 100\%=\frac{e_1-e_2}{1+e_1}\times 100\% \tag{7-9}$$

式中　h_1——冻土试样融化前的高度；

h_2——冻土试样融化后的高度；

e_1——冻土试样融化前的孔隙比；

e_2——冻土试样融化后的孔隙比。

2. 与厚层地下冰有关的不良地质现象

（1）厚层地下冰：由于水分不断向多年冻土上、下限附近迁移，随着上、下限的变迁就形成了地下析出冰。当冰层厚度大于0.3m时，就称为厚层地下冰。厚层地下冰及含土冰层、饱冰冻土均是形成热融滑坍、热融沉陷、热融湖（塘）的主要内因，对建筑物危害较大。

（2）热融滑坍：由于自然应力或人为活动，破坏了原有厚层地下冰、含土冰层、饱冰冻土等的热平衡状态，地表土体在重力作用下，沿融冻界面呈牵引式位移而形成的滑坍称为热融滑坍。它通常发生在3°～16°的缓坡上，面积一般数十至数百平方米。热融滑坍不同于普通的滑坡，主要是它的滑坍厚度不大，一般只稍大于该地区的季节融化层的厚度，多为1.5～2.5m，取决于季节融化层的厚度、多年冻土层上限深度、冰层厚度、冰层纯度、朝阳程度和夏季温度等各种因素。热融滑坍呈牵引式逐渐向上发展，不致引起大面积山体同时移动的现象。

（3）热融沉陷和热融湖（塘）：由于自然应力和人为活动，破坏了多年冻土的热平衡状态，地表下沉而形成的凹地称为热融沉陷。凹地积水称为热融湖（塘）。水的来源主要是来自厚层地下冰融化。热融湖（塘）直径一般为数十至数百米，有的长年有水，有的仅季节有水。

3. 与地下水及地表水有关的不良地质现象

（1）冰锥：在寒季（负温季节）流出封冻地面或封冻冰面的地下水或河水，在斜坡地带或河道冻结后形成丘状隆起的冰体称冰锥。前者为泉冰锥，后者为河冰锥。

（2）冰丘：冻胀引起地表产生隆起的冻胀土丘，其高度有1m至数米，多年形成的冰丘高度可达几十米。

（3）多年冻土沼泽：受地下多年冻土层的阻隔，地表水在低洼处逐渐聚集而成的沼泽地带。

（4）冻土区湿地：形态与多年冻土沼泽类似，湿度较小，泥炭层薄。

（四）冻土地基勘察要点

在一般工程地质勘察的基础上，冻土地基的勘察应主要做好以下工作：

（1）查明多年冻土的类别、冻土总含水量、冻土中含冰量的分布规律，冻土结构特征、厚度和冻土的物理力学性质，并进行融陷性分级及评价。

（2）查明地表水与地下水特征，研究多年冻土层的层上水、层间水、层下水的赋存形式、相互关系及其对工程建筑的影响。

（3）查明多年冻土的分布范围，确定多年冻土上限深度的采用值。

（4）查明多年冻土地区的各种不良地质现象，如厚层、地下冰、冰锥、冰丘、冻土沼泽、热融滑坍、热融湖（塘）、融冻泥流等的形态特征、形成条件、分布范围、发生发展规律及其对工程建设及道路建设的危害性和危害程度等。

（5）对安全等级为一级和重要的二级建筑物，所在多年冻土场区宜进行原位测试及地温观察。

（五）冻土地区的岩土工程设计原则与处理方法

1. 多年冻土地基设计的一般规定

多年冻土地基设计应遵守的一般规定包括：

（1）在不连续多年冻土分布地区设计建筑物时，不宜将多年冻土用作地基。

（2）将多年冻土用作建筑地基时，可采用下列三种状态之一进行设计化：a. 多年冻土以冻结状态用作地基。在建筑物施工和使用期间，地基土始终保持冻结状态；b. 多年冻土以逐渐融化状态用作地基。在建筑物施工和使用期间，地基土处于逐渐融化状态；c. 多年冻土以预先融化状态用作地基。在建筑物施工之前，使地基融化至计算深度或全部融化。

(3) 对一栋整体建筑物必须采用同一种设计状态；对同一建筑场地应 遵循一个统的设计状态。

(4) 对建筑场地应设置排水设施，建筑物的散水坡宜做成装配式，对按冻结状态设计的地基，冬季应及时清除积雪；供热与给排水管道应采取绝热措施。

2. 保持冻结状态的设计

保持冻结状态的设计宜用于多年冻土的年平均地温低于－1.0℃的场地，或持力层范围内的地基土处于坚硬冻结状态的场地，或最大融化深度范围内存在融沉、强融沉、融陷性土及其夹层的地基以及非采暖建筑或采暖温度偏低、占地面积不大的建筑物地基。保持冻结状态的设计宜采用的基础形式包括：架空通风基础、填土通风管基础、用粗颗粒土垫高的地基上的一般基础、桩基础和热桩基础（桩体内部采用了液气两相转换对流热虹吸装置的桩基）。与此同时，应使基础底面延伸至计算的最大融化深度之下，采用保温隔热地板，还应采用一些人工制冷降低地温的措施。在上述基础形式中最宜采用桩基础，对安全等级为一级的建筑物可采用热桩基础。在季节性融化层范围内应采取保持桩身耐久性的措施。在建筑物施工和使用期间，应对周围环境采取防止破坏温度的自然平衡状态的保护措施。

3. 逐渐融化状态的设计

逐渐融化状态的设计宜用于下列之一的情况：

(1) 多年冻土的年平均地温为－0.5～1.0℃的场地。

(2) 持力层范围的地基土处于塑性冻结状态。

(3) 在最大融化深度范围内，地基为不融沉和弱融沉性土；室温较高、占地面积较大的建筑，或热载体管道及给排水系统对冻层产生热影响的地基。

按逐渐融化状态设计时，应采用下列措施之一来减少地基的变形：

(1) 在建筑物使用过程中，不得人为地加大地基土的融化深度。

(2) 应加大基础埋深，或选择低压缩性土为持力层。

(3) 应采用保温隔热地板，并架空热管道及给排水系统。

(4) 应设置地面排水系统。

当地基土逐渐融化后可能产生不均匀变形时，应加强结构的整体性与空间刚度，建筑物的平面应力求简单；应适当增设沉降缝，沉降缝处应布置双墙；应设置钢筋混凝土圈梁；纵横墙连接处应设置拉筋；应采用能适应不均匀沉降的柔性结构。

4. 预先融化状态的设计

预先融化状态的设计宜用于下列之一的情况：

(1) 多年冻土的年平均地温不低于－0.5℃的场地。

(2) 持力层范围内地基土处于塑性冻结状态。

(3) 在最大融化深度范围内，存在变形量为不允许的融沉、强融沉和融陷土及其夹层的地基。

(4) 室温较高、占地面积不大的建筑物地基。

当按预先融化状态设计，预融深度范围内地基的变形量超过建筑物的允许值时，可采取下列之一的措施：

(1) 用粗颗粒土置换细颗粒土或预压加密。

(2) 与基础底面之下多年冻土的人为上限保持相同。

(3) 加大基础埋深。

(4) 必要时采取结构措施，适应变形要求。

(5) 按预先融化状态设计，当冻土层全部融化时，应按季节冻土地基设计。

总之，不论采用何种状态进行设计，基础的埋深应根据土的设计融深确定，并应符合行业标准《冻土地区建筑地基基础设计规范》(JDJ 118—98) 相关规定条款。

在多年冻土地区建筑物地基设计中，应对地基进行静力计算和热工计算，地基静力计算应包括承载力计算、变形计算和稳定性计算。确定冻土地基承载力时，应计入地基土的温度，热工计算应按上述规范有关规定对持力层内温度特征值进行计算。

第三节　软土及其工程特性

一、软土的基本概念

近代水下沉积、天然含水量大于其液限的黏土、粉质黏土，当其天然孔隙比大于1.5时，称为淤泥；而当其天然孔隙比小于1.5但大于1.0时则称其为淤泥质黏土或淤泥质粉质黏土，简称淤泥质土。软土主要是指这些淤泥和淤泥质土，但工程性质很差的其他黏性土，如泥炭土、目前沿海造陆所形成的冲填土、混有大颗粒的淤泥土以及含水量较大的粉土、粉质砂土等也属于软土的范畴。

二、软土的主要工程特性

软土在我国沿海一带分布很广，如渤海湾、长江三角洲、浙江、珠江三角洲及福建省的沿海地区等，都分布有大面积的海相或湖相沉积的软土。此外，贵州、云南等我国内陆省份的某些地区也有零星的山地型软土分布。表7-7所示为我国各地软土的物理力学性质指标。

表7-7　我国各地软土的物理力学性质指标

指标 地区	土层深度 (m)	含水量 w(%)	容重 (g/cm³)	孔隙 e	饱和度 S_r (%)	液限 ω_L (%)	塑限 ω_p (%)	塑限指标 I_p	渗透系数 k_p (cm·s)	压缩系数 a_{1-2} (cm²·k)	无侧限抗压强度 q_u (kg·cm²)
天津	7～17	34	1.82	0.97	95	36	19	17	1×10^{-7}	0.051	0.3～0.4
上海	6～17 15～6，>20	50 37	1.72 1.79	1.37 1.05	98 97	43 34	23 21	20 13	6×10^{-7} 2×10^{-6}	0.124 0.072	0.2～0.4
杭州	3～9 9～19	47 35	1.73 1.84	1.34 1.02	97 99	41 33	22 18	19 15		0.117	
宁波	2～12 12～28	50 38	1.70 1.86	1.42 1.08	97 94	39 36	22 21	17 15	3×10^{-8} 7×10^{-8}	0.095 0.072	0.6～ 0.48

续表

指标 地区	土层深度(m)	含水量 w(%)	容重 (g/cm³)	孔隙 e	饱和度 S_r (%)	液限 ω_L (%)	塑限 ω_p (%)	塑限指标 I_p	渗透系数 k_p (cm·s)	压缩系数 a_{1-2} (cm²·kg)	无侧限抗压强度 q_u (kg·cm²)
舟山	2～14 17～32	45 36	1.75 1.80	1.32 1.03	99 97	37 34	19 20	18 14	7×10^{-6} 3×10^{-7}	0.110 0.063	
温州	1～35	63	1.62	1.79	99	53	23	30		0.193	
福州	3～19 1～3， 19～35	68 42	1.50 1.71	1.87 1.17	98 95	54 41	25 20	29 21	8×10^{-8} 5×10^{-7}	0.203 0.070	0.05～ 0.18
龙溪	0～6	89	1.45	2.45	97	65	34	31		0.233	
广州	0.5～10	73	1.60	1.82	99	46	27	19	3×10^{-6}	0.118	0.02～ 0.35
淤泥 昆明 泥炭		41～270 68～299	1.2～1.8 1.1～1.5	1.1～5.8 1.9～7.1				＞7 27～62		0.12～ 0.42	0.01～ 0.18
淤泥 贵州 泥炭	＜20	54～127 140～264	1.3～1.7 1.2～1.5	1.7～2.8 1.6～5.9				15～34 26～73		0.12～ 0.42 0.17～ 0.73	

统计结果表明，软土一般具有以下主要工程特性：

(1) 多属于中液限与高液限无机黏土，其液限值大部分在34%～43%之间，塑性指数大部分在20左右，在塑性图上主要位于A线以上、C线以外。

(2) 含水量 ω 为34%～89%，个别地区的泥炭质软土含水量更高，达299%。多数大于土的液限，属于流动状态；天然孔隙比 $e=1.0\sim2.45$，最高达7.0，都是淤泥和淤泥质土，以淤泥质土为主。

(3) 压缩系数 $a_{1-2}=0.51\sim2.33\text{MPa}^{-1}$，属高压缩性土。

(4) 抗剪强度低。无侧限抗压强度 $q_u=5\sim48$kPa，最大也不超过80kPa左右；快剪的黏聚力 $c_q=5\sim13$kPa，内摩擦角 $\varphi_q<5°$，固结快剪的内摩擦角 φ_{cq} 一般为15°左右。有效内摩擦角 $\varphi'=24°\sim34°$。

(5) 渗透性小。$k=10^{-6}\sim10^{-8}$cm/s，所以直接在荷载作用下难以固结。但多数淤泥质粉质黏土具有薄层黏土与粉砂互层的微层理构造。具有这种构造的软土，其水平渗透系数远大于垂直渗透系数。这为人为地创造排水出路，加速地基土的排水固结过程提供了条件。

(6) 灵敏度一般为3～5，即完全扰动后其强度可降低70%～80%。属于灵敏性土。因此这类地基土场地施工时应尽量减小对基底土的扰动，以发挥土的天然强度。

(7) 具有吸附力。建于软土地基上的可移动式建筑物，如活动式钻井平台等，升离时必须克服这种吸附力。试验证明，软土对建筑物的吸附力由三部分组成：土与建筑物底面的黏聚力、基础侧面的摩阻力和真空吸力，其中真空吸力是主要的。向建筑物底面通水或通气后，软土对建筑物的吸附力将大大降低。

（8）在剪应力的长期作用下，软土具有明显的流变特性。在一定的条件下，流变可导致地基土的破坏。经长期变形而破坏的土体，其强度仅为一般抗剪强度的40%～50%；此强度称为长期强度。土的塑性越大，长期强度降低就越多。

但是必须指出，荷载作用下土体的强度又会随着土体固结程度的提高而有所增大。地基中任意点的总抗剪强度 s 按式（7-10）计算

$$s = c_u + \Delta c \tag{7-10}$$

其中

$$\Delta c = \Delta\sigma_1' K_1 = \Delta\sigma_1 K_1 \overline{U} \tag{7-11}$$

式中　c_u——土的天然抗剪强度；

Δc——随固结程度的提高，地基土抗剪强度的增长值；

$\Delta\sigma_1'$——最大有效主应力增量，$\Delta\sigma_1' = \Delta\sigma_1 \overline{U}$；

$\Delta\sigma_1$——最大主应力增量；

$\overline{U}$——地基土的平均固结度；

K_1——荷载作用下地基土抗剪强度的增长率。

对于正常固结的饱和软黏土，根据土的极限平衡理论，竖向在自重应力作用下的抗剪强度用下式表示

$$c_u = \frac{\sigma_1' - \sigma_3'}{2} = \frac{\gamma z - \dfrac{1-\sin\varphi'}{1+\sin\varphi'}\gamma z}{2} = \gamma z \frac{\sin\varphi'}{1+\sin\varphi'} \tag{7-12}$$

同理

$$\Delta c_u = \frac{\Delta\sigma_1' - \Delta\sigma_3'}{2} = \Delta\sigma_1' \frac{\sin\varphi'}{1+\sin\varphi'} \tag{7-13}$$

根据固结度的定义 $\overline{U} = s_t / s_c = \Delta\sigma_1' / \Delta\sigma_1$，并令

$$K_1 = \frac{\sin\varphi'}{1+\sin\varphi'} \tag{7-14}$$

即可得到式（7-11）。上述公式中 φ' 为土的内摩擦角；γ 为土的重度；z 为所求强度点的埋深；S_t、S_c 分别为 t 时刻地基的固结沉降和地基的最终固结沉降。

工程实践表明，软土地基的天然抗剪强度宜用十字板剪切仪测定。

第四节　红黏土地基

一、红黏土的概念

红黏土是指在炎热湿润气候条件下的石灰岩、白云岩等碳酸盐岩系的出露区，经长期的成土化学风化作用（又称红土作用）下形成的高塑性黏土物质，其液限一般大于50%。且通常带红色，故称其为红黏土。红粘土一般堆积于洼地和山麓坡地，上硬下软，具有明显的胀缩性，有时还呈棕红、黄褐等色。红黏土的颗粒经再次搬运到低洼处堆成新的土层，其颜色较未搬运者浅，常含粗颗粒，但仍保持红黏土的基本特征，称次生红黏土。红

黏土在我国云南、贵州、广西分布最为广泛，湖南、湖北、安徽、四川等部分地区也有分布。

二、红黏土的工程特性

红黏土的化学成分以 SiO_2、Fe_2O_3、Al_2O_3 为主，矿物成分则以石英和伊利石（或高岭石）为主。由于红黏土分布区现今气候仍潮湿多雨，其起始含水量远高于其缩限，加上土中黏粒亲水性弱，在自然条件下浸水可表现出较好的水稳性，而在自然条件下失水，土粒结合水膜减薄，颗粒距离缩小，使红黏土具有明显的收缩性和裂隙发育等特征。红黏土常为岩溶地区的覆盖层，因受基岩起伏的影响，其厚度不大，但变化很剧烈。

红黏土的物理力学性质指标见表 7-8。

表 7-8　　红黏土物理力学指标

密度 ρ（t/m³）	含水量 m	相对密度 d	孔隙比 e	液限 W_L	塑限 w	塑性指数 J
1.65～1.85	30%～60%	2.76～2.90	1.1～1.7	60%～110%	30%～60%	20～50
液性指数 I_L	饱和度 S_r	黏粒含量（<0.005mm）	内摩擦角 φ（°）	内聚力 c（kPa）	压缩系数 α（MPa^{-1}）	变形模量 E_0（MPa）
0.1～0.4	>0.85	55%～70%	8～18	40～90	0.1～0.4	10～30

红黏土中较高的黏土颗粒含量（55%～70%）使其具有高分散性和较大的孔隙比（1.1～1.7），常处于饱和状态，它天然含水量几乎与液限相等，但液性指数较小，这说明红黏土以含结合水为主。因此，红黏土的含水量虽高，但土体一般仍处于硬塑和坚硬状态，而且具有较高的强度和较低的压缩性。在孔隙比相同时，它的承载力约为软黏土的 2～3 倍。因此，从土的性质来说，红黏土是建筑物较好的地基，但也存在下列问题：

（1）有些地区的红黏土受水浸湿后体积膨胀，干燥失水后体积收缩，具有胀缩性。

（2）红黏土厚度分布不均，其厚度与下卧基岩面的状态和风化深度有关，常因石灰岩表面石芽、溶沟等的存在而使上覆红黏土的厚度在短距离内相差悬殊（有的 1m 之间相差竟达 8m），造成地基的不均匀性。

（3）红黏土沿深度从上向下出现含水量增加、土质由硬至软的明显变化。接近下卧基岩处，土常呈软塑或流塑状态，其强度低，压缩性较大。

（4）红黏土地区的岩溶现象一般较为发育。由于地表水和地下水的运动引起的冲蚀和潜蚀作用，在隐伏岩溶上的红黏土层常有土洞存在，因而影响场地的稳定性。

三、红黏土地基的设计和施工措施

红黏土上部常呈坚硬至硬塑状态，设计时应根据具体情况，充分利用它作为天然地基的持力层。当红黏土下部存在着局部的软弱下卧层、或岩层起伏过大时，应该估计到地基不均匀沉降的影响，从而采取相应措施。

红黏土地区常存在岩溶、土洞或土层不均匀等不利因素的影响，应对地基、基础或上部结构采取适当措施，如换土、填洞、加强基础和上部结构的刚度、采用桩基等。

红黏土有裂隙发育，作为建筑物地基，在施工时和建筑物建成以后应做好防水排水措施，以避免水分渗入地基中。由于红黏土的不均匀性，对于重要建筑物，开挖基槽时应做好施工验槽工作。

对于天然土坡和人工开挖的边坡和基槽，必须注意土体中裂隙发育情况，避免水分渗入引起滑坡和崩塌事故；特别应注意红黏土与其下基岩的接触面，此面对于边坡而言，是一个潜在的滑动面。应该防止人为地破坏坡面植被和自然排水系统，土面上的裂隙应当填塞，应该做好建筑物场地的地表水、地下水以及生产和生活用水的排水、防水措施，以保证土体的稳定性。

次生红黏土情况比较复杂，在矿物和粒度成分上，次生红黏土由于搬运过程掺合其他成分和较粗颗粒物质，呈可塑至软塑状，其固结度差，压缩性普遍比红黏土高。

四、红黏土地区的岩溶与土洞

（一）岩溶的形成和特征

在红黏土地区，常有隐伏的岩溶和土洞存在。所谓岩溶（又名喀斯特）是可溶性岩层如石灰岩、泥灰岩、白云岩、大理岩、石膏、岩盐层等，受水的化学和机械作用而形成的裂隙、溶沟、溶槽和溶洞，以及由于洞顶塌落而使地表产生陷穴等一系列现象和作用的总称。

我国石灰岩地层形成的岩溶地区分布很广，广西、贵州、云南、四川、湖南、湖北、广东、浙江、江苏、山东、山西等省均有规模大小不同的岩溶地区，其中以广西、贵州、云南、四川最为明显。

岩溶地区具有地表形态和地下形态特征，如图 7-4 所示。

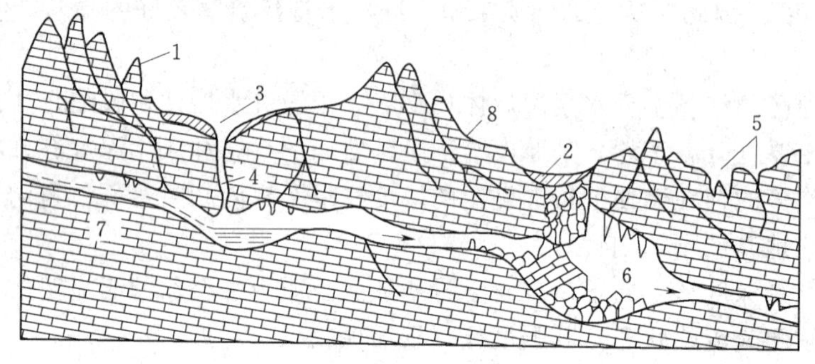

图 7-4 岩溶岩层剖面示意图

1—石芽、石林；2—溶蚀洼地；3—漏斗；4—落水洞；5—溶沟、溶槽；6—溶洞；7—暗河；8—溶蚀裂隙；9—钟乳石

1. 岩溶主要的地表形态

（1）溶沟、溶槽、石芽和石林：地表水沿可溶性岩层表面的裂隙流动，进行溶蚀、冲蚀，使岩层表面形成一些大小不同的沟槽，分别称为溶沟和溶槽；溶沟、溶槽进一步发展后，沟槽间的石脊遭受切割破坏，残留着顶尖下粗的锥状柱体，称为石芽；石芽林则称为石林。

（2）漏斗、落水洞、竖井：漏斗是指在水的腐蚀作用下，岩层塌陷成碗碟状或倒锥状的地貌形态；落水洞则指在溶蚀作用和机械腐蚀作用下形成的地表水能流向地下暗河或溶洞的通道；不是地表水流入地下的通道的洞穴则称为竖井。

(3) 溶蚀洼地、坡立谷：由于溶蚀作用而形成的面积为数平方公里或数十平方公里的盆状洼地，称为溶蚀洼地；面积较大（数十或百余平方公里）、四周边缘陡峭而谷底平坦的封闭洼地则称为坡立谷。

2. 岩溶主要的地下形态

(1) 溶蚀裂隙：水在岩层裂隙中运动被溶蚀作用所扩大的裂隙。

(2) 溶洞、暗河、石钟乳、石笋：地下水在流动过程中，对岩石以溶蚀作用为主，间有冲蚀、潜蚀和塌陷作用而造成的地下洞穴，称为溶洞。溶洞的大小相差悬殊，形态千变万化，洞内一般有 $CaCO_3$ 沉淀；含有 $CaCO_3$ 的水从洞顶滴下来在洞内发生沉淀，久而久之，在洞顶自上而下形成的长条形悬挂物，称为石钟乳；洞底自下而上形成的竹笋状凸起，称为石笋；由于上下进一步沉淀的结果，石钟乳和石笋连接起来成为“顶天立地”的柱体，称为石柱；在溶洞中经常有流量较大的水流形成地下河，称为暗河。

根据上述的特征，在野外就容易识别建筑场地是否是岩溶地区，如确定为岩溶地区，还必须进一步认识和掌握岩溶发育分布规律，才能合理地选择建筑场地、布置建筑物，防治岩溶可能造成的危害。

(二) 岩溶地基的稳定性评价

岩溶地基的稳定性评价，可分为建筑场地的稳定性评价和建筑地基的稳定性评价两部分。

1. 建筑场地的稳定性评价

这是指选址和初勘阶段的地区性评价，着重从岩溶发育规律、分布情况及其稳定程度对场地的岩土工程条件进行评价。即着重研究建筑场地形成岩溶的岩性和水的运动规律，并结合地区的地貌、地质构造、岩溶发育过程以及岩溶形态的分布等进行综合分析，在较大的拟建范围内，按岩溶发育程度在平面上划出对建筑物稳定性不同影响的地段，用来作为选择建筑场地、总图布置的依据。其中下述地段属于建筑不利的地段：

(1) 有浅层、处于极限平衡状态的洞体或溶洞群，洞径大、顶板破碎且可见变形迹象，洞底有新近塌落物等。

(2) 地表水沿土中裂隙下渗或地下水自然升降变化使上覆土层被冲蚀，形成成片或成带土洞塌陷。

(3) 有规模较大的浅隐伏岩溶如漏斗、洼地、槽谷中充填软弱土或地面出现明显变形现象。

(4) 在有覆盖土地段内，降水工程的降落漏斗中最低动水位高于基岩面的范围。

(5) 岩溶通道排泄不畅或上涌导致暂时淹没。

2. 建筑地基的稳定性评价

这是指在地基基础设计的详勘阶段，针对具体建筑物下及其附近对稳定性有影响的个体岩溶形态进行评价，根据评价结论确定是否需要进行工程处理。目前岩溶地基的评价方法有定性评价和洞顶板稳定性验算两种。

(1) 定性评价。定性评价着重分析岩溶形态及各项地质条件，并考虑建筑物荷载的影响来判断其稳定性。对于溶洞，则应了解洞体大小、形状、顶板的厚度、底部的坡度和围岩体的结构及强度，结构面的多少及其分布与空间组合，研究洞内充填情况以及水的活动情况等因素，再结合洞体的埋深、上覆土的厚度、建筑物的基础形式、荷载条件等进行综合分析。

对有岩溶洞隙的地基可按下列原则进行稳定性评价。

对二级建筑物，当地基属下列条件之一时，可不考虑岩溶稳定性的不利影响：

1）基础底面以下土层厚度大于3倍单独基础宽度或6倍条形基础宽度，且不具备形成土洞或其他地面变形的条件。

2）基础底面与洞体顶板间岩土厚度虽小于上条所列基础宽度的倍数但符合下列条件之一时：洞隙或岩溶漏斗被密实的沉积物填满，其承载力超过150kPa，且无被水冲蚀的可能；洞体为微风化岩石，顶板岩石厚度大于或等于洞跨；洞体较小，基础底面积大于洞的平面尺寸，并有足够的支承长度；宽、长小于1m的竖向溶蚀裂隙、落水洞、漏斗近旁地段。

当满足不了上述条件时，可根据洞体大小、顶板形状、岩体结构及强度、洞内堆填及岩溶水活动等因素进行洞体稳定性分析。当判断顶板为不稳定，但洞内被密实堆填物充填且无水流活动时，可认为堆填物受力，根据其力学指标按不均匀地基评价。在有建筑经验地区，可按类比法进行稳定性评价。

基础近旁有裂隙及临空面时，应验算基底岩体向临空面倾覆或沿裂隙面滑移的可能性。

（2）顶板稳定性验算。在有可能取得溶洞计算参数时，可将洞体顶板视为结构自承重体系进行结构力学分析，根据顶板形态、成拱条件及裂隙切割分布，分别将其作为梁板或拱壳受力情况计算。当有条件取得有代表性的参数时，亦可进行有限单元法分析。

（三）岩溶地基的处理

岩溶地基的正确处理只有在按其分布现状作出稳定性评价结论的前提下才能解决。当非岩溶岩组的场地有一定分布范围时，对重要建筑物应避开岩溶区。属于条件差或不稳定的岩溶地基，应根据其位置、大小、埋深、围岩稳定性和水文地质条件综合分析，选择适宜的下列措施进行处理：

（1）对于洞口较小的岩溶洞隙，宜采用镶补、嵌塞与跨盖等方法处理。在爆开顶板后，清除洞内松软物质，分层回填上细下粗的碎石滤水层，然后建造基础；或直接用钢筋混凝土基础跨盖。

（2）对于洞口较大的岩溶洞隙，宜采用梁、板和拱等结构跨越，跨越结构应有可靠的支承面。梁式结构在岩石上的支承长度应大于梁高的1.5倍。也可采用浆砌片石等堵塞措施。对重要建筑物应采用桩（墩）基。

（3）对于围岩不稳定、风化裂隙破碎的岩体，可采用灌浆加固和清爆换填等方法处理。未经有效处理的隐伏土洞或地表塌陷及预计的塌陷影响范围内，不应作为天然地基。

（4）对于规模较大的岩溶洞隙，可采用洞底支撑或调整柱距等方法处理，洞底支撑可用石砌柱或钢筋混凝土柱，但必须着重勘察洞底的稳定性。

（5）岩溶水的处理，应在查明季节性动态特征的基础上，采取宜疏勿堵的原则。应注意工程活动中改变和堵截山麓斜坡地段地下水排泄通道造成的较大动水压力对建筑物底板、地坪及道路等正常使用的不良影响，注意泄水、涌水对环境的污染。

总之，在使用这些处理方法时，应根据工程需要，可单独使用，也可综合使用。

（四）土洞

1. 土洞的形成

土洞是岩溶地区上覆盖的土层被地表水冲蚀或地下水潜蚀所形成的洞穴（图 7－5）。这种洞穴进一步发展，其顶部土体会塌陷成土坑和碟形洼地。土洞顶部土体的这种塌陷称为地表塌陷。

土洞及其在地表引起的塌降都属于岩溶现象在土层中的一种表现形态。它们对建筑物的稳定性影响很大，在不同程度上威胁着建筑物的安全和正常使用。主要原因是土洞埋藏浅、分布密、发育快、顶板强度低。

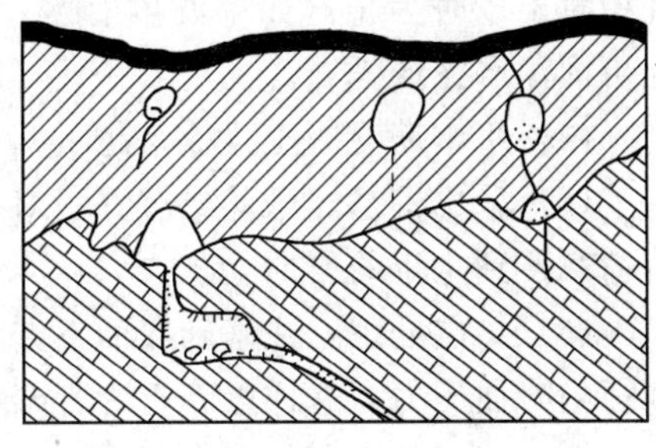

图 7－5　岩溶土洞示意图

土洞的形成和发展与地区的地貌、土层、地质构造、水的活动、岩溶发育、地表排水等多种条件有关，其中以黏土、岩溶的存在和水的活动为最主要的条件。

土质不同，土洞的发育程度则不同。一般土洞多位于黏性土中，砂土及碎石土中比较少见。对于黏性土，由于土粒成分、土的黏聚力和透水性不同，土洞的形成情况不一样。土粒细、黏性强、胶结好、透水性差的土层难以形成土洞；反之，土粒粗、黏性弱、透水性较好、遇水易湿化崩解的土层就容易形成土洞。在溶沟、溶槽地带，经常有软黏土分布，其抵抗水冲蚀的能力弱，且处于地下水流首先作用的场所，往往是土洞发育的有利部位。

土洞的形成与岩溶的关系很密切。凡具备土洞发育条件的岩溶地区，一般都有土洞发育，因而土洞常分布在溶沟及溶槽两侧、石芽侧壁和落水洞上口等位置的土层中。

土洞主要由地表水的冲蚀或地下水的潜蚀形成，因此土洞可分为地表水形成的和地下水形成的两种。

2. 土洞和地表塌陷的处理

土洞和地表塌陷密集，或因人工改变地下水动态而引起塌陷的地段都属于工程地质条件不良或不稳定地段。易于形成土洞和土洞密集的地段为：

（1）土层较薄，土中裂隙及其下岩体溶蚀裂隙发育。

（2）岩面开口通道密集，石芽或出露的岩体与土体交接部位。

（3）两组构造裂隙交汇或宽大裂隙带上。

（4）隐伏溶沟、溶槽、漏斗等负岩面地段，基岩上有较软弱土体分布。

（5）降落漏斗中心部位内，岩溶导水性相对均匀时，漏斗中地下水流向的下游部位；岩溶水呈集中管流时，地下水流向的下游部位。

（6）地势低洼，河、湖水体近旁。

在建筑物地基范围内有土洞和地表塌陷时，常用下列措施进行处理：

(1) 处理地表水和地下水：做好地表水的截流、防渗堵漏等工作，以便杜绝地表水渗入土层内。这种措施对地表水形成的土洞和地表塌陷可以起到治本作用。对形成土洞的地下水，当地质条件许可时，亦可考虑采用地下水截流、改道的办法。

(2) 挖填处理：对地表水形成的土洞和塌陷，应先挖除软土，后用块石、片石或毛石混凝土等回填。对地下水形成的土洞和塌陷，除挖除软土抛填块石外，还应做反滤层，面层用黏土夯实。

(3) 灌砂法：在洞体范围内的顶板地面上打两个或更多的钻孔，其中直径较小的孔（直径50mm）排气，直径较大的孔（直径大于100mm）灌砂。灌砂同时进行冲水，待小孔中冒出砂时为止。如果洞内有水，灌砂困难，可用C15的细石混凝土进行压力灌注，也可灌注水泥或砾石。

(4) 用钢筋混凝土梁板跨越。

(5) 采用桩基、墩基或沉井。对重要建筑物可采用桩基、墩基或沉井穿过覆盖土层，将荷载传到稳定的岩层上。

(6) 垫层处理：在基础底面下夯填黏性土夹碎石作垫层，以提高基底标高，减小土洞顶板的附加压力，这样以碎石为骨架可降低垫层的沉降量并增加垫层的强度，碎石之间有黏性土充填，可避免地表水下渗。

以上对土洞的各种处理措施，一般根据现场工程地质条件可结合采用。

第五节　地　基　处　理

一、软弱土的概念、特性和规范的基本规定

软弱土是指淤泥、淤泥质土、部分冲填土、杂填土或其他高压缩性土。由软弱土构成的地基称为软弱土地基。在建筑地基的局部范围内有高压缩性土层存在时，应按局部软弱土层考虑。

软弱土一般具有以下特性或具有以下特性中的几种：

(1) 含水量较高（一般为35%～80%），孔隙比较大（一般为1.0～2.0）。

(2) 抗剪强度很低（其不排水抗剪强度一般为5～25kPa）有效内摩擦角约为$\varphi'=20°\sim35°$；固结不排水剪的总应力法内摩擦角$\varphi_{cu}=12°\sim17°$。由于抗剪强度低，软弱土的承载力也较低，不能承受较大的建筑物荷载。

(3) 压缩性高，一般正常固结的软土层的压缩系数$\alpha_{1-2}=0.5\sim1.5\text{MPa}^{-1}$，最大可达到$\alpha_{1-2}=4.5\text{MPa}^{-1}$。

(4) 渗透性小。

(5) 有明显的结构性，属于高灵敏性土。

(6) 具有明显的流变性，受流变性的影响其长期强度往往低于短期强度。

由于软弱土的上述特点，往往无法直接作为天然地基承受上部结构荷载，因此需要在基础底面以下的一定深度范围内对其进行人工加固或处理，使其发挥地基持力层的作用。这样部分经过人工改造的地基也称为人工地基。对软弱土的加固、处理过程称为地基

处理。

规范规定，在存在软弱土层的场地上进行地基勘察时，应查明软弱土层的均匀性、组成、分布范围和土质情况。对于冲填土尚应了解排水固结条件；对杂填土应查明堆积历史，明确自重作用下的变形稳定性、湿陷性等基本因素。进行设计时，应考虑上部结构和地基的共同作用；对建筑体形、荷载情况、结构类型和地质条件进行综合分析，确定合理的建筑措施，结构措施和地基处理方法。进行施工时，应注意对淤泥和淤泥质土基槽底面的保护，减少扰动；对荷载差异较大的建筑物，宜先建重、高部分，后建轻、低部分；活荷载较大的构筑物或构筑物群（如料仓、油罐等）使用初期应根据沉降情况控制加载速率，掌握加载间隔时间，或调整活荷载分布，避免过大倾斜。

二、地基处理的目的

地基处理的目的主要是改善地基上部土体的工程性质，使地基能够达到和满足建筑物对地基强度、稳定性和变形的要求。按照各地基处理方法的基本原理，可以将地基处理方法的机理分为三大类：土质改良、土的置换和土的加固或补强。

经处理后的地基，当按地基承载力确定基础底面及埋深而需要对由《建筑地基处理技术规范》(JGJ 79—2002) 确定的地基承载力特征值进行修正时，应符合：

(1) 基础宽度的地基承载力修正系数取零。

(2) 基础埋深的地基承载力修正系数取 1.0。经处理后的地基，若在受力层范围内仍存在软弱下卧层时，应验算下卧层的地基承载力。

(3) 对水泥土类桩复合地基尚应根据修正后的复合地基承载力特征值，进行桩身强度验算。

对于《建筑地基基础设计规范》(GB 5007—2011) 规定应按地基变形设计或应做变形验算的建筑物或构筑物，在进行地基处理后，应进行地基变形验算，地基变形计算值不应大于地基特征变形允许值。

三、地基处理中的几个概念

(一) 土的压实原理

对无黏性土，一般是利用饱和无黏性土在动力荷载作用下会产生振动液化的特性，通过加水饱和，动力振动来进行地基处理。饱和粉土也有振动液化的特性。

对于黏性土而言，通过夯实或碾压填土或疏松土层，能使其孔隙比减小、密实程度提高，降低其压缩性、提高其抗剪强度、减弱其透水性，使经过处理的上部软弱土层成为能承担较大荷载的地基持力层。控制土的压实效果的主要因素包括土种类、土的含水量、压实机械及其压实功等，常用到几个基本指标：最优含水量、最大干密度与压实系数。

最优含水量和最大干密度：对黏性土而言，在一定压实机械的功能条件下，存在一个含水量，在该含水状态下土最易被压实，并能达到最好的压实效果。该含水量称为该夯击能量下的最优含水量 ω_{op}，相对应的最密实状态（最好压实效果）下的干密度则称为最大干密度 $\rho_{d\max}$。土的最优含水量和最大干密度由室内标准或重型击实试验测得。由击实试验可绘制含水量与干密度关系曲线，称为压实曲线。从压实曲线上可得到最优含水量 ω_{op} 与最大干密度ρ_{dmax}。在工程实践中，常用压实系数来评价黏性土的回填压实程度；所谓压实系数，是指土的控制干密度ρ_d（现场实测的干密度的平均值）与最大干密度ρ_{dmax}的比值，用λ_c来表示。该指标是用来评价现场回填土是否压实的重要指标。

（二）复合地基

当天然地基不能满足地基承载力或建筑物对变形的要求时，可将部分土体增强或对其用其他材料进行置换形成增强体，由增强体和周围地基土共同承担荷载，从而形成由增强体和周围原状或挤密或扰动地基土组成的加固土层成为复合地基。如强夯置换法、振冲法、砂石桩法、水泥粉煤灰碎石桩法、夯实水泥土桩法、水泥土搅拌法、高压喷射注浆法、石灰桩法、灰土和土挤密桩法、柱锤冲扩桩法等均可形成复合地基。

（三）置换率

用桩式置换法加固、处理地基时，置换桩体的截面积与该桩承担的处理面积（被该置换桩加固范围内的桩土总截面积）之比称为桩式置换法的置换率，一般用m表示。

（四）桩间土承载力折减系数

桩式加固的复合地基，当桩的变形性（小）与桩间土的变形性（大）差异较大时，桩土一起工作时桩间土不可能完全发挥效应，计算复合地基承载力时需要对桩间土的承载力进行折减，引入的经验系数称为桩间土承载力折减系数，一般用β表示。

（五）桩土应力比

桩身的应力强度与桩间土的应力强度之比，一般用n表示。

（六）复合地基载荷试验要点

《建筑地基处理技术规范》（JGJ 79—2002）规定，复合地基的承载力应通过单桩复合地基载荷试验或多桩复合地基载荷试验来确定。试验要点介绍如下。

1. 试验点数量

同一项工程的静力载荷试验点不应少于3点。

2. 载荷板及其面积

单桩复合地基载荷试验的承压板可用圆形或方形的刚性压板，面积为一根桩承担的处理面积；多桩复合地基载荷试验的承压板可用方形或矩形，其尺寸按实际桩数所承担的处理面积确定。桩的中心（或形心）应与承压板中心保持一致，并与荷载作用点相重合。

承压板底面标高应与桩顶设计标高相同。承压板底面下宜铺设粗砂或中砂垫层，垫层厚度取50～150mm。试验标高处的试坑长度和宽度，应不小于承压板尺寸的3倍。基准梁的支点应设在试坑之外。

3. 加荷

试验时的加荷等级可分为8～12级。最大加载压力不应小于设计要求的地基承载力特征值的2倍；每加一级荷载前后均应各读记承压板沉降量一次，以后每半小时读记一次，当1h内沉降量小于0.1mm时，可认为地基在该压力作用下的沉降已趋于稳定，即可施加下一级荷载。

4. 终止加荷条件

当出现下列现象之一时可终止加荷：

(1) 沉降急剧增大，土被挤出或承压板周围出现明显隆起。

（2）承压板的累积沉降量已大于其宽度或直径的6%。

（3）当达不到极限荷载，而最大加载压力已达到设计要求的地基承载力特征值的2倍。

5. 复合地基承载力特征值的确定

当压力—沉降曲线上极限荷载能确定，而其值不小于对应比例界限的2倍时，可取比例界限；当其值小于对应比例界限的2倍时，可取极限荷载的一半。

当压力—沉降曲线是平滑的光滑曲线时，可按相对变形确定，相关规定可参见相应的规程或规范。

如对砂石桩、振冲桩复合地基或强夯置换墩，以黏性土为主的地基，可取s/b或s/d等于0.015所对应的压力（s为载荷试验承压板的沉降量；b和d分别为承压板宽度和直径，当其值大于2m时，按2m计算）；以粉土或砂土为主的地基，可取s/b或s/d等于0.01所对应的压力。

对土挤密桩、石灰桩或柱锤冲扩式的复合地基，可取s/b或s/d等于0.012所对应的压力。对灰土挤密桩复合地基，可取s/b或s/d等于0.008所对应的压力。

对水泥粉煤灰碎石桩或夯实水泥土桩复合地基，以卵石、圆砾、密实粗中砂为主的地基，可取s/b或s/d等于0.008所对应的压力；以黏性土、粉土为主的地基，可取s/b或s/d等于0.01所对应的压力。

对水泥土搅拌桩或旋喷桩复合地基，可取s/b或s/d等于0.006所对应的压力。

对有经验的地区，也可按当地经验确定相对变形值。按相对变形值确定的承载力特征值不应大于最大加载压力的一半。

当不少于3个试验点的极差不超过平均值的30%时，可取其平均值为复合地基承载力特征值。

四、实施地基处理的方法步骤

当地基承载力或变形不能满足构筑物设计要求时，地基处理可选用机械压（碾）实、堆载预压、强夯法、塑料排水带或砂井真空预压、换填垫层或复合地基等方法。

确定地基处理的方法应按下列步骤进行：

（1）根据结构类型、荷载大小及使用要求，结合地形地貌、地层结构、土质条件、地下水特征、环境情况和对邻近建筑等因素进行综合分析，初步选出几种可供考虑的地基处理方案。

（2）对初选的几种地基处理方案，分别从加固原理、适用范围、预期处理效果、耗用材料、施工机械、工期要求和对环境影响等各方面进行技术经济分析与对比，选择最佳地基处理方案。

（3）对已选定的地基处理方案，宜按建筑物地基基础设计等级和场地复杂程度，在有代表性的场地上进行相应的现场试验或试验性施工，并进行必要的测试，以检验设计参数和处理效果及确定相关的施工参数。如达不到设计要求时，应查明原因，修改设计参数或调整地基处理方法。

第六节　垫　层　法

一、垫层的作用与分类

当软弱地基的承载力和变形满足不了建筑物的要求，而软弱土层的厚度又不很大时，可将基础底面下处理范围内的软弱土层部分或全部挖去，代之以分层换填强度较大、性能稳定的其他材料，并压实至要求的密实度为止，这种地基处理方法称为垫层法。有时为了增加垫层水平抗拉断裂性能与整体刚度，通常在垫层增设加筋材料：竹片、柳条、筋笆、金属板条和土工合成材料如土工格栅、土工网垫、土工格室及高强度土工编织布、经编复合布等组成加筋土垫层。按其组成材料分，垫层分为砂垫层、碎石垫层、灰土垫层和加筋土垫层等。按垫层在地基中的主要作用可分换土垫层、排水垫层和加筋土垫层等。

换土垫层是指挖去地基表层软土，换填强度较大的砂、碎石、灰土、和素土等构成的垫层，其主要作用是可有效提高地基承载力，均化应力分布，调整不均匀沉降，减少部分沉降值。排水垫层指软土地基上堤坝或大面积堆载基底等所布设的水平排水层，一般采用透水性良好的中粗砂或碎石填筑，必要时，在垫层底和上表面增加具有反滤性能的无纺土工布、编织布或经编复合土工布，以防止砂石垫层被淤积和被拉断裂，其主要作用是作为水平排水层和下卧软土层的排水通道，加速地基的排水固结，提高浅层的地基抗剪强度，配合砂井、塑料排水带等竖向排水体，加速深部软土层的排水固结。加筋土垫层是指在由砂、石和素土垫层中增设各种加筋材料组成的复合垫层，其作用除了作为持力土层承载较大的基础荷载和扩散基底应力外，还有效约束基底应力，改善地基软土中的应力场与应变场，均化应变、调整不均匀沉降，提高地基的承载力。

垫层法适用于淤泥、淤泥质土、湿陷性黄土、素填土、杂填土地基及暗沟、暗塘等的浅层处理，即它适合于浅层软弱地基和不均匀地基的处理。应用时，应根据建筑体形、结构特点、荷载性质、岩土工程条件、施工机械设备及填料性质和来源等进行综合分析后具体确定设计方案，选择施工方法。

二、垫层设计

垫层的基本设计原则为：既要满足建筑物对地基变形和承载力的要求，又要符合技术经济的合理性。因此设计的内容主要是确定垫层的合理厚度和宽度，并验算地基的承载力、稳定性与沉降，既要求垫层具有足够的宽度和厚度以置换可能被剪切破坏的部分软弱土层，并避免垫层两侧挤出（图 7－6），又要求设计荷载通过垫层扩散至下卧软弱土层的附加应力满足软弱下卧层承载力、稳定性和沉降要求。

1. 垫层的厚度设计

垫层的厚度 z 应根据需置换软弱土的深度或下卧土层的承载力确定，并符合下式要求：

$$\sigma_z + \sigma_{cz} \leqslant f_{az} \tag{7-15}$$

式中　σ_z——相应于荷载效应标准组合时，垫层底面处的附加应力值，kPa；

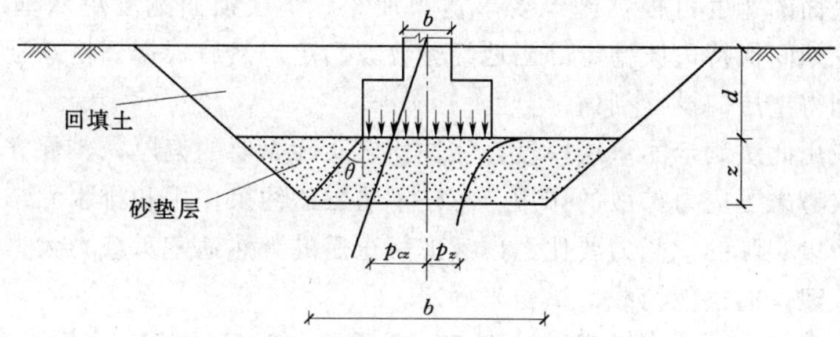

图 7-6 垫层内应力分布图

σ_{cz}——垫层底面处的自重应力值，kPa；

f_{az}——垫层地面处经深度修改后的地基承载力特征值，kPa。

垫层底面处的附加压力值可按压力扩散角 θ 分别由以下两式计算：

对矩形基础

$$p_z = \frac{bl(p_k - \sigma_c)}{(b + 2z\tan\theta)(l + 2z\tan\theta)} \tag{7-16}$$

对条形基础

$$p_z = \frac{b(p_k - \sigma_c)}{b + 2z\tan\theta} \tag{7-17}$$

式中 b——矩形基础的宽度；

l——矩形基础的长度；

p_k——相应于荷载效应标准组合时，基础底面处的平均压力值；

σ_c——基础底面处的自重应力值；

z——基础底面下垫层的厚度；

θ——垫层的附加应力扩散角，宜通过试验确定，当无试验资料时，可按表 7-9 采用。

表 7-9　垫层的压力扩散角 θ (°)

换填材料 / Z/b	中砂、粗砂、砾砂、圆砾、角砾、石屑、卵石、碎石、矿渣	粉质黏土、粉煤灰	灰土
0.25	20	6	28
≥0.50	30	23	

注 1. 当 $z/b<0.25$，除灰土取 $\theta=28°$外，其余材料均取 $\theta=0°$，必要时，宜由试验决定。
2. 当 $0.25<z/b<0.5$，z/b 值可内插求得。

2. 垫层的宽度设计

垫层的宽度应满足基础底面应力扩散的要求，可按下式确定

$$b' \geqslant b + 2z\tan\theta$$

式中 b'——垫层底面宽度，m；

θ——压力扩散角，可按表 7-8 采用；当 $z/b<0.25$ 时，仍按表中 $z/b=0.25$ 取值。

整片垫层底面的宽度可根据施工要求适当加宽。垫层顶面宽度可从垫层底面两侧向上，按地基开挖期间保持边坡稳定的当地经验放坡确定，然后根据开挖基础所要求的坡度延伸至地面，即得垫层的设计剖面。

应指出，应用此法确定的垫层厚度，往往比之实际需要的偏厚，较保守。在确定垫层厚度时，公式仅考虑了应力扩散的作用，忽略了垫层的约束作用和排水固结对地基承载力提高的影响，所以实际的承载力要比考虑考虑修正后的天然地基承载力大。因此，对于重要的工程项目，建议通过现场载荷试验来确定。

【例 7-2】 某四层砖混结构的住宅建筑，承重墙下为条形基础，宽 1.2m，埋深 1m，上部建筑物作用于基础的荷载为 120kN/m，基础的平均重度为 20kN/m^3。地基土表层为粉质黏土，厚度为 1m，重度为 17.5kN/m^3；第二层为淤泥，厚 15m，重度为 17.8kN/m^3，地基承载力特征值 $f_{ak}=50$kPa；第三层为密实的砂砾石。地下水距地表为 1m。试设计砂垫层以满足上部荷载的要求。

解： （1）先假设砂垫层的厚度为 1m，并要求分层碾压夯实，干密度达到大于 1.5t/m^3。

（2）砂垫层厚度的验算：根据题意，基础底面平均压力为

$$p_k=\frac{F_k+G_k}{b}=\frac{120+1.2\times1\times20}{1.2}=120(\text{kPa})$$

砂垫层底面的附加应力由公式得

$$\sigma_z=\frac{1.2(120-17.5\times1)}{1.2+2\times1\times\tan30^\circ}=52.2(\text{kPa})$$

$$\sigma_{cz}=17.5\times1+(17.8-10)\times1=25.3(\text{kPa})$$

下卧层淤泥地基承载力特征值经深度修正后为

$$f_{az}=50+\frac{17.5\times1+(17.8-10)\times1}{2}\times1\times(2-0.5)=69(\text{kPa})$$

则 $\sigma_z+\sigma_{cz}=52.2+25.3=77.5$（kPa）$>69$kPa，说明所设计的垫层的厚度不够，再设垫层的厚度为 1.5m，同理可得

$\sigma_z+\sigma_{cz}=42+29.2=71.2$（kPa）$<f_{az}=73.4$kPa，满足下卧层承载力要求。

（3）砂垫层底宽为

$b'=b+2z\tan\theta=1.2+2\times1.5\times\tan30^\circ=2.93$（m），则取为 3m。

（4）绘制砂垫层剖面图（略）。

三、垫层材料及施工检验

垫层材料可选用：砂石、粉质黏土、灰土、粉煤灰、矿渣、其他工业废渣及土工合成材料。各种垫层的压实标准可参考表 7-10 选用。

表 7-10　各种垫层的压实标准

施工方法	换填材料类别	压实系数 λ_c
碾压、振密或夯实	碎石、卵石	0.94～0.97
	砂夹石（其中碎石、卵石占全重的 30%～50%）	

续表

施　工　方　法	换填材料类别	压实系数$\overline{\lambda_c}$
碾压、振密或夯实	土夹石（其中碎石、卵石占全重的30%～50%）	0.94～0.97
	中砂、粗砂、砾砂、圆砾、角砾、石屑	
	粉质黏土	
	灰土	0.95
	粉煤灰	0.90～0.95

注　1. 当采用轻型击实试验时，压实系数$\overline{\lambda_c}$宜取高值；当采用重型击实试验时，压实系数$\overline{\lambda_c}$宜取低值。
2. 矿渣垫层的压实指针为最后两遍的压陷差小于2mm。

垫层的承载力宜通过现场载荷试验确定，并应进行下卧层承载力验算。

对于《建筑地基基础设计规范》（GB 5007—2011）划分的安全等级为三级的建筑物及一般不太重要的、小型、轻型或对沉降要求不高的工程，在无试验资料和经验时，当施工达到表7－10所要求的压实标准后，可参考表7－11所列的承载力特征值选用。

表7－11　　　　垫层的承载力

垫　层	承载力特征值 f_{ak}（kPa）
碎石、卵石	200～300
砂夹石（其中碎石、卵石占全重的30%～50%）	200～250
土夹石（其中碎石、卵石占全重的30%～50%）	150～200
中砂、粗砂、砾砂、圆砾、角砾	150～200
粉质黏土	130～180
石屑	120～150
灰土	200～250
粉煤灰	120～150
矿渣	200～300

垫层地基的变形由垫层自身变形和下卧层变形组成。

垫层地基的变形可仅考虑其下卧层的变形。对沉降要求严格或垫层厚的建筑，应计算垫层本身的变形。

垫层的施工包括施工机械的选用，施工方法、分层铺填厚度、每层夯实遍数的确定，垫层材料施工含水量的控制以及在垫层底部遇有软硬不均的地基时的处理方法等。垫层施工机械应根据不同的换填材料选择，粉质黏土、灰土宜采用平碾、振动碾或羊足碾，中小型工程也可采用蛙式夯、柴油夯等，砂石等宜用振动碾，粉煤灰宜采用平碾、振动碾、平板振动器、蛙式夯，矿渣宜采用平板振动器或平碾，也可采用振动碾。垫层的施工方法、铺填厚度、压实遍数等宜通过试验确定。除接触下卧软土层的垫层底部应根据施工机械设备及下卧层土质条件确定厚度外，一般情况下，垫层的分层铺填厚度可取200～300mm。为保证分层压实质量，还应控制机械碾压速度。

粉质黏土和灰土垫层土料的施工含水量宜控制在最优含水量ω_{op}（±2%）的范围内，粉煤灰垫层的施工含水量宜控制在ω_{op}（±4%）的范围内。最优含水量可通过击实试验确定，也可按当地经验取用。

当垫层底部存在古井、古墓、洞穴、旧基础、暗塘等软硬不均的部位时，应根据建筑对不均匀沉降的要求予以处理，并经检验合格后，方可铺填垫层。

基坑开挖时应避免坑底土层受扰动，可保留约200mm厚的土层暂不挖去，待铺填垫层前再挖至设计标高。严禁扰动垫层下的软弱土层，防止其被践踏、受冻或受水浸泡。在碎石或卵石垫层底部宜设置150～300mm厚的砂垫层或铺一层土工织物，以防止软弱土层表面的局部破坏，同时必须防止基坑边坡坍土混入垫层。

换填垫层施工应注意基坑排水、止水。对于有老黏性土土层，必须注意是否有遇水软化、膨胀、崩解等性质，不得在浸水条件下施工，必要时应采用降低地下水位、地表水的截排等相关措施。垫层底面宜设在同一标高上，如深度不同，基坑底土面应挖成阶梯或斜坡搭接，并按先深后浅的顺序进行垫层施工，搭接处应夯压密实。

粉质黏土及灰土垫层分段施工时，不得在柱基、墙角及承重窗间墙下接缝。上下两层的缝距不得小于500mm。接缝处应夯压密实。灰土应拌和均匀并应当日铺填夯压。灰土夯压密实后3d内不得受水浸泡。粉煤灰垫层铺填后宜当天压实，每层验收后应及时铺填上层或封层，防止干燥后松散起尘污染，同时应禁止车辆碾压通行。

垫层竣工验收合格后，应及时进行基础施工与基坑回填。

铺设土工合成材料时，下铺地基土层顶面应平整，防止土工合成材料被刺穿、顶破。铺设时应把土工合成材料张拉平直、绷紧，严禁有折致：端头应固定或回折锚固；切忌曝晒或裸露；连接宜用搭接法、缝接法和胶结法，并均应保证主要受力方向的连接强度不低于所采用材料的抗拉强度。

第七节　排水固结法

根据有效应力原理，土体在外荷载作用下发生排水固结时，其中的有效应力就会增大、土的体积就会压缩；随着土体被压密，土的强度也会随之提高：也就是说，地基土的排水过程就是地基土中有效应力不断增大、土体变形不断发生、土体强度不断增长的过程。排水固结法就是利用这一原理，设法使土体中的水分排出、有效应力增长来达到压密土体、提高土体承载能力、减小土体变形特性的一类地基处理方法。其中包括：预压法、降低地下水位法、抽真空法、砂井法、袋装砂井法、预压堆载砂井法等一系列地基处理方法。

预压法是在建筑物建造以前，在建筑场地进行堆载或真空预压，使地基的固结沉降基本完成，并提高地基土强度的方法。显然，如果地基在堆载压力下未发生整体剪切破坏，在小于堆载压力的基底压力作用下也不会发生破坏；且由于地基土已在堆载过程中完成了其固结变形，在其后的基底压力作用下（再加载过程），超固结的地基土就不会有多大变形发生。

预压法分为堆载预压法和真空预压法。预压法适用于处理淤泥、淤泥质土和冲填土等饱和黏性土地基。通常，当软土层厚度小于4.0m时，可采用天然地基堆载预压法处理；当软土层厚度超过4.0m时，为加速预压过程，应采用塑料排水袋、砂井等竖井排水预压法处理地基。对真空预压工程，必须在地基内设置排水竖井。

淤泥和淤泥质土是在静水环境下分层自然堆积起来的，每逢洪水季节，由于河流流水夹带的较粗颗粒物质增多，淤泥及淤泥质土层中就常常出现一些薄夹砂层。夹砂层的存在使土层的水平向渗透速度明显增大。砂井法正是利用了软土的这一特点，达到在较短时间内完成软土地基排水固结的目的。

排水固结类的地基处理方法处理地基应预先查明土层的分布、渗透性能、层理变化，以及透水层的位置、地下水的类型及水源补给情况等；通过试验确定土层的先期固结压力、孔隙比与固结压力的关系、渗透系数、固结系数、三轴试验抗剪强度以及原位十字板抗剪强度。

对主要以变形控制的建筑，当塑料排水带或砂井等排水竖井处理深度和竖井底面以下受压层经预压所完成的变形量和平均固结度符合设计要求时，方可卸载；对主要以地基承载力或抗滑稳定性控制的建筑，当地基土经预压而增长的强度满足建筑物地基承载力或稳定性要求时，方可卸载。以下简单介绍砂井预压堆载法和真空预压法设计。

一、砂井预压堆载法

1. 排水带或砂井的设计

（1）断面尺寸。普通砂井直径可取 300～500mm，袋装砂井直径可取 70～120mm。塑料排水带的当量换算直径 d_p 可按下式计算

$$d_p = \alpha \frac{2(b+\delta)}{\pi} \tag{7-18}$$

式中 α——换算系数，无试验资料时可取 0.7～1.0；

b、δ——塑料排水带宽度、厚度，mm。

（2）间距及布设方式。设计时，竖井的间距可按井径比 n 选用 $n=d_e/d_w$，d_w 为竖井直径，对塑料排水带可取 $d_w=d_p$，d_e 为竖井的有效排水直径，对等边三角形排列可取 $d_e=1.05l$，对正方形排列可取 $d_e=1.13l$（l 为竖井的间距）；如图 7-7（a）、（b）所示。塑料排水带或袋装砂井的间距可按 $n=15$～22 选用。

（3）深度。排水大砂井的深度应根据建筑物对地基的稳定性、变形要求和工期确定。对以地基抗滑稳定性控制的工程，砂井深度至少应超过最危险滑动面 2.0m；对以变形控制的建筑，砂井深度应根据在限定的预压时间内需完成的变形量确定；压缩层不厚时，砂井应穿透受压土层。

（4）砂垫层。在砂井顶面应铺设排水砂垫层，以连通各个砂井形成通畅的排水面，将水排到场地外。砂垫层的厚度一般大于 400mm；水下施工时，砂垫层的厚度一般为 1000mm 左右。在工程中，为节省工程造价，可采用纵横砂沟或砂碎石排水盲沟代替整片的砂垫层，砂沟的高度为一般为 500～1000mm，砂沟的宽度取砂井直径的 2 倍。

（5）排水盲沟与集水井。在预压场地处，有时根据工程的需要常要设置排水盲沟与集水井。排水盲沟与集水井的顶面标高低于砂垫层的底面标高，沟内的砂碎石与砂垫层的排水面相连，底面标高低于堆载预压固结最终沉降所形成的标高，以便场地内的水排出。

（6）砂井间距。砂井间距根据采用砂井固结理论进行计算。巴隆（Barron）于 1948

年总结了以往研究成果，提出了等应变和自由应变两面种极端条件，不考虑井阻和涂抹作用的理想井固结理论和等应变条件考虑井阻和涂抹作用的非理想井固结理论，至今仍视为经典的砂井固结理论。后来吉国洋（Yoshikumi，1974 年）和汉斯（hansbo，1981 年）又提出了考虑较为严密的非理想井固结理论。我国学者谢康和于 1987 年在总结前人的研究成果的基础上，提出了新的非理想井固结理论解答，给出了对应的计算图表，能方便地在工程中应用。目前已写入我国地基处理规范中。

2. 砂井固结度计算

砂井地基的固结度计算一般先假设荷载是瞬间施加的，然后根据实际情况进行修正。

(1) 瞬时加荷条件下砂井地基固结度的计算：当软土地基中没有设置排水砂井时，孔隙水只能竖向渗透，属一维固结问题。当地基中设置砂井后，土中水向最近的排水面流动［图 7-7 (c)］，发生径向和竖向渗流，属三维固结轴对称问题。如以圆柱坐标表示，设任意点 (r, z) 处的孔隙水压力为 U 时，砂井固结理论微分方程在求解时按如下假设的条件：

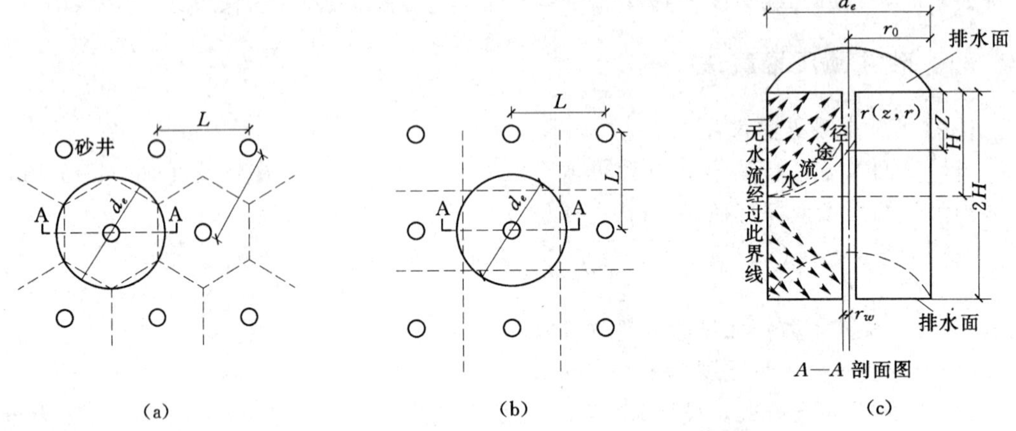

图 7-7　砂井平面布设及有效影响圆柱体剖面

1) 每个砂井的有效影响范围为一圆柱体。

2) 砂井地基表面受连续均布荷载下，地基中的附加应力分布不随深度而变化，故地基土只产生竖向压密变形。

3) 荷载是一次施加上去的，加荷开始时外荷载由孔隙水压力负担。

4) 在整个压密过程中，地基土的渗透系数保持不变。

5) 井壁土面受砂井施工所引起的涂抹作用（可使渗透性发生变化）的影响不计。

根据边界条件求解即可算出竖向和径向排水平均固结度。

a. 竖向排水平均固结度：对于土层为双面排水条件或土层中的附加压力为均布时，某一时间竖向固结度的计算公式为

$$\overline{U}_z = 1 - \frac{8}{\pi^2} \sum_{m=1,3,\cdots}^{\infty} \frac{1}{m^2} \mathrm{e}^{m^2 \pi^2 / 4T_V} \tag{7-19}$$

$$T_v = C_V t / H^2 \tag{7-20}$$

式中　$\overline{U}_z$——竖向排水平均固结度，%；

m——正奇数（$m=1, 3, 5, \cdots$）；

T_v——竖向时间因数；

C_V——土的竖向排水固结系数；

H——土层的竖向排水距离，cm，双面排水时 H 为土层厚度的一半，单面排水时 H 为土层厚度；

t——固结时间，s，如荷载是逐渐施加的，则从加荷历时的一半起算。

当 $\overline{U}_z>30\%$，可简化为

$$\overline{U}_z = 1 - \frac{8}{\pi^2}e^{-\pi^2 T_v/4} \tag{7-21}$$

为了工程中的方便，根据不同边界条件绘出的 $\overline{U}_z$—T_v 关系曲线与表格。计算时，先求出 T_v，再根据边界条件查相应的图或表，即可求出 $\overline{U}_z$。如表 7-12 所示，给出了不同条件下 $\overline{U}_z$—T_v 的关系。

表 7-12　　$\overline{U}_z$—T_v 关系表

σ \ T_v \ $\overline{U}_z$	0.1	0.2	0.3	0.4	0.5	0.6	0.7	0.8	0.9
0	0.049	0.100	0.154	0.217	0.290	0.380	0.500	0.660	0.950
0.2	0.027	0.073	0.126	0.186	0.260	0.350	0.460	0.630	0.920
0.4	0.016	0.056	0.106	0.164	0.240	0.330	0.440	0.600	0.900
0.6	0.012	0.042	0.092	0.148	0.220	0.310	0.420	0.580	0.880
0.8	0.010	0.036	0.079	0.134	0.200	0.290	0.410	0.570	0.860
1.0	0.008	0.031	0.071	0.126	0.200	0.290	0.400	0.560	0.850
1.5	0.006	0.024	0.058	0.107	0.170	0.260	0.380	0.540	0.830
2.0	0.005	0.019	0.050	0.095	0.160	0.240	0.360	0.520	0.810
3.0	0.004	0.016	0.041	0.082	0.140	0.220	0.340	0.500	0.790
4.0	0.004	0.014	0.040	0.080	0.130	0.210	0.330	0.490	0.780
5.0	0.003	0.013	0.034	0.069	0.120	0.200	0.320	0.480	0.770
7.0	0.003	0.012	0.030	0.065	0.120	0.190	0.310	0.470	0.760
10.0	0.003	0.011	0.028	0.060	0.110	0.180	0.300	0.460	0.750
20.0	0.003	0.010	0.026	0.060	0.110	0.170	0.290	0.450	0.740
∞	0.002	0.009	0.024	0.048	0.090	0.160	0.280	0.440	0.730

b. 径向排水固结度计算：由 Barron 导得的解为：

$$\overline{U}_r = 1 - e^{-\frac{8}{F}T_h}$$

其中

$$F=\frac{n^2}{n^2-1}\ln n-\frac{3n^2-1}{4n^2}$$

式中 $\overline{U}_r$——径向排水平均固结度，%；

T_h——径向排水固结度的时间因数；

F——与井径比 n 有关的系数。

c. 总固结度 $\overline{U}_{rz}$：砂井地基总的平均固结度是由竖向排水和径向排水引起的，总的平均固结度按下式计算：

$$\overline{U}_{rz}=1-(1-\overline{U}_z)(1-\overline{U}_r) \tag{7-22}$$

把 $\overline{U}_z$ 和 $\overline{U}_r$ 的表达式代入得

$$\overline{U}_{rz}=1-\frac{8}{\pi^2}e^{-\beta t} \tag{7-23}$$

$$\beta=\frac{8C_h}{Fd_e^2}+\frac{\pi^2 C_v}{4H^2} \tag{7-24}$$

也可表示为

$$t=\frac{1}{\beta}\ln\frac{8}{\pi^2(1-\overline{U}_{rz})} \tag{7-25}$$

式中　C_h——土的水平向排水固结系数；

其他符号意义同前。

(2) 砂井地基固结度计算修正：

1) 砂井未打穿软土层时固结度的计算：在实际工程中，当软土层很厚时，砂井常常未打穿整个受压层，在这种情况下，砂井部分的固结度不能代表整个受压层的固结度。这时，可分别计算砂井部分地基的固结度 $\overline{U}_{rz}$，和砂井以下受压层部分的固结度 $\overline{U}_z$，然后按下式计算整个受压层的平均固结度：

$$\overline{U}=Q\overline{U}_{rz}+(1-Q)\overline{U}_z \tag{7-26}$$

式中　$\overline{U}_{rz}$——砂井部分土层的平均固结度；

$\overline{U}_z$——砂井以下部分土层的平均固结度，把砂井底面看作排水面；

Q——砂井深度与整个受压层厚度的比值，即 $Q=\dfrac{H_1}{H_1+H_2}$；

H_1、H_2——砂井深度和砂井以下受压层范围内土层的厚度。

2) 逐渐加荷条件下地基固结度计算：以上在推导固结度的计算公式时，是假设瞬时一次加载，但实际上荷载一般是逐渐分级加上去的。因此，要根据加荷情况，对上述公式进行修正，修正方法有改进的太沙基法和改进的高木俊介法。目前在工程实践及地基规范中广泛使用的是改进的高木俊介法。改进的高木俊介法如下式所示：

$$\overline{U}_t'=\sum_1^n\frac{q_n'}{\sum\Delta p}\left[(T_n-T_{n-1})-\frac{\alpha}{\beta}e^{-\beta t}\left(e^{\beta T_n}-e^{\beta T_{n-1}}\right)\right] \tag{7-27}$$

式中　$\overline{U}_t'$——t 时多级等速加荷修正后的平均固结度，%；

q_n'——第 n 级荷载的平均加荷速率，kPa/d；

q_i——第 i 级荷载的加荷速率，kPa/d；

$\sum\Delta p$——各级荷载的累加值，kPa；

T_n、T_{n-1}——第 n 级、第 $n-1$ 级荷载加载的起始时间（从零点算起），当计算第 i 级荷载加载过程中某时间 t 的固结度时，T_n 改为 t；

α、β——参数，根据地基排水固结条件采用，按表 7-13 采用。

表 7-13 **α、β 参数表**

参数 \ 排水固结条件	竖向排水固结 ($U_z>30\%$)	向内径向排水固结	粉质黏土、粉煤灰	灰土
α	$\frac{8}{\pi^2}$	1	$\frac{8}{\pi^2}$	$\frac{8}{\pi^2}Q$
β	$\frac{\pi^2 C_V}{4H^2}$	$\frac{8C_h}{Fd_e^2}$	$\frac{8C_h}{Fd_e^2}+\frac{\pi^2 C_V}{4H^2}$	

注 C_V—土的竖向排水固结系数；
C_h—土的水平向排水固结系数；
H—土层竖向排水距离，双面排水时，H 为土层厚度的一半，单面排水时，H 为土层厚度；
其他符号同前。

3. 预压荷载

(1) 范围。预压荷载顶面的范围应不小于建筑物基础外缘所包围的范围。

(2) 大小。对于沉降有严格要求的建筑，应采用超载预压法，超载量应根据预压时间内要完成的变形量确定，并使预压荷载下受压土层各点的有效竖向应力大于建筑荷载引起的相应点的附加应力。

4. 加载速率

当天然地基土的强度满足预压荷载下地基的稳定性要求时，可一次性加载，否则应分级加载。分级加载时应控制加载速率与地基土的强度增长相适应。

5. 地基土变形的计算

(1) 最终竖向变形。预压荷载下地基的最终竖向变形可按下式计算

$$s_f = \xi \sum_{i=1}^{n} \frac{e_{0i} - e_{1i}}{1 + e_{0i}} h_i \tag{7-28}$$

式中 s_f——最终竖向变形量，m；

e_{0i}、e_{1i}——第 i 层土中点处土的自重应力以及自重应力与附加应力之和所对应的孔隙比，由室内固结试验 $e—p$ 曲线 $d—e$ 得到；

h_i——第 i 层土层厚度，m；

ξ——经验系数，对正常固结饱和黏性土地基可取 $\xi=1.1\sim1.4$，荷载较大，地基土较软弱时取大值，否则取小值。

变形计算时，可取附加应力与自重应力的比值为 0.1 的深度作为受压层的计算深度。

(2) 固结度。一级或多级等速加载条件下，固结时间 t 时对应总荷载的地基平均固结度可按改进的高木俊介法式 (7-27) 计算。

(3) 强度增长。对正常固结饱和黏性土地基，某点某一时刻的抗剪强度可按下式计算

$$\tau_{ft} = \tau_{f0} + \Delta\sigma_z U_t \tan\varphi_{cu} \tag{7-29}$$

式中 τ_{ft}——t 时刻某点土的抗剪强度，kPa；

τ_{f0}——地基土的天然抗剪强度，kPa；

$\Delta\sigma_z$——预压荷载引起的该点的附加竖向应力，kPa；

U_t——该点土的固结度；

φ_{cu}——三轴固结不排水压缩试验求得的土的内摩擦角，(°)。

二、真空预压法设计

真空预压法的设计内容包括：竖向排水体设计，要求达到的膜下真空度和土层的平均固结度、预压区面积和分块大小、地基变形计算、真空预压后地基土强度的增长计算等。

(1) 竖向排水体设计。一般采用袋装砂井和塑料排水带。竖向排水体将负压由砂垫层传到土体中，将土体中自水抽至砂垫后排出。竖向排水体的尺寸、排列方式、间距和深度等参照本节“砂井设计”确定。

(2) 真空度和平均固结度。真空预压的膜下真空度应保持在 650mmHg（约 80kPa）以上；压缩土层的平均固结度应大于 80%。

(3) 预压面积和分块大小。真空预压的总面积不得小于基础外缘所包围的面积，一般边缘应超出建筑物基础外缘 2～3m；另外，每块预压的面积应尽可能大，根据加固要求彼此间可搭接或有一定间距。

(4) 地基变形计算。根据土层的固结度计算出有效应力，然后从室内固结试验得到 $e—p$（e 为孔隙比，p 为固结压力）关系曲线查出相应的孔隙比利用分层总和法进行计算。

(5) 真空预压后地基强度的增长计算参照本节强度增长公式（7－29）。

第八节　强夯法和强夯置换法

强夯法又名动力固结法或动力压实法，它是反复将夯锤（质量一般为 10～40t）提到一定高度（落距一般为 10～40m）使其自由落下，利用强大的夯击能在地基中产生的冲击波和动应力来加固地基。此法可用于可压缩的黏性土和粉土（压实机理同黏性土的压实机理）、饱和松砂地层、饱和粉土（迫使深层土液化和动力固结而密实）和软黏土（利用强大的夯击能量使土体发生完全破坏，环状、径向裂隙发育，同时利用强大的夯击能量夯击土体时产生的超高孔隙压力将孔隙水挤出土体），从而达到提高地基土的强度、降低土的压缩性、改善砂土的抗液化条件、消除湿陷性黄土的湿陷性等加固目的，但在用于软土地基时要慎重一些，大面积夯压前必须进行试夯以确定其适用性和处理效果。

强夯置换法是采用在夯坑内回填块石、碎石等坚硬粗颗粒材料，用夯锤夯击形成连续的置换墩，由置换墩（在软黏土中）或置换墩与墩间土（在饱和粉土中，形成复合地基）承担上部结构传来的荷载。

强夯法主要适用于处理碎石土、砂土、低饱和度的粉土与黏性土、湿陷性黄土、素填土和杂填土等地基。

强夯置换法也适用于高饱和度的粉土与软塑—硬塑的黏性土等地基上对变形要求不严的工程，在设计前必须通过试验确定其适用性和处理效果。

一、强夯法的设计

强夯法的设计包括强夯的有效加固深度、夯点的夯击次数、夯击遍数、两遍夯击之间的间隔时间、夯击点平面布置等强夯参数的确定以及强夯处理范围、强夯地基承载力特征值的确定等。

1. 强夯的有效加固深度

应根据现场试夯或当地经验确定。在缺少试验资料或经验时可按表 7－14 取值或按式（7－28）估算。

$$z=\alpha\sqrt{WH/10} \tag{7-30}$$

式中　W——锤重，kN；

H——锤的落距，m；

z——有效处理深度；

α——经验系数，其值多在 0.4～0.8 之间，桩间土和桩体的刚度差别愈大，α 愈小。

表 7－14　　强夯法的有效加固深度

单位夯击能（kN·m）	碎石土、砂土等粗颗粒土（m）	粉土、黏性土、湿陷性黄土等细颗粒土（m）
1000	5.0～6.0	4.0～5.0
2000	6.0～7.0	5.0～6.0
3000	7.0～8.0	6.0～7.0
4000	8.0～9.0	7.0～8.0
5000	9.0～9.5	8.0～8.5
6000	9.5～10.0	8.5～9.0
8000	10.0～10.5	9.0～9.5

注　强夯法的有效加固深度应从最初起夯地面算起。

2. 夯点的夯击次数

每夯点的夯击次数应按现场试夯得到的夯击次数和夯沉量关系曲线确定，并应同时满足：

（1）最后两击的平均夯沉量不大于下列数值：当单击夯击能量小于 4000kN·m 时为 50mm；当单击夯击能量在 4000～6000kN·m 时为 100mm；当单击夯击能量大于 6000 kN·m 时为 200mm。

（2）夯坑周围地面不应发生过大的隆起。

（3）不因夯坑过深而发生提锤困难。

3. 夯击遍数及两遍夯击之间的间隔时间

根据地基土的性质确定，可采用点夯 2～3 遍，对于渗透性较差的细颗粒土，必要时夯击遍数可适当增加，最后再以低能量满夯两遍。两遍夯击之间的间隔时间取决于土中超静孔隙水压力的消散时间，一般对渗透性较差的黏性土地基，间隔时间不应少于 3～4 周，对于渗透性较好的碎石与砂土地基可连续夯击。

4. 强夯处理范围

强夯处理范围应大于建筑物基础范围，每边超出基础外缘的宽度宜为基底下设计处理深度的 1/2～1/3，并不宜小于 3m。

二、强夯置换法的设计

强夯置换法的设计包括强夯置换墩的深度、单击夯击能、墩体材料、夯点的夯击次数、墩位布置、墩间距等参数的确定。

强夯置换墩的深度由土质条件决定，除厚层饱和粉土外，应穿透软土层，到达较硬土层。深度不宜超过7m。

强夯墩宜采用等边三角形或正方形布置。墩间距应根据荷载大小和原土的承载力确定，当满夯布置时可取夯锤直径的2～3倍，对独立基础或条形基础可取夯锤直径的1.5～2.0倍。墩的计算直径可取夯锤直径的1.1～1.2倍。

强夯墩体材料可采用级配良好的块石、碎石、矿渣、建筑垃圾等坚硬粗颗粒材料，粒径大于300mm的颗粒含量不应超过全重的30%。

墩顶应铺设一层厚度不小于500mm的压实垫层，垫层材料可与墩体材料相同，粒径不宜大于100mm。

软黏土中强夯墩地基承载力特征值的确定，可只考虑墩体，不考虑墩间土的作用；对饱和粉土中的强夯墩地基可按复合地基考虑，它们的承载力应分别通过单墩载荷试验或单墩复合地基载荷试验来确定。

与强夯法相类似的重锤夯实法，其锤的尺寸较小（锤底直径约0.7～1.5m）、锤重较轻（100kN以下，多为20～30kN，不小于15kN）、提升高度不大（4.0m左右）、处理深度有限（处理深度约为锤底直径的一倍左右）。所以要求重锤夯实的影响深度高出地下水位0.8m以上，且不宜存在饱和软土。

第九节　振　冲　法

振冲法利用振冲器在高压水流帮助下的振冲作用，使地基孔中的填料形成桩体，置换弱土体，并与桩间土形成复合地基。对黏性土地基，振冲法主要起置换作用，对中细砂和粉土除置换作用外还有振实挤密作用。所以振冲法用于黏性土地基被称为振冲置换法，而应用于砂土地基时又被称为振冲挤密法。

振冲法适用于处理砂土、粉土、粉质黏土、素填土和杂填土等地基。用于处理不排水抗剪强度不小于20kPa的黏性土和饱和黄土地基时，应在施工前通过试验确定其适用性。不加填料振冲加密适用于处理黏粒含量不大于10%的中砂、粗砂地基。对于大型的、重要的或场地地层复杂的工程，在正式施工前应通过现场试验确定其处理效果。

1. 处理范围

振冲法用于多层建筑和高层建筑时，宜在基础外缘扩大1～2排桩。

2. 振冲桩的间距

振冲桩的间距应根据上部结构荷载大小、场地土层并结合所采用的振冲器功率大小综合考虑。对功率为30kW、55kW和75kW振冲器，布桩间距可分别采用1.3～2.0m、1.4～2.5m和1.5～3.0m，荷载大或对粉质黏土宜采用较小间距，荷载小或对砂土宜采用较大间距。

3. 桩长

当相对硬层埋深不大时，应按相对硬层埋深确定振冲桩的成桩长度；当相对硬层埋深较大时，按建筑物地基变形允许值确定成桩长度。桩长不宜小于4m。

4. 振冲桩的直径

振冲桩的常用设计直径为0.8～1.2m，实际施工中的平均直径按每根桩所用填料来计算。

5. 桩体材料

振冲桩的桩体材料常用含泥量不大于5%的碎石、卵石、矿渣或其他性能稳定的硬质材料，不宜使用风化易碎的石料。

6. 桩顶褥垫层

在桩顶和基础之间宜铺设一层300～500cm厚的碎石褥垫层。

7. 桩位布置

对不同的基础情况，振冲法可按三角形、正方形或矩形布桩。

8. 复合地基承载力的确定

振冲桩复合地基承载力特征值应通过现场复合地基载荷试验确定，初步设计时也可按下式估算

$$f_{spk} = mf_{pk} + (1-m)f_{sk} \tag{7-31}$$

式中 f_{spk}——振冲桩复合地基承载力特征值，kPa；

f_{pk}——桩体承载力特征值，可按载荷试验确定，kPa；

f_{sk}——地基处理后桩间土承载力特征值，按当地经验确定，没有时可取地基土承载力特征值，kPa；

m——桩土面积置换率，$m=d^2/d_e^2$；

d——桩身平均，m；

d_e——每根桩分担的处理地基面积的等效圆直径，对等边三角形布桩 $d_e=1.05s$；对正方形布桩 $d_e=1.13s$；对矩形布桩 $d_e=1.13\sqrt{s_1 s_2}$，s、s_1 及 s_2 分别为桩间距离、桩纵向间距及横向间距。

《建筑地基处理技规范》规定，对小型工程的黏性土地基在初步设计时，也可按下式计算复合地基的承载力特征值

$$f_{spk} = [1 + m(n-1)]f_{sk} \tag{7-32}$$

式中 n——桩间应力比，可取2～4，原土强度低取大值，原土强度高取小值。

在式（7-32）中，若令 $n=\dfrac{f_{pk}}{f_{sk}}$，则原式可改写为

$$\begin{aligned} f_{spk} &= mf_{pk} + (1-m)f_{sk} = mnf_{sk} + (1-m)f_{sk} \\ &= [1 + m(n-1)]f_{sk} \end{aligned} \tag{7-33}$$

《建筑地基处理技术规范》指出，小型工程的黏性土地基在初步设计时可取 $f_{pk}=(2\sim4)f_{sk}$。

9. 变形计算

振动桩复合地基的压缩模量可按下式计算

$$E_{sp} = [1 + m(n-1)]E_s \tag{7-34}$$

式中 E_{sp}——振冲桩复合地基的压缩模量，MPa；

E_s——桩间土压缩模量，MPa；

n——桩土应力比，对黏性土可取 2～4，对粉土或砂土可取 1.5～3，原土强度低时取大值，原土强度高时取较小值。

第十节 砂石桩及水泥粉煤灰碎石桩法

一、砂石桩法的设计

碎石桩、砂桩和砂石桩总称为砂石桩，是指采用振动、冲击或水冲等方式在软弱地基中成孔后，再将砂或碎石挤压到或填筑到已成的孔中，形成大直径的砂石所构成的密实桩体，使这种桩体与桩间土一起形成复合地基。

砂石桩法适用于挤密松散砂土、粉土、黏性土、素填土、杂填土等地基。对饱和黏土地基上变形控制不严的工程也可采用砂石桩置换处理。

1. *砂石桩直径*

砂石桩的直径需根据地基土质情况和成桩设备等因素确定，一般为 300～800m。

2. *砂石桩间距*

对粉土和砂土地基，砂石桩间距不宜大于砂石桩直径的 4.5 倍；对黏性土地基，不宜大于砂石桩直径的 3 倍。初步设计时，也可按下式进行估算。

(1) 松散粉土和砂土地基可根据挤密后要求达到的孔隙比 e_1 来确定砂石桩间距。

等边三角形布置
$$s = 0.95\xi d\sqrt{\frac{1+e_0}{e_0 - e_1}} \tag{7-35}$$

正方形布置
$$s = 0.89\xi d\sqrt{\frac{1+e_0}{e_0 - e_1}} \tag{7-36}$$

$$e_1 = e_{max} - D_{rl}(e_{max} - e_{min}) \tag{7-37}$$

式中 s——砂石桩间距，m；

d——砂石桩直径，m；

ξ——修正系数，当考虑振动下沉密实作用时，可取 1.1～1.2，不考虑振动下沉密实作用时，可取 1.0；

e_0——地基处理前砂土的孔隙比，可按原状土试验确定，也可根据动力或静力触探等对比试验确定；

e_1——地基挤密后要求达到的孔隙比；

e_{max}、e_{min}——砂土的最大、最小孔隙比；

D_{rl}——地基挤密后要求砂石达到的相对密实度。

(2) 黏性土地基的砂石桩间距为

等边三角形布置
$$s = 1.08\sqrt{A_e} \tag{7-38}$$

正方形布置
$$s = \sqrt{A_e} \tag{7-39}$$

式中 A_e——1 根砂石桩承担的处理面积，m²，$A_e = A_p/m$；

A_P——砂石桩的截面积，m²；

m——面积置换率。

【例 7-3】 某挤密砂桩处理地基，已知砂桩直径为 0.5m，等边三角形布置；地基土天然孔隙比 $e_0=0.9$，要求加密到孔隙比 $e_1=0.75$，试计算桩的间距应为多少？

解：按等边三角形布置时，桩的间距（$\xi=1.0$）

$$
\begin{aligned}
l &= 0.95\times\xi\times d\times\sqrt{(1+e_0)/(e_0-e_1)} \\
&= 0.95\times1\times0.5\times\sqrt{1.9/0.15} \\
&= 0.475\times\sqrt{12.67} = 0.475\times3.56 = 1.69(\text{m})
\end{aligned}
$$

最后决定取 1.6m。

3. *砂石桩桩长*

砂石桩桩长需根据工程要求和工程地质条件通过计算确定：

（1）当松软土质厚度不大时，砂石桩宜穿过松软土层。

（2）当松软土质厚度较大时，对按稳定性控制的工程，砂石桩应不小于最危险滑动面以下 2m 的深度；对变形控制的工程，砂石桩桩长应满足处理后地基变形和软弱下卧层承载力的要求。

（3）对可液化的地基，砂石桩桩长应按《建筑抗震设计规范》（GB 50011—2001）的有关规定选定。

（4）桩长不宜小于 4m。

4. *砂石桩的处理范围*

砂石桩的处理范围应大于基底范围，处理宽度宜在基础外缘扩大 1～3 排桩。

5. *桩体材料*

砂石桩的桩体材料可用碎石、卵石、角砾、圆砾、砾砂、粗砂、中砂或石屑硬质材料，含泥量不得大于 5%，最大粒径不宜大于 50m。

6. *桩顶褥垫层*

在砂石桩的顶部，宜铺设一层厚度为 300～500mm 的砂石褥垫层。

二、水泥粉煤灰碎石桩（CFG 桩）的设计

水泥粉煤灰碎石桩是指在地基中成孔后，将碎石、石屑、粉煤灰和少量水泥加水拌和灌入孔中制成一种具有高黏结强度的桩，并与桩间土和褥垫层一起形成复合地基。

水泥粉煤灰碎石桩（CFG 桩）法适用于处理黏性土、粉土、砂土和已自重固结的素填土等地基。对淤泥质土应按地区经验或通过现场试验确定其适用性。

1. *桩径与间距*

水泥粉煤灰碎石桩桩径宜取 350～600mm，间距宜取 3～5 倍桩径。

2. *布桩范围*

用水泥粉煤灰碎石桩加固地基时可只在基础范围内布桩。

3. *桩长*

水泥粉煤灰碎石桩的桩长受场地土的工程地质条件、复合地基的承载力、变形要求等

各种因素的影响，一般情况下应选择承载力较高的土层作为桩的持力层。

4. 桩顶褥垫层

水泥粉煤灰碎石桩的桩顶和基础之间应设褥垫层，褥垫层的厚度宜取 150～300mm，当桩径、间距大时取高值；褥垫层宜用中砂、粗砂、级配砂石或碎石等，最大粒径不宜大于 30mm。

5. 复合地基承载力

(1) 水泥粉煤灰碎石桩的单桩竖向承载力特征值 R_a 的取值，应符合下列规定：

1) 当采用单桩载荷试验时，应将竖向极限承载力除以安全系数 2。

2) 当无单桩载荷试验资料时，可按下式计算

$$R_a = u\sum_{i=1}^{n} q_{si} l_i + q_p A_p \tag{7-40}$$

式中　u——桩的周长，m；

n——桩长范围内所划分的土层数；

R_a——单桩竖向承载力特征值，kN；

q_{si}、q_p——桩周第 i 层土的侧阻力、桩端阻力特征值，kPa，可按桩基规范中的有关规定确定；

l_i——第 i 层土的厚度，m。

(2) 桩体试块抗压强度平均值 f_{cu} 应满足下式要求：

$$f_{cu} \geqslant 3\frac{R_a}{A_p} \tag{7-41}$$

式中　f_{cu}——桩体混合料试块（边长 150mm 的立方体）标准养护 28d 后的立方体抗压强度平均值，kPa。

6. 复合地基变形计算

水泥粉煤灰碎石桩复合地基沉降计算也采用分层总和法，分层厚度与沉降计算深度与《建筑地基基础设计规范》(GB 5007—2011) 中的相同。各复合土层的压缩模量等于该层天然地基压缩模量的 ξ 倍。ξ 值可按下式确定：

$$\xi = \frac{f_{spk}}{f_{ak}} \tag{7-42}$$

式中　f_{ak}——基础底面下天然地基承载力特征值，kPa。

变形计算经验系数 ψ_s 根据当地沉降观测资料及经验确定，也可采用表 7-15 的数值。

表 7-15　变形计算经验系数 ψ_s

$\overline{E_s}$ (MPa)	2.5	4.0	7.0	15.0	20.0
ψ_s	1.1	1.0	0.7	0.4	0.2

注　$\overline{E_s}$ 的意义与《建筑地基基础设计规范》(GB 5007—2011) 中相同，只是其中基础下第 i 层的压缩模量 E_{si} 在桩长范围内的复合土层中按复合土层的压缩模量取值。

第十一节　灰土（土）挤密桩和夯实水泥土桩法

一、灰土挤密桩法和土挤密桩法的设计

灰土挤密桩法和土挤密桩法是利用沉管（振动、锤击）或冲击等方法在地基中成孔并使地基土得到挤密，然后在孔中分层填入灰土或素土（黏性土）夯实而成灰土挤密桩或土挤密桩，并与桩间土形成复合地基。

灰土挤密桩法和土挤密桩法适用于处理地下水位以上的湿陷性黄土、素填土和杂填土等地基，可处理地基的深度为5～15m。当地基土的含水量大于24%、饱和度大于65%时，不宜选用灰土挤密桩法和土挤密桩法。

当仅以消除地基的湿陷性为主要目的时，宜选用土挤密桩法；当以提高地基土的承载力或增强其水稳性为主要目的时，宜选用灰土挤密桩法。

（一）处理范围

灰土挤密桩和土挤密桩处理地基的面积，应大于基础或建筑物底层平面的面积。当采用局部处理时，超出基础底面的宽度：对非自重湿陷性黄土、素填土和杂填土等地基，每边不应小于基底宽度的0.25倍，且不应小于0.5m；对自重湿陷性黄土地基，每边不应小于基地宽度的0.75倍，并不应小1.00m。采用整片处理时，超出建筑物外墙基础底面外缘的宽度，每边不宜小于处理土层厚度的1/2，并不应小于2m。

（二）桩的布置

桩孔直径宜为300～450mm。为使桩间土均匀挤密，桩孔宜按等边三角形布置，桩孔之间的中心距离s，可为桩孔直径的2.0～2.5倍，并可按下式估算：

$$s = 0.95d\sqrt{\frac{\overline{\lambda_c}\rho_{d\max}}{\overline{\lambda}_{c}\rho_{d\max} - \overline{\rho}_d}} \tag{7-43}$$

其中

$$\overline{\lambda_c} = \frac{\overline{\rho}_{dl}}{\rho_{d\max}} \tag{7-44}$$

式中　s——桩孔之间的中心距离，m；

d——桩孔的直径，m；

$\rho_{d\max}$——桩间土的最大干密度，t/m^3；

$\overline{\rho}_d$——地基处理前土的干密度，t/m^3；

$\overline{\lambda}_c$——桩间土经成孔挤密后的平均挤密系数，对重要工程，不宜小于0.93；对一般工程，不宜小于0.90；

ρ_{dl}——在成孔挤密深度范围内，桩间土的平均干密度，平均试样数不应少于6组。

桩孔数量n可按下式进行估算

$$n = \frac{A}{A_e} \tag{7-45}$$

式中　A——拟处理地基的面积，m^2；

A_e——1根土挤密桩或灰土挤密桩所承担的处理地基面积，$A_e = \pi d_e^2/4$；

d_e——1根桩分担的处理地基面积的等效直径，m，对桩成孔按等边三角形和正方形布置的情况，分别有 $d_e=1.05s$ 和 $d_e=1.13s$。

（三）桩孔内填料

桩体的夯实质量用平均压实系数、控制。当桩孔内用灰土或素土分层回填、分层夯实时，桩体内平均压实系数、均不应小于0.96。

桩顶标高以上应设置300～450mm厚的2∶8灰土垫层，其压实系数不应小于0.95。

二、夯实水泥土桩法的设计

夯实水泥土桩法适用于处理地下水位以上的粉土、素填土、杂填土、黏性土等地基。处理深度不宜超过10m。

夯实水泥土桩设计前应进行配比试验，针对现场地基土的性质，选择合适的水泥品种，为设计提供各种配比的强度参数。夯实水泥土桩体强度宜取28d龄期试块的立方体抗压强度平均值，并应满足式（7-31）的要求。

夯实水泥土桩可只在基础范围内布置，桩孔直径300～600mm，桩距2～4倍直径。

当相对硬层的埋藏深度不大时，应按相对硬层埋藏深度确定夯实水泥土桩桩长；当相对硬层埋藏深度较大时，应按建筑物地基的变形允许值确定桩长。

夯实水泥土桩也应在桩顶铺设100～300mm厚的褥垫层，垫层材料可采用中砂、粗砂或碎石等，最大粒径不宜大于20mm。

夯实水泥桩复合地基承载力特征值应按现场复合地基载荷试验确定。初步设计时也可按式（7-32）进行估算。桩间土承载力折减系数 β 可取0.9～1.0。

经夯实水泥土桩处理后的地基应进行变形验算，其计算深度必须大于复合土层的深度。

第十二节　水泥土搅拌桩法和高压喷射注浆法

一、水泥土搅拌桩法的设计

水泥土搅拌桩利用水泥作为固化剂，通过特制的搅拌机械，在地基深处将土与固化剂强制搅拌，固化后成为强度高、压缩性低的水泥土桩，并与桩周土体一起形或复合地基。

水泥土搅拌桩法分为深层搅拌法（简称湿法）和粉体喷搅桩（简称干法），适用于处理正常固结的淤泥和淤泥质土、粉土、饱和黄土、素填土、黏性土以及无流动地下水的饱和松散砂土等地基。

当用于泥炭土、有机质土、塑性指数 $I_p>25$ 的黏土、地下水具有腐蚀性时以及无工程经验的地区，必须通过现场试验确定其适用性。

当地基土的天然含水量小于30%（黄土含水量小于25%）或大于70%或地下水的pH值小于4时，不宜用干法施工。

水泥土搅拌桩法设计前应进行拟处理土的室内配方试验：针对现场拟处理的软土的性质，选择合适的固化剂、外掺剂及其掺量，为设计提资各种领期、各种配比的强度参数。

对竖向承载的水泥土强度宜取 90d 龄期试块的立方抗压强度平均值；对承受水平荷载的水泥土强度宜取 28d 龄期试块的立方体抗压强度平均值。

1. 固化剂选择

水泥土搅拌桩的固化剂宜选用强度等级为 32.5 级及以上的普通硅酸盐水泥。水泥掺量除块状加固时可用被加固湿土质量的 7%～12%外，其余宜为 12%～20%。湿法的水泥浆水灰比可选用 0.45～0.55。

竖向承载搅拌桩复合地基中的桩长超过 10m 时，可采用变掺量设计。在全长水泥掺量不变的前提下，桩身上部 1/3 桩长范围内可适当增加水泥掺量及搅拌次数；桩身下部三分之一桩长范围内可适当减少掺量。根据实际工程经验，为保证水泥搅拌桩成桩质量，施工时必须至少全程复搅一次。

2. 搅拌桩的长度、桩径

水泥土搅拌法的设计主要是确定搅拌桩的置换率和长度。竖向承载搅拌桩的长度应根据上部结构对承载力和变形的要求确定，并宜穿透软弱土层到达承载力相对较高的土层；为提高抗滑稳定性而设置的搅拌桩，其桩长应超过危险滑弧以下 2m。湿法的加固深度不宜大于 20m；干法不宜大于 15m。水泥搅拌桩的桩径不应小于 500mm。

3. 单桩竖向承载力

单桩竖向承载力特征值应通过载荷试验确定。初步设计时也可按式（7-46）和式(7-47)进行估算，取两者小值，宜使由桩身材料强度确定的单桩承载力大于或等于由桩周土和桩端土的抗力所提供的单桩承载力。

$$R_a = u_p \sum_{i=1}^{n} q_{si} l_i + \alpha q_p A_p \tag{7-46}$$

$$R_a = \eta f_{cu} A_p \tag{7-47}$$

式中　f_{cu}——与搅拌桩桩身水泥配比相同的室内加固土试块（边长 70.7mm 的立方体，也可采用边长为 50mm 的立方体）在标准养护条件下 90d 龄期的立方体抗压强度平均值，kPa；

η——桩身强度折减系数，干法可取 0.20～0.30，湿法可取 0.25～0.33；

u_p——桩的周长，m；

q_{si}——桩周长的加权平均侧阻力特征值，kPa，对淤泥可取 4～7kPa，对淤泥质土可取 6～12kPa，对软塑状态的黏土可取 10～15kPa，对可塑状态的黏性土可取 12～18kPa；

l_i——桩长范围内地 i 层土的厚度，m；

α——桩端土天然地基土的承载力折减系数，可取 0.4～0.6，承载力高时取低值；

q_p——桩端地基土未经修正的承载力特征值，kPa；

A_p——桩端截面面积，m^2。

4. 复合地基竖向承载力

竖向承载的水泥土搅拌桩复合地基的承载力特征值应通过现场单桩或多桩复合地基载荷试验确定，初步设计时也可按式（7-42）进行估算，其中 f_{ak} 为桩间天然地基土承载力特征值 kPa；β 为桩间土承载力折减系数，当桩端未经修正的承载力特征值大于桩周土的承载力特征值的平均值时，可取 0.1～0.4，差值大时取低值；当桩端未经修正的承载力特征值小于或等于桩周土的承载力特征值的平均值时，可取 0.5～0.9，差值大或设褥垫层时均可取高值。

5. 桩顶褥垫层

竖向承载水泥土搅拌桩复合地基在基础和桩之间应设置褥垫层，其厚度可取 200～300mm，其材料可选用中砂、粗砂、级配砂石等，最大粒径不宜大于 20m。

6. 平面布置

根据上部结构特点及对地基承载力和变形的要求，水泥土搅拌桩可采用柱状、壁状、格栅状或块状等加固形式。桩可只在基础平面范围内布置，独立基础下的桩数不宜少于 3 根。

7. 变形计算

竖向承载搅拌桩复合地基的变形包括搅拌桩复合土层的平均压缩变形 s_1 与桩端下未加固土层的压缩变形 s_2 两部分：

（1）搅拌桩复合土层的压缩变形可按下式计算

$$s_1 = \frac{(p_z + p_{zi})l}{2E_{sp}}$$

其中

$$E_{sp} = mE_p + (1-m)E_s$$

式中　p_z——搅拌桩复合土层顶面的平均附加压力值，kPa；

p_{zi}——搅拌桩复合土层底面的平均附加压力值，kPa；

E_{sp}——搅拌桩复合土层的压缩模量；

E_p——搅拌桩的压缩模量，kPa，可取（100～200）f_{cu}，低强度的短桩取小值，反之可取高值；

E_s——桩间土的压缩模量，kPa。

（2）桩端以下未加固土层的压缩变形 s_2 可按《建筑地基基础设计规范》（GB 50007—2011）中的有关规定进行计算。

【例 7-4】 某水泥搅拌桩（湿法）处理地基，已知水泥搅拌桩的直径为 0.6m，正方形布置，桩距 a=1.2m，桩长为 10m；单桩承载力特征值由桩身强度控制，与桩身水泥土配比相同的室内加固土试块在标准养护条件下 90d 龄期的立方体抗压强度平均值 f_{cu}=1.5MPa；桩间土 f_{sa}=60kPa，桩间土的平均压缩模量为 2.5MPa；设搅拌桩复合地基顶面的基础底附加压力值 p_z=100kPa，基础底面尺寸为 2m×3m。试计算复合地基承载力特征值 f_{spa} 和复合土层的压缩变形量（水泥土的压缩模量取 $E_p=100f_{cu}$；桩间土承载力折减系数取 β=0.85）。

解：置换率　　$m=\frac{\pi r^2}{a^2}=\pi\times 0.3^2/1.2^2=0.2827/1.44=0.1963$

单桩承载力特征值　　$R_a=\eta f_{cu}A_p=0.3\times 1500\times 0.2827=127.2$（kN）

复合地基承载力特征值

$$\begin{aligned} f_{spa} &= mR_a/A_p + \beta(1-m)f_{sa} = 0.1963\times 127.2/0.2827 \\ &\quad + 0.85\times(1-0.1963)\times 60 \\ &= 88.32 + 40.99 = 129.3(\text{kPa}) \end{aligned}$$

搅拌桩复合土层的压缩模量可按下式计算：

$$E_{sp}=mE_p+(1-m)E_s=0.1963\times150+(1-0.1963)\times2.5=31.5(\text{MPa})$$

搅拌桩复合土层的压缩变形 s_1 按下式计算：

$$s_1=\frac{(p_z+p_{zl})l}{2E_{sp}}=\frac{(100+129.3)\times10\times10^3}{2\times31.5\times10^3}=36.4(\text{mm})$$

二、高压喷射注浆法设计

高压喷射注浆法是用钻机钻孔至加固深度后，将喷射管插入地层预定深度，用高压泵将水泥浆液从喷射管喷出，使土体结构破坏并与水泥浆液混合，胶结硬化后形成强度高、压缩性低的不透水固结桩体，并使桩与桩间土形成复合地基，共同承受上部荷载。

高压喷射注浆法适用于处理淤泥、淤泥质土、流塑、软塑或可塑性黏性土、粉土、砂土、黄土、素填土和碎石土等地基。

高压喷射注浆形成的加固体强变和范围，应通过现场试验确定。当无现场试验资料时，也可参照相似土质条件的工程经验。

旋喷桩单桩承载力特征值，可通过现场单桩载荷试验确定。也可按式（7－48）和式（7－49）进行估算，取其中的较小值

$$R_a=\eta f_{cu}A_p \tag{7-48}$$

$$R_a=\pi d\sum_{i=1}^{n}l_iq_{si}+A_Pq_p \tag{7-49}$$

式中　f_{cu}——与旋喷桩桩身水泥配比相同的室内加固试块（边长 70.7mm 的立方体）在标准养护条件下 28d 龄期的立方体抗压强度平均值，kPa；

η——桩身强度折减系数；

d——桩的直径，m；

l_i——桩周第 i 层土的厚度，m；

q_{si}——桩周第 i 层土的侧阻力特征值，kPa；

q_p——桩端地基土的承载力特征值，kPa；

A_p——桩端截面面积，m^2。

旋喷桩复合地基承载力特征值应通过现场复合地基载荷试验确定。初步设计时，也可按式（7－46）或式（7－47）进行估算，其中的桩间天然地基土承载力折减系数 β 可根据试验或类似土质条件的工程经验确定，当无试验资料或经验时，可取 0～0.5，桩间土承载力较低时取低值。

竖向承载的旋喷桩复合地基宜在基础和桩顶之间设置褥垫层，其厚度可取 200～300mm，其材料可选用中砂、粗砂、级配砂石等，最大粒径不宜大于 30mm。

第十三节　其他地基处理方法

一、石灰桩法

石灰桩法是湿陷性黄土地区广泛应用于地基湿陷事故处理的一种简易而又有效的地基

土加固方法，也可用于处理饱和黏性土、淤泥、淤泥质土、素填土和杂填土等地基。该方法是先在地基土中成孔，然后将以生石灰为主要固化剂，以粉煤灰、火山灰和炉渣等为掺和料的填料压（夯）入孔中成为石灰桩，并与桩间土形成复合地基。

石灰桩的主要固化剂为生石灰，掺和料宜优先选用粉煤灰、火山灰、煤渣等工业废料。生石灰与掺和料的体积比可选用1∶1或1∶2，对于淤泥、淤泥质土等软土可适当增加生石灰的用量，桩顶附近生石灰用量不宜过大，以免生石灰吸水后向上产生膨胀而造成危害。

石灰桩成孔直径应根据设计要求及所选用的施工方法确定，常用孔径300～400mm，等边三角形或矩形布桩。桩中心距可取2～3倍成孔直径。石灰桩可仗布置在基础底面下，当基底土的承载力特征值小于70kPa时，宜在基础以外布置1～2排围护桩。

石桩桩端宜选在承载力较高的土层中。在深厚的软弱地基中采用“悬浮桩”时，应减少上部结构重心与基础形心的偏心，必要时宜加强上部结构及基础的刚度。用洛阳铲成孔时，桩长不宜大于6.0m，机械成孔管外投料时不宜大于8.0m。

地基处理的深度应根据岩土工程及上部结构设计要求确定。应验算下卧层承载力及地基的变形。

设计的石灰桩复合地基承载力特征值不宜超过160kPa，当土质较好并采取了保证桩身强度的措施后，经过试验后可以适当提高地基承载力特征值。

石灰桩复合地基承载力特征值应通过单桩或多桩复合地基载荷试验确定。初步设计时，也可按式（7-31）进行估算，其中：f_{pk}为石灰桩桩身抗压强度比例界限值，由单桩竖向载荷试验确定，初步设计时可取350～500kPa，土质较软时取低值；f_{sk}为桩间土承载力特征值，取天然地基承载力特征值的1.05～1.20倍，土质软弱和置换率大时取高值；m为面积置换率，桩面积按1.1～1.2倍成孔直径计算，土质软弱时取高值。

处理后的地基应按《建筑地基基础设计规范》（GB 50007—2011）进行变形验算，其中的变形经验系数ψ_s可按地区沉降观测资料及经验确定。石灰桩复合土层的压缩模量宜通过桩身及桩间土压缩试验确定，初步设计时可按下式估算：

$$E_{sp}=\alpha[1+m(n-1)]E_s \tag{7-50}$$

式中　E_{sp}——复合土层的压缩模量，MPa；

α——系数，可取1.1～1.3，成孔对桩周土挤密效果好或置换率大时取高值；

n——桩土应力比，可取3～4，长桩取大值；

E_s——天然土的压缩模量，MPa。

二、柱锤冲扩桩法

适用于处理杂填土、粉土、黏性土、素填土和黄土等地基，地基处理深度不宜超过6m。复合地基承载力特征值不宜超过160kPa。对于大型、重要的工程或场地条件复杂的工程，在正式施工前，应在具有代表性的场地上进行试验。

柱锤冲扩桩法的处理范围应大于基底面积。对一般地基，在基础外缘应扩大1～2排，并不应小于基底下处理土层厚度的1/2。

桩径可取500～800mm，常用桩距为1.5～2.5m，或取柱锤直径的2～3倍。

地基处理深度可根据工程地质情况及设计要求确定。对相对硬层较浅的土层，应达到相对硬土层；当相对硬层埋藏较深时，应按下卧层地基承载力及建筑物地基的变形允许值确定处理深度。

桩体材料可用碎砖三合土、级配砂石、矿渣、灰土、水泥混合土等。

在桩顶部应铺设 200～300mm 厚的垫层。

柱锤冲扩桩复合地基承载力特征值应通过现场复合地基载荷试验确定，初步设计时也可按式（7-31）估算，其中的面积置换率 m 可取 0.2～0.5。

地基处理的方法种类繁多，各有其特点，除上述常用方法外，还有加筋类的方法、冻结法、烧结法、化学渗减法等，具体应用时应结合各方法的特点和适用条件，并考虑施工费用、施工工期等各种因素综合确定。

思　考　题

7-1　何谓湿陷性黄土？

7-2　简述湿陷性黄土的基本性质。

7-3　简述黄土产生湿陷的原因。

7-4　影响黄土湿陷性的因素有哪些？

7-5　简述黄土场地的类别划分和黄土建基的工程评价。

7-6　何谓湿陷性黄土的湿陷起始压力？研究其有何工程意义？

7-7　湿陷性黄土地基的工程措施有哪些？

7-8　简述膨胀土、盐渍土的概念。

7-9　简述膨胀土的特征与影响土膨胀性的因素。

7-10　简述膨胀土的判定方法。

7-11　简述膨胀土地区的勘察工作特点、设计措施和地基处理原则。

7-12　如何计算自重湿陷量和总湿陷量？

7-13　何谓连续多年冻土、不连续多年冻土、衔接多年冻土、不衔接多年冻土？

7-14　何谓季节冻结层和季节融化层？

7-15　掌握与多年冻土有关的若干基本概念。

7-16　多年冻土地区的不良地质现象有哪些？

7-17　简述冻土的分类方法和分类结果。

7-18　简述冻土的主要物理性质。

7-19　何谓保持冻结状态设计、逐渐融化状态设计和预先融化状态设计？

7-20　何谓软弱土？何谓软土？软土都有那些特性？

7-21　软土地基常用的处理方法有哪些？遵循什么原则进行？

7-22　简述饱和土的排水固结原理。

7-23　何谓砂土液化？和流砂现象有何异同？

7-24　为什么黏性土要在最优含水量状态下行压实？

7-25　强夯法加固地基的机理是什么？

7-26 何为复合地基？如何确定复合地基的承载力？

7-27 何谓振冲法？在处理砂性土地基和黏性土地基上加固机理有何差异？何谓挤密法？梅花形布置的挤密桩如何设计？

7-28 简述软弱土地基的处理方法、加固机理实各自的适用条件。垫层法（砂垫层、素土垫层）是如何设计和施工的？

习 题

7-1 某墙下条形基础宽 3.0m，在基底下铺设厚度为 2.5m 的灰土垫层，其下为软弱下卧层。为了满足基础底面的应力扩散要求，垫层宽度应超出基础宽度多少？

7-2 试设计图 7-8 所示垫层的厚度 δ 和底宽 b'。

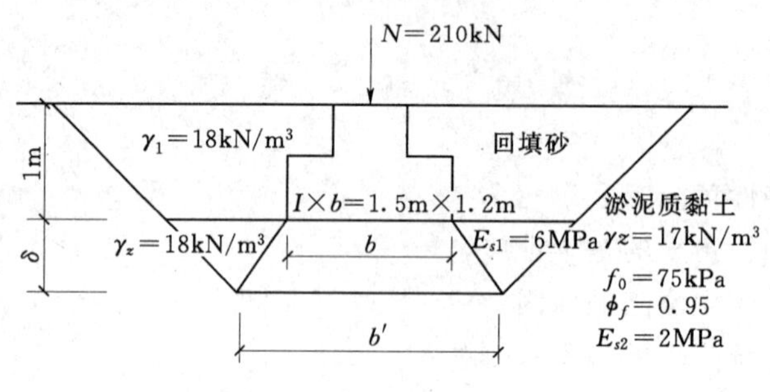

图 7-8 习题 7-2 图

7-3 如图 7-9 所示条件的地基拟实行大面积堆载预压进行处理，试求黏土层的最终压缩量 s，固结度达到 80%时的压缩量 s_t 和所需的预压时间 t（假定荷载一次加上）。

7-4 某工程采用振冲碎石桩处理地基，碎石桩径为 0.4m，桩间距 1.2m，实验测得桩间土的承载力特征为 80kPa，桩土应力比取 $n=2.5$，试确定复合地基的承载力。

7-5 某松散砂土地基，处理前测得砂土的天然孔隙比为 0.824，通过室内相对密度试验确定该砂土的最大孔隙比为 0.976，最小孔隙比为 0.612。现拟采用砂石桩法处理地基，桩径 0.6m，并要求处理后的桩间土相对密度为 0.67 以上，试按等边三角形布桩来设计桩的间距。

7-6 某湿陷性黄土地基湿陷性土层厚了 7.0m，平均干密度 $\rho_d=1.29\text{g/cm}^3$，设计要求挤密后桩间土平均挤密系数达到 0.93，室内实验测得该黄土的最大干密度 $\rho_d=1.74\text{g/cm}^3$，桩径 0.4m，等边三角形布桩，试设计桩间距。

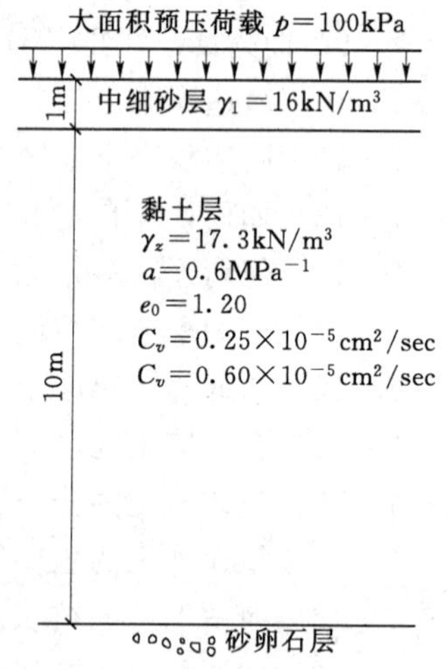

图 7-9 习题 7-3 图

7-7 某工程拟采用桩径为 0.5m 的旋喷桩处理地基，设计要求复合地基的承载力为 220kPa，试验测得桩身试块的无侧限抗压强度为 2.0MPa，强度折减系数为 0.45 已知桩间土的承载力特征值为 138kPa，承载力折减系数取 0.68，等边三角形布桩，试设计桩间距。

7-8 某工程场地的天然地基土的承载力为 $f_{sa}=80\text{kPa}$，现上部建筑物荷载要求地基承载力达到 120kPa，若采用水泥搅拌桩对地基进行加固，已知桩长为 12m，桩径为 500mm；土层的 $q_{sa}=8$kPa，桩间土承载力折减系数：$\beta=0.85$，水泥土试块强度 $f_{cu}=$ 1.5MPa，强度折减系数 $\eta=0.5$，试求水泥土的面积置换率与桩间距（正三角形布设）是多少？

参 考 文 献

[1] GB 50007—2011 建筑地基基础设计规范．北京：中国建筑工业出版社，2002.
[2] GB 50021—2001 岩土工程勘察规范．北京：中国建筑工业出版社，2002.
[3] GB/T 50123—1999 土工试验方法标准．北京：中国计划出版社，1999.
[4] JGJ 94—94 建筑桩基技术规范．北京：中国建筑工业出版社，1995.
[5] 袁聚云，李镜培，楼晓明，等．基础工程设计原理．上海：同济大学出版社，2007.
[6] 周景星，李广信，虞石民，等．基础工程．2 版．北京：清华大学出版社，2007.
[7] 刘昌辉，时红莲．基础工程学．北京：中国地质大学出版社，2005.
[8] 郭继武．建筑地基基础设计及工程应用．北京：中国建筑工业出版社，2008.
[9] 高大钊，徐超，熊启东．天然地基上的浅基础．北京：机械工业出版社，2002.
[10] 陈希哲．土力学与基础工程．4 版．北京：清华大学出版社，2004.
[11] 闫富有．基础工程．北京：中国电力出版社.
[12] 王雅丽．土力学与地基基础．重庆：重庆大学出版社.
[13] 华东水利科学院土力学教研室．土工原理与计算．北京：机械工业出版社.
[14] 陈仲颐，叶书麟．基础工程学．北京：中国建筑工业出版社.
[15] 高大钊．土力学与基础工程．北京：中国建筑出版社，1998.
[16] 赵明华，俞晓．土力学与基础工程．2 版．武汉：武汉理工大学出版社，2003.
[17] 华南理工大学、东南大学、浙江大学、湖南大学．地基及基础．3 版．北京：中国建筑工业出版社，1998.
[18] 肖仁成．土力学．北京：北京大学出版社，2006.
[19] 冯国栋．土力学．北京：水利电力出版社，1986.
[20] 钱家欢．土力学．2 版．南京：河海大学出版社，1995.
[21] 杨小平．土力学．广州：华南理工大学出版社，2001.
[22] 刘晓立．土力学与地基基础．北京：科学出版社，2003.
[23] 高大钊，等．土质学与土力学．北京：人民交通出版社，2001.